U0260866

内容简介

本教材是高等职业教育农业部“十二五”规划教材，由多年从事兽医卫生检验教学、科研和生产实践的教师、专家编写。主要介绍动物性食品的污染与控制，畜禽屠宰加工过程的兽医卫生监督，畜禽屠宰检疫与处理，畜禽常见疫病的鉴定与处理，畜禽常见病变组织器官及品质异常肉的鉴定与处理，肉、蛋、乳、水产及其制品等动物性食品的卫生检验与处理。简要介绍屠宰加工场所的卫生要求，畜禽收购、运输的兽医卫生监督与管理，畜禽副产品的加工卫生与检验等。

本教材内容翔实，具有系统性、科学性、先进性和实用性等特点，既能供高职高专的畜牧兽医专业、动物防疫与检疫专业、动物医学专业、动物性食品卫生检验专业、畜禽产品加工与检测专业和相关专业的教学之用，也可供有关科研、生产单位的科技人员和动物检疫检验人员参考之用。

高等职业教育农业部“十二五”规划教材

兽医卫生检验

第二版

李汝春　曲祖乙　主编

中国农业出版社
北　京

第二版编审人员名单

主　　编　李汝春　曲祖乙

副 主 编　王军亮　曹　斌　黄爱芳

编　　者（以姓名笔画为序）

王军亮　王荷香　王福红

曲祖乙　李汝春　张学勇

黄爱芳　曹　斌　敬淑燕

审　　稿　崔言顺

行业指导　周建胜

第一版编审人员名单

主　编　曲祖乙（锦州医学院畜牧兽医学院）

副主编　曹　斌（江苏畜牧兽医职业技术学院）

参　编　郭欣怡（杨凌职业技术学院）

李汝春（山东畜牧兽医职业学院）

邵明东（黑龙江畜牧兽医职业学院）

黄爱芳（甘肃畜牧工程职业技术学院）

审　稿　郑明光（中国人民解放军军需大学）

第二版前言

本教材是根据教育部《关于加强高职高专教育人才培养工作的意见》《关于加强高职高专教育教材建设的若干意见》和《关于全面提高高等职业教育教学质量的若干意见》的精神，根据兽医卫生检验学科的理论体系和实践操作技能，结合国家现行有关法规和标准，融入以往教学、科研、生产的有益成果编写而成。

本教材的编写，从农业高职高专教育的特色出发，紧紧围绕培养高素质技术技能型人才的培养目标，基本理论体现以应用为目的，以必需、够用为度，以讲清概念、强化应用为重点；注重技能的培养，以实际、实用为目的，提高学生的实践能力、创造能力、就业能力和创业能力。

本教材由十七个模块和十六个实训组成。绪论、模块三、模块四、模块五、实训一、实训二、附录由李汝春（山东畜牧兽医职业学院）编写；模块一、模块二、实训三、实训四由曹斌（江苏农牧科技职业学院）编写；模块六、实训五由曲祖乙（辽宁医学院畜牧兽医学院）编写；模块七由张学勇（黑龙江生物科技职业学院）编写；模块八、模块十三、模块十四、实训六、实训十一由黄爱芳（甘肃畜牧工程职业技术学院）编写；模块九、模块十二、模块十七、实训九、实训十、实训十四、实训十五、实训十六由敬淑燕（甘肃农业职业技术学院）编写；模块十、模块十一、实训七、实训八由王军亮（上海农林职业技术学院）编写；模块十五、模块十六、实训十二、实训十三由王荷香（河南农业职业学院）编写；复习思考题由王福红（山东畜牧兽医职业学院）编写。山东农业大学的崔言顺教授和山东省动物卫生监督所的周建胜副所长审阅了全部书稿，提出了不少宝贵意见，在此一并致以衷心感谢！

由于我们的水平有限，书中难免存在缺点和不足，诚恳希望读者批评指正。

编　者

2014年8月

第一版前言

本教材是根据教育部《关于加强高职高专人才培养工作的意见》、《关于加强高职高专教育教材建设的若干意见》等文件精神，根据兽医卫生检验的理论体系和实践操作要求，结合国家现行有关法规和标准，参考以往教学、科研、生产中的有益成果及相关学科新成果编写而成。

本教材的编写，从农业高职高专的特色出发，以适应社会需要为宗旨，以阐明基本理论、强化应用为重点，在保持教材内容科学性和系统性的基础上，突出实践性、应用性。

本教材包括绪论、理论部分、实训指导、附录四部分，共分15章。绪论、第九章、第十章、实训七、实训八、实训九由曲祖乙编写；第一章、第二章、第十三章、实训一、实训二、实训十七由曹斌编写；第六章、第十四章、实训四、实训五、实训十八由郭欣怡编写；第三章、第四章、第五章、实训三、附录Ⅰ、附录Ⅱ由李汝春编写；第七章、第十五章、实训十四、实训十五、实训十六由邵明东编写；第八章、第十一章、第十二章、实训六、实训十、实训十一、实训十二、实训十三由黄爱芳编写。原中国人民解放军军需大学郑明光教授审阅了全部书稿，提出了不少宝贵意见，在此致以衷心感谢！

由于水平有限，时间仓促，书中缺点和不足在所难免，恳请广大师生、读者、专家批评指正，以便今后进一步修订。

编　者

2006年4月

目录

绪论

一、兽医卫生检验的概念

兽医卫生检验又称为动物性食品卫生检验，是以兽医学和公共卫生学的理论和技术为基础，研究肉、蛋、乳、水产及其制品等动物性食品的卫生质量，保障食用者安全，防止人畜共患病和其他畜禽疫病的传播，促进养殖业发展的一门综合性应用学科。

动物性食品主要是指肉、蛋、乳、水产及其制品等，其营养丰富，富含优质的蛋白质、脂肪、碳水化合物、无机盐和维生素等，是人类食品的重要组成部分。但是动物性食品容易发生腐败变质，同时不健康的动物及其产品往往带有致病性微生物和寄生虫，人们与患病动物频繁接触或吃了其卫生处理不当的产品，会感染某种传染病和寄生虫病，甚至发生食物中毒，损害食用者的健康。尤其值得注意的是，随着我国工农业生产的发展，动物性食品的农药、食品添加剂、霉菌毒素、重金属、放射性物质和其他化学物质的污染以及药物和激素残留日益严重，这些致病因素由于能使人致癌、致畸、致突变以及影响遗传而受到广泛重视。因此，加强动物性食品的兽医卫生检验具有非常重要的意义。

二、兽医卫生检验的目的与任务

兽医卫生检验的最终目的是为了保证动物性食品的卫生质量，保障消费者的食用安全。因此，其具体任务可以归纳为以下几点：

（一）防止人畜共患病和其他动物疫病的传播

在动物传染病和寄生虫病中约有200种可以传播给人，其中通过肉用动物及其产品能够感染人的有30多种，主要有炭疽、鼻疽、结核病、布鲁氏菌病、口蹄疫、猪丹毒、李氏杆菌病、狂犬病、猪链球菌病、钩端螺旋体病、禽流感、疯牛病、假结核病、沙门氏菌病、坏死杆菌病、土拉菌病、囊尾蚴病、旋毛虫病、弓形虫病、肉孢子虫病等。兽医卫生检验的重要任务之一，就是要把患有人畜共患病的畜禽及其产品检验出来，避免人与这些患病动物频繁接触或食用患病动物的产品，并依照国家有关法规对其进行无害化处理，以防止人畜共患病的传播。

畜禽的一些传染病和寄生虫病，如猪瘟、猪蓝耳病、猪气喘病、牛瘟、牛肺疫、蓝舌病、羊快疫、兔瘟、鸡传染性法氏囊病、鸡传染性支气管炎、鸭瘟、球虫病、细颈囊尾蚴病等，虽然不感染人，但是这些患病畜禽的产品、副产品及加工废弃物常带有病原微生物，有些畜禽疫病的暴发流行，往往是由于患病畜禽及其产品在社会上流通造成的。畜禽屠宰加工厂所作为最集中的畜禽产品的集散地，在防止畜禽疫病的传播和流行上占有重要的地位。因此，屠宰加工企业对畜禽及其肉品进行卫生检验，实际上是对社会上畜禽疫病起到了监督哨的作用。一旦在屠宰场所发现疫情，除及时控制和扑灭外，还可追查其来源，找到疫源地，及时通知当地动物卫生监督机构，尽早控制和扑灭疫情，有利于养殖业的健康发展。

（二）防止发生食物中毒

动物性食品是微生物良好的培养基，被微生物污染后，微生物可以大量生长繁殖，引起食品发生腐败变质，人食用后会发生食物中毒。这些微生物有些是在动物活体内就存在，当畜禽抵抗力降低时，乘机侵入动物机体内；有些是在屠宰加工、运输、贮藏、销售过程中被污染的。其中某些微生物如沙门氏菌、变形杆菌、大肠杆菌、副溶血性弧菌、空肠弯曲菌、志贺菌、金黄色葡萄球菌、肉毒梭菌、产气荚膜梭菌等污染了食品，很有可能造成人的食物中毒。某些动物组织本身就有毒，若不摘除或剔除，人误食后也会引起食物中毒，如甲状腺、肾上腺等。因此，严格执行食品卫生操作规程，加强兽医卫生检验，可以防止发生食物中毒。

（三）防止有毒有害物质污染动物性食品对人体造成危害

养殖业上大量施用药物，药物会在动物体内及其产品中残留；种植业上大量施用农药，动物食用了被农药污染的饲草、饲料，农药会在动物体内及其产品中残留；工业“三废”排出的汞、镉、铅、砷等有害元素和氟化物、多氯联苯等有害化学物质通过对环境造成污染，经生物富集作用和食物链进入动物体内及其产品中；饲料添加剂、食品添加剂的不合理施用，也会对食品造成污染；随着核技术的应用、核工业的发展，放射性物质通过各种途径污染食品等。人们食用了被这些有毒、有害物质严重污染的食品，就会损害身体健康。因此，通过加强兽医卫生检验，对动物性食品中的有毒、有害物质进行严格检测控制，有利于保证人类身体健康。

（四）保证外贸出口，维护国际信誉

动物性食品是世界短缺商品，随着我国经济的对外开放以及世界贸易组织的加入，为了换取外汇支援国家建设，以肉类为主的动物性食品的出口日益增多。当前，我国动物性食品的生产、加工，仍存在疫情多、质量差以及卫生监督检验技术手段跟不上形势发展等问题，使我国的国际贸易信誉受到损害，动物性食品的出口受阻。因此，为了保证外贸出口，维护国家信誉，必须加强动物性食品生产、加工的兽医卫生监督，建立、健全兽医卫生监督机制，采用先进的检验技术，严格把关，保证动物性食品的卫生质量。

（五）宣传、普及、执行和完善有关食品卫生法规

根据国情和实际需要，我国制定颁布实施了《中华人民共和国食品安全法》《中华人民共和国动物防疫法》《中华人民共和国进出境动植物检疫法》《生猪屠宰管理条例》和各种食品卫生标准等。今后，随着我国经济和科学技术的发展以及对外开放的要求，将不断建立和完善整个动物性食品卫生法规体系。大力宣传、努力普及、严格执行和不断完善有关兽医法规也是兽医卫生工作人员的重要职责，只有这样才能有利于确保动物性食品的卫生质量，保障消费者的食用安全和身体健康。

三、兽医卫生检验与其他学科的关系

兽医卫生检验是以兽医学和公共卫生学的理论和技术为基础的一门综合性应用学科，因此，在学习本课程以前，必须先学好畜禽解剖学、家畜组织与胚胎学、畜禽生理学、畜禽病理学、动物生物化学、分析化学、兽医微生物学、家畜传染病学、家畜寄生虫病学等课程。本课程还与食品营养与卫生学、食品加工与工艺学、食品毒理学、动物性食品理化检验技术、动物性食品微生物检验技术等学科密切相关。兽医卫生检验工作者只有学好以上有关学科，并熟悉有关兽医法规知识，才能很好的掌握兽医食品卫生检验的知识和技能，才能保证动物性食品的卫生质量。

四、我国兽医卫生检验发展的情况

兽医卫生检验是建立在一定的经济、文化基础之上的。只有经济和文化发达的国家，才有条件开展兽医卫生检验和研究工作，才能高度重视兽医卫生检验工作。

(一) 发展历史

我国兽医卫生检验的发展有着悠久的历史。在古代，我们的祖先在长期的食肉实践中，已懂得病畜肉不可食用，不断总结了兽医卫生检验的知识。在距今2500年前的周朝，已在官府设有专职机构进行肉品检验，尽管其检验技术原始落后，但毕竟是肉品检验最早的起源。周朝的卫生检验机构称为“庖人”，其中有“膳人”“医师”“食医”“兽医”，他们的职责：一是提供六畜（马、羊、牛、猪、犬、鸡）、六兽（麋、鹿、狼、麃、野猪、野兔）、六禽（雁、鹑、鷃、雉、鸠、鸽），并辨别其名称；二是辨别肉的品质，哪些能吃，哪些不能吃。东汉张仲景著的《金匮要略》中就有记载：“六畜自死，皆疫死，则有毒，不可食之”；“肉中有如米点者，不可食之”。唐律（公元624—737年）规定了有关食品卫生的法律准则，如规定“脯肉有毒，曾经病人，有余者速焚之，违者杖九十；若故予人食，并出卖令人病者徒一年；以故致死者，绞”。还有南北朝时期的《养生要集》《食经》《黄帝杂饮食忌》，唐代孙思邈的《备急千金要方》、元代忽思慧的《饮膳正要》等著作，都记载了有关兽医卫生检验的内容。

我国自南北朝以来，历代王朝都设有光禄寺卿，为统治阶级的食肉安全服务，宫廷御膳房中有专职人员检验肉品，有时还利用侍从人员进行品尝性试验。在几千年的封建社会里，我国积累的兽医卫生检验的知识都是为统治阶级服务的，从来没有真正为广大劳动人民服务过。

在近代，帝国主义侵占我国领土，外国商人在上海、南京、武汉、青岛和哈尔滨等建立了较大规模的屠宰厂、蛋品厂，掠夺我国动物性食品。在这些加工厂里，由他们派来的检验人员进行检验，开启了半殖民地旧中国的动物性食品卫生检验。1928年，虽然国民党政府卫生部颁布了《屠宰场规则》和《屠宰场规则施行细则》，但是，没有组织、人员和经费的保障，不过是一纸空文。1935年又公布了《实业部商品检验局肉类检验施行细则》，但这只是针对部分出口的鲜肉、冷藏肉等实行检验。

真正为广大人民群众服务的食品卫生检验工作是从1949年新中国建立以后开始的。新中国成立后，为了保障人民的健康，我国在食品卫生检验工作方面取得了巨大成就。

第一，在1950年就建立了多级卫生防疫站，各地农业部门建立了畜牧兽医工作站，广泛开展了动物疫病防治工作。国家大力兴建、扩建了许多大、中型肉类联合加工厂、蛋品加工厂、乳品厂及水产品加工厂，县级有了符合卫生要求的屠宰场。

第二，统一了组织管理，国家将肉类联合加工厂、蛋品厂、屠宰场统一划归原商业部中国食品公司领导；同时规定中国食品公司要在农业、卫生部门和原国家商业检验局的监督下，组织好肉品、蛋品的卫生检验工作；乳品、水产品因生产比较集中，其产品仍由本企业自行检验，由卫生部门进行市场卫生管理。

第三，在组织结构上，已建立起各级卫生监督管理机构和卫生监督体制。先后成立了国家级的中国医学科学院营养与食品卫生研究和卫生部食品卫生监督检验所。县（区）级以上的畜牧兽医行政部门都有专门负责动物及动物性食品的卫生监督检验检疫机构。国境口岸也设有食品卫生监督机构，负责进出境食品的卫生检验与监督工作。为了精简机构并协调出入境检验检疫工作，从1998年起，我国将原农业部直属的动植物检疫局、对外贸易部直属的进出口商品检验局和卫生部直属的卫生检疫局合并，成立中华人民共和国出入境检验检疫局，各省（自治区、直辖市）口岸的三个检验检疫单位也合并，成立相应的出入境检验检疫局，全面负责进出境动物及动物产品的检验检疫工作。为适应加入WTO（世界贸易组织）的需要，2001年6月，中华人民共和国出入境检验检疫局与国家质量技术监督局合并，并组建中华人民共和国质量监督检验检疫总局。

第四，明确了分工，人医卫生防疫部门负责熟食品的卫生监督与检验工作，兽医公共卫生部门负责生鲜动物性食品的卫生监督与检验工作。但是，动物性食品卫生工作具有涉及面广、环节多和政策性强等特点，要保证动物性食品的卫生质量和食用安全，必须加强兽医部门与卫生部门、食品药品监督部门等的联系与合作。

第五，培养了大批高、中级专业人才，壮大了兽医卫生检验队伍。20世纪80年代，陆续在一些高等农业院校和中等农业学校新设了肉品卫生检验专业或兽医公共卫生专业及动物防疫与检疫专业等，兽医、畜牧兽医等专业也开设了兽医卫生检验课程，各地业务部门也经常举办兽医卫生检验人员培训班，为我国培养出了大批多层次的兽医卫生检验人员。

第六，先后制定和颁布了一系列食品卫生管理的法律、法规和条例，使我国食品卫生工作逐步走上了法制化的道路。1959年，农业部、对外贸易部、商业部和卫生部联合颁布了《肉品卫生检验试行规程》（简称为“四部规程”）。1982年11月19日，第五届全国人民代表大会常务委员会第二十五次会议通过了《中华人民共和国食品卫生法（试行）》，自1983年7月1日起试行。1985年，国务院发布了《家畜家禽防疫条例》，同年，农牧渔业部又颁发了《家畜家禽防疫条例实施细则》。1987年，农牧渔业部、国家工商行政管理局发出了《关于加强城乡集市贸易市场畜禽及其肉类管理、检疫的通知》。1990年11月，农业部发布了《中国兽医卫生监督实施办法》。1991年，农业部对《家畜家禽防疫条例实施细则》进行了修改和审议，并于1992年4月8日发布实施。1991年10月30日第七届全国人民代表大会常务委员会第二十二次会议通过了《中华人民共和国进出境动植物检疫法》，自1992年4月1日起施行。1995年10月30日，第八届全国人民代表大会常务委员会第十六次会议通过了《中华人民共和国食品卫生法》，于公布之日起施行。1997年7月3日第八届全国人民代表大会常务委员会第二十六次会议通过了《中华人民共和国动物防疫法》，自1998年1月1日起实施。1997年12月19日，国务院发布了《生猪屠宰管理条例》，自1998年1月1日起实施。2007年8月30日第十届全国人民代表大会常务委员会第二十九次会议修订了《中华人民共和国动物防疫法》，自2008年1月1日起施行。2007年12月19日国务院修订通过了《生猪屠宰管理条例》，自2008年8月1日起施行。2009年2月28日第十一届全国人民代表大会常务委员会第七次会议通过了《中华人民共和国食品安全法》（以下简称《食品安全法》），自2009年6月1日起施行，同时《中华人民共和国食品卫生法》废止。此外，有关部门为了保障食品安全，还制定了一系列有关食品卫生的单项规定。

我国在20世纪70年代，共计公布了86种食品卫生标准（其中动物性食品卫生标准45种）和22项卫生管理办法；20世纪80年代，修改和增补了食品卫生检验方法和卫生管理办法，有 88 种国家食品卫生标准，30 种行业内部食品卫生标准，32 项卫生管理办法，105 条食品卫生检验方法；近年来又修订和增补了多项食品卫生标准和检验方法。

这些法律和法规的颁布实施，标志着我国动物防疫检疫工作和食品卫生管理工作进入法制管理的新阶段，这对预防、扑灭动物疫病，提高人民的健康水平，促进养殖业的健康发展都有着重大意义。

（二）发展前景

兽医卫生检验是随着经济、文化的发展以及人类物质生活水平的不断提高而逐渐向前发展的。改革开放以来，我国的社会生产力得到了空前高速发展，国民经济持续、稳定增长，人民的物质生活水平得到了很大的提高，动物性食品的消费量大大增加，从而有力地促进了我国养殖业的迅速发展，也极大地促进了我国兽医卫生检验水平的发展。但是，随着全球经济一体化，动物及动物产品国际间贸易量的不断扩大，以及我国市场经济运作过程中的法制还不十分完善等，动物性食品卫生工作仍然面临着艰巨任务，有待解决的问题还很多。

第一，动物疫病尤其是人畜共患病不断发生变化。一些老的疫病已被消灭，如牛瘟、牛肺疫；有的疫病则重新抬头，如结核病、布鲁氏菌病、口蹄疫、猪瘟、狂犬病等，呈地方流行或流行性发生；新的疫病不断出现，如禽流感、疯牛病、蓝耳病、山羊关节炎-脑炎、牛病毒性腹泻-黏膜病等，在国内外时有发生，这些疫病的发生流行，给养殖业造成了巨大损失并威胁着人类的健康。因此，动物及动物性食品中病原体的分离与鉴定仍然是当前及今后兽医卫生检验的重要内容。

第二，工业“三废”对环境和食品的污染不断加重，农药、兽药、食品添加剂的广泛使用和滥用，已造成了在动物性食品中的高残留。动物性食品中的有害化学物质，不仅引起消费者的慢性中毒，而且还存在致癌、致畸、致突变的危险。抗生素在食品中的残留，不但可引起消费者的过敏反应、中毒和降低免疫力，而且还可不断产生耐药性，以致使这些抗生素丧失对人的医用效果。因此，对动物性食品进行有害化学物质、农药、兽药、添加剂残留量的监测与控制，仍是今后兽医卫生检验的主要内容。

第三，近年来核试验、核工业、核动力、核医学、核武器的开发应用，以及不断发生的核泄漏事故，已构成了对动物性食品安全性的新威胁。通过各种途径污染动物性食品的放射性核元素，可能引起人发生放射病和长期效应，如血液学变化、性欲减退、生育能力障碍以及肿瘤等。因此，加强对动物性食品的放射性物质的监测与控制，已成为兽医卫生检验的新内容和新任务。

第四，随着我国市场经济的发展，动物性食品交易中出现了作假、欺诈等现象，病死畜禽肉和注水肉充斥市场，乳与乳制品的掺假物多达上百种，这些违法乱纪的现象已经到了令人发指的地步，给消费者的身体健康和生命安全造成了极大危害。因此，如何采取先进的手段监测不断出现的掺假掺杂的动物性食品，更是兽医卫生检验的一项长期而艰巨的任务。

总之，随着我国养殖业的快速发展，人民生活水平的不断提高，国际间动物性食品贸易量的逐步增长，要求我国尽快实现动物及动物产品检验检疫工作的正规化、程序化和法制化，兽医卫生检验这门学科需要研究和解决的问题还很多，有着广阔的发展前景。

模块一　动物性食品污染与控制

知识目标

1. 理解动物性食品污染的来源、食物中毒的原因。
2. 掌握食品污染、食物中毒的监测与控制方法。

能力目标

1. 能够完成菌落总数的测定。
2. 能够完成大肠菌群的测定。
3. 能够完成盐酸克仑特罗的检测。

食品污染是指食品中原来含有的或加工时人为添加的各种生物性或化学性物质，其共同特点是对人体健康有急性或慢性的危害。造成动物性食品污染的原因是多方面的，除了过去所熟悉的微生物和寄生虫的污染外，各种药物、农药、重金属、霉菌毒素、激素、添加剂、放射性物质及其他化学物质等的污染日益突出。

动物性食品污染的性质复杂、种类繁多，按照污染物的性质可分为生物性污染、化学性污染和放射性污染三大类；按照污染物的来源可分为内源性污染和外源性污染两大类。其特点是：①污染源除直接污染食品原料或制品外，多半是通过食物链逐级富集的；②造成的危害，除引起急性疾患外，还可蓄积或残留在体内，构成慢性危害和潜在性的威胁；③被污染的食品，除少数表现出感官变化外，多数不能被感官所察觉；④常规的冷热处理不能达到绝对无害（尤其是非生物性污染）。

项目一　动物性食品生物性污染与控制

生物性污染是指微生物、寄生虫和昆虫对动物性食品造成的污染。

1. 微生物污染　细菌与细菌毒素、霉菌与霉菌毒素和病毒是造成动物性食品生物性污染的主要因素。动物性食品中的微生物，包括人兽共患传染病的病原体，以食品为传播媒介的致病菌及病毒，以及引起人类食物中毒的细菌、真菌及其毒素。如炭疽杆菌、分枝杆菌、布鲁氏菌、沙门氏菌、肉毒梭菌及其毒素、黄曲霉菌及其毒素、口蹄疫病毒、禽流感病毒等。此外，还包括引起食品腐败变质的非致病性细菌。微生物污染是动物性食品污染的一个非常重要的方面，一直受到人们的广泛重视。

2. 寄生虫污染　主要是指那些人畜共患寄生虫病的病原体，通过动物性食品使人感染，常见的有旋毛虫、囊尾蚴、弓形虫、棘球蚴等。

3. 昆虫污染　主要是指动物性食品中的蝇蛆、酪蝇、甲虫、皮蠹等。

其污染的方式、来源及途径可以是内源性的，也可以是外源性的。

一、内源性生物性污染

内源性生物性污染又称食用动物的生前污染或第一次污染，即动物在生长发育过程中，由本身带染的微生物或寄生虫造成的食品污染。引起动物性食品发生内源性生物性污染的原因主要包括以下几个方面。

1. 人畜共患传染病和寄生虫病的病原体的污染　人畜共患病是指脊椎动物和人类之间自然传播的疾病。目前已知动物能够传染给人的传染病和寄生虫病共有200多种，其中通过肉用动物及其产品传染给人的有30多种。这些疫病的病原体不仅存在于动物的肉中，有些病原体还可侵入到家禽的输卵管，甚至卵巢，如沙门氏菌、大肠杆菌等，从而使禽蛋在生殖器官内就受到病原微生物的污染。分枝杆菌、布鲁氏菌、口蹄疫病毒等病原体还可通过乳腺进入乳汁中。如果动物生长发育过程中感染了这些人畜共患传染病和寄生虫病，就可能对肉、蛋、乳造成污染，对人类健康造成威胁。

2. 动物固有的传染病和寄生虫病的病原体的污染　除人畜共患病外，食用动物还可感染其固有的一些疾病。这些疾病虽然不感染人，但由于病原体在体内的活动以及组织的病理分解，使动物体内蓄积了某些有毒物质，同时由于患病机体抵抗力减弱，使正常存在于机体中的某些微生物，尤其是沙门氏菌属细菌发生继发感染，引起人们的食物中毒或感染。

3. 非致病性和条件致病性微生物的污染　正常条件下，在动物机体的某些部位，如消化道、上呼吸道、泌尿生殖道及体表等，存在着一些非致病性和条件致病性微生物，当动物宰前处于不良条件下，如长途运输、过度疲劳、拥挤、饥饿等，则动物机体的抵抗力降低，这些微生物便有可能侵入肌肉、肝等部位，造成动物性食品的内源性污染。

二、外源性生物性污染

外源性生物性污染又称为食品加工流通过程的污染或第二次污染，即食品在生产、加工、运输、贮藏、销售等过程中的造成的生物性污染。这是动物性食品受到微生物污染的主要途径之一，其污染的来源和原因主要包括以下几个方面。

1. 通过水的污染　动物性食品生产加工的许多环节都离不开水，如果使用被微生物污染的水源，则会造成动物性食品的污染。

2. 通过空气的污染　空气中含有大量的微生物，空气中的微生物随着风沙、尘土的飞扬或沉降，而附着于动物性食品上。此外，人们在讲话、咳嗽、打喷嚏时，带有微生物的痰沫、鼻涕及唾液的飞沫，可以随空气直接或间接地污染动物性食品。

3. 通过土壤的污染　土壤是微生物的大本营，是自然界中含微生物最多的场所，常为动物性食品污染的主要来源。动物性食品在生产加工、贮藏、运输、销售、烹饪等过程中，如果落地接触土壤，就会造成微生物污染。因此，要防止动物性食品落地，一旦落地，要及时清洗，并打入次品。

土壤、空气、水中的微生物是相互联系、相互影响的，微生物在三者之间转移，往往形成环境微生物污染的恶性循环，从而造成微生物对食品的更严重的污染。

4. 生产加工过程和流通环节的污染　动物性食品在生产加工过程的各个环节，都有可能造成微生物的污染。如食品加工器具、设备等不清洁，可以造成食品的微生物污染；运输工具、包装物等不清洁，可以造成微生物污染。从食品生产到消费者进食，其间要经过运输、贮藏、销售、烹调等环节，任何一个环节稍不注意，就会造成微生物污染。

5. 从业人员带菌污染 从业人员的健康状态和卫生习惯对动物性食品卫生也至关重要。正常人的体表、呼吸道、消化道、泌尿生殖道均带染一定类群和数量的微生物，尤其是当从业人员患有传染性肝炎、开放性肺结核、肠道传染病、化脓性皮炎等疾病时，可向体外不断排菌（毒），并可以通过加工、运输、贮藏、销售、烹调等环节将病原微生物带入食品，进而危害消费者的健康。因此，对食品加工及经营环节的从业人员，应定期进行健康检查，并搞好个人卫生。

三、生物性污染的控制与监测

控制动物性食品的生物性污染，一方面要控制原料的内源性污染，另一方面控制加工和流通过程中的外源性污染。

（一）防止原料的内源性污染

食源性动物的健康和洁净状态直接影响到动物性食品的卫生质量与安全性，因此食源性动物的卫生管理至关重要。

1. 建立良好的动物生活环境 从科学饲养的角度出发，对环境卫生、场圈卫生、畜舍卫生、畜体卫生以及饮水和饲料卫生等都要给予足够重视。应固定畜禽饲养基地和饲料基地，尽可能自繁自养，建立无病畜禽群体。建立卫生管理机构，健全各项卫生管理制度。

2. 消灭畜禽疫病、切断传染途径 开展防疫、检疫、驱虫、灭病工作，适时进行预防注射，创建无规定疫病区。

（二）防止加工和流通过程中的外源性污染

外源性污染是食品生物性污染的重要来源，要保证食品的卫生质量，必须控制外源性污染。

（1）食用动物的屠宰加工应严格遵照卫生要求操作，并依据规程进行动物性食品卫生检验。

（2）乳品生产应着重抓好畜舍卫生、乳畜卫生和鲜乳初步加工卫生三大环节。

（3）禽蛋和水产品应从收集、捕捞到运输、贮存、销售做好卫生管理，应重点抓好包装物卫生、运输卫生及冷藏卫生三大环节。

（4）食品的加工贮藏须符合卫生要求。

（5）建立健全市场卫生监督检验机构，大力宣传《食品安全法》及其他有关条例、规定和办法。

（三）进行细菌学检测

1. 细菌总数 细菌总数是评价食品被微生物污染程度的一项重要指标。食品中的细菌数量越多，食品腐败变质的速度就越快。食品中细菌总数的表示方法有两种：菌落总数和细菌总数。

（1）菌落总数是指一定数量和面积的食品检样，在一定条件下（如样品的处理、培养基种类、培养时间、温度等）进行培养，使适应该条件的每一个活菌必须而且只能形成一个肉眼可见的菌落，然后进行菌落计数所得到的菌落数量。通常以1g或1mL或1cm^2样品中的CFU（colony forming unit，菌落形成单位）来表示。

（2）细菌总数是指一定数量和面积的食品检样，经过适当的处理（如溶解、稀释、揩拭等），在显微镜下对细菌进行直接计数。其中包括各种活菌数和尚未消失的死菌数。细菌总数也称为细菌直接镜检数。通常以1g或1mL或1cm^{2}样品中所含的细菌数量来表示。

在实际工作中，我国多采用菌落总数来评价微生物对食品的污染。食品的菌落总数越低，表明该食品被细菌污染的程度越轻，食品的卫生质量越好。

2. 大肠菌群　大肠菌群系指一群在37℃、24h发酵乳糖、产酸、产气、需氧和兼性厌氧的革兰氏阴性的无芽孢杆菌。从种类上讲，大肠菌群包括许多细菌属，其中有埃希氏菌属、枸橼酸菌属、肠杆菌属和克雷伯氏菌属等，以埃希氏菌属为主。大肠菌群以在1g（或1mL或1cm^2）食品检样中所含的大肠菌群的MPN（maximum probable number，最可能数）来表示。大肠菌群来自人或恒温动物的粪便，是评价食品被粪便污染程度的一项重要指标，大肠菌群数量越多，则表明食品被粪便污染越严重，由此推测该食品存在着肠道致病菌污染的可能越大，潜伏着食物中毒或流行病的威胁。粪便一般对食品的污染是间接的，通常采取限制食品中大肠菌群数量来控制这类污染。

3. 致病菌　此处所说的致病菌主要是指肠道致病菌和致病性球菌。食品首先要求是安全性，其次才是可食性和其他。食品中一旦含有致病菌，其安全性也就丧失了，食用性也不复存在。所以，各国的卫生部门对致病性微生物都作了严格的规定，将其作为评价食品卫生质量的重要标准之一。

目前列入国家标准的致病菌有十几种，如沙门氏菌、金黄色葡萄球菌、链球菌、副溶血弧菌等，每一种都有详细、完整的检验方法。作为全国范围内的统一方法，在保证食品安全和维护消费者健康方面起了重要作用。食品的种类不同，检验何种致病菌各有侧重。我国规定，在食品中不得检出致病菌，但有些食品针对个别致病菌近期作了限量检出的规定。列入出口食品行业标准的致病菌的检验方法与发达国家的检验方法基本保持了一致，同时也尽量适合我国国情。

项目二　动物性食品非生物性污染与控制

非生物性污染包括化学性污染和放射性污染。其污染方式和途径也可分为内源性污染和外源性污染两种。

一、化学性污染

化学性污染是指各种有毒有害化学物质对动物性食品的污染。包括各种有毒的金属、非金属、有机化合物和无机化合物等。进入动物饲料和人类食品中的化学性污染物，除少数因浓度或数量过大引起急性中毒外，绝大部分以食品残毒（通过各种途径进入并残留于食物中的有毒物质）的形式构成潜在的慢性的危害。从污染来源可分为以下几类：

1. 环境污染　随着工业生产的发展，工业“三废”（废气、废水、废渣）不合理的排放，是引起大气、水体、土壤及动植物污染的主要原因。这些环境污染物可以通过呼吸、饮水直接进入人体，也可沿食物链间接进入人体。尤其需要注意的是，污染物沿食物链逐级生物富集，可以使本来浓度很低的污染物富集到危险的高浓度水平。例如，多氯联苯（PCB）是几乎不溶于水的物质，它在河水和海水中的浓度只有0.000 01～0.001mg/L，乍看起来，这样微乎其微的物质是不可能造成什么危害的，但经过食物链富集后，其浓度可以成千上万倍地增加，在鱼体内可富集到0.01～10mg/kg，在食鱼鸟体内可进一步富集到1.0～100mg/kg，而且食物链越长，富集的程度越高，危害也就越明显。人食用上述鱼类，使脂肪中富集的多氯联苯可达0.1～10mg/kg。

污染环境的化学物质种类繁多，如镉、铅、汞、砷、多氯联苯、苯并芘、氟化物等。

2. 农药污染 农药是指用于预防、消灭、驱除各种有害昆虫、啮齿动物、霉菌、病毒、杂草和其他有害动植物的物质，以及用于植物的生长调节剂、落叶剂、贮藏剂等。农药的广泛使用，常造成动物性食品的农药残留（是指农药的原形及其代谢物蓄积或贮存于动物的细胞、组织或器官内）。农药污染可以由于对动物体和厩舍使用农药或在运输中受到农药的污染而发生，但主要是通过食物链而来。引起食品污染的农药，主要是有机磷、有机汞、有机砷等农药。

3. 药物污染 用于动物生产的药物，如抗生素、磺胺制剂、生长促进剂和各种激素制品等，可以在动物体内反应并形成残留。人类食用有药物残留的食品，将对人体健康造成影响，主要表现为变态反应与过敏反应，细菌耐药性，致癌、致畸、致突变和激素样作用。为了防止食品中药物残留对人体的危害，使用过药物的动物要经过休药期后方可屠宰或允许其产品上市。

4. 食品添加剂污染 食品添加剂是指为改善食品的品质，增加其色、香、味，以及为防腐和加工工艺的需要而加入食品中的化学合成的或天然的物质。食品添加剂在一定范围内使用一定量对人体无害，但若滥用则会造成食品的污染，对食用者的健康造成危害。所以，各国都制定了食品添加剂的卫生标准，规定了允许使用的添加剂名称、使用范围和最大使用量。

二、放射性污染

自然界中本身就存在着微量的放射性物质，此外，还有来自宇宙空间的宇宙射线，它们共同形成某一地区的放射性天然辐射源，其中参与外环境和生物体之间的物质交换，并存在于动植物体内的放射性核素，就构成了食品的天然放射性本底。食品吸附或者吸收外来的放射性核素，其放射性高于自然放射性本底时，称为食品的放射性污染。这些污染物主要来源于放射性物质的开采、冶炼，大气中核爆炸的沉降物，原子能工业和核工业的放射性核素废物的排放不当或意外事故等均可造成环境的污染。辐照食品的安全性也已成为人们普遍关注的问题。

这些放射性物质直接或间接地污染食品，危害食用者的健康。放射性污染能引起慢性放射病和长期效应，如血液变化、性欲减退、生育能力障碍，以及发生肿瘤和缩短寿命等。

放射性物质对食品污染的特点是：种类较多，半衰期一般较长，被人摄取的机会多，有的在人体内可以长期蓄积。

三、非生物性污染的控制与监测

（一）积极治理“三废”，加强对农药和药物的使用管理

（1）做好工业“三废”的综合治理，禁止随意排放，防止对环境的污染。同时，要积极开展环境分析和食品卫生监测工作，及时采取防止食品污染的有效措施。

（2）加强对农药生产和使用的管理，严格规定食品中农药的最高残留限量（MRL，

maximum residue limit），禁止和限制使用高残留、剧毒农药，开展食品中农药残留的检测工作，禁止使用农药残留量超标的任何原料生产食品。

（3）加强对药物的生产和使用的管理，严格规定药物的休药期和 MRL。对兽药的生产和使用进行严格管理，对动物性食品中的药物残留进行全面检测，凡超过 MRL 的食品不允许在市场上出售和食用。

（二）加强对放射性污染的控制

1. 加强对污染源的经常性卫生监督　使用放射性物质时，应严格遵守技术操作规程，定期检查装置的安全性。对食品进行辐照保鲜时，应严格遵守照射源和照射剂量的规定，禁止任何能够引起食品和包装物产生放射性的照射。绝对禁止把放射性核素作为食品保藏剂使用。

2. 适时或定期地进行食品卫生监督　对应用于工农业、医学和科学实验目的的核装置及同位素装置附近地区的食品，要定期进行卫生监督。对于辐照处理的食品也应如此监督，严格控制食品的吸收剂量，卫生监督部门随时查验，未经审查批准的辐照食品，一律不得上市。

3. 严格执行卫生标准　1958 年国际辐射防护委员会（ICRP，International Commission On Radiological Protection）推荐"人体最大允许量"。一些国家根据这一建议制定了空气、水和食品的放射性核素最大允许浓度或最大允许摄入量。

（三）开展食品的安全性评价和监测工作

食品中有害物质进入人体后，其毒性高低是相对的，只有在一定量和一定接触条件下，才可能对机体造成危害。因此，人们根据食品毒理学的原则和方法，按照图 1-1 程序制定食品中有害物质（化学物质，包括微生物毒素和放射性核素）的容许量标准。

1. 确定动物最大无作用剂量（*MNL*）　一般情况下，有害物质引起动物机体的毒性作用会随着其剂量的逐渐降低而逐渐减弱；当减弱到一定剂量时，不能再观察到它对动物的毒性作用，这一剂量称为动物最大无作用剂量（maximal no-effective dose，*MNL*），以 mg/kg 表示*。

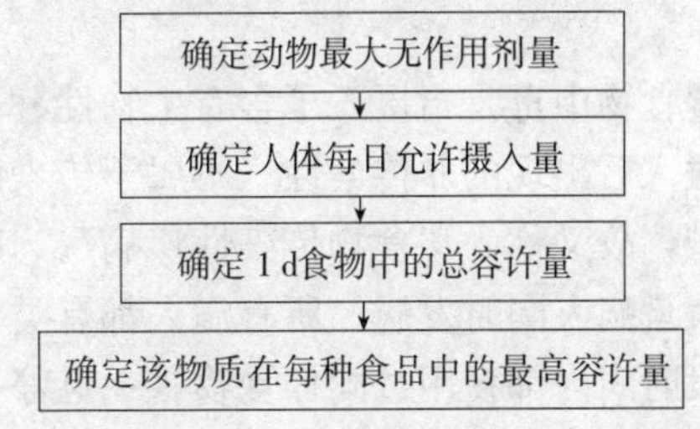

图 1-1　食品中有害物质容许量标准制定程序

2. 人体每日允许摄入量（*ADI*）　人体每日容许摄入量（*ADI*，acceptable daily intake）是指人类终生每日摄入该有害物质，对人体健康没有任何已知的不良效应的剂量，以 mg/kg 体重表示。*ADI* 当然不可能由人体试验进行测定，而是由动物 *MNL* 换算来的。考虑到动物与人的种间差异以及人的个体差异，为安全起见，在换算时要考虑安全系数，一般定为 100（可以理解为种间差异和个体差异各取 10）。换算公式如下：$ADI=MNL/100$。

3. 确定 1d 食物中的总容许量　人类每日允许摄入的有害物质不仅来源于食物，还可能来源于饮水和空气等。因此，必须首先确定该物质来源于食品的量占总量的比例，才能据此由 *ADI* 值计算该物质在食品中的最高容许量。例如，某农药的 *MNL* 为 5 mg/kg，则 $ADI=5/100\text{mg/kg}=0.05\text{ mg/kg}$，如果一般成人体重以 60kg 计，则该农药成人 $ADI=0.05$

* 本教材中所涉及的动物体内的药物使用剂量或毒物含量除特殊说明外均以每千克体重计。

mg/kg×60kg/人=3 mg /人；假定该农药进入人体总量的80%来自食品，则该农药在一日食物中的总容许量为3 mg×80%=2.4 mg。

4. 确定该物质在各种食品中最高残留限量（*MRL*） 最高残留限量是指允许在食品中残留化学物质或药物的最高量或最高浓度，又称为允许残留量或允许量。要确定一种有害物质在人体内所摄取的各种食品中的最高容许量，则首先需要通过膳食调查，了解含该物质的食品种类，并了解各种食品的每日摄入量。假定含该农药的食品只有粮食和蔬菜，人体每日摄取粮食和蔬菜的量分别为500g和300g，则粮食和蔬菜中该农药最高容许量为2.4 mg /（0.5+0.3）kg=3 mg/kg。不论含有该农药的食品有多少种，均可如此推算。至于多种食品的最高容许量之间是否应该有差别，则可根据具体情况而定。

5. 制定食品中的最高残留限量标准 按上述方法计算得出的各种食品最高允许含量是理论值，在制定标准时，还应根据实际情况作调整。调整的原则是，在确保人体健康的情况下，兼顾健康需要和目前生产技术水平及经济水平，同时还要考虑与国际标准和国外先进标准的接轨问题。在具体制定时，还应考虑有害物质的毒性、特点和实际摄入情况，将标准从严制定或略加放宽。考虑的因素常有以下几点：①该物质在人体内的积蓄性及代谢特点，不易排泄或解毒者从严；②该物质的毒性特点，产生严重后果（如致癌、致畸、致突变等）者从严；③含有该物质的食品的食用情况，长时间大量食用者从严；④含该物质食品的食用对象，供儿童、病人食用者从严；⑤该物质在烹调加工过程中的稳定性强者从严。制定食品中有害物质的容许量标准时，带有一定的相对性。故标准制定后，还应进行验证。此外，随着科学技术的发展，容许量标准还应不断进行修订。

项目三　食物中毒

食物中毒是指摄入了含有生物性、化学性有毒有害物质的食品或把有毒有害物质当作食品摄入后出现的非传染性（不属于传染病）的急性、亚急性疾病。其中包括感染和中毒两类病型，故又称为“食物传染性疾病”。其共同特点为：潜伏期短，来势急剧，短时间内可能有大量病人同时发病；所有病人都有类似的临床表现，一般都有急性胃肠炎的症状；病人在一段时间内都食用过同样食物，一旦停止食用这种食品，发病随即停止；发病曲线呈现突然上升又迅速下降的趋势，一般无传染病流行时的余波。

一、食肉感染

食肉感染是指人类食用患病动物的产品及其制品而引发的某种传染性和寄生虫性疾病。带染有人畜共患病病原体的动物性食品，可经食肉感染给人，导致人畜共患病的传播和流行。

人畜共患病的危害因国家和地区而不同。在我国，据不完全统计，人畜共患病有近200种之多，其中比较重要的有：炭疽、鼻疽、布鲁氏菌病、结核病、伪结核病、沙门氏菌病、猪丹毒、破伤风、土拉菌病、军团病、李氏杆菌病、弯杆菌病、钩端螺旋体病、口蹄疫、甲型肝炎、乙型肝炎、狂犬病、Q热、流行性乙型脑炎、轮状病毒病、猪囊尾蚴病、牛囊尾蚴病、棘球蚴病、旋毛虫病、弓形虫病、血吸虫病、住肉孢子虫病、卫氏并殖吸虫病、华支睾吸虫病、孟氏裂头蚴病等。人可因为食用未彻底消毒的牛乳而感染结核病。1987年上海暴发甲型肝炎，造成30万人发病，其原因是食用了污染有甲肝病毒的水产品。1997年台湾暴发猪口蹄疫，给养猪业遭到了毁灭性打击。疯牛病不仅给英国造成巨大损失，而且引起了全世界的恐慌。1997年香港发生禽流感，不仅使大批鸡发病死亡，而且造成13人感染H5N1禽流感病毒并发病，其中4人死亡。食用囊尾蚴病猪肉可使人发生感染。人畜共患病不仅通过食物传染给人，危害人体健康，同时，亦会因畜产品及废弃物处理不当，造成动物疫病流行，影响畜牧业的发展。因此，为了保障人类健康，促进畜牧业的发展，必须加强对动物性食品的卫生监督与检验，以防止食肉传染的发生。常见的食肉感染的主要感染途径、人患主要病症见表1-1。

表1-1　常见的食肉感染

人畜共患病	主要传染源动物	主要感染途径	人患主要病症
炭疽	牛、羊、马、猪	接触、食入	炭疽痈、肠炭疽
布鲁氏菌病	牛、羊、猪	接触	波状热、关节炎、睾丸炎
结核病	牛、猪	食入	肺结核、肠结核
沙门氏菌病	猪、鸡、牛	食入	肠炎、食物中毒
猪丹毒	猪	创伤、食入	局部红肿疼痛、类丹毒
李氏杆菌病	牛、羊、猪	食入	脑膜脑炎
钩端螺旋体病	猪	接触	出血性黄疸
野兔热	兔	食入	局部淋巴结肿胀、菌血症
鼻疽	马	接触	局部溃疡
口蹄疫	猪、牛、羊	接触	手、足、口腔发生水疱、烂斑
旋毛虫病	猪、犬	食入	初期腹痛，后期肌肉疼痛
囊尾蚴病	猪、牛	食入	绦虫病、肌囊虫（极少）
弓形虫病	猪	食入	脾肿、发热、肺炎

二、微生物性食物中毒

微生物性食物中毒是指因食用被中毒性微生物污染的食品而引起的食物中毒。包括细菌性食物中毒和霉菌毒素性食物中毒。前者是指人食入被大量活的中毒性细菌或细菌毒素污染的食品所引起的中毒现象，是常见的一类食物中毒；后者是指某些霉菌如黄曲霉、赭曲霉等污染了食品，并在适宜条件下繁殖，产生毒素，摄入人体后所引起的食物中毒。长期少量摄入霉菌毒素，则可引起致畸、致癌、致突变的所谓“三致”作用。对1987年全国食物中毒的原因分析表明，在3241起食物中毒中，1686起为微生物性食物中毒，其中细菌性食物中毒占50%以上，沙门氏菌引起的最为常见，占14.41%以上；化学性食物中毒为1111起；真菌性和原因不明的各为112起和328起。

1. 沙门氏菌食物中毒　沙门氏菌为肠杆菌科的一个菌属，有2000多个血清型，我国已发现100多个血清型。广泛存在于各种动物的肠道中，当机体免疫力下降时，会进入血液、内脏和肌肉组织，造成肉品的内源性污染；畜禽粪便污染食品加工场所的环境和用具，也会造成沙门氏菌的污染，引起食物中毒。食物中毒性沙门氏菌群主要包括鼠伤寒沙门氏菌、猪霍乱沙门氏菌、肠炎沙门氏菌、纽波特沙门氏菌、病牛沙门氏菌、都柏林沙门氏菌、汤普逊沙门氏菌、山夫登堡沙门氏菌、鸭沙门氏菌等。

沙门氏菌食物中毒主要是由于摄入大量致病活菌造成的，菌体内毒素也起到一定的协同作用。沙门氏菌食物中毒的潜伏期多为 4～48h。主要症状为头痛、恶心、头晕、寒战、全身无力、食欲不振、呕吐、腹泻、腹痛、腹胀、发热、体温高达 38～40℃。重者可引起痉挛、脱水、休克等。急性腹泻以黄色或黄绿色水样便为主，有恶臭。以上症状可因病情轻重而反应不同。本病发病率高，死亡率低。

2. 葡萄球菌食物中毒 葡萄球菌食物中毒是由金黄色葡萄球菌的肠毒素引起的，葡萄球菌通常是通过患病动物的产品以及患化脓疮的食品加工人员及环境因素引起食品污染，在适宜的条件下大量繁殖并产生肠毒素。葡萄球菌是无芽孢细菌中毒力最强的一种，在干燥的脓汁中可存活数月，湿热 80℃ 30min 才能将其杀死，耐盐性强。肠毒素的耐热性强，食物中的肠毒素煮沸 2h 方能被破坏，故一般的消毒和烹调不能破坏。

葡萄球菌食物中毒的特征是发病突然，来势凶猛。潜伏期一般为 2～4h，最短者为 30min。主要症状为恶心、剧烈地反复呕吐、腹痛、腹泻等胃肠道症状。

3. 副溶血弧菌食物中毒 副溶血弧菌又称为嗜盐杆菌、嗜盐弧菌，存在于海水和海产品中。该菌的致病菌株引起的食物中毒，位居沿海地区食物中毒之首，有明显的季节性，多发生在夏、秋季节（6～9 月）。引起中毒的水产品中以带鱼、墨鱼、黄花鱼、海蟹、海蜇为多。潜伏期一般为 8～20h，最短 2h，也可长达数天。主要症状为腹痛、腹泻（一般为水样便，重者为黏液便和黏血便）、恶心、呕吐、发热，其次尚有头痛、发汗、口渴等症状。发病急促，来势凶猛，必须及时抢救。

4. 肉毒梭菌食物中毒 肉毒梭菌食物中毒是由肉毒梭菌的外毒素引起的一种比较严重的食物中毒。中毒食品多为家庭自制发酵豆谷类制品，其次为肉类和罐头食品。主要是食品在调制、加工、运输、贮存的过程中污染了肉毒梭菌芽孢，芽孢在适宜的条件下发芽、增殖并产生毒素所造成。肉毒毒素是一种神经毒素，是目前已知化学毒物与生物毒素中毒性最强的一种，对人的致死量为 10^{-9} mg/kg，毒力比氰化钾还要大 1 万倍。毒素在正常胃液中经 24h 不被破坏，但易被碱和热破坏，加热 80℃ 30min 或煮沸 5～20min 可破坏其毒性。

肉毒毒素是一种与神经亲和力较强的毒素，经肠道吸收后，作用于神经肌肉突触，阻止乙酰胆碱的释放，导致肌肉麻痹和神经功能不全。多发生在冬春季。潜伏期长短不一，短者 2h，长者可达数天，一般为 1～7d。主要症状有头晕、无力、视力模糊、眼睑下垂、复视、咀嚼无力、张口困难、伸舌困难、咽喉阻塞感、饮水发呛、吞咽困难、头颈无力、垂头等。体温一般正常，病程一般 2～3d，也有长达 2～3 周之久的。肉毒中毒死亡率较高，可达 30%～50%。主要死于呼吸麻痹和心肌麻痹。如早期使用特异性或多价抗血清治疗，病死率可降至 10%～15%。

5. 蜡样芽孢杆菌食物中毒 蜡样芽孢杆菌在自然界分布很广，从各种动植物生熟食品中都能分离到，该菌的肠毒素可引起食物中毒，肠毒素分为呕吐肠毒素和腹泻肠毒素两种，因而中毒的临床表现有呕吐型与腹泻型两种。呕吐型以恶心、呕吐为主，并有头晕、四肢无力的综合症状，腹泻则少见。潜伏期一般为 0.5～5h。腹泻型以腹痛、腹泻为主，呕吐则少见。潜伏期一般为 8～16h。两型均不发热，有时混合发生，致死率较低。由于蜡样芽孢杆菌对热有一定的抵抗力，能耐受 100℃ 30min 的热处理，故可在熟食品中迅速繁殖产生毒素，引起食物中毒。

6. 产气荚膜梭菌食物中毒 产气荚膜梭菌是一种厌氧性芽孢杆菌，中毒多发生在夏秋季节，中毒食物以鱼、肉及其制品为多见，中毒的原因主要是热处理不充分，冷却不及时，致使细菌大量繁殖产生毒素。A 型产气荚膜梭菌食物中毒，潜伏期一般为 10～12h，临床表现为典型急性胃肠炎：腹痛、腹泻，多为水样便，偶尔混有黏液和血液，并伴有恶心、发热，多数在 1～2d 恢复。C 型产气荚膜梭菌引起的中毒症状较为严重，潜伏期一般 2～3h，临床症状表现为严重的下腹部疼痛，重度腹泻，便中带有血液、黏液，并伴有呕吐。严重者发生毒血症，死亡率可达 35%～40%。

7. 病原性大肠杆菌食物中毒 病原性大肠杆菌的食物中毒性菌株，可以通过耐热肠毒素和不耐热肠毒素引起食物中毒。主要发生于 3～9 月的温热季节。中毒食物以熟肉制品、蛋及蛋制品、乳类、凉拌食物多见。中毒临床症状以急性胃肠炎为主，也有表现为急性菌痢的。潜伏期 8～44h。一般在进食后 12～24h 出现腹泻、呕吐，严重者呈水样便，伴发头痛、发热、腹痛，病程 1～3d。

8. 链球菌食物中毒 链球菌在自然界分布较广，引起食物中毒的主要是 D 群的粪链球菌和类粪链球菌。该食物中毒多发生在 5～11 月，中毒的食物以熟肉类、乳类、冷冻食品和水产品为多。临床主要表现为上腹部不适，恶心呕吐，腹痛腹泻，偶有嗳气、头晕头痛和低烧。症状轻，病程短，1～2d 恢复正常，未见有死亡者。

9. 变形杆菌食物中毒 变形杆菌为腐物寄生菌，在自然界广泛分布。该菌一般对人体无害，但当它在食品中大量繁殖，随食物进入人体可引起食物中毒。多发于夏秋季节，中毒食物以熟肉及内脏冷盘最为常见。临床表现主要是急性胃肠炎型，其次是过敏型。前者的潜伏期多为 5～18h，短者仅 1h。临床特征以上腹部刀绞样痛和急性腹泻为主，有的伴以恶心呕吐、头痛、发热、体温一般在 38～39℃，病程一般为 1～3d。很少有死亡。

10. 空肠弯曲菌食物中毒 空肠弯曲菌引起的食物中毒多见于夏秋季节。潜伏期一般为 3～5d。主要临床症状是发热、腹痛、腹泻、水样便或血腥黏液便。严重腹痛酷似阑尾炎。腹泻可持续 5～7d，多数患者 1 周左右即可恢复。但 20%的病人有病情复发或加重，也有死亡病例。

11. 小肠结肠炎耶尔森菌食物中毒 小肠耶尔森氏菌是近年来发现的食物中毒病原菌，中毒的临床表现比较复杂，但主要表现为急性胃肠炎。常见症状为腹痛、腹泻、发热，以及恶心、呕吐，有时伴发关节炎、结节性红斑，甚至出现败血症。腹痛多见于脐周和下腹部，部分患者呈现急性阑尾炎样回盲部疼痛。腹泻多为水样便，无黏液。腹部症状出现后，发生结节性红斑。

三、化学性食物中毒

引起食物中毒的化学物质包括有害元素（重金属、非金属）、农药、添加剂及其他化学毒物。

（一）有害元素等化学物质食物中毒

1. 镉引起的食物中毒 镉在工业上应用十分广泛，采矿、冶炼、合金制造、电镀、印刷、油漆、颜料、电池、陶瓷、汽车运输等工业生产排放的含镉“三废”，以及含镉的农药化肥是造成镉污染的重要因素。镉的生物半衰期为 40 年，含镉工业废水排入水体，可使鱼、贝等水生生物受到污染，人摄入后主要在肾。其次在肝中蓄积，镉中毒主要表现为肾严重受损，发生肾炎和肾功能不全，出现蛋白尿、糖尿及氨基酸尿，骨质软化、疏松或变形，全身刺痛，易发生骨折。1946 年 3 月至 1968 年 5 月，日本富山县神通川流域由于镉的污染而发生“骨痛病”，发病258例，死亡128例。患病后关节和骨疼痛，有的上牙齿出现黄色镉环，由于长期卧床而发生废用性萎缩，常因并发症而死亡。镉还引起高血压、动脉粥样硬化、贫血及睾丸损伤等。

我国食品卫生标准（GB 2762—2012）规定，食品中镉的*MRL*（以Cd计）为：畜禽肉类、鱼类0.1mg/kg，禽蛋0.05mg/kg。1972年WHO（世界卫生组织）建议，镉的*ADI*应为“无”，而暂时允许成年人每周摄入量为400～500μg，或每千克体重8.3μg。

2. 汞引起的食物中毒 汞及其化合物都是有毒物质，有机汞的毒性比无机汞大得多，汞的污染主要是由于汞矿及其他矿产的开采、冶炼和工农业生产的广泛应用。进入人体的汞，主要来自被污染的鱼、贝类，日本鹿儿岛水俣镇1953年发生的所谓“水俣病”，就是一起汞中毒事件。当时该地区鱼体内汞含量曾高达20～24mg/kg，致使一些微生物，特别是污泥中的微生物将无机汞转化为有机汞。甲基汞进入人体后不易降解，排泄很慢，在人体中的生物半衰期为70d，主要蓄积于肝和肾，并通过血脑屏障进入脑组织，主要损害神经系统，急性中毒时可迅速昏迷，抽搐，死亡；慢性中毒可使四肢麻木，步态不稳，语言不清，进而发展为瘫痪麻痹，耳聋眼瞎，智力丧失，精神失常。此外，甲基汞还可通过胎盘进入胎儿体内，导致畸胎率明显增高。因此，汞污染已被列为世界八大公害之一。

我国食品卫生标准（GB 2762—2012）规定，食品中汞的*MRL*（以Hg计）为：肉、去壳蛋总汞为0.05mg/kg；鱼（不包括食肉鱼类）及其他水产品甲基汞为0.5mg/kg；食肉鱼类（如鲨鱼、金枪鱼及其他）甲基汞为1.0 mg/kg。

3. 铅引起的食物中毒 铅在采矿、冶炼、蓄电池、汽油、印刷、涂料、焊接、陶瓷、塑料、橡胶和农药工业中广泛使用，可通过工业“三废”污染环境。铅及其化合物对人体都有一定的毒性，有机铅比无机铅毒性更大，尤其作为汽油防爆剂的四乙基铅及其同系物则毒性更大。铅在机体内的生物半衰期为1460d，主要对神经系统、造血系统和消化系统有毒性作用。中毒性脑病是铅中毒的重要病症，表现为增生性脑膜炎或局部脑损伤。成年人血铅含量超过0.8μg/mL时，则会出现明显的临床症状，表现为食欲不振、胃肠炎、口腔金属味、失眠、头晕、头痛、关节肌肉酸痛、腰痛、便秘、腹泻和贫血等。中毒者外貌出现“铅容”，牙齿出现“铅缘”。此外，还可导致肝硬化、动脉硬化，对心脏、肺、肾、生殖系统及内分泌系统均有损伤作用。

我国食品卫生标准（GB 2762—2012）规定，食品中铅的*MRL*（以Pb计）为：禽畜肉类0.2 mg/kg，鱼类0.5mg/kg，鲜蛋0.2mg/kg，鲜乳0.05mg/kg。

4. 砷引起的食物中毒 砷及其化合物在有色玻璃、合金、制革、染料、医药等行业广泛使用。砷的急性中毒多因误食引起，通过食物长期少量摄入砷主要引起慢性中毒，表现为感觉异常、进行性虚弱、眩晕、气短、心悸、食欲不振、呕吐、皮肤黏膜病变和多发性神经炎，颜面、四肢色素异常，称为黑皮症和白斑，心脏、肝、脾、肾等实质脏器发生退行性病变，以及并发性溶血性贫血、黄疸等，严重时可导致中毒性肝炎、心肌麻痹而死亡。砷还可通过胎盘引起胎儿中毒。台湾西海岸曾发生的“黑足病”，就是长期饮用高砷水（达1.2～2.0mg/L）引起慢性中毒的结果，其实质是一种干性坏疽。

我国食品卫生标准（GB 2762—2012）规定，食品中砷的*MRL*（以As计）：肉、蛋类、鲜乳无机砷0.5mg/kg，鱼无机砷0.1mg/kg。WHO暂定*ADI*为0.05 mg/kg（以体重计）。

5. 多氯联苯引起的食物中毒　多氯联苯（PCB）用途广泛，化学性质极其稳定，广泛存在于自然界。长期接触多氯联苯，除引起再生障碍性贫血和致癌外，还可使遗传基因受到损害，出现畸形胎儿。它还能影响大脑功能，使记忆力减退甚至丧失。1968 年日本福冈县发生的“米糠油中毒事件”就是污染多氯联苯所致，患者出现皮肤酒刺样疮疤，并有手足麻木等症状。

我国食品卫生标准（GB 2762—2012）规定，海产食品中多氯联苯的 *MRL* 为 0.5mg/kg（以 PCB28、PCB52、PCB101、PCB118、PCB138、PCB153、PCB180 总和计）。

（二）农药食物中毒

1. 有机磷农药中毒　有机磷农药广泛应用于谷类、蔬菜、果树等作物的生产中。有机磷农药在土壤中的残留时间一般为数天，个别的可长达数月。有机磷农药随食物进入人体被吸收后，其分布以肝为最多，其次为肾、肺、骨、肌肉和脑。有机磷农药毒性作用主要在于抑制胆碱酯酶活性。急性中毒时，表现为血液胆碱酯酶活性下降，引起胆碱能神经功能紊乱，例如出汗、肌肉震颤，严重时导致中枢神经功能障碍，出现共济失调、震颤、神经错乱、语言失常等一系列神经中毒的表现。长期接触有机磷农药可引起神经功能的损害。有机磷农药慢性中毒可以出现进行性眼外肌麻痹，眼的屈光度降低。有些有机磷农药如敌百虫、乐果等有迟发神经毒性，即在急性中毒过程结束后第二周病人发生神经症状，主要是下肢软弱无力和运动失调，进一步发展为神经麻痹。

我国动物性食品的有机磷农药的 *MRL* 尚无标准。

2. 氨基甲酸酯类农药中毒　氨基甲酸酯类多为杀虫剂，近年来应用日益广泛。常用的品种有西维因、速灭威、叶蝉散、呋喃丹等，这些农药易分解，在体内不蓄积，其中毒机制与有机磷农药相似，但易恢复，因此症状消失较快。WHO 建议，西维因 *ADI* 为 0.01 mg/kg。各类食品中的 *MRL*：家禽和蛋（去壳）0.5mg/kg，畜肉 0.2mg/kg，乳制品 0.1 mg/kg。

（三）食品添加剂食物中毒

1. 发色剂　常用的发色剂有硝酸盐和亚硝酸盐。发色剂加入肉品中可使肉色鲜红，香肠、火腿肠、肉类罐头等食品中经常使用。当亚硝酸盐大量进入血液时，可使血红蛋白变为高铁血红蛋白，失去输氧功能。表现为皮肤黏膜青紫、呼吸困难、循环衰竭以及中枢神经系统的损害。此外，亚硝酸盐还引起血管扩张、血压下降。在食品中亚硝基和胺类结合形成具有强烈致癌性的亚硝胺类物质。因此食品工业中应严格限量使用。

我国食品卫生标准（GB 2762—2012）规定，食品中亚硝酸盐的 *MRL*（以 $NaNO_2$ 计）为：生乳 0.4mg/kg，乳粉 2.0mg/kg。

2. 油脂抗氧化剂　我国规定使用和制定国家标准的油脂抗氧化剂，有丁基羟基茴香醚（BHA）、二丁基羟基甲苯（BHT）和没食子酸丙酯（PG）。这三种油脂抗氧化剂毒性很小，较为安全。但近年来对油脂抗氧化剂的安全性提出了新的疑义，近年来有报告称 BHA 和 BHT 有致癌作用，FAO 联合国粮食与农业组织/WHO（世界卫生组织）添加剂联合专家委员会 1983 年第 27 次会议决定，对 BHA 仍需进一步实验，*ADI* 暂定为 0.5mg/kg；会议同时肯定 BHT 没有致癌性，*ADI* 正式定为 0.5mg/kg。我国食品卫生标准（GB 2760—2011）规定：BHA 和 BHT 的 *MRL* 为 0.2g/kg；以上三种抗氧化剂同时使用时，BHA 和 BHT 的量不得超过 0.4g/kg，PG 不得超过 0.05g/kg。

我国允许使用的另一种抗氧化剂为D-异抗坏血酸钠，肉制品的最大使用量为0.5g/kg。

3. 防腐剂 我国允许使用并制定有国家标准的防腐剂有苯甲酸及其钠盐、山梨酸及其钾盐、亚硝酸及其盐类。

四、生物毒素性食物中毒

1. 河豚中毒 引起中毒的是河豚毒素，毒素量因部位不同而有差异，河豚的卵巢、血液和肝毒性最强。河豚毒素中毒的特点为发病急速而剧烈，潜伏期10min至3h，首先感觉手指、唇和舌刺痛，然后出现恶心、呕吐、腹泻等胃肠炎症状，并有四肢无力、发冷、口唇、指尖和肢端麻痹、眩晕，重者瞳孔及角膜反射消失，四肢肌肉麻痹，以至身体摇摆、共济失调，甚至全身麻痹、瘫痪，以致语言不清、紫绀、血压和体温下降。呼吸先迟缓浅表，后渐困难，以至呼吸麻痹，最后死于呼吸衰竭。

2. 鱼类组胺中毒 组胺中毒是一种过敏型食物中毒。不新鲜的鱼含一定量组胺，容易形成组胺的鱼类有青花鱼、金枪鱼、沙丁鱼等青皮红肉的鱼。组胺中毒主要是组胺使毛细血管扩张和支气管收缩，临床特点为发病快、症状轻、恢复快，潜伏期为数分钟至数小时，主要表现为颜面部、胸部以及全身皮肤潮红和眼结膜充血等。同时还有头痛、头晕、心悸、胸闷、呼吸频数和血压下降。体温一般不升高，多在1～2d恢复。

3. 贝类中毒 贝类引起食物中毒的毒素为石房蛤毒素，属神经毒素，其毒性很强，可阻断神经和骨骼肌细胞间神经冲动的传导。中毒潜伏期为数分钟至数小时，初期唇、舌、指尖麻木，继而腿、臂、颈部麻木，然后运动失调。伴有头痛、头晕、恶心和呕吐。随病程发展，呼吸更加困难，严重者在2～24h因呼吸麻痹而死亡。

4. 甲状腺中毒 食用未摘除甲状腺的肉或误食甲状腺，可引起中毒。中毒潜伏期为12～24h，表现为头晕、头痛、心悸、烦躁、抽搐、恶心、呕吐、多汗，有的还见腹泻和皮肤出血。病程2～3d，发病率70%～90%，死亡率为0.16%。

5. 肾上腺中毒 误食肾上腺中毒的潜伏期为15～30min，表现为头晕、恶心、呕吐、腹痛、腹泻，严重者瞳孔散大，颜面苍白。

6. 肝和胆中毒 某些动物的肝和胆也可引起食物中毒，肝中毒主要是某些动物肝中所含的大量维生素A引起，表现为头痛、皮肤潮红、恶心、呕吐、腹部不适、食欲不振等症状，之后有脱皮现象，一般可自愈。动物胆中毒是由于胆汁毒素引起的，潜伏期为5～12h，最短为0.5h，初期表现恶心、呕吐、腹痛、腹泻等，之后出现黄疸、少尿、蛋白尿等肝、肾损害症状，中毒者出现循环系统和神经系统症状，因中毒性休克和昏迷而死亡。

五、盐酸克仑特罗（瘦肉精）中毒

1997年上半年，中国香港17人因食猪肺汤，出现手指震颤、头晕、心悸、口干、失眠等症状，经调查，这是由于猪肺中残留的盐酸克仑特罗（Clenbuterol，以下简称为CL）所致。此后，关于盐酸克仑特罗的残留问题，引起全社会高度重视。

盐酸克仑特罗是人工合成的β-肾上腺素能受体兴奋剂之一，是一种强效激动剂，有强而持久的松弛支气管平滑肌的作用。常用其盐酸盐制成片剂或膜剂，用于治疗哮喘、慢性支气管炎、肺气肿等呼吸系统疾病，所以又称为克喘素、氨哮素。

盐酸克仑特罗能够和大多数组织细胞膜上β-受体，特别是分布在血管平滑肌和细支气管平滑肌的β-受体结合，激活细胞膜上的腺苷酸环化酶，cAMP 又作为第二信使，引起细胞产生一系列变化：导致气管、支气管和血管的平滑肌松弛，骨骼肌收缩，过敏介质释放减少，并增加呼吸道纤毛运动，促使痰液排出。常用于防治哮喘性慢性支气管炎、肺气肿等呼吸系统疾病。

大量(5～10 倍治疗量)使用盐酸克仑特罗，可以重新分配脂肪与肌肉的比例，故又称为营养重新调配剂。以盐酸克仑特罗作为动物生长促进剂，提高畜牧生产效益，被称为“瘦肉精”。

近几年来，人的中毒事件不断发生。较为突出的事件是广东河源市的瘦肉精中毒。

人食用含 CL 较高的动物组织后 15min 至 6h 出现症状，症状持续 90min 至 6d，症状可逆。按中毒量 20μg 计算，食用猪肝 80～100g 即可中毒。心率加速，心悸，特别是原有心律失常的病例更易发生心脏反应，可见心室早搏、ST 段与 T 波改变。肌肉震颤，肌痛。头痛、头晕、目眩、恶心、呕吐。胸闷、面部潮红。瘦肉精中毒能让人产生“特别”的兴奋。代谢紊乱，能引起血乳酸、丙酮酸升高，并可出现酮体。糖尿病人应用这一药物应注意可能会引起酮中毒或酸中毒。

此外，CL 还能引起血钾降低，过量应用或与糖皮质激素合用时，有可能引起低钾血症，从而导致心律失常。反复用药后发生低敏感现象也很常见，表现为支气管扩张作用明显减弱，作用持续时间缩短。对高血压、心脏病、甲状腺机能亢进、前列腺肥大的人有生命危险。也有专家认为，“瘦肉精”有可能使人体致畸致癌。

农业部 1997 年下令禁止使用盐酸克仑特罗喂猪。农业部和国家医药监督管理局 2000 年 4 月发文，禁止生产、销售和使用。卫生部《关于加强肉及肉制品管理的紧急通知》要求，对无卫生许可证的非法生产经营者，要坚决取缔，对私屠滥宰、不符合《肉类加工厂卫生规范》(GB 12694—1990) 的生产经营企业要依法进行查处，有条件的地区应加强肉及肉制品中违禁兽药的残留量的监测。

项目四　绿色食品的生产与标准

一、绿色食品的概念与特征

(一) 绿色食品的概念

绿色食品的内涵许多人对它并不十分了解，从而出现种种误解：一是说绿色食品就是含叶绿素的绿颜色的食品；二是说绿色食品就是走上餐桌上的野菜。绿色食品冠以“绿色”是对安全食品的一种形象表述。早在 20 世纪 90 年代初，农业部中国绿色食品发展中心在国内率先提出了“出自最佳环境、带来活力”“安全、健康、营养”的绿色食品的概念。以“绿色”来突出这类食品出自良好的生态环境，并能给人们带来旺盛的生命活力。

严格地讲，绿色食品是遵循可持续发展原则，按照特定的生产方式生产，经专门机构认定，许可使用绿色食品标志的无污染的安全、优质、营养类食品。无污染是指在绿色食品生产、加工过程中，通过严密监测、控制，防范农药残留、放射性物质、重金属、有害细菌等对食品生产各个环节的污染，以确保绿色食品的洁净；优质特性不仅包括产品的外表包装水平高，而且还包括内在品质优良、营养价值和卫生安全指标高。

(二) 绿色食品的特征

绿色食品与普通食品相比有以下显著特征。

1. 强调产品必须出自最佳的生态环境 绿色食品生产从原料生产地的生态环境入手，由法定的环境监测部门对产品原料产地及其周围的生态环境因子经过定点采样监测，判定其是否具备生产绿色食品的基础条件，而不是简单地禁止生产过程中化学合成物质的使用。

2. 对产品实行全程质量控制 绿色食品生产实施“从土地到餐桌”的全程质量控制。通过产前环节的环境监测和原料检测；产中环节的具体生产、加工操作规程的落实；产后环节的产品质量、卫生指标、包装、保鲜、运输、储藏、销售控制，确保绿色食品的整体产品质量，并提高整个生产过程的技术含量。而不是简单地对最终产品的有害成分含量和卫生指标进行的测定。

3. 对产品依法实行标志管理 绿色食品标志是一个质量证明商标，属知识产权范畴，受《中华人民共和国商标法》保护。绿色食品文字、英文 Greenfood 以及标志与文字组合图形，在核定使用商品 1、2、3、5、29、30、31、32、33 共九类食品及相关食品方面的产品进行了注册。

（三）绿色食品的等级

绿色食品从政策性、技术性、经济性、适用性和协调统一性等方面综合考虑，将其进行技术分级，即分为 A 级和 AA 级绿色食品。

A 级绿色食品是指生产地的环境质量符合《绿色食品　产地环境质量》（NY/T391—2013）规定标准，允许限量使用限定的化学合成物质。生产过程中严格按绿色食品生产资料使用准则和生产操作规程要求生产、加工，产品质量及包装经检测、检查符合绿色食品规定标准，并经中国绿色食品发展中心认定，许可使用 A 级绿色食品标志的产品。A 级绿色食品产品包装上印以绿底白色标志，其防伪标签的底色为绿色。

AA 级绿色食品是指生产地的环境质量符合《绿色食品　产地环境质量》（NY/T391—2013）规定标准，生产过程中不使用化学合成的肥料、农药、兽药、生产调节剂、饲料添加剂、食品添加剂和其他有害于生态环境和人体健康的物质，而是通过使用有机肥、种植绿肥、作物轮作、生物防治病虫害、生物或物理除草等技术，培肥土壤、控制病虫害，保证最终达到标准。产品质量及包装经检测、检查符合绿色食品规定标准，并经中国绿色食品发展中心认定，许可使用 AA 级绿色食品标志的产品。AA 级绿色食品包装上印以白底绿色标志，防伪标签的底色为蓝色。

二、绿色食品的生产与质量控制

（一）绿色食品产地环境质量标准

绿色食品产地生态环境质量标准是指在种植业和养殖农业初级产品或食品原料的生长区域内没有工矿企业的污染，在水域上游、上风口没有污染源，区域内的大气、土壤质量及灌溉和养殖用水质量分别符合绿色食品大气标准、绿色食品土壤标准和绿色食品水质标准，并有一套保证措施，以确保该区域在今后的生产过程中环境质量不下降。

产地的空气环境限制了氮氧化合物的含量、二氧化硫、总悬浮微粒等大气污染指标的限值。农田灌溉水、渔业水、畜禽饮用水和加工用水的质量标准，主要是控制汞、镉、铅、砷等重金属和氯化物、氢化物等污染物的含量。2000 年农业部颁布的《绿色食品　产地环境质量》（NY/T 391—2013）规定了绿色食品产地的空气环境、农田灌溉水、渔业用水、畜禽养殖用水及环境中各项污染物的含量限值。其指标基本上与国家环保局制定的环境质量标准的顶级标准一致。土壤质量标准按不同土质、不同土层深度列出汞、镉、铅、砷、铬等5种重金属和滴滴涕及六六六的限值。

（二）绿色食品生产与质量控制

绿色食品生产与质量控制包括绿色食品生产资料使用准则和绿色食品生产技术操作规程两部分，见表1-2。

表1-2　绿色食品生产标准

类别	标　准	内　容
生产资料使用准则	《绿色食品　农药使用准则》（NY/T 393—2013）	（1）农药使用准则：以作物整个生态系统出发，综合防治。优先采用农业措施防治病、虫、草害。如选用抗病抗虫品种，非化学药剂处理种子，培育壮苗，加强栽培管理，中耕除草，秋季深松晒土，清洁田园，轮作倒茬，间作、套作等一系列措施起到防治病虫的作用。尽量利用灯光、色彩诱杀、机械捕捉害虫，机械和人工除草等措施。 在AA级绿色食品生产中允许使用生物源农药、植物源农药和矿物源农药中的硫制剂、铜制剂和矿物油乳剂；在A级绿色食品生产中还允许限量使用限定的化学合成农药，严禁使用规定中禁止使用的农药。 （2）引用标准：《食品中农药最大残留限量》（GB 2763—2014）；《农药合理使用准则》（GB 8321所有部分）；《农药贮存、销售和使用的防毒规程》（GB 12475—2006）；《绿色食品　产地环境质量》（NY/T 391—2013）
	《绿色食品　肥料使用准则》（NY/T 394—2013）	（1）肥料使用准则：绿色食品肥料使用准则的作用主要体现在以下几个方面：①保护和促进使用对象的生长及品质的提高；②不造成使用对象产生和积累有害物质，不影响人体健康；③对生态环境无不良影响。 《绿色食品肥料使用准则》规定允许使用的肥料有七大类26种。根据绿色食品的分级标准规定了肥料的两级使用准则。在AA级绿色食品生产过程中，除可使用Cu、Fe、Mn、B、Mo等微量元素及硫酸钾、煅烧磷酸盐外，不准使用其他化学合成肥料。在A级绿色食品生产中允许使用部分化学合成肥料，但禁止使用硝态氮肥，防止对环境和作物产生不良后果。 （2）引用标准：《农用微生物菌剂》（GB 20287—2006）；《复合微生物肥料》（NY/T 798—2004）；《有机肥料》（NY 525—2012）；《生物有机肥》（NY 884—2012）；《绿色食品　产地环境质量》（NY/T 391—2013）
	《绿色食品　兽药使用准则》（NY/T 472—2013）	（1）兽药使用准则：以预防为主，供给动物充足的营养，提供良好的饲养环境，加强饲养管理，采取各种措施以减少应激，增强动物自身的抗病力，建立严格的生物安全体系。 A级绿色食品兽药使用准则规定了允许和禁止使用的兽药种类、剂型、使用对象及停药期。AA级绿色食品畜产品必须通过措施保证健康，一旦患病，优先选择生物治疗和物理治疗方法；如疫病不能用其他管理技术加以控制时，允许使用规定的疫苗接种（禁止使用由遗传工程方法生产的疫苗）；只有经兽医确诊，没更好的替代治疗方法才允许用常规药品，要保存记录。经治疗的畜禽产品不能做AA级绿色食品出售。 （2）引用标准：《绿色食品　产地环境质量》（NY/T 391—2013）；《中华人民共和国药典》（中国兽药典委员会）；《兽药质量标准》（中华人民共和国农业部）；《进口兽药质量标准》（中华人民共和国农业部）；《兽用生物制品质量标准》（中华人民共和国农业部）；《中华人民共和国动物防疫法》（中华人民共和国主席令）；《动物性食品中兽药最高残留限量》（中华人民共和国农业部）

（续）

类别	标　准	内　容
生产资料使用准则	《绿色食品　食品添加剂使用准则》（NY/T 392—2013）	（1）添加剂使用准则：保持与提高产品的营养价值；提高产品的耐贮性和稳定性；改善产品的成分、品质和感观，提高加工性能。 ①如果不使用添加剂或加工助剂就不能生产出类似的产品。 ②AA级绿色食品中只允许使用"AA级绿色食品生产资料"食品添加剂类产品，在此类产品不能满足生产需要的情况下，允许使用以物理方法从天然物中分离出来，经过毒理学评价确认其食用安全的食品添加剂。 ③A级绿色食品中允许使用"AA级绿色食品生产资料"产品和"A级绿色食品生产资料"食品添加剂类产品，在这类产品均不能满足生产需要的情况下，允许使用除本标准以外的化学合成食品添加剂；所用食品添加剂的产品质量必须符合相应的国家标准、行业标准。 ④允许使用的食品添加剂的使用量应符合规定，不得对消费者隐瞒绿色食品中所用食品添加剂的性质、成分和使用量。 ⑤在任何情况下，不得使用生产绿色食品禁止使用的食品添加剂。 （2）引用标准：《食品安全国家标准　食品添加剂使用标准》（GB 2760—2011）；《食品安全国家标准　复配食品添加剂通则》（GB 26687—2001）；《〈食品安全国家标准　复配食品添加剂通则〉国家标准第1号修改单》（GB 26687—2011/XG1—2012）；《绿色食品　产地环境质量》（NY/T 391—2013）
	《绿色食品　畜禽饲料及饲料添加剂使用准则》（NY/T 471—2010）	（1）饲料和饲料添加剂使用准则：以改善饲料饲养环境、善待动物、加强管理为主，按照饲养标准配制配合饲料，做到营养全面，各种营养素间的相互平衡。 生产A级绿色食品的饲料使用准则应优先使用绿色食品生产资料的饲料类产品；至少90%的饲料来源于已认定的绿色食品产品及其副产品，其他饲料原料可以是达到绿色食品标准的产品；禁止使用转基因方法生产的饲料原料；禁止使用以哺乳动物为原料的动物性饲料产品（不包括乳及乳制品）饲喂反刍动物；禁止使用工业合成的油脂；禁止使用畜禽粪便。 优先使用符合绿色食品生产资料的饲料添加剂类产品；所选饲料添加剂必须是《允许使用的饲料添加剂品种目录》中所列的饲料添加剂和允许进口的饲料添加剂品种；禁止使用任何药物性饲料添加剂；禁止使用激素类、安眠镇静类药品；营养性饲料添加剂的使用量应符合规定的营养需要量及营养安全幅度。不得使用生产绿色食品禁止使用的饲料添加剂。 （2）引用标准：《饲料工业通用术语》（GB/T 10647—2008）；《饲料卫生标准》（GB/T 13078 的所有部分）；《饲料和饲料添加剂管理条剂》（中华人民共和国国务院令2011年第609号）；《饲料添加剂安全使用规范》（中华人民共和国农业部公告第1224号）；《绿色食品　产地环境质量》（NY/T 391—2013）
	《绿色食品　渔药使用准则》（NY/T 755—2013）	（1）渔业用药使用准则：应优先使用绿色食品生产资料中的渔药产品；使用降解快、高效低毒、低残留渔药，保证生产地域环境质量稳定，包括保证水资源和相关生物不遭受损害，生物循环和生物多样性得以保护，建立严格的生物安全体系。 进行诊断、预防或治疗疾病所用的渔药必须符合《中华人民共和国兽药典》《兽药质量标准》《兽用生物制品质量标准》《进口兽药质量标准》《兽药管理条例》等有关规定。应建立并保持水产养殖动物的预防和治疗记录，包括发病时间、发病症状、发病率、死亡率、治疗时间、治疗用药的经过、所用药物的名称和主要成分。 （2）引用标准：《绿色食品　产地环境质量》（NY/T 391—2013）；《中华人民共和国兽药典》（中华人民共和国农业部）；《兽药质量标准》（中华人民共和国农业部）；《进口兽药质量标准》（中华人民共和国农业部）；《兽用生物制品质量标准》（中华人民共和国农业部）；《中华人民共和国动物防疫法》（中华人民共和国主席令）

（续）

类别	标　准	内　容
生产操作规程	种植业操作规程	（1）品种选择：尽可能选择适应当地土壤和气候条件并对病虫害有较强的抵抗能力，经省级品种鉴定委员会审定的优良品种。 （2）植物保护：农药的使用在种类、剂量、时间、残留量方面，都必须符合《绿色食品　农药使用准则》（NY/T 393—2013）的要求。 （3）作物栽培：肥料使用必须符合《绿色食品　肥料使用准则》（NY/T 394—2013）的要求。肥料施用应起到保护或增加土壤肥力，改善土壤理化性状，提高产品品质的效果。 （4）耕作制度：采用生态学原理，建立合理的耕作制度，保持物种的多样性，减少或避免化学及有害物质的投入
	畜牧业生产技术操作规程	（1）饲养场所应是无疫病区，并远离交通要道、公共场所、居民区、学校、医院和污水源。地势要平坦，有缓坡且通风向阳。 （2）饲养品种应选择当地生长条件、抗逆性强的优良品种。 （3）主要饲料来源于无公害区域的草场、农区、绿色食品饲料种植地和绿色食品加工产品的副产品。 （4）饲料添加剂的使用，应符合《绿色食品　畜禽饲料及饲料添加剂使用准则》（NY/T 471—2010）。 （5）畜禽房舍消毒及畜禽疫病防治用药，应符合《绿色食品　兽药使用准则》（NY/T 472—2013）。 （6）采用生态防病及其他无公害技术
	水产养殖绿色食品生产技术操作规程	（1）养殖用水必须达到生产绿色食品要求的水质标准。 （2）选择饲养适应当地生长条件的抗逆性强的优良品种。 （3）使用鲜活饲料和人工配合饲料，应来源于无公害生产区域。 （4）使用人工配合的添加剂，必须符合生产绿色食品的饮料添加剂使用准则。 （5）防治病害用药，必须符合《绿色食品　渔药使用准则》（NY/T 755—2013）
	绿色食品加工生产技术操作规程	（1）加工区环境卫生必须达到绿色食品生产要求。 （2）加工用水必须符合绿色食品加工用水水质标准。 （3）加工原料主要来源于绿色食品产地。 （4）加工所用的设备要具备安全无污染条件。 （5）产品包装应选用可防止二次污染和易降解材料制作。 （6）食品添加剂的使用，应符合生产绿色食品的食品添加剂使用准则

三、绿色食品的管理和申报

（一）绿色食品的申报与认证

绿色食品标志是经中国绿色食品发展中心（以下简称为中心）注册的质量证明商标，如需在其生产的产品上使用绿色食品标志，必须按以下程序提出申报。

（1）申请人向中心或所在省（自治区、直辖市）绿色食品办公室（以下简称绿办）领取《绿色食品标志使用申请书》和《企业及生产情况调查表》及有关资料。

（2）申请人按要求填写并向所在省绿办递交《绿色食品标志使用申请书》和《企业及生产情况调查表》及有关材料。

（3）省绿办收到上述申请材料后，进行登记、编号，5 个工作日内完成对申请认证材料的审查工作，并向申请人发出《文审意见通知单》，同时抄送中心认证处。

（4）省绿办应在《文审意见通知单》中明确现场检查计划，并在计划得到申请人确认后委派2名或2名以上检查员进行现场检查；

（5）绿色食品产地环境质量现状调查由检查员在现场检查时同步完成；

（6）绿色食品定点产品监测机构自收到样品、产品执行标准、《绿色食品产品抽样单》、检测费后，20个工作日内完成检测工作，出具产品检测报告，连同填写的《绿色食品产品检测情况表》，报送中心认证处，同时抄送省绿办；

（7）省绿办收到检查员现场检查评估报告和环境质量现状调查报告后，3个工作日内签署审查意见，并将认证申请材料、检查员现场检查评估报告、环境质量现状调查报告及《省绿办绿色食品认证情况表》等材料报送中心认证处；

（8）绿色食品评审委员会自收到认证材料、认证处审核意见后10个工作日内进行全面评审，并作出认证终审结论；

（9）绿色食品标志使用证书有效期为3年。在此期间，绿色食品生产企业需接受中心委托的监测机构对其产品进行抽测，并履行绿色食品标志使用协议。期满后若想继续使用绿色食品标志，需于期满前半年办理重新申请手续。

（二）绿色食品标志管理

1. 绿色食品标志 为了区别于一般的普通食品，绿色食品由统一的标志来标识。绿色食品标志由特定的图形来表示。绿色食品标志图形由三部分构成：上方为太阳，下方为叶片和蓓蕾。标志图形为正圆形，意为保护、安全。整个图形描绘了一派明媚阳光照耀下的和谐生机，告诉人们绿色食品是出自纯净、良好生态环境的安全、无污染食品，能给人们带来蓬勃的生命力。绿色食品标志还提醒人们要保护环境和防止污染，通过改善人与环境的关系，创造自然界新的和谐，见图1-2。

绿色食品标志商标作为特定的产品质量证明商标，已由中国绿色食品发展中心在国家工商行政管理总局注册，从而使绿色食品标志商标专用权受《中华人民共和国商标法》保护，这样既有利于约束和规范企业的经济行为，也有利于保护广大消费者的利益。绿色食品商标分别为四种形式：一是绿色食品标志图形；二是中文“绿色食品”；三是英文“Greenfood”；四是上述中英文与图形的组合形式，见图1-3。

图1-2 绿色食品标志

图1-3 绿色食品标志图形组合

2. 绿色食品标志的管理 绿色食品标志管理包括技术管理和法律管理。

技术管理是指按照绿色食品标准体系对绿色食品产地环境、生产过程及产品质量进行认证，只在符合标准要求的企业和产品上使用绿色食品标志商标。

法律管理是指使用绿色食品标志的企业和产品实行商标管理。

实训一　菌落总数的测定

【目的与要求】学会检样稀释的方法，掌握食品中菌落总数测定的方法。

【器材与试剂】

1. 器材　恒箱培养箱，恒温水浴锅，均质器，振荡器，天平，高压锅，无菌培养皿，酒精灯，试管架、吸管、试管、锥形瓶，超净工作台，菌落计数器。

2. 试剂　稀释剂，平板计数琼脂培养基。

【操作方法】

1. 样品的稀释

(1) 固体和半固体样品：称取25g样品置于盛有225mL磷酸盐缓冲液或生理盐水的无菌均质杯内，8000～10 000r/min均质1～2min，或放入盛有225mL稀释液的无菌均质袋中，用拍击式均质器拍打1～2min，制成1∶10的样品匀液。

(2) 液体样品：以无菌吸管吸取25mL样品置于盛有225mL磷酸盐缓冲液或生理盐水的无菌锥形瓶（瓶内预置适当数量的无菌玻璃珠）中，充分混匀，制成1∶10的样品匀液。

(3) 用1mL无菌吸管或微量移液器吸取1∶10样品匀液1mL，沿管壁缓慢注于盛有9mL稀释液的无菌试管中（注意吸管或吸头尖端不要触及稀释液面），振摇试管或换用1支无菌吸管反复吹打使其混合均匀，制成1∶100的样品匀液。

(4) 按（3）中操作程序，制备10倍系列稀释样品匀液。每递增稀释1次，换用1次1mL无菌吸管或吸头。

(5) 根据食品卫生标准或对样品污染状况的估计，选择2～3个适宜稀释度的样品匀液（液体样品可包括原液），在进行10倍递增稀释时，吸取1mL样品匀液于无菌平皿内，每个稀释度做2个平皿。同时，分别吸取1mL空白稀释液加入2个无菌平皿内作空白对照。

(6) 及时将15～20mL冷却至46℃的平板计数琼脂培养基［可放置于（46±1)℃恒温水浴箱中保温］倾注于平皿，并转动平皿使其混合均匀。

2. 培养

(1) 待琼脂凝固后，将平板翻转，(36±1)℃培养（48±2）h。水产品（30±1)℃培养（72±3）h。

(2) 如果样品中可能含有在琼脂培养基表面弥漫生长的菌落时，可在凝固后的琼脂表面覆盖一薄层琼脂培养基（约4mL)，凝固后翻转平板，按上述条件进行培养。

3. 菌落计数　可用肉眼观察，必要时用放大镜或菌落计数器，记录稀释倍数和相应的菌落数量。菌落计数以菌落形成单位（CFU）表示。

(1) 选取菌落数在30～300CFU、无蔓延菌落生长的平板计数菌落总数。低于30CFU的平板记录具体菌落数，大于300CFU的可记录为多不可计。每个稀释度的菌落数应采用2个平板的平均数。

(2) 其中一个平板有较大片状菌落生长时，则不宜采用，而应以无片状菌落生长的平板作为该稀释度的菌落数；若片状菌落不到平板的一半，而其余一半中菌落分布又很均匀，即可计算半个平板后乘以 2，代表 1 个平板菌落数。

（3）当平板上出现菌落间无明显界线的链状生长时，则将每条单链作为 1 个菌落计数。

【结果与报告】

1. 菌落总数的计算方法

（1）若只有 1 个稀释度平板上的菌落数在适宜计数范围内，计算 2 个平板菌落数的平均值，再将平均值乘以相应稀释倍数，作为每克(毫升)样品中菌落总数结果，见表实 1-1 例次 1。

（2）若有两个连续稀释度的平板菌落数在适宜计数范围内时，按下列公式计算，见表实 1 例次 2。

$$N = \frac{\sum C}{(n_1 + 0.1 n_2)d}$$

式中：N——样品中菌落数；

$\sum C$——平板（含适宜范围菌落数的平板）菌落数之和；

n_1——第一稀释度（低稀释倍数）平板个数；

n_2——第二稀释度（高稀释倍数）平板个数；

d——稀释因子（第一稀释度）。

（3）若所有稀释度的平板上菌落数均大于 300CFU，则对稀释度最高的平板进行计数，其他平板可记录为多不可计，结果按平均菌落数乘以最高稀释倍数计算，见表实 1-1 例次 3。

（4）若所有稀释度的平板菌落数均小于 30CFU，则应按稀释度最低的平均菌落数乘以稀释倍数计算，见表实 1-1 例次 4。

（5）若所有稀释度（包括液体样品原液）平板均无菌落生长，则以小于 1 乘以最低稀释倍数计算，见表实 1-1 例次 5。

（6）若所有稀释度的平板菌落数均不在 30～300CFU，其中一部分小于 30CFU 或大于 300CFU 时，则以最接近 30CFU 或 300CFU 的平均菌落数乘以稀释倍数计算，见表实 1 例次 6。

表实 1-1　稀释度选择及菌落数的报告方式

例次	稀释液及菌落数			菌落总数（个/g 或个/mL）	报告方式（个/g 或个/mL）
	10^{-1}	10^{-2}	10^{-3}		
1	多不可计	164	20	16 400	16 000 或 1.6×10^4
2	多不可计	295（298、292）	46（55、37）	31 000	31 000 或 3.1×10^4
3	多不可计	多不可计	313	313 000	310 000 或 3.1×10^5
4	27	11	5	270	270 或 2.7×10^2
5	0	0	0	$<1\times10$	<10
6	多不可计	305	12	30 500	31 000 或 3.1×10^4

2. 菌落总数的报告

（1）菌落数小于 100CFU 时，按四舍五入原则修约，以整数报告。

（2）菌落数大于或等于 100CFU 时，第 3 位数字采用四舍五入原则修约后，取前 2 位数字，后面用 0 代替位数；也可用 10 的指数形式来表示，按四舍五入原则修约后，采用两位有效数字。

（3）若所有平板上为蔓延菌落而无法计数，则报告菌落蔓延。

实训二　大肠菌群的测定

【目的与要求】 学会掌握食品中大肠菌群测定的方法（GB 4789.3—2010《食品安全国家标准　食品微生物学检验　大肠菌群计数》第一法）。食品中大肠菌群数系以 1mL（g）检样内大肠菌群最可能数（*MPN*）表示。

【器材与试剂】

1. 器材　恒箱培养箱，均质器，高压锅，酒精灯，试管架，吸管、试管、锥形瓶，超净工作台，天平。

2. 试剂　稀释剂，月桂基硫酸盐胰蛋白胨（LST）肉汤，煌绿乳糖胆盐（BGLB）肉汤，无菌 1mol/L NaOH，无菌 1mol/L HCl。

【操作方法】

1. 样品的稀释

（1）固体和半固体样品：称取 25 g 样品，放入盛有 225 mL 磷酸盐缓冲液或生理盐水的无菌均质杯内，8000～10 000 r/min 均质 1～2 min，或放入盛有 225 mL 磷酸盐缓冲液或生理盐水的无菌均质袋中，用拍击式均质器拍打 1～2 min，制成 1∶10 的样品匀液。

（2）液体样品：以无菌吸管吸取 25 mL 样品置于盛有 225 mL 磷酸盐缓冲液或生理盐水的无菌锥形瓶（瓶内预置适当数量的无菌玻璃珠）中，充分混匀，制成 1∶10 的样品匀液。

（3）样品匀液的 pH 应在 6.5～7.5，必要时分别用 1 mol/L NaOH 或 1 mol/L HCl 调节。

（4）用 1mL 无菌吸管或微量移液器吸取 1∶10 样品匀液 1mL，沿管壁缓缓注入 9 mL 磷酸盐缓冲液或生理盐水的无菌试管中（注意吸管或吸头尖端不要触及稀释液面），振摇试管或换用 1 支 1 mL 无菌吸管反复吹打，使其混合均匀，制成 1∶100 的样品匀液。

（5）根据食品卫生标准或对样品污染状况的估计，按上述操作，依次制成 10 倍递增系列稀释样品匀液。每递增稀释 1 次，换用 1 支 1 mL 无菌吸管或吸头。从制备样品匀液至样品接种完毕，全过程不得超过 15 min。

2. 初发酵试验　每个样品，选择 3 个适宜的连续稀释度的样品匀液（液体样品可以选择原液），每个稀释度接种 3 管月桂基硫酸盐胰蛋白胨（LST）肉汤，每管接种 1mL（如接种量超过 1 mL，则用双料 LST 肉汤），(36±1)℃培养（24±2）h，观察试管内是否有气泡产生，（24±2）h 内产气者进行复发酵试验，如未产气则继续培养至（48±2）h，产气者进行复发酵试验。未产气者为大肠菌群阴性。

3. 复发酵试验　用接种环从产气的 LST 肉汤管中分别取培养物 1 环，移种于煌绿乳糖胆盐肉汤（BGLB）管中，(36±1)℃培养（48±2）h，观察产气情况。产气者，计为大肠菌群阳性管。

4. 大肠菌群最可能数（*MPN*）**的报告**　按步骤（3）确证的大肠菌群 LST 阳性管数，检索 MPN 表，报告每克（毫升）样品中大肠菌群的 *MPN* 值，见表实 1-2。

表实 1-2　大肠菌群最可能数（*MPN*）检索表

阳性管数			*MPN* 每克（毫升）	阳性管数			*MPN* 每克（毫升）
0.1mL (g)	0.01mL (g)	0.001mL (g)		0.1mL (g)	0.01mL (g)	0.001mL (g)	
0	0	0	<3	2	2	0	21
0	0	1	3	2	2	1	28
0	1	0	3	2	2	2	35
0	1	1	6.1	2	3	0	29
0	2	0	6.2	2	3	1	36
0	3	0	9.4	3	0	0	23
1	0	0	3.6	3	0	1	3.8
1	0	1	7.2	3	0	2	64
1	0	2	11	3	1	0	43
1	1	0	7.4	3	1	1	75
1	1	1	11	3	1	2	120
1	2	0	11	3	1	3	160
1	2	1	15	3	2	0	93
1	3	0	16	3	2	1	150
2	0	2	9.2	3	2	2	210
2	0	1	14	3	2	3	290
2	0	2	20	3	3	0	240
2	1	0	15	3	3	1	460
2	1	1	20	3	3	2	1100
2	1	2	27	3	3	3	≥1100

注：①本表采用 3 个稀释度［0.1mL（g）、0.01mL（g）和 0.001mL（g）］，每个稀释度 3 管。②表内所列检样量如改用 1mL（g）、0.1mL（g）和 0.01mL（g）时，表内数字应相应降低 10 倍；如改为 0.01mL（g）、0.001mL（g）和 0.0001mL（g）时，则表内数字应相应增加 10 倍。其余可类推。

实训三　盐酸克仑特罗（瘦肉精）的检测

【目的与要求】掌握应用酶联免疫吸附 ELISA 法和高效液相色谱法检测肉中盐酸克仑特罗的方法。

一、酶联免疫吸附法

【原理】免疫酶标技术是将酶分子与抗体分子共价结合。酶标记抗体与存在于组织细胞或吸附于固相载体上的抗原（或抗体）发生特异性结合，如滴加底物溶液，底物便在酶的反复作用下，导致大量的催化过程，从而水解呈色；也可使底物溶液中的供氢体由无色还原型变成有色氧化型而呈色。因此，检验盐酸克仑特罗时，可借底物呈色反应来判断有无相应的免疫反应，其颜色深浅与样品中相应抗体（或抗原）含量呈正比关系，故用酶标仪在波长 450～490nm 检测克仑特罗的吸光度值。

【器材与试剂】

1. 器材

（1）酶标仪：ELX-800 UV 型全自动酶标仪（美国）或 DG3022A 型酶标仪（国产）。

（2）β-Agonist ELISA 试剂盒：配备有：A. 酶标板，96 孔微量反应板，并已用抗 β-克仑特罗的抗体包被，真空密封低温保存；B. 洗涤-稀释缓冲浓缩液（32mL/瓶），用时加968mL蒸馏水稀释为应用液，于2～8℃保存；C. 酶标抗原原液，使用时与酶标抗原稀释剂（1∶100，体积分数）稀释；D. 底物（A、B）溶液，临用前A、B液（1∶1，体积分数）混合；E. 盐酸克仑特罗标准冻干粉（6支），用时分别加洗涤-稀释缓冲应用液，摇动使冻干粉溶解，其标准液系列浓度为：0.0、0.1、0.22、0.5、1.0、5.1ng/mL；F. 1.0mol/L HCl溶液，为酶促显色反应终止剂。

2. 试剂　1mol/L HCl，异丁醇，PBST液（PBS-0.05%吐温20），1mol/L NaOH液，无水Na_2SO_4。

【操作方法】

(1) 样品提取。称取样品10g于锥形瓶中，加1mol/L HCl 20mL，震荡提取30min，过滤于烧杯中。提取液于烧杯中用1 mol/L NaOH液调pH为10，移入分液漏斗中加异丁醇20mL×2，分2次提取，经无水Na_2SO_4脱水于K-D浓缩器中，经浓缩，用N_2吹干。残渣于浓缩器中，加PBST液1mL溶解，加洗涤-稀释缓冲应用液9mL，稀释，混匀，待检。

(2) 样品检测。于酶标板（96孔）每孔加入洗涤-稀释缓冲应用液50μL，分别定位加入盐酸克仑特罗标准液及样品待检液50μL，各加稀释酶标抗原25μL，轻轻振动酶标板，混匀，水浴25℃，1h。然后将酶标板（96孔）于自动洗板机上，用洗涤-稀释缓冲应用液洗6次，3min/次，吸干。酶标板（96孔）每孔加现配底物（A、B）混合液25μL，置于22℃的暗室20min，各加1 mol/L HCl 50μL，终止显色反应，于10min内在酶标仪上用波长450nm检测每孔吸光度值。

(3) 标准曲线的绘制。以酶标板上盐酸克仑特罗标准工作液系列测定的吸光度值为纵坐标、标准液系列浓度的对数值（lgC）为横坐标，绘制标准曲线。

【结果与报告】根据样品在酶标板上测定的吸光度值，到标准曲线中查出相对应的对数值，再换算成样品的浓度，乘以10，即为样品中盐酸克仑特罗残留浓度。

【注意事项】

(1) ELISA法的优点为简便、特异、灵敏、快速，并能一次检测数量较多的样品，故适用于大量样品初步"筛选"，有一定使用价值。

(2) 每个样品应在酶标板上做2个平行样检测，可以减少误差。

(3) 每次检测时，均需同步制作标准曲线。

(4) 肌肉和肝、肺、肾等组织样品也可采取葡萄糖苷酸酶-芳基磺酸酯酶水解处理。

(5) 尿样可用洗涤-稀释缓冲应用液，按1∶10（体积分数）稀释后直接用ELISA检测。

二、高效液相色谱法

【器材与试剂】

1. 器材　高效液相色谱（HPLC）仪（具二级管阵列检测器）。

2. 试剂　甲醇，0.01 mol/L NaH_2PO_4液，0.1mol/L HCl，2 mol/L NaOH液，75%乙醇，盐酸克仑特罗标准品（99.5%），盐酸克仑特罗标准品贮存液（1 mg/mL）：准确称取盐酸克仑特罗标准品0.1000g于100mL容量瓶中，加0.1mol/L HCl 10mL溶解，用75%乙醇定容至刻度，盐酸克仑特罗标准液系列浓度为：0.0、5.0、10.0、20.0、40.0、60.0ng/μL（用75%乙醇稀释配成）。

3. 仪器工作条件 二极管阵列检测器（DAD）：波长 243nm，色谱柱：Supelco HPLC 柱（50mm×4.6mm），粒径 5μm，流动相：甲醇＋0.01mol/L NaH_2PO_4（35＋65），流速：1mL/min，柱温：28℃，进样量：10μL。

【操作方法】

（1）样品提取。称取样品 10g 于具塞离心管中，加 0.1mol/L HCl 至 40mL，混匀，超声波震荡 20min，4000r/min 离心 10min，取上清液 20mL 于分液漏斗中，分别用 2mol/L NaOH 液调 pH 为 12，加乙醚 20 mL×3，分 3 次提取，合并于蒸发器中，水浴 60℃蒸干。残留于蒸发皿中，分别加 75％乙醇 1 mL 溶解，经 0.45μm 滤膜过滤，待检。

（2）样品检测。取 10μL 注入 HPLC 仪，记录峰面积。

（3）标准曲线制备。分别取盐酸克仑特罗标准液系列（0.0、5.0、10.0、20.0、40.0、60.0ng/μL）各 10μL 注入 HPLC 仪，记录各自峰面积，绘制标准曲线。

【结果与报告】 肉中盐酸克仑特罗残留量（μg/kg）$= \dfrac{C_s \times 1000}{m \times \dfrac{V_1}{V_2} \times 1000}$

式中：C_s——由样液峰面积查得标准曲线上对应的含量（ng）；

V_1——进样体积（mL）；

V_2——样液总体积（mL）；

m——样品质量（g）。

【注意事项】

（1）本法适用于各种肉品与肝、肾、肺等组织及其汤中“瘦肉精”残留检测。

（2）本法最低检测限 0.1mg/kg，最低检出量 2.5ng，标准曲线的线性范围 0～60ng，相关系数 r＝0.9999。

（3）本法选用的色谱柱与其他色谱柱比较（如 Hypersil ODS，250mm×4mm，5μm 柱 Shim-pack 柱等），其结果以 Supelco HPLC 柱优于其他色谱柱。

（4）盐酸克仑特罗应避光保存，特别是标准液与样液中的盐酸克仑特罗易分解，故应尽快检测。

复习思考题

一、名词解释

1. 食品污染 2. 生物性污染 3. 化学性污染 4. 外源性污染 5. 内源性污染 6. 菌落总数 7. 大肠菌群 8. *MPN* 9. 最高残留量 10. 日许量 11. 休药期 12. 食物中毒 13. 食肉感染 14. 绿色食品

二、填空题

1. 食品污染根据污染物的性质可分为________、________和________。

2. 食品污染根据污染途径一般分为________和________。

3. 生物性污染的评价指标主要包括________、________、________三项。

4. 外源性污染主要通过________、________、________、________和

__________等方面对食品造成的污染。

5. 绿色食品从政策性、技术性、经济性、适用性和协调统一性等方面综合考虑，将其分为__________和__________两级。

三、判断题

1. 食物链是指生态系统中生物由低级到高级顺序作为食物而连接起来的生物链条。（　）

2. 内源性污染是指食用动物的生前污染，也称为二次污染。（　）

3. 外源性污染是指动物性食品在屠宰、加工、储运、销售、烹饪等过程中受到的污染，也称为第一次污染。（　）

4. 绿色食品标志是经中国绿色食品发展中心注册的质量证明商标。（　）

5. 非生物性污染是指化学性污染和放射性污染。（　）

四、简答题

1. 动物性食品污染的来源和途径有哪些？

2. 食物中毒分为哪几类？引起食物中毒的常见微生物、化学物质各有哪些？

3. 对动物性食品进行菌落总数和大肠菌群测定的意义是什么？

4. 简述盐酸克仑特罗对人的危害及其控制措施。

5. 什么是绿色食品？绿色食品的特征有哪些？

6. 如何对绿色食品进行认证与管理？

模块二　屠宰加工企业的卫生要求

知识目标

1. 熟悉屠宰加工企业的选址和布局的卫生要求。
2. 熟悉屠宰加工场所的卫生要求。

能力目标

1. 能够完成屠宰加工场所的消毒。
2. 能够完成屠宰污水的净化处理。

屠宰加工企业是以畜禽为原料加工生产肉食的肉制品及其他副产品的场所，为了保障肉食的卫生安全，控制畜禽疫病的传播，必须加强对屠宰加工场所的兽医卫生监督。在屠宰加工场所的设置上应遵循"统一规划、合理布局、有利流通、方便群众、便于检疫和管理"的原则。

项目一　屠宰加工企业的选址和布局的卫生要求

合理选择屠宰加工厂（场）厂址，在兽医公共卫生上具有重要意义。如果厂址选择不当，屠宰加工厂（场）将成为散播畜禽疫病的疫源地，危及人民群众的健康。因此，建立屠宰加工厂（场）时，厂址的选择及建筑设计必须符合卫生要求，并应尊重民族习惯，将生猪屠宰场和牛、羊屠宰场分开建立。

（一）屠宰加工企业选址的卫生要求

根据国务院2008年8月1日修订实施的《生猪屠宰管理条例》第六条和商务部《生猪屠宰管理条例实施办法》第十二条的规定，以及国家标准《畜类屠宰加工通用技术条件》(GB/T 17237—2008）的要求，屠宰厂（场）的选址要求，归纳起来，主要有下列要求：

（1）根据城市（含县城）、乡镇建设发展规划，必须符合国家、省、自治区、直辖市和当地政府的环境保护、卫生和防疫等要求。

（2）应选择地势较高、干燥的地方，并在城市（含县城）、乡镇所在地常年主导风向的下方；还应远离水源保护区和饮水取水口，远离居民住宅区、风景旅游点、公共场所以及畜禽饲养场。

（3）应是交通运输方便，电源供应稳定可靠，水源供给充足、水质要符合国家规定的《生活饮用水标准》(GB 5749—2006)，周围无有害气体、粉尘、污浊水和其他污染源，以及便于排放污水的地方。

（4）屠宰加工场所附近应有粪便和胃肠内容物发酵处理的场所，未经处理的粪便不得运出厂外作肥料。

(二) 屠宰加工企业总平面布局的卫生要求

屠宰加工企业总体设计要符合科学管理、方便生产和清洁卫生的原则，各车间和建筑物的配置，要布局合理，既要相互连贯又要做到病健隔离，病健分宰，防止原料、产品、副产品和废弃物的转运造成交叉污染甚至传播疫病，见图 2-1。

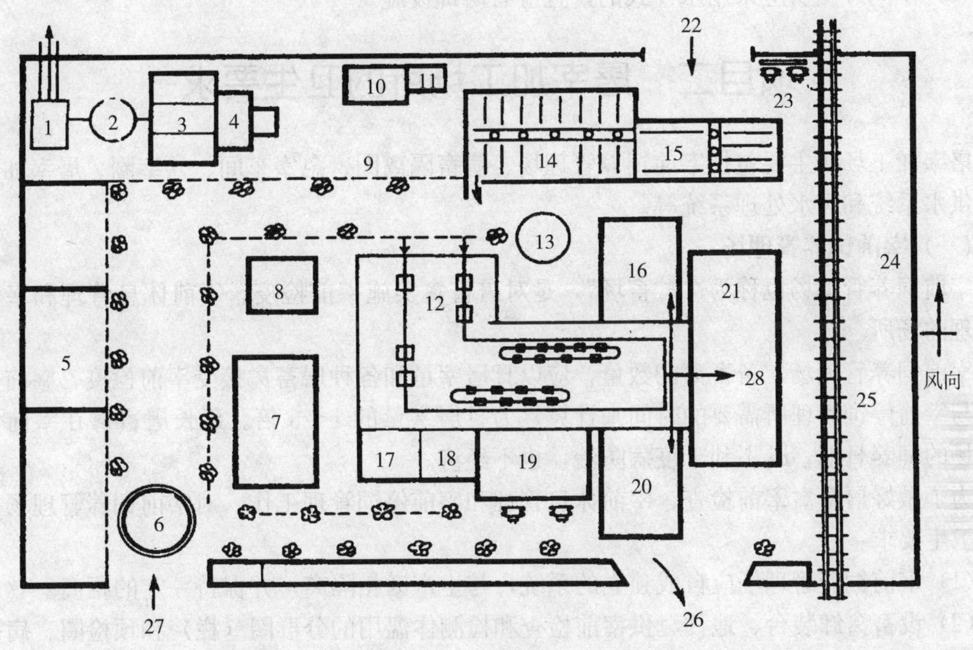

图 2-1　屠宰场建筑布局卫生要求示意

1. 沉淀池　2. 生物池　3. 曝气池　4. 集污池　5. 行政区　6. 花坛　7. 办公室　8. 化验室　9. 无害处理区　10. 化制间　11. 急宰间　12. 屠宰间　13. 水塔　14. 候宰圈　15. 验收圈　16. 复制品间（二层）　17. 皮张间　18. 内脏整理间　19. 发货场（冷却装置）　20. 分割肉间（二层）　21. 机器房（多层）　22. 活猪进厂门　23. 车辆洗消站　24. 生活区　25. 铁路专线　26. 成品出厂门　27. 厂大门　28. 冷库

1. 新建的屠宰厂生产区的布局　生产区与非生产区分开，且必须单独设置人员、活畜、产品、废弃物的出入口。产品与活畜禽在厂内不得共用一个通道。

2. 生产区各车间的布局　生产区各车间的布局必须满足生产工艺流程和卫生要求。健畜舍和病畜舍必须严格分开。原料、半成品、成品等加工应避免迂回运输，防止交叉污染。

3. 屠宰车间和分割间的布局　屠宰车间与分割车间应考虑与其他建筑物的联系，并使厂内的非清洁区与清洁区明显分开，防止后者受到污染。

4. 急宰间、化制间、污水处理场的布局　急宰间、化制间、污水处理场与屠宰车间和分割车间之间可用围墙或绿化带隔开，也可以在隔离地带设置不污染屠宰车间与分割车间的建筑物。

5. 厂区的环境卫生要求

(1) 屠宰车间和分割车间所在厂区的路面、场地应平整、无积水。

(2) 厂区内的建筑物周围、道路的两侧应绿化。

(3)“三废”处理必须符合国家环境保护相关法律法规的规定要求。

（4）厂内应设有垃圾、畜粪、废弃物的集存场所。其地面与围墙应便于冲洗消毒。运送垃圾等废弃物的车辆必须是密封（不渗水）的，这些车辆还应配备清洗消毒设施及存放场所。

（5）活畜禽进出的出入口必须设置消毒池。

（6）车间外厕所应采用水冲式的，且应有防蝇设施。

项目二　屠宰加工场所的卫生要求

屠宰加工场所主要包括宰前饲养管理场、病畜隔离圈、急宰车间、候宰圈、屠宰加工车间、供水系统和污水处理系统等。

（一）宰前饲养管理场

宰前饲养管理场也称为“贮畜场”，是对屠畜禽实施宰前检疫、宰前休息管理和宰前停饲管理的场所。

宰前饲养管理场贮备畜禽的数量，应以日屠宰量和各种屠畜禽接受宰前检疫、宰前休息管理与宰前停饲管理所需要的时间来计算，为日屠宰量的1～3倍。延长屠畜禽在宰前饲养管理场的饲养日期，既不利于疫病防治，也不经济。

为了做好屠畜禽宰前检查、宰前休息管理和宰前停饲管理工作，对宰前饲养管理场提出以下卫生要求：

（1）宰前饲养管理场应自成独立的系统，与生产区相隔离，并保持一定的距离。

（2）设畜禽卸装台、地秤、供宰前检查和检测体温用的分群圈（栏）和预检圈、病畜隔离圈和健畜圈、供宰前停饲管理的候宰圈，以及饲料加工与调制车间。

（3）宰前饲养管理场的圈舍应采用小而分立的形式，防止疫病传染。应具有足够的光线、良好的通风、完善的上下水系统及良好的饮水装置。圈内还应有饲槽和消毒清洁用具及圆底的排水沟。每头畜禽所需面积应符合下列卫生标准：牛为1.5～3m^2，羊为0.5～0.7m^2，猪为0.6～0.9m^2。

（4）场内所有圈舍，必须每天清除粪便，定期进行消毒。粪便应及时送到堆粪场进行无害化处理。

（5）有条件的单位，应设车辆清洗、消毒场，备有高压喷水龙头、洗刷工具与消毒药品。

（二）病畜隔离圈

病畜隔离圈是供收养宰前检疫中剔出的病畜，尤其是疑有传染病的畜禽而设置的隔离饲养场，其容量不应少于宰前饲养管理场总畜量的1%。在建筑的使用上应有更加严格的卫生要求。病畜隔离圈的用具、设备、运输工具等必须专用。工人也需专职，不得与其他车间随意来往。隔离圈应具有不渗水的地面和墙壁，墙角和柱角呈半圆形，易于清洗和消毒，应设专门的粪便处理池，粪尿须经消毒后方可运出或排入排水沟。出入口应设消毒池，并要有密闭的便于消毒的尸体运输工具。

（三）候宰圈

候宰圈是供屠畜禽等候屠宰、施行宰前停饲管理的专用场所，应与屠宰加工车间相毗邻。候宰圈的大小应以能圈养1d屠宰加工所需的畜禽数量为准。候宰圈由若干小圈组成，所有地面应不渗水，墙壁光滑，易于冲洗、消毒。圈舍应通风良好，不设饲槽，提供充足的饮水。候宰圈邻近屠宰加工车间的一端，应设淋浴室，用于屠畜禽的宰前淋浴净体。

（四）屠宰加工车间

屠宰加工车间是屠宰场的主体车间，严格执行屠宰车间的兽医卫生监督是保证肉制品原料卫生的重要环节。屠宰加工车间的建筑、设施，随规模的大小和机械化程度不同相差悬殊，但卫生管理要求的基本原则是一致的。

（1）屠宰车间应包括赶畜道、致昏放血间、烫毛刮毛剥皮间、胴体加工间。大中型屠宰厂要设副产品加工间、胴体凉冷发货间及副产品暂存发货间。

屠宰车间内致昏放血、烫毛刮毛、剥皮及副产品中的肠胃、剥皮畜的头蹄加工工序属于非清洁区，而胴体加工和心脏、肝、肺加工工序及暂存发货间属于清洁区。在布置车间建筑平面时，应使两区划分明显，不准交叉。

（2）屠宰车间以单层建筑为宜。在中型屠宰车间的柱距不宜小于 6m，单层宜采用较大跨度，净高不得低于 5m。

（3）屠宰工艺流程应按：致昏→刺杀放血→脱毛或剥皮→开膛净膛→劈半→整修分级的顺序来排列设置。同时要求猪体与内脏做到同步检验或对号检验。

（4）屠宰车间内的地面应使用防水、防滑、不吸潮、可冲洗、无毒、耐腐蚀的材料，表面无裂缝、无积水，明地沟应呈弧形，排水口须设网罩，墙裙和柱应贴 2m 以上的白色瓷砖，墙角、地角、顶角应呈弧形，天花板表面要光滑，不易脱落。门窗装配应严密，并便于拆卸和清洗，内窗台须呈 45°坡度。

屠宰车间致昏的赶畜道坡度不应大于 10°坡度，赶畜道的宽度以仅能通过 1 头畜为宜，赶畜道墙的高度不应低于 1m。屠宰车间内与放血线路平行的墙裙，其高度不应低于放血轨道的高度。放血槽应采用不渗水材料制作，表面光滑平整，便于清洗消毒。放血槽的长度按工艺要求确定，其高度应能防止血液喷溅外溢。寄生虫检验室应设置在靠近生产线的采样处。室内要光线充足，通风良好，其面积要适合动物性食品卫生检验的需要，不宜小于 $20m^2$。副产品加工间及副产品暂存发货间使用的台池如用非金属材料制作，应采用不渗水、表面光滑、便于清洗消毒的材料。屠宰车间内车辆的通道宽度单向应不小于 1.5m，双向应不小于 2.5m。

（5）屠宰车间至少应配备有电麻器、浸烫池、吊轨、挂钩、副产品整理操作台以及符合卫生标准的盛装屠畜产品专用器具，禁止使用竹木工具和容器。车间内照明设施要齐备，屠宰车间照度不少于 75lx，屠宰操作间照度不少于 150lx，检验操作间照度不少于 300lx。吊轨的高度是：放血线轨道离地面 3～3.5m，胴体加工线轨道离地面单滑轮 2.5～2.8m，双滑轮 2.8～3m。自动悬挂传送带的输送速度，以每分钟通过 6～10 头，挂猪间距应大于 0.8m。

（6）应设有洗手、清洗、消毒设施。屠宰车间内的放血、开膛、卫生检验操作台、剥皮、劈半等工序位置应设有洗手和刀具消毒器等设施，并应有充足的冷热水源。

应设有与职工人数相适应的更衣室、淋浴室和厕所。更衣室内须有个人衣物存放柜。车间内厕所应与车间走廊相连，门窗不得直接开向生产操作间，便池必须是水冲式，粪便排放管不得与车间内污水排放管混用。

（五）分割车间

分割肉车间是肉类加工企业的一个重要车间，包括暂存胴体的冷却间、分割肉加工车间、成品冷却间、包装间、用具准备间、包装材料暂存间，有时还有分割工人的专用淋浴间。分割肉车间和屠宰车间相连，后端连接冷库。

（1）建筑卫生。地面用不透水材料建造，有一定坡度。内墙用瓷砖、大理石等容易清洗和消毒的材料建筑。墙壁贴面到顶。墙壁其他部分和顶棚喷涂白色无毒涂料或者无毒塑料。所有拐角处建成弧形。窗户高度以 2m 为好，窗台有45°倾斜。门窗都有防蝇、防蚊、防虫设施。门口有风幕或水幕。

（2）洗手装置。车间入口处设置靴子和洗手、干手设备。

（3）水管。饮用水、非饮用水（红色）和消毒用的 82℃热水管道应标记为不同色彩。

（4）温度、湿度和风速控制。室温保持在 10～20℃，设置空调，配置自动温度测定仪和自动记录仪。湿度控制在顶棚和风道都不能结露滴水。操作区平均风速 0.1～0.2m/s。

（5）采光。以人工照明为主，要求达到 130～140lx。开关不设明拉线。

（6）噪声。为了减少噪声，将冷风机和分割间隔开，换风系统和吸风口要有空气过滤装置。

（7）机械、用具卫生。传送装置用不锈钢或无毒塑料制品。加工机械便于拆卸、清洗消毒。车辆、用具和容器以及操作台面采用不锈钢或者无毒塑料制造。不得使用竹子和木材器具。切割电锯有防噪声措施，达到国家标准，用 82℃热水定时消毒。

（8）清洁和消毒。分割车间备有冷水、热水、消毒液，以便于洗手、消毒。最好每个操作台设置一个刀具消毒器。消毒器可以使用 82℃以上的热水或化学消毒剂。每天工作结束时，用 82℃以上热水消毒地面和工作台。

（六）急宰车间

急宰间是屠宰各种病畜的场所。它的位置一般在病畜隔离圈的近邻，设计上要适用于各种畜禽的急宰，并便于清洗消毒。

急宰间的卫生要求除与病畜隔离圈相同外，还应设有专用的更衣室、淋浴室、污水池和粪便处理池。整个车间的污水必须经严格消毒方可排出。急宰间应设置动物性食品卫生检验室和无害化处理、化制等卫生处理设施。

急宰间应配备专职人员，必须具有良好的卫生条件与人身防护设施。各种器械、设备、用具应专用，经常消毒，防止疫病扩散。急宰间的污水和废弃物的处理必须符合卫生要求。

（七）化制车间

无害化处理是利用专门的高温设备，杀灭废弃品中的病原微生物，以达到无害化处理的目的。从保护环境、防止污染的角度出发，要求每个屠宰加工企业和负责集贸市场肉品检疫工作的业务部门，都应建立化制间或化制站。其建筑设施必须符合下列卫生要求：

（1）场址的选择。化制间（站）应该是一座独立的建筑物、位于屠宰加工厂的边缘位置。城镇病尸化制站应建于远离居民区、学校、医院和其他公共场所的地段（最好是在郊区），位于城市的下游和下风处。

（2）建筑物的结构与工艺布局。化制间（站）建筑物的结构和卫生要求与屠宰加工车间基本相同。即车间的地面、墙壁、通道、装卸台等均应用不透水的材料建成，大门口和每个工作室门前应设有永久性消毒槽。

化制间（站）的工艺布局应严格地分为两个部分：第一部分为原料接受室、解剖室、化验室、消毒室等，房间建筑要求光线充足，有完善的供水（包括热水）和排水系统，防蝇、防鼠设备齐全。第二部分为化制室等。两个部分一定要用死墙绝对分开。第一部分分割好的原料，只能通过一定的孔道，直接进入第二部分的化制锅内。

(3) 污水处理。由化制间（站）排出的污水，不得直接通入下水道或河流、湖泊，必须经过一系列净化处理之后，测定其生化需氧量符合国家规定标准时，方可排入卫生防疫部门许可的排水沟内。

(4) 工作人员。化制间（站）工作人员，要保持相对稳定，非特殊情况不得任意调动。工作时要严格遵守卫生操作规程。

项目三　屠宰加工企业的供水与污水处理

一、供水的卫生要求

屠宰加工企业在日常生产中要消耗大量的水，水质的好坏直接影响肉品及其他副产品的卫生质量。

(1) 水源。加工企业的用水得到政府部门的认可后，一般说是安全的，卫生监督重点要放在保持水的清洁上。对于工厂自备的水源，要做必要的检查和评价，以便排除污染源。

(2) 水的物理性质。饮用水应清净、无沉淀、透明、无色、无味，不应含有令人厌恶的异味、异臭。

(3) 化学性质。供水不应含有任何对饮用者有损害的化学杂质和对供水系统有极度腐蚀性的物质。用于消毒水的化学药剂的浓度不得超过卫生标准。

(4) 细菌污染。供水内的病原微生物，特别是已知通过水传播疾病的微生物，如沙门氏菌、大肠杆菌等，要求供水的含菌范围符合国家卫生标准。

(5) 放射线。放射线对人类是危害的，所以水不应含有放射性物质。

屠宰加工企业应尽量采用消毒的饮用水，并注意在厂内是否存在污染的可能性。自备水源要保护不受污染，定期检查，并对水的储存和分配也应检查，以期查明可能遭受污染的部位。

消毒水通常采用氯化消毒。用有自动释放装置的加氯器来消毒更好。这种消毒不但降低水中的细菌含量，还具有氯化有机物和某些盐类及驱除供水气味的作用。

总之，肉类加工企业的供水应符合《生活饮用水卫生标准》(GB 5749—2006)。

二、污水的净化处理

屠宰加工企业的污水主要来自屠宰加工、内脏整理、肉品加工、炼油等车间和畜禽饲养场以及其他日常生活的用水，其中含有废弃的组织碎屑、脂肪、血液、毛污、胃肠内容物以及用于生产的各种配料，属于典型的高浓度有机污水。

屠宰加工用后的废水具有流量大、污物多、温度高和气味不良的特点。尽管屠宰加工企业排出的污水中基本上不存在残留汞、氰、酚、苯等毒物，但由于含有大量微生物和寄生虫卵，任其排放就会污染江河湖海和地下水，直接影响到工业用水和城市饮水的质量，并在公共卫生和畜禽流行病学方面具有一定的危险性。因此必须做好屠宰污水的净化处理。

屠宰污水处理通常包括预处理、生物处理、消毒处理三部分。

1. 预处理　主要利用物理学的原理除去污水中悬浮固体、胶体、油脂与泥沙。常用的方法是设置格栅、格网、沉沙池、除脂槽、沉淀池等，故又称为物理学处理或机械处理。其意义主要在于减少生物处理时的负荷，提高排放水的质量，还可以防止管道阻塞，降低能源消耗，节约运转费用，便于综合利用。

（1）格栅和格网。防止碎肉、碎骨及木屑等进入污水处理系统。

（2）除脂槽。用于收集污水中的油脂。污水中的油脂，一部分为乳化状态，温度较低时能黏附在管道壁上，使流水受阻，而且还会严重妨碍污水的生物净化。因此，污水处理系统必须首先设置除脂槽。

（3）沉淀池。污水处理中利用静置沉淀的原理沉淀污水中固体物质的澄清池，称为沉淀池。该池设于生物反应池之前，也称为初次沉淀池。

2. 生物处理 是利用自然界的大量微生物具有氧化分解有机物的能力，除去污水中的各种有机物，使之被微生物分解后形成低分子的水溶性物质、低分子的气体和无机盐。根据微生物嗜氧性能的不同，将污水生物处理分为好氧处理法和厌氧处理法两类。

（1）好氧处理法。污水好氧处理法主要有土地灌溉法、生物过滤法、生物转盘法、接触氧化法、活性污泥法及生物氧化塘法等。

细菌通过自身的生命活动过程，把吸收的有机物氧化成简单的无机物，并放出能量。微生物利用分解中获得的能量，把有机物同化，以增殖新的菌体。这些微生物如果附着在滤料如土壤细粒的表面，形成面膜，即所谓的“生物膜”。如果在污水中，这些细菌形成的菌胶团（即活性污泥绒粒）与污水中的某些原生动物（纤毛虫类等）及藻类结合，即形成“活性污泥”，悬浮在污水中。“生物膜”和“活性污泥”在污水生物学处理中起着主导作用。当污水中有机物质与“生物膜”表面接触时，则较迅速地被“生物膜”吸附，而非溶解性污物转变为溶解性的污物，也被“生物膜”吸收，从而使污水中的有机物质被降解。与此同时，“生物膜”上的微生物也摄取污水中的这些有机物质来营养自己，使“生物膜”的活力具有再生的能力。据此，污水生物处理装置才能够长期保持稳定的净化功能。

（2）厌氧处理法（厌氧消化法）。污水厌氧处理法主要有普通厌氧消化法、高速厌氧消化法与厌氧稳定池塘法等。

所谓污水的厌氧处理就是将可溶性或不溶性的有机废物在厌氧条件下进行生物降解。高浓度的有机污水和污泥适于用厌氧分解处理，一般称为消化或厌氧消化；低浓度的污水一般不适用本法处理。

厌氧消化经历酸的形成（液化）和气的形成（气化）两个阶段。在分解初期，不同的微生物群把蛋白质、糖类和类脂质转变为脂肪酸、甲酸、乙酸、丙酸、丁酸、戊酸和乳酸等有机酸，还有醇、酮、二氧化碳、氨、硫化氢等。此阶段，由于有机酸的大量积聚，故称为酸性发酵阶段。在分解后期，由于生成氨的中和作用，pH 逐渐上升，另一群专性厌氧的甲烷细菌分解有机酸和醇，生成甲烷和二氧化碳，这一阶段称为碱性发酵阶段和甲烷发酵阶段。

用厌氧法处理的污水，由于产生硫化氢等有异臭的挥发性物质而放出臭气。硫化氢与铁形成硫化铁，故废水呈黑色。这种方法净化污水需要的时间较长（约需停留一个月），而且温度低时效果不显著，有机物含量仍较高。目前多在厌氧处理后，再用好氧法进一步处理。

3. 消毒处理 经过生物处理后的污水一般还含有大量的菌类，特别是屠宰污水含有大量的病原菌，需经药物消毒处理方可排出。常用的方法是氯化消毒，将液态氯转变为气体，通入消毒池，可杀死 99%以上的有害细菌。

三、常用屠宰污水生物处理系统

1. 活性污泥污水处理系统　活性污泥处理有机污水，效果较好，应用较广，一般生活污水与工业污水经活性污泥法二级处理均能达到国家规定的排放标准。肉类加工中的污水净化处理，也已广泛采用此法，见图 2-2。

这种系统采用曝气的方法，使空气和含有大量微生物（细菌、原生动物、藻类等）的絮状活性污泥与污水密切接触，加速微生物的吸附、氧化、分解等作用，达到去除有机物，净化污水的目的。

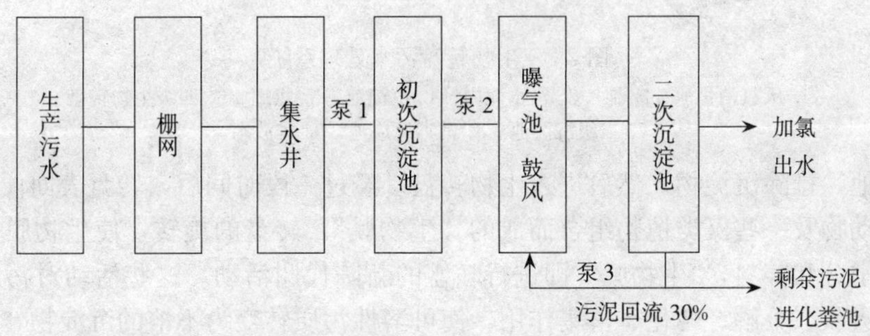

图 2-2　曝气活性污泥法流程示意

（1）初次沉淀池。污水在此池内一般停留 1～3h，目的在于除去污水中较多的悬浮物。

（2）曝气池。污水在曝气池内借助搅拌装置（机械搅拌器或加压鼓风机）与回流来的活性污泥充分混合，并通过曝气提供生物氧化过程所需要的氧，从而加速活性污泥和微生物对污水中有机物的吸附、氧化、分解作用。

（3）二次沉淀池。经过曝气处理之后的污水，在此池内停留 1.5～2.5h，使被处理的污水与活性污泥分离。

（4）回流污泥。在二次沉淀池中的沉淀污泥需要回流一部分到再生池或曝气池内，为处理新的污水提供足够的活性污泥。这部分污泥称为回流污泥。二次沉淀池中除回流污泥以外的余留污泥称为剩余污泥。

活性污泥处理法主要优点是净化效率高，产生的臭气轻微，占地面积较小，所得污泥可作肥料。

2. 生物转盘法污水处理系统　是通过盘面转动，交替地与污水和空气相接触，使污水净化的处理方法。此方法运行简便，能根据不同目的调节接触时间，耗电量少，适用于小规模的污水处理。

生物转盘是由许多轻质、耐腐蚀材料做成的圆形盘片，间隔一定距离（1～4cm），中心固定于一根可转动的横轴上。每组转盘置于一个半圆形水槽中，约有 40%的盘片部分浸于待处理的污水中。水槽两个横向面的上端各有一根多孔或纵向开口的水管，作为进、出水管。污水一般由逆转盘转动的方向流入水槽，这样一组槽称为一级转盘。在实际应用中，可以由三级、四级甚至更多级串联起来使用，见图 2-3。

污水由生产车间排入厌气消化池，停留 3～10d 进行厌气发酵。经发酵的血污水，由于厌氧微生物的作用而变为淡灰色、黑灰色，此时已除去了相当一部分污水的耗氧量。发酵污

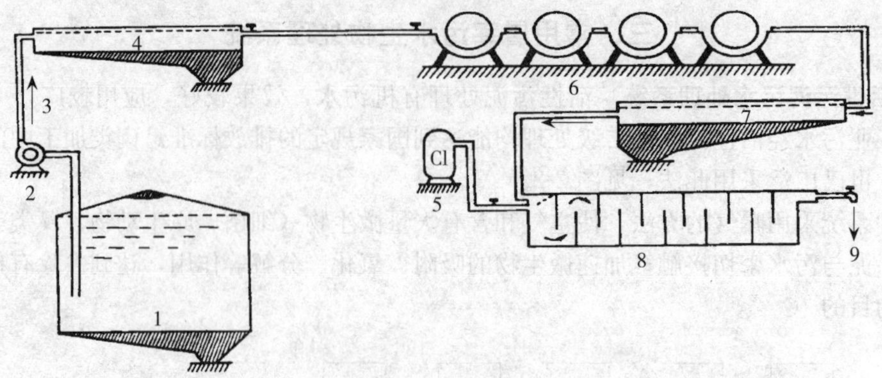

图 2-3　生物转盘污水处理系统

1. 厌氧消化池　2. 泵　3. 污水流向　4. 沉淀池　5. 氯罐　6. 四级生物转盘
7. 二级沉淀池　8. 消毒反应池　9. 排放水

水进入沉淀池，排除沉淀物，然后进入生物转盘。经过一段时间后，转盘表面便滋生一层由细菌、原生动物及一些藻类植物组合而成的“生物膜”。转盘的旋转，使生物膜交替得到充分的氧气、水分和养料，“生物膜”即进行旺盛的新陈代谢活动。这些活动对污水产生物理的或生化的吸收、分解、转化、富集作用，使可溶性污质转变为不溶的沉淀物，小粒的污染物质聚合为大粒的沉淀物，加之一些老化死亡的生物体，共同生成黑色沉淀，它们由转盘底部及二级沉淀池底部分离出来。水中的污染质被除去，水体被净化。

3. 厌氧消化法污水处理系统　高浓度的有机污水和污泥适于厌氧处理，一般称为污水厌氧消化，常用来处理屠宰污水，见图 2-4。

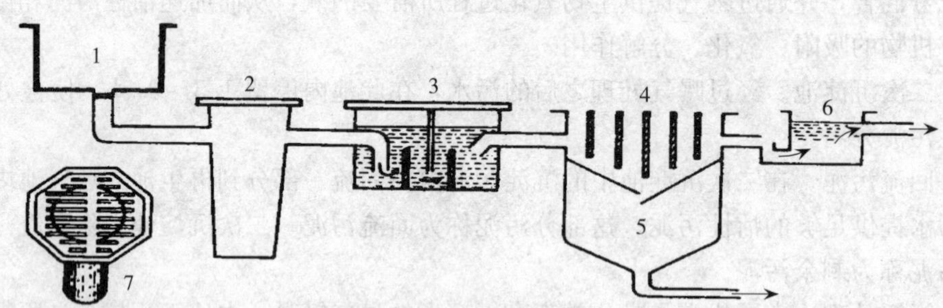

图 2-4　屠宰污水生物处理系统示意

1. 出口处装有铁箅的排水沟　2. 沉沙池（沉井）　3. 除脂槽　4. 双层生物发酵池的上层——沉淀槽
5. 双层生物发酵池的下层——消化池　6. 药物消毒池　7. 排水沟出口铁箅平面图

铁箅、沉沙池与除脂槽等设置是屠宰污水的预处理装置，用于除去污水中的毛、骨、组织碎屑、污沙、油脂及其他有碍生物处理的物质。

双层生物发酵池分上、下两层。上层是沉淀池，下层为厌氧发酵池，又称为消化池。经脱脂后的污水进入上层的沉淀槽内，直径大于0.000 1cm 的悬浮物和胃肠道虫卵沉淀物通过槽底的斜缝，进入下层的消化池，此时，沉淀物被污水中的厌氧菌分解，一部分变为液体，一部分变为气体，最后只剩下 25%～30%的胶状污泥。

四、屠宰污水的测定指标

我国环保部门于 1992 年正式批准实施了《肉类加工工业水污染物排放标准》（GB

13457—1992)，对排放污水的理化、微生物的各项卫生标准作出了规定。

1. 生化需氧量（*BOD*） 在一定的时间和温度下有机物受生物氧化时消耗的溶解氧量。以5d的水温保持在20℃时的生化需氧量作为衡量有机物污染的一个指标，用BOD_5来表示，单位为mg/L。生化需氧量的大小，表示水被污染的程度。污水处理的效果，也常用生化需氧量能否有效地降低来评定。

2. 化学耗氧量（*COD*） 用化学氧化剂氧化废水中的有机污染物质和一些还原物质（有机物、亚硝酸盐、亚铁盐、硫化物等）所消耗的氧量。它表示水中生物可降解的和不可降解的有机物及还原性无机盐的总量，单位为mg/L。当用重铬酸钾作氧化剂时，所测得的*COD*用COD_{Cr}，表示；当用高锰酸钾作氧化剂时，测得的*COD*用COD_{Mn}，表示。因污水中化学物质的含量多，成分复杂，铬法氧化较安全，故更能反映其污染的确切含量。

3. 溶解氧（*DO*） 溶解于水中的氧称为溶解氧。水中溶解氧的含量与空气在水中的分压、大气压、水位有关。当污水中含有还原性有机物质时，这些物质会和水中的溶解氧起反应，引起水中溶解氧不足。因此，测定水中溶解氧可以反映水的污染程度。

4. pH 是衡量水是否被污染的重要指标之一。生活污水，一般接近中性，pH对水中生物及细菌的生长活动有影响，当pH升高到8.5左右时，水中微生物生长受到抑制，使水体自净能力受到阻碍。

5. 悬浮物 悬浮固体物质是水中含有的不溶性物质，包括淤泥黏土、有机物、微生物等细微的悬浮物质。污水中的悬浮物质能够影响污水的透明度，从而降低水生植物的光合作用。悬浮物还会阻塞土壤的空隙。

6. 混浊度 表示水中悬浮物对光线透过时发生阻碍的程度。当1L水中均匀含有1mg白陶土（二氧化硅）时为1个混浊度单位。

7. 硫化物 污水中的蛋白质分解时会产生硫化氢之类的硫化物。硫化物是耗氧物质，能降低水中的溶解氧，妨碍水生生物的生命活动。硫化氢的存在是水发出异臭的重要原因。

8. 细菌 生活污水和一些生产污水，尤其是肉类加工企业的生产污水中含有大量细菌，其中包括危害人体健康的病原菌、病毒、寄生虫卵。如用这些未处理的污水灌溉农田，易使这些病原扩散传播。

项目四 屠宰加工企业的消毒

屠宰加工企业是生产肉品的主要工厂。鉴于屠宰的动物来源广泛、健康情况复杂，不可避免地有带菌（毒）畜进入屠宰加工过程而引起一定的污染。为此，屠宰加工企业必须经常消毒。根据病原体传播的途径，消毒的范围应包括：病畜通过的道路，停留过的圈舍，与病畜接触过的工具、饲槽、车船，生产车间的地面、墙裙、设备、用具，病畜的排泄物、分泌物、血污，各种人员的刀具、工作服、手套、胶靴等。总之，凡是与畜禽及其产品相接触的物品都要实施消毒。

（一）饲养场地和圈舍的消毒

1. 饲养场地的消毒 饲养场地的消毒依据被污染的情况不同，消毒方式也不同。一般情况下，平时的预防消毒应经常清扫，保持场地的清洁卫生，定期用消毒药喷洒即可。若发生了疫情，场地被细菌芽孢污染后，应首先用20%漂白粉液或其他对芽孢有效的消毒药液

（如4%的氢氧化钠液）喷洒，然后将表土挖起一层撒上干漂白粉，与土混合后将此表土深埋，这样重复一次即可。对于其他传染病所污染的地方，如为水泥地，则应用消毒液仔细刷洗消毒；若系泥地，可将地面深翻30cm左右，按每平方米面积撒上干漂白粉2～2.5kg，然后以水湿润、压平。

2. 畜禽圈舍的消毒 圈舍的消毒，包括定期预防消毒和发生传染病时的临时消毒。预防消毒一般每半个月或1个月消毒1次，以防止传染病的发生。临时消毒则应及时彻底。在消毒之前，先应将圈舍彻底清扫，若发生了人兽共患的传染病，清扫之前应用有效消毒药物喷洒后再打扫、清理，以免病原微生物随尘土飞扬造成更大污染。清扫时要把笼架、饲槽洗刷干净，将垫草、垃圾、剩料和粪便等清理出去，打扫干净，然后用消毒药进行冲洗或喷雾消毒。

（二）屠宰加工车间的消毒

屠宰加工企业各生产车间的消毒，按卫生条例规定有经常性消毒和临时性消毒两种：

1. 经常性消毒 经常性消毒是指在日常清洁扫除的基础上所进行的消毒，每日工作完毕，必须将全部生产地面、墙裙、通道、排水沟、台桌、设备、用具、工作服、手套、围裙、胶靴等彻底洗刷干净，并用82℃左右的热水进行消毒。按规定，每周进行一次大消毒。在彻底扫除、洗刷的基础上对生产地面、墙裙和主要设备用1%～2%的氢氧化钠（烧碱）溶液或2%～4%的次氯酸钠溶液进行喷洒消毒，保持1～4h后，用水冲洗。据实验，1%氢氧化钠溶液能在很短时间内杀灭猪的主要病原体，如猪瘟病毒、猪丹毒杆菌、猪巴氏杆菌等，其中加入5%～10%食盐时，还可提高对炭疽杆菌的杀灭能力，此外，还具有除去油腻的作用。刀和器械可用82℃左右的热水消毒或0.015%的碘溶液消毒。工作人员的手用75%的乙醇擦拭消毒或用0.002 5%的碘溶液洗手消毒。该碘溶液无刺激、无气味、无染色性，具有较强的清洁效力。胶鞋、围裙等胶制品，用2%～5%的福尔马林溶液进行擦洗消毒。工作服、口罩、手套等应煮沸消毒。

2. 临时性消毒 临时性消毒是在生产车间发现炭疽等恶性传染病或其他必要情况下进行的以消灭特定传染病原为目的的消毒方法。它在控制疫情、防止肉品污染上有很大的作用。具体做法可根据传染病的性质分别采用有效的消毒药剂。对病毒性疾病的消毒，多采用3%的氢氧化钠喷洒消毒。对能形成芽孢的细菌如炭疽、气肿疽等，应用10%的氢氧化钠热水溶液或10%～20%的漂白粉溶液进行消毒，国外多用2%的戊二醛溶液进行消毒。消毒的范围和对象，应根据污染的情况来决定。消毒时药品的浓度、剂量、时间等必须准确。

（三）运输工具的消毒

凡载运过屠畜及其产品的车船和其他运输工具，按规定进行处理消毒。对装运过健康动物及其产品的车船，清扫后用60～70℃的热水冲洗消毒；装运过一般性传染病病畜及其产品的车船，清扫后用4%的氢氧化钠溶液或0.1%的碘溶液洗涤消毒，清除的粪污应进行生物热消毒；装运过由形成芽孢的病原菌感染引起的恶性传染病畜及其产品的车船，先用4%福尔马林溶液喷洒，然后清扫，再用4%的福尔马林溶液喷洒消毒，$1m^2$需消毒药液0.5L。保持0.5 h后再用热水仔细冲洗，最后再用上述药液喷洒消毒。清除的粪便焚烧销毁。

（四）粪便的消毒

粪便的消毒有焚烧法、掩埋法、化学消毒法及生物热消毒法。其中生物热消毒法是对粪便最经济的消毒方法，所以，粪便的消毒多采用此法。湿粪堆积发酵所产生的生物热可达

70℃或更高，能杀灭一切不形成芽孢的病原微生物和寄生虫卵。用这种方法处理后的粪便，由于发酵腐熟快，所以肥效良好。

粪便的生物热消毒应在专门的场所设置堆放坑或发酵池，其侧壁和底面应由水泥或黏土筑成，采用的生物热消毒应注意如下几点：①堆料内不能只堆放粪便，还应对放垫草、稻草之类的含有机质丰富的物质，以保证堆料中有足够的有机质，作为微生物活动的物质基础；②堆料应疏松、切忌夯压，以保证堆料内有足够的空气，各层薄厚一致，高度可达 2m，侧面斜度为 70°。堆好后表面覆盖一层 5～10cm 厚的泥土；③堆料的干湿度要适当，发酵时如为干粪，应加水浇湿以便发酵，含水量应在 50%～70%；④堆肥时间要足够，必须腐熟后方可施肥。一般在夏季需 1 个月左右，冬季需 2～3 个月方达腐熟。被分枝杆菌污染的粪便，应堆放 6 个月左右。

必须注意的是生物热消毒方法虽然对粪便消毒很好，可以杀灭许多传染性病原，如口蹄疫病毒、猪瘟病毒、布鲁氏菌等，但对于炭疽、气肿疽动物的粪便，只能焚烧或经有效的消毒液化学消毒后深埋。

（五）消毒效果的检查

1. 清洁程度的检查　检查车间的地面、墙壁、设备及圈舍场地扫除情况，按卫生要求必须做到干净、卫生、无死角。

2. 消毒药剂使用正确性的检查　查看消毒工作记录，了解选用消毒药剂的种类、浓度及其用量。检查消毒药液的浓度时，可从剩余的消毒药液中取样进行化验检查，要求选用的消毒药剂高效、低毒。浓度和用量必须适宜。

3. 消毒对象的细菌学检查　消毒以后的地面、墙壁及设备，随机划区（10cm×10cm）数块，用消毒的湿棉拭子擦拭 1～2min，将棉拭子置于 30mL 中和剂或生理盐水中浸泡 5～10min，然后送化验室检验菌落总数、大肠菌群和沙门氏菌。根据检查结果，评定消毒效果。细菌杀灭率 80%以上为良好，杀灭率 70%～80%为较好，杀灭率 60%～70%为一般，杀灭率 60%以下为不合格。

4. 粪便消毒效果的检查

（1）测温法。用装有金属套管的温度计，测量粪便发酵堆中的温度，根据粪便堆在规定时间内达到的温度来评定消毒效果。当粪便生物发热达 60～70℃时，经过 1～2d，可以杀死其中的巴氏杆菌、布鲁氏菌、沙门氏菌及口蹄疫病毒；经过 24h 可以杀灭红斑丹毒丝菌；经过 12h 能杀死猪瘟病毒。

（2）病原菌检查。按常规方法检查，要求不得检出致病细菌。

实训四　参观定点屠宰场

【目的与要求】 通过对屠宰场的参观学习，了解屠宰场总体布局的卫生要求，明确各设施的卫生要求及检验点的设置。

【实训内容】 定点屠宰场的选址和布局的卫生要求，屠宰加工工艺流程，各主要场所的建筑和卫生要求，屠宰检疫程序和要点，粪便污水处理。

【实训用品】 工作服、工作帽、口罩、网罩、胶靴等。

【实训过程】 由实习指导教师和现场技术人员（兼职实习指导教师）带领学生按一定步

骤进行参观，并讲解有关实训内容。一般先参观清洁区，后参观非清洁区。

1. 参观屠宰场的总体布局

（1）参观并了解屠宰场场址选择是否符合卫生要求。

（2）参观并了解屠宰场总平面布局是否符合卫生要求。

（3）参观并了解屠宰场厂区的环境卫生要求。

2. 参观清洁区

（1）参观熟肉制品加工车间的建筑和设备，了解其卫生要求和熟肉制品的加工工艺。

（2）参观分割肉车间的建筑和设备，了解其卫生要求和加工过程。

（3）参观屠宰加工车间的建筑和设备，了解其卫生要求和屠宰加工流程。

（4）参观冷库的建筑和设备，了解冷库的卫生要求和冷加工工艺。

（5）参观化验室，了解化验设备和化验项目。

3. 参观非清洁区

（1）参观饲养管理圈，了解宰前饲养管理知识。

（2）参观隔离圈，了解隔离圈的建筑和卫生要求。

（3）参观急宰车间，了解急宰车间的建筑和卫生要求。

（4）参观化制车间，了解化制车间的建筑和卫生要求以及化制方法。

（5）参观粪便、污水的处理场所，了解粪便及污水的无害化处理方法。

4. 了解宰前检疫的程序和方法

（1）了解入场验收的程序和方法。

（2）了解进行群体检查的程序和方法。

（3）了解进行个体检查的程序和方法。

5. 了解宰后检验的程序和要点

（1）参观屠宰加工车间时，了解宰后检验点的设置和检验程序。

（2）了解每个检验点的检验要点。

复习思考题

一、名词解释

1. 交叉污染　2. 消毒　3. 经常性消毒　4. 临时性消毒　5. *BOD*　6. BOD_5

二、填空题

1. 屠宰加工厂（场）平面布局应分为＿＿＿＿、＿＿＿＿、和＿＿＿＿三个区。

2. 屠宰加工厂（场）常用的消毒方法有一般分为＿＿＿＿、＿＿＿＿和＿＿＿＿三种方法。

3. 屠宰污水的处理包括＿＿＿＿、＿＿＿＿、＿＿＿＿三部分。

4. 交叉污染是指＿＿＿＿、＿＿＿＿、＿＿＿＿之间的相互污染。

三、判断题

1. 屠宰加工厂（场）场址离居民住宅区、学校、水源及其他公共场所的距离应在100m

以上。( )

2. 屠宰加工厂(场)地下水位离地面的距离不得低于1.5m。( )

3. 屠宰加工厂生产区与非生产区应分开,且应单独设置人员、活畜、产品废弃物的出入口。( )

4. 屠宰加工厂(场)的生产用水(即供水)必须符合GB 5749—2006《生活饮用水卫生标准》的规定。( )

5. 屠宰污水进行预处理目的主要是为了减少生物处理的负荷,提高排放水的质量。( )

6. 生化需氧量的大小常用来表示水被污染的程度。( )

四、简答题

1. 对屠宰加工场所选址和布局的卫生要求有哪些?
2. 绘制示意图说明屠宰场建筑布局的兽医卫生要求。
3. 对屠宰加工主要场所的卫生要求有哪些?
4. 常用屠宰污水生物处理系统有几种类型?简述活性污泥污水处理的原理。
5. 屠宰污水的测定指标有哪些?国家卫生标准是如何规定的?
6. 如何对屠宰加工场所进行消毒?

模块三　畜禽收购与运输的兽医卫生监督

知识目标

1. 掌握畜禽收购检疫的目的意义和兽医卫生管理。
2. 熟悉屠畜常见的运输性疾病。

能力目标

1. 能够出具“动物检疫合格证明”。
2. 能够进行畜禽运输的兽医卫生监督。
3. 能够对运输工具进行消毒。

项目一　畜禽收购的兽医卫生监督

（一）收购检疫的目的意义

屠宰加工企业经营屠宰加工业务，需要从各地收购畜禽，在收购畜禽时，必须做好检疫、防疫工作，以防人畜共患病和其他畜禽疫病的传播，保证所生产肉品的卫生质量。其具体目的意义是：

第一，做好收购检疫对贯彻和落实国家对动物疫病实行预防为主的方针具有极其重要的意义。如通过查验动物免疫证明和免疫标识可以充分调动养殖户依法防疫的积极性，促进基层防疫工作的开展，以便顺利完成“国家对严重危害养殖业生产和人体健康的动物疫病实行计划免疫”的任务。

第二，做好收购检疫可以防止患病动物进入流通领域，从而可以克服流通领域里要求短时间作出确定检疫的困难，减轻对贸易检疫、运输检查的压力，减少贸易损失。

第三，做好收购检疫可以防止人畜共患病和其他动物疫病的传播，促进养殖业的发展和保障人民身体健康。

第四，做好收购检疫可以避免误购病畜，降低生产成本，保障屠宰企业经济效益和肉品卫生质量。

（二）收购前的准备

1. 了解疫情　《中华人民共和国动物防疫法》严令禁止从疫区收购动物和动物产品，因此，确定收购站后，检疫人员应深入该地区，向当地动物卫生监督机构、兽医、饲养员等了解动物定期检疫、预防接种、饲养管理以及有无疫情等情况，通过调查分析确认为非疫区时，方可设站收购。

2. 物质准备　按照兽医卫生要求，收购站应备有存放健康畜禽的圈舍和隔离患病畜禽的圈舍，以及必要的饲养管理用具、饲料、药品等，使收购来的畜禽能得到妥善安置和合理的饲养管理。

3. 组织人力　畜禽收购工作即要明确分工，又要通力协作，检疫、司秤、饲养管理及押运等都有专人负责，兽医卫检人员应对整个收购工作进行防疫、检疫等技术指导监督。

（三）兽医卫生管理

1. 严格检疫　为了避免误购病畜禽，检疫人员对待收购的畜禽应按照《畜禽产地检疫规范》（GB 16549—1996）严格检疫，仔细查验免疫接种证明，认真做好临床健康检查，包括群体检查和个体检查，检疫出畜禽疫病时，按有关兽医法规处理（具体检疫方法与处理见宰前检疫）。对检疫合格畜禽，由官方兽医出具"动物检疫合格证明"，其出具条件是：①必须来自非封锁区或者未发生相关动物疫情的饲养场（户）；②按照国家规定进行了强制免疫，并在有效保护期内；③临床检查健康；④农业部规定需要进行实验室疫病检测的，检测结果符合要求；⑤养殖档案相关记录和畜禽标识符合农业部规定。

2. 合理饲养　收购来的畜禽应按其来源分类、分批、分圈饲养，不得混群饲养。应经常对场地、圈舍进行清扫、消毒。在饲养期间应尽力保障畜禽的安全和正常的饮食、休息，实践证明，只要做到"八不"和"四防"，即不打、不踢、不渴、不饿、不晒、不冻、不挤、不打架和防风雨、防霜雪、防惊吓、防暴食，就可以防止畜禽受伤、发病和掉膘。

3. 及时转运　由于临时收购站的饲养管理条件有限，再加上购入的畜禽来源复杂，因此为了降低经营成本、减少意外损失，购入的畜禽达到足够调运的数量时应及时运出，避免在收购站停留时间过长。除发生特殊情况外，购入的畜禽在收购站停留的时间最长不超过3d。

项目二　畜禽运输的兽医卫生监督

按照兽医卫生要求，各地收购站收购的畜禽，必须尽快地送往屠宰加工厂进行屠宰加工。屠宰动物的运输方法很多，包括赶运、铁路运输、水路运输、公路运输等，无论采用哪种运输方法，都必须防止畜禽途中掉膘、发病和死亡，防止疫病散播。因此，动物检疫人员和收购人员必须做好运输前的各项准备工作，安排好动物运输过程中的饲养管理，严格遵守运输规程。

一、运输前的管理

1. 备好物资和文件

（1）供屠宰的动物在启运前3d，货主应持检疫申报单向所在地动物卫生监督机构申报检疫，动物卫生监督机构受理检疫申报后，派出官方兽医到现场或指定地点实施检疫。检疫合格的出具"动物检疫合格证明"，运输部门凭有效的"动物检疫合格证明"承运。

（2）按照《商品装卸运输暂行办法》的规定，押运员应明确规定运输途中的饲养管理制度和兽医卫生要求，合理分工，备齐途中所需要的各种用品，如篷布、苇席、水桶、饲槽、扫帚、铁锹、手电、消毒用具和药品等。

（3）根据装运的动物数量、路途远近，备好应携带的饲料。

2. 备好运输工具

（1）运输动物要根据当地气候、动物种类、路途远近、交通条件等选定运输工具。温热季节，运输路程不超过一昼夜者，可选用高篷敞车；天气较热时，应搭凉棚；寒冷季节，必须使用篷车，并根据气温情况及时开关车窗。装运马属动物和牛的车厢要设置拴系缰绳或横杠。为了降低运输费用，提高运输量，在运输猪、羊时，目前多采用双层装运法，但必须保证上层地板不漏水，并沿两层地板斜坡设排水沟，在下层的适当位置设一容器，接受上层流下的粪水，下层高度适中，以防动物背部擦伤。

（2）凡无通风设备、车架不牢固的和铁皮车厢，或装运过腐蚀性药物、化学药品、矿物质、散装食盐、农药、杀虫剂等货物的车厢，都不可用来装运动物。

（3）运输工具必须经清扫、洗刷、消毒合格后才能装运。

3. 合理装载

（1）装载屠畜时，应按车厢装载头数分批进行。用低声轰吓使其登车，禁止用棒打、脚踢、硬拉、重摔、抓鬃、扯尾等粗暴方法，以免使屠畜发生外伤和骨折。

（2）大家畜在车厢内必须用短缰绳拴牢（特别是牛），以防角斗；最好使头向中央或朝向车头纵向装车，这样既可避免车辆震动时发生外伤及会车时受到惊吓，又便于途中饲养管理。横向装车（畜头向车壁）则无上述优点，仅适用于短距离运输。据国外记载，大家畜在车厢内横向装载长途运输时，其体重的损失大于纵向装载。

（3）装载数量应根据运输工具载重量、畜体大小、气候冷暖、里程长短等适当掌握。原则是既不影响屠畜安全，又能节约运费，充分发挥运输潜力。家禽则事先装入笼中，再装上车船。

二、运输途中的管理与兽医卫生监督

1. 运输途中的管理 对畜禽做好运输途中的管理是保证完成运输任务的重要环节。

（1）运输途中押运员应经常注意观察屠宰动物的健康状况，防止聚堆挤压。天气炎热时车厢内应保持通风，设法降低温度；天气寒冷时则应采取防寒挡风措施。寒冷天气最好在日出后和日落以前运输，暑热天气宜在早晚凉爽之时运输。

（2）运输途中必须做好车船内清洁卫生工作，收集起来的粪便和垫草不得沿途抛弃，可堆积到车船一角，待到指定车站或码头时卸下处理。

（3）运输途中押运员要做好饮喂工作，每日应饮喂 2 次，每次相隔 8h，夏季炎热可增加饮水 1 次。

（4）汽车运输时，车速不应超过 50km/h，上下坡或转弯时必须减速，以免屠畜互相拥挤。

2. 运输途中的兽医卫生监督

（1）运输过程中，动物防疫监督人员和押运人员应认真观察屠宰动物的健康情况，发现病、死和可疑患病动物时，立即隔离到车船一角，进行治疗和消毒，并将发病情况报告车船负责人，以便与有动物卫生监督机构的车站、码头取得联系，及时卸下病死动物，在当地动物卫生监督人员的指导下妥善处理。

（2）绝对禁止随意急宰或沿途抛弃，也不得任意出售或带回原地，必要时，动物防疫监督人员有权要求装运屠宰动物的车船开到指定地点进行检查。

（3）发现恶性传染病及当地已经扑灭或从未发生过的传染病时，应立即按照有关动物防疫规程采取措施，防止疫病扩散，并将疫情及时报告当地动物卫生监督机构，妥善处理患病动物或动物尸体以及污染场所、运输工具等，同群动物应隔离检疫，并注射相应疫苗或血清，待确定正常无扩散危险时，方可准予运输或屠宰。

三、到达目的地时的兽医卫生监督

1. 查验证件　到达目的地后，动物检疫人员应向押运员索取有关检疫证明并进行查验，检查有无检疫证明或检疫证明是否有效。

2. 查验动物　如果有检疫证明且有效，动物检疫人员只作抽查复验，不必详细检查；如无检疫证明，或动物种类、数目、日期与检疫证明不符而又未注明原因，或动物来自疫区，或发现有疑似动物疫病及死亡动物时，动物检疫人员必须仔细查验动物，待查明疑点后，按有关规定进行处理。

3. 运输工具消毒　动物检疫人员应监督装运动物的车船，在卸完动物后须清除粪便污物并进行消毒。根据动物的健康状况，采用不同的消毒方法。

（1）运输途中未发生过疫病的运输工具，清扫后用80℃左右的热水冲刷消毒即可。清扫下的粪便污物进行生物热发酵处理。

（2）运输途中发生过由不形成芽孢的病原微生物引起的一般性疫病的运输工具，清扫后，先用热水冲刷，再用含2%～5%有效氯的漂白粉溶液或4%氢氧化钠溶液、5%来苏儿等消毒剂喷洒消毒，最后再用热水冲刷干净即可。清扫下的粪便污物应进行生物热发酵处理。

（3）运输途中发生过由形成芽孢的病原微生物引起的恶性传染病的运输工具，先用含有效氯不低于4%的漂白粉溶液或4%甲醛溶液进行喷洒消毒，30min后进行清扫，再用上述消毒剂喷洒消毒，保持30min后用热水冲刷，最后再用上述消毒剂喷洒消毒一遍，作用2～4h后用热水冲刷即可。清除的粪便污物集中销毁。

（4）各种用具也根据上述不同情况进行消毒后再利用。

四、常见的屠畜运输性疾病

运输性疾病是指动物在运输过程中，受到各种不良因素（应激原）的刺激而引起的各种疾病，又称为应激性疾病。

引起应激性疾病的因素很多，惊吓、抓捕、运输、驱赶、过冷、过热、拥挤、过劳、咬斗、噪声、电击、中毒感染、饥饿等不良刺激，均可引发本病。动物的应激反应表现为代谢率增高和胰岛素相对不足，动物表现体温升高，体重减轻，发生酸中毒等一系列症状。应激性疾病常见的有以下几种：

（一）猪应激综合征（PSS）

猪应激综合征（porcine stress syndrome）是猪对应激原刺激过度敏感而发生的一种应激敏感综合征。由于猪的品种改良、追求饲料报酬、集约化封闭式饲养等，而产生了一类产肉多、瘦肉率高以及经济效益高，但对应激刺激反应强烈，易发生应激性疾病的猪群，这种猪被人们称为应激敏感猪（SSP）。其外观特征是，四肢较短，后腿肌肉发达，腿粗呈圆形，皮肤坚实，脂肪薄，易兴奋，好斗，后躯和尾根易发生特征性颤抖，追赶时呼吸急促、心跳亢进，皮肤有充血斑、紫斑，眼球突出，震颤。猪应激综合征具有以下几种情况。

1. 白肌肉（PSE肉）　因猪宰后肌肉颜色苍白（pale）、质地松弛（soft）、有汁液渗出（exudative），故又称为PSE肉。主要是由于宰前运输、拥挤以及捆绑等刺激引起猪产生的应激反应，表现为肌肉强直，机体缺氧，糖原酵解过程加快，产生大量乳酸而造成的。病变主要发生在背最长肌、半腱肌、半膜肌、股二头肌等，其次为腰肌、臂二头肌、臂三头肌，常呈左右两侧对称性变化。白肌肉对人体一般无害，原则上可以食用。但肌肉外观不良，加工时损失大，不宜作腌腊制品的原料。

2. DFD 肉 猪宰后表现肌肉颜色暗红（dark）、质地粗硬（firm）、切面干燥（dry），又称为黑干肉（黑切肉）。原因主要是猪在宰前长时间受到应激较小的应激原刺激，使体内肌糖原消耗过多，而肌肉产生的乳酸少，且被呼吸性碱中毒时产生的碱所中和而引起的。病变主要发生于股部肌肉和臀部肌肉。由于 DFD 肉 pH 接近中性，保水力较强，适宜细菌的生长繁殖，因此容易发生腐败变质，不耐储存。这种肉一般无碍于食用，但口感差，不宜作腌腊制品原料。

3. 背肌坏死 本病主要发生于 75～100kg 的成年猪，是应激综合征的一种特殊表现，并与 PSE 肉有着相同的遗传病理因素。患过急性背肌坏死的猪所生的后代，可以自发地发生背肌坏死。有的猪也可能在受到应激原刺激后发生急性背肌坏死。病猪表现双侧或单侧背肌肿胀，肿胀无疼痛反应，有的患猪最后酸中毒死亡。病变轻微的，切除病变部位后，胴体和内脏可不受限制出场；如果病变严重，有全身变化的，在切除病变部位后，胴体和内脏可作为次品加工后出售；但因酸中毒死亡的，其尸体应进行化制或销毁处理。

4. PSS-急性心衰竭死亡 本病又称为心死病，多见于产肉性能高的 8 周龄至 7 月龄猪，以 3～5 月龄猪最为常发，往往是在无任何先兆的情况下突然死亡。剖检心肌具有苍白、灰白、或黄白色条纹或斑点，心肌变性。因本病死亡者，其尸体进行化制或销毁处理。

5. 猪急性浆液-坏死性肌炎（腿肌坏死） 本病的发生是由于猪对出售时的运输应激刺激适应性很差，因而发生肌肉坏死、自溶和炎症。这种猪肉外观与 PSE 肉相似，肉眼难以区别。宰后 45min 后，其 pH 为 7.0～7.7，色泽苍白，质地较硬，切面多水。病理变化为急性浆液-坏死性肌炎。因其主要发生于猪后腿的半腱肌、半膜肌，故又称为腿肌坏死性肌炎。病变轻微的，在切除病变部位后，胴体和内脏可不受限制出场；如果病变严重，有全身变化的，在切除病变部位后，胴体和内脏可作为次品加工后出售。

（二）猝死综合征

本病又称为“突毙综合征”，是在牛、羊、猪的运输中经常发生的一种应激性疾病。原因是捕捉和捆绑时受到突然的强烈刺激，心肌过度强烈收缩而发生心跳停止。该病表现为无任何临床症状而突然死亡，是应激反应的最严重表现。因本病死亡的尸体，化制或销毁处理。

（三）猪胃溃疡

猪胃溃疡是一种慢性应激性疾病，主要由于饲养拥挤、惊恐等慢性应激刺激以及单纯饲喂配合饲料而引起肾上腺皮质机能亢进，从而导致胃酸过多，而使胃黏膜受损伤。这些猪平时症状不明显，常于运动、斗架和运输中突然死亡，其直接致死原因是胃溃疡灶大出血。宰后检验时，可见胃食道部黏膜皱褶减少，出现不全角化、急性糜烂、溃疡等病变。胃局部有病变者，切除病变部位化制或销毁，其余部分不受限制出场；若胃大部分已发生病变，则将整个胃化制或销毁。

（四）猪咬尾症

猪咬尾症是应激敏感猪在高度集中饲养、饮水、饲料不足等应激因素刺激下而诱发产生的一种应激性疾病。患病猪对外界刺激敏感，食欲不振，发生时间多在 15:00 左右，猪只一个咬一个的尾巴，有时连成一串，有的猪尾被咬掉，受伤部位易形成化脓灶，从尾椎向前蔓延，最后因损伤脊髓而死亡。仅尾部受伤或局部化脓者，割去病变部位化制或销毁，其他部分不受限制出场；引起死亡者，其尸体化制或销毁。

（五）运输病

本病是由于捕捉和运输等应激因素作用下，猪的抵抗力降低，诱发副猪嗜血杆菌的感染而发病。常于运输后 3～7d 发病，表现中度发热（39.5～40℃），食欲不振，倦怠，经数日至 1 周而自愈，或恶化而死亡。特征病变为全身浆膜炎，其中以心包膜和胸膜肺炎发生率最高。仅肺和胸膜有病变者，将病变部及其周围组织切除化制或销毁，胴体和其他脏器不受限制出场；当其他器官和肌肉也有轻微病变者，应高温处理；因本病死亡者，其尸体应化制或销毁处理。

（六）运输热

本病又称为“运输高温”，是由于运输中过度拥挤、通风不良、饮水不足而引起。猪的汗腺不发达，且皮下脂肪较厚，散热困难，在运输中如果条件恶劣，可造成猪只体内热量蓄积，引起体温急剧升高，出现一系列高温症状，大猪、肥猪更为明显，表现呼吸加快，脉搏频数，皮温升高，精神沉郁，黏膜发绀，全身颤抖，有时呕吐，体温升高达 42 ℃，往往被其他猪只挤压而死。患病猪宰后检查可见纤维素性肺炎变化，有时出现急性肠炎。宰后仅发现肺和肠管有病变者，将肺和肠管废弃，其余部分不受限制出场；若出现全身性轻微病变，胴体高温处理后出场；若全身性病变严重，胴体化制处理；因本病死亡者，其尸体化制或销毁处理。

应激性疾病对屠宰加工企业可造成严重的经济损失，为减少损失，集约化养殖场在养殖过程中应加强饲养管理，注意避免畜舍的高温、高湿、拥挤等，饮喂时，尽量减少各种应激原对动物的刺激，保证饲料的营养全面，注意添加矿物质和维生素，特别是硒和维生素 E。运输过程中尽量减少应激刺激，运输前备足饲草、饲料和充足的饮水，装车时不任意混群，避免闷热、饥饿、过劳、骚动、惊恐以及暴力驱赶等外因刺激。

复习思考题

一、名词解释

1. 动物检疫　2. 产地检疫　3. 运输性疾病

二、判断题

1. 畜禽的收购站必须设置在非封锁区或未发生相关动物疫情的饲养场（养殖小区）、养殖户。（　　）

2. 收购的屠宰动物在收购站停留时间最多不超过 3d，必须尽快送往屠宰加工厂进行屠宰加工。（　　）

3. 屠宰动物的收购检疫方法主要以临场检疫为主，通过临场检疫为健康的动物方可收购。（　　）

4. 产地检疫是动物或动物产品在离开饲养地或生产地之前所实施的检疫。（　　）

5. 体温测量是动物检疫的一项重要内容。（　　）

三、单项选择题

1.（　　）情况不属于动物产地检疫的内容。

A. 当地疫情　　B. 当地动物分布　　C. 免疫接种　　D. 临床检查

2.“动物检疫合格证明（动物 A）”最长有效期是（　　）d。

A. 7　　B. 1　　C. 5　　D. 10

3.“动物检疫合格证明（产品 B）”最长有效期是（　　）d。

A. 7　　B. 1　　C. 5　　D. 10

4. 动物及动物产品运输工具消毒所用消毒剂过氧乙酸的浓度是（　　）。

A. 2%～5%　　B. 0.1%～0.2%　　C. 5%～10%　　D. 0.2%～0.5%

5. 运输途中发现疫病时，应（　　）。

A. 剔除病畜，捕杀抛弃　　B. 病畜急宰、死畜抛弃

C. 在就近防检站隔离，消毒　　D. 尽快运输

四、简答题

1. 屠宰动物收购检疫的目的意义是什么？
2. 简述屠宰动物收购检疫的方法。
3. 如何对屠宰动物在运输过程中进行兽医卫生监督？

模块四　屠畜的宰前检疫与管理

知识目标

1. 熟悉宰前检疫的目的和意义。
2. 了解宰前检疫的程序。
3. 掌握宰前检疫后的处理方式。
4. 了解宰前休息管理和停饲管理的意义。

能力目标

1. 能够对屠畜进行宰前检疫。
2. 能够对宰前检出的病畜进行正确处理。

项目一　屠畜的宰前检疫

一、宰前检疫的目的和意义

宰前检疫是对即将屠宰的动物进行的检疫，它是屠宰检疫的重要组成部分，是兽医卫生监督的重要环节之一。兽医法规要求对即将屠宰的动物必须进行宰前检疫。那种认为只要有宰后检验“把关”就万无一失的观点是十分错误的，必须重视宰前检疫。宰前检疫的目的意义在于：

（1）通过宰前检疫能及时发现有临床症状的患病动物，实行病健隔离、病健分宰，防止疫病扩散，减轻产品污染，保证产品的卫生质量。

（2）可以及早检出宰后检验时难以检出的许多动物疾病，如破伤风、狂犬病、李氏杆菌病、脑炎、脑包虫病、口蹄疫以及某些中毒性疾病等。这些疾病因宰后一般无明显的病理变化或因剖检部位的关系，在宰后检验时常有被忽略和漏检的可能。但是这些疾病依据其宰前明显而特殊的临床症状是不难检出的，如果忽视了宰前检疫，就错过了检出这些疾病的机会。

二、宰前检疫的程序

1. 入场验收　入场验收的目的在于防止病畜混在健康畜群中而进入宰前饲养管理圈，做到病、健隔离。因此，检疫人员要认真组织好屠畜的宰前入场验收工作。

（1）验讫证件，了解疫情。当屠畜运到屠宰加工厂未卸载之前，检疫人员应先向押运员索取屠畜产地动物卫生监督机构签发的检疫证明和车辆消毒证明，了解产地有无疫情，并亲临车船，仔细查看屠畜，核对屠畜的种类和数目，检查有无免疫标识。如发现问题，必须查明原因。如果发现疫情或有疫情可疑时，应立即将该批屠畜转入病畜隔离圈，并进行详细的临床检查和必要的实验室诊断，确诊后根据疫病性质按有关规定处理。

（2）视检屠畜，病健分群。经过初步检查认为合格的屠畜，准予卸载，并赶入宰前预检分类圈，此时，检疫人员要认真视检屠畜，如发现异常，立即标记剔除隔离。赶入宰前预检分类圈的屠畜，要按产地、批次分圈管理。

（3）逐头测温，剔除病畜。进入宰前预检分类圈的屠畜，要给予充足的饮水，待休息4h后，再进行详细的临床检查，逐头测温。经检查确认体温正常的健康屠畜，赶入饲养圈，将体温异常的病畜和可疑病畜则赶入病畜隔离圈。

（4）个别诊断，按章处理。被隔离的病畜和可疑病畜，经适当休息后，进行仔详细的临床检查，必要时辅以实验室诊断，确诊后按规定处理。

2. 住场查圈　入场验收合格的屠畜，在宰前饲养管理期间，检疫人员应经常深入圈舍进行检查，发现病畜及时隔离。

3. 送宰检验　进入饲养圈的屠畜经过2d以上的饲养管理之后，即可送去屠宰。在送宰之前再进行最后一次临床检查，以便最大限度地控制病畜进入屠宰线。经检查确认为健康合格的屠畜，出具宰前检疫合格证明，送往候宰间等候屠宰。

三、宰前检疫的方法

屠畜的宰前检疫不同于家畜的兽医临床检查，由于送宰的屠畜数目通常较多，待宰的时间又不能拖长，特别是生产旺季，因此，屠畜的宰前检疫，多采用群体检查和个体检查相结合的方法。

（一）群体检查

群体检查是将来自同一地区或同批的屠畜作为一组，或以圈为单位进行的检查，包括静、动、食的观察三大环节。

1. 静态观察　是使屠畜在自然安静状态下进行的观察。主要观察其精神状态、立卧姿势、呼吸和反刍情况，注意有无咳嗽、气喘、战栗、呻吟、流涎、嗜睡和孤立一隅等反常现象。

2. 动态观察　静态观察后，可将屠畜轰起，观察其活动情况。注意有无跛行、后躯摇摆、屈背弓腰、步态蹒跚和离群掉队等异常现象。

3. 饮食观察　观察屠畜的采食和饮水状态。注意观察有无少食、不食、少饮、不饮、口渴多饮或想食又吞咽困难等现象。同时注意观察屠畜的排便姿势，粪尿的色泽、形态、气味等有无异常。

凡经上述检查呈现异常的屠畜，要进行标记，并予以隔离。

（二）个体检查

个体检查是对在群体检查时被隔离的病畜和可疑病畜集中进行较详细的个体临床检查。经群体检查没有发现异常的屠畜群，必要时可抽取5%～20%进行个体检查；如果发现有传染病时，可继续抽查10%，必要时全部进行个体检查。个体检查包括看、听、摸、检四大要领。

1. 看　是指用肉眼观察屠畜的临床表现，它要求检疫人员要有敏锐的观察能力和丰富的临床经验。重点从以下几个方面观察：

（1）看精神、被毛和皮肤。观察屠畜的精神是否正常，有无精神沉郁或兴奋不安；看被毛有无光泽、成片脱落或粗乱；观察皮肤色泽有无异常，有无肿胀、溃烂、皮疹、出血等现象。

（2）看运步姿态。观察屠畜的运步姿态有无异常，是否稳健、动作自如，有无跛行、运步不协调等反常姿势。如家畜患破伤风、脑炎、脑包虫病、李氏杆菌病、关节炎以及骨软症等病时，都表现出特殊的异常步态。

（3）看鼻镜和呼吸动作。看鼻镜或鼻盘是否湿润，有无干燥或干裂；检查其呼吸次数、节律、方式是否正常，是胸腹式呼吸还是明显的腹式呼吸，有无呼吸困难等。

（4）看可视黏膜。检查眼结膜、鼻腔黏膜和口腔黏膜有无苍白、潮红、黄染、发绀以及分泌物流出等情况。

（5）看排泄物。注意观察有无便秘、腹泻、血便、血尿及血红蛋白尿等。

2. 听 就是利用听觉直接听取屠畜发出的各种声音，或借助听诊器听取屠畜内脏活动的声音。

（1）听叫声。各种健康家畜都有其独特的叫声，如马为欢叫声，牛为哞叫声，猪为哼哼声，羊为绵软的吆叫声等，听其叫声有无异常，如声音嘶哑、呻吟等。

（2）听咳嗽声。咳嗽是上呼吸道和肺部发生炎症时出现的一种症状，可分为干咳和湿咳。听其有无咳嗽声，是干咳还是湿咳。干咳主要见于上呼吸道的炎症，如感冒咳嗽、慢性支气管炎等；湿咳多见于上呼吸道和肺部同时发生炎症的疾病，如牛肺疫、牛肺结核、猪肺疫、猪气喘病和肺线虫病等。

（3）听呼吸音。一般借助听诊器在屠畜的胸廓肺听诊区听诊，通过听诊可以比较准确地推断肺和胸膜的机能状态。检查肺泡呼吸音有无增强、减弱或消失，有无胸膜摩擦音、干啰音或湿啰音等。

（4）听胃肠音。听胃肠蠕动音对诊断消化器官的疾病具有重要意义。主要适用于马属动物和牛、羊，听其胃肠蠕动音有无增强、减弱或消失。

（5）听心音。是检查心脏功能的重要方法。听诊时应注意心跳频率、心音的强弱、节律和有无杂音等。

3. 摸 用手触摸屠畜的某些部位，检查有无异常。

（1）摸耳和角根。用手触摸屠畜的耳和角根，可以大体判断其体温的高低。高温多见于急性热性传染病，低温多见于濒死期动物。

（2）摸体表皮肤。触摸皮肤的弹性和硬度，检查有无疹块、结节或肿胀，有无波动感或捻发音等。

（3）摸体表淋巴结。触摸体表淋巴结，主要是检查淋巴结的形状、大小、硬度、温度、敏感性和活动性有无异常。

（4）摸胸廓和腹部。触摸屠畜的胸部和腹部，检查是否敏感或有无压痛的感觉。如牛肺疫、猪肺疫等病时胸廓往往表现出敏感，腹膜炎时则常有压痛。

4. 检 主要是指检测体温，体温的升高是动物传染病的重要标志。必要时进行实验室检查。

各种健康动物正常的体温、脉搏和呼吸见表 4-1。

表 4-1 健康动物正常的体温、脉搏和呼吸

动物种类	体温（℃）	呼吸（次/min）	脉搏（次/min）
猪	38.0～40.0	12～30	60～80
牛	37.5～39.5	10～30	40～80
羊	38.0～40.0	12～20	70～80
马	37.5～38.5	8～16	26～44
驴	37.5～38.5	8～16	40～50
骡	38.0～39.0	8～16	42～54
鸡	40.0～42.0	15～30	120～140
鸭	41.0～43.0	16～28	140～200
鹅	40.0～41.0	12～20	120～160
兔	38.5～39.5	50～60	120～140

四、宰前检疫后的处理

经宰前检疫后的屠畜，根据其健康状况及疾病的性质和程度，进行以下处理。

1. 准宰 经宰前检疫认为健康合格的屠畜，出具准宰证明，准予屠宰。

2. 急宰 确诊为无碍肉食卫生的普通病患畜或一般性疫病而有死亡危险时，立即出具急宰证明，送往急宰间急宰。

3. 缓宰 经宰前检疫，确认为一般性疫病和普通病，且有治愈希望者；或患有疑似疫病而未经确诊的屠畜，应予以缓宰。但必须考虑有无隔离饲养和治疗条件，并进行成本核算。

4. 禁宰 经宰前检疫，凡是危害性大且目前防治困难的疫病，或急性烈性传染病，或重要的人畜共患病，以及国外有而国内无或已经消灭的疫病，均按下述办法处理。

（1）经宰前检疫，患有炭疽、鼻疽、牛瘟、恶性水肿、气肿疽、狂犬病、羊快疫、羊肠毒血症、马流行性淋巴管炎、马传染性贫血等恶性传染病的屠畜，一律不准屠宰，采取不放血的方法扑杀，尸体销毁或湿法化制。

①在牛、羊、马、驴、骡群中发现炭疽时，除对患畜禁宰外，其同群屠畜立即进行测温，体温正常者急宰；体温不正常者予以隔离并注射有效药物观察 3d，待无高温及临床症状时屠宰；如不能注射有效药物，则须隔离观察 14d，待无高温及临床症状时方可屠宰。

②在猪群中发现炭疽时，立即对同群猪进行测温，体温正常者急宰；体温不正常者隔离观察，确诊为非炭疽时方可屠宰。

③凡经炭疽疫苗预防注射的家畜须经过 14d 后方可屠宰。用于制造炭疽血清的家畜不准屠宰食用。

④在屠畜群中发现恶性水肿和气肿疽时，除对患畜禁宰外，其同群屠畜应逐头测温，体温正常者急宰；体温不正常者隔离观察，待确诊为非恶性水肿或气肿疽时方可屠宰。

⑤在牛群中发现牛瘟时，除对患畜禁宰外，其同群的牛须隔离，并注射抗牛瘟血清观察 7d，未经注射血清者观察 14d，无高温及临床症状时方可屠宰。

⑥被狂犬病或疑似狂犬病患畜咬伤的家畜，采取不放血的方法扑杀，尸体销毁或化制。

（2）经宰前检疫，凡是患有口蹄疫、猪传染性水疱病、猪瘟、牛传染性胸膜肺炎、牛海绵状脑病、痒病、蓝舌病、非洲猪瘟、非洲马瘟、小反刍兽疫、绵羊痘和山羊痘、羊猝狙、钩端螺旋体病、急性猪丹毒、李氏杆菌病、马鼻腔肺炎、马鼻气管炎、布鲁氏菌病、牛鼻气管炎、猪密螺旋体痢疾、牛肺疫、肉毒梭菌中毒症等病的屠畜，一律不准屠宰，采取不放血

的方法扑杀，尸体销毁或湿法化制。

宰前检疫的结果及处理情况要做记录留档。官方兽医应回收进入屠宰场（厂、点）动物附具的“动物检疫合格证明”。发现危害严重的疫病时，必须及时向当地和产地的动物卫生监督机构报告疫情，以便及时采取预防控制措施。

项目二　屠畜的宰前管理

为了获得优质耐存的肉品，必须做好屠畜的宰前管理。宰前管理主要包括休息管理和停饲饮水管理。

（一）宰前休息管理

1. 宰前休息管理的意义

（1）可降低宰后肉品的带菌率。屠畜经过长途运输，由于过度疲劳和精神紧张，使机体的抵抗力下降，一些细菌乘机侵入机体，使肉中细菌含量增加，影响肉的品质和保存。如果做好宰前休息管理，可恢复或增强机体的抵抗力，将入侵的细菌消灭，这样可大大降低宰后肉品的带菌率。

（2）可排出体内过多的代谢产物。屠畜经过长途运输，机体的生理代谢功能发生紊乱，使体内蓄积过多的代谢产物而不能及时排出体外，影响宰后肉的品质。经适当休息可使屠畜体内过多的代谢产物排出体外，保证肉的品质。

（3）有利于肉的成熟。运输途中由于饲养管理条件有限，再加上过度紧张、恐惧等，使肌肉中的糖原大量消耗，从而影响宰后肉的成熟。宰前适当休息可恢复肌肉中糖原的含量，有利于宰后肉的成熟。

2. 宰前休息管理的时间　经长途运输的屠畜，宰前一般休息24～48h即可。

（二）宰前停饲管理

1. 宰前停饲饮水管理的意义

（1）可以节约大量饲草饲料。饲料从进入胃内到消化吸收需要一段时间，因此，宰前做好停食管理，可以节约大量的饲草饲料，避免浪费。

（2）有利于屠宰加工。宰前停饲并充分饮水，可使胃肠内容物减少甚至空虚，这样有利于解体操作，避免划破胃肠，减少胃肠内容物污染胴体的机会。

（3）有利于肉的成熟。轻度饥饿可促使肝糖原分解为葡萄糖和乳糖，并通过血液循环分布全身，使肌肉中的含糖量增加，这样有利于肉的成熟。

（4）有利于放血。宰前停饲并充分饮水，使血液浓度变淡，放血充分。

2. 宰前停饲和饮水时间　宰前停饲时间，猪为12h，牛、羊为24h。停饲期间必须供给充足的饮水，直至宰前3h为止。

复习思考题

一、名词解释

1. 群体检查　2. 个体检查　3. 准宰　4. 急宰　5. 缓宰　6. 禁宰

二、填空题

1. 群体检查的三大环节包括________、________和________。

2. 宰前检验后的处理方式有________、________、________和________四种。

3. 宰前停饲时间，猪为________ h，牛、羊为________ h。停饲期间必须供给充足的饮水，直至宰前________ h为止。

4. 个体检查是对在群体检查时被隔离的病畜和可疑病畜集中进行较详细的个体临床检查，其目的是________。

三、单项选择题

1. 经长途运输的屠禽，宰前应至少饲养管理（　　）d以上。

A. 1　　B. 2　　C. 3　　D. 4

2. 畜禽个体检疫的四大要领包括（　　）。

A. 视、触、叩、听　　B. 看、听、摸、检

C. 视、剖、触、嗅　　D. 看、触、嗅、听

3. 下列不是停食管理好处的是（　　）。

A. 有利于胃肠排空　　B. 有利于胃肠蠕动

C. 有利于肉的成熟　　D. 有利于放血

四、简答题

1. 宰前检疫的目的意义是什么？

2. 简述宰前检疫的方法。

3. 宰前做好休息管理有什么意义？

4. 宰前做好停食管理有什么意义？

模块五　屠畜屠宰加工过程的兽医卫生监督

知识目标

1. 熟悉猪、牛、羊屠宰加工的工艺流程与卫生要求。
2. 了解屠宰加工车间和急宰车间的卫生管理。
3. 熟悉生产人员的个人卫生要求和防护。

能力目标

1. 能够做好个人卫生。
2. 能够做好个人卫生防护。

项目一　屠宰加工工艺与卫生要求

动物屠宰加工的工艺流程，虽然可因屠宰加工企业的规模、建筑、设备和动物的种类不

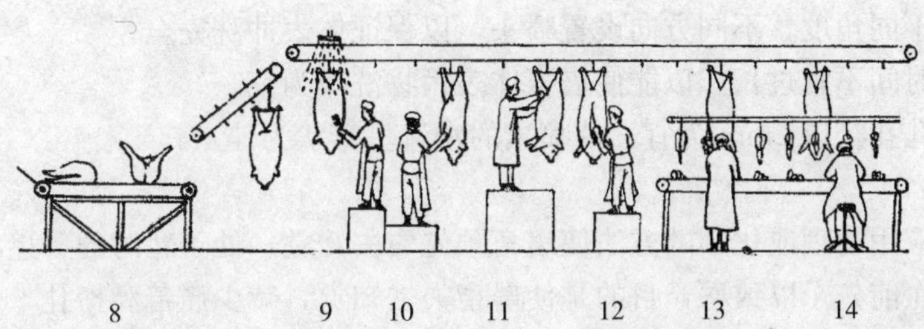

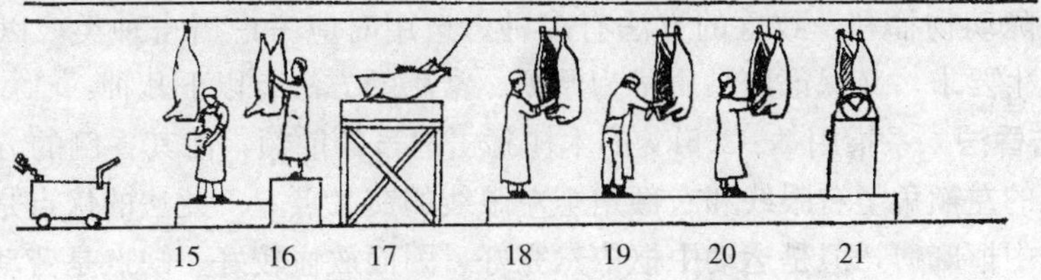

图 5-1　猪的屠宰加工流水线示意

1. 淋浴　2. 电麻　3. 吊挂上钩　4. 放血　5. 头部检查　6. 烫毛　7. 机械脱毛　8. 人工净毛　9. 刷洗　10. 修刮　11. 编号与皮肤检验　12. 开膛　13. “白下水”检验　14. “红下水”检验　15. 割头蹄　16. 采膈肌脚　17. 劈半　18. 胴体检验　19. 胴体修整　20. 复检　21. 称重分级

同而有差异，而且会随着生产技术水平的提高不断地改进和完善，但总的来说，其工艺流程无非是淋浴、致昏、放血、煺毛（剥皮）、开膛、劈半、胴体修整、内脏整理、皮张整理等工序，见图 5-1。屠宰加工过程各环节的卫生状况和工艺要求，直接影响着产品的卫生质量和耐存性。因此，对屠宰加工过程各环节正确实施兽医卫生监督，是屠宰加工企业兽医卫生检验人员的一项重要任务。

一、猪的屠宰加工工艺与卫生要求

根据《生猪屠宰操作规程》（GB/T 17236—2008）规定，从致昏开始，猪的全部屠宰过程不得超过 45min。从放血到摘取内脏，不得超过 30min，从编号到复检、加盖检验印章，不得超过 15min。

（一）淋浴

淋浴是指在致昏放血前用适当压力的温水喷淋屠畜体表，一般多用于猪，见图 5-2。

1. 淋浴的卫生意义

（1）清洁体表，去除污物，减少屠宰加工过程中的肉品污染。

（2）使屠畜趋于安静，促进血液循环，保证放血良好。

（3）可浸湿屠畜体表，提高电麻致昏效果。

图 5-2　猪宰前淋浴净体

2. 淋浴时的注意事项

（1）水的流速不宜过急，以免引起屠畜惊恐、肌肉紧张，导致体内糖原的损耗，降低肉品质量。

（2）水温以 20℃为宜，尽量不用冷水，否则引起应激，影响肉的品质。

（3）应在不同角度、不同方向设置喷头，以保证体表冲洗完全。

（4）淋浴时间不宜过长，以能使屠畜体表污物洗净为宜。

（5）喷水孔孔径以 2mm 为宜，使喷出的水流呈雾状为佳。

（二）致昏

致昏是指应用物理或化学的方法使屠畜预先失去知觉，处于暂时的昏迷状态的过程。

屠畜在放血前先予以致昏，目的是使屠畜失去知觉，减少痛苦和挣扎，保证放血操作安全和充分，从而有利于保证肉品质量。同时，致昏也是欧盟规定“人道屠宰”的重要体现，最大限度地保障动物福利。致昏的方法有多种，选用时应考虑屠畜种类，以操作简便、安全，既符合卫生要求，又保证肉品质量为原则。常用的方法有以下几种：

1. 木槌击昏法　系指用 2～2.5kg 的木槌猛击屠畜的前额，使其昏倒的方法。槌击的确切部位在屠畜的左额角至右眼线和右额角至左眼线的交叉点上。此法的优点是操作简便，虽然屠畜的知觉中枢麻痹，但是运动中枢依然完好，因而放血较好。缺点是劳动强度大，效率低；安全性差，当打击部位不准确或用力较轻时，容易引起屠畜惊恐、逃窜，造成伤人毁物的不良后果；如果打击力度过大则会出现头骨破裂或死亡，造成放血不良。此法目前大型屠宰加工企业已很少使用。

2. 电麻法　电麻法是目前广泛使用的一种致昏方法。系指用电麻器使电流通过屠畜脑部作用一定时间，造成屠畜的癫痫状态，使其失去知觉，心跳加快，得到良好放血效果的致昏方法。

电麻效果与电流强度、电压高低、频率高低以及作用部位和作用时间等因素有关，应根据屠畜的种类和个体的大小合理选择使用，避免电麻过深或电麻不足。电麻过深会引起屠畜心脏麻痹，造成死亡和放血不全；电麻不足则达不到致昏的目的，屠畜剧烈挣扎，影响放血。

实践证明，猪用人工控制电麻器时，电压一般为70～80V、电流强度为0.5～1.0A、电麻时间为1～3s为宜；使用自动控制电麻器时，电压不超过90V、电流强度不超过1.5A、电麻时间为1～2s。电麻时，将电麻器经常蘸取盐水，能增强导电效果，常用盐水浓度为5%。

据观察，电麻致昏屠宰的屠畜有5%～10%发生急性心力衰竭而导致放血不全，有5%～15%内脏器官和皮肤出现点状出血。前者是由于电麻时呼吸中枢和血管运动中枢麻痹，导致心脏活动停止所致。后者是由于电击时使动物血压瞬时升高，引起脆弱的毛细血管壁破裂所致；此外，肌肉痉挛、组织撕裂也是出血的原因。虽然有上述缺点，但电麻致昏仍然被认为是一种操作简便、安全可靠的致昏方法。

3. CO_2 麻醉法　此法是使屠畜通过含有65%～85%CO_2（由干冰产生）的密闭室或隧道，经40～45s，使屠畜失去知觉，达到麻醉维持2～3min的目的。

此法的优点是操作安全，生产效率高；呼吸维持较久，心跳不受影响，放血良好；屠畜在安静状态下，不知不觉的进入昏迷，因而无噪声、肌糖原消耗少；宰后肉的pH较电麻法低而稳定，有利于肉的保存；肌肉、器官出血少。缺点是工作人员不能进入麻醉室，CO_2浓度过高时也能造成屠畜死亡，再者成本高，见图5-3。

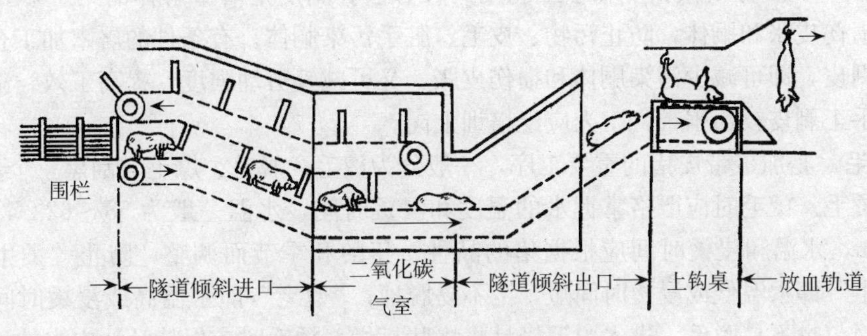

图5-3　猪的 CO_2 麻醉隧道示意

本法克服了电麻法的缺点，保证了肉的品质，因此欧盟发达国家常用此法，主要用于猪的致昏。

（三）刺杀放血

放血应于致昏后立即进行（不得超过30s）。系指利用放血刀割断血管或刺破心脏，使血液流出体外，将屠畜致死的操作过程。

1. 放血方式　猪的放血方式有水平横卧放血和倒挂垂直放血两种。从卫生角度看，后者比前者好，一则可使放血完全，二则可减轻工人劳动强度和有利于随后的加工。

2. 放血方法

（1）切断颈部血管法。即切断颈静脉、颈动脉放血法，是目前广泛采用的比较理想的一种放血方法。猪的刺杀部位在颈与躯干分界处的中线偏右约 1cm 处刺入，刺杀时刀尖向上，刀刃与猪体成 15°～20°角，抽刀时向外侧偏转切断血管，不得刺破心脏。杀口长度以 3～4cm 为宜，不得超过 5cm，以免切口过大入池浸烫时造成较大的污染。沥血时间为 6～10min。

此法的优点是不伤及心脏，能充分发挥心脏的收缩功能，有利于放血完全，并且操作简便；缺点是杀口较小，血流时间长，如果空血时间过短，易造成放血不全，因此，放血轨道和集血槽应有足够的长度，以保证放血充分。

（2）心脏穿刺放血法。此法主要用于猪，刺杀部位是在颈胸交界处的凹陷处，沿胸前口刺至心脏。由于此法损伤心脏，影响心脏收缩功能，常造成放血不良，因而应用较少。

（3）真空刀放血法。国外已广泛采用，国内也在普及推广。所用工具是一种具有抽气装置的特制“空心刀”。放血时，将刀插入事先在颈部沿气管做好的皮肤切口，经过第一对肋骨中间直向右心插入，血液即通过刀刃空隙、刀柄腔道沿橡皮管流入容器中。此法放血由于血液未受到污染，可供食用和制药用，从而提高血液利用价值。空心刀放血虽刺伤心脏，但因由真空抽气装置，故放血仍良好。

3. 卫生要求　放血程度是评价肉品质量的重要指标。放血良好的胴体，色泽鲜亮，肉味鲜美，含水量少，耐贮藏；放血不良的胴体，色泽不佳，肉味不美，含水量高，有利于微生物的生长繁殖，容易发生腐败变质，故不耐贮藏。因此，放血工作应由熟练的工人操作，放血时必须正确掌握放血部位、操作技术，保证放血完全。

（四）剥皮或脱毛

猪的屠宰加工有剥皮和脱毛两种方法。

1. 剥皮　剥皮分机械剥皮和手工剥皮两种方法。剥皮是屠宰解体的第一步，应力求仔细，避免损伤皮张和胴体，防止污物、皮毛、脏手污染胴体。有条件的屠宰加工企业应尽量采用机械剥皮，即可减少污染胴体和损伤皮张，又可减轻劳动强度，提高工效。猪的皮下脂肪层厚，手工剥皮较为困难，工人应经培训上岗。

2. 脱毛　是加工带皮猪的重要工序，一般分为烫毛、脱毛、燎毛与刮黑三个步骤。

（1）烫毛。烫毛时应严格掌握水的温度和浸烫时间，水温一般为 58～62℃，浸烫时间为 5～7min，水温和浸烫时间应根据猪的品种、年龄和季节而调整，防止“烫生”或“烫老”。“烫生”即水温低或浸烫时间短，毛不易脱掉；“烫老”即水温高或浸烫时间长，则表皮蛋白凝固，也不易脱毛，进入脱毛机易将皮肤打烂。烫毛时应保持汤池内水的清洁，至少每班更换一次。烫毛时应经常翻动屠体，使各部受热均匀。

（2）脱毛。脱毛分机械脱毛和手工脱毛两种。脱毛应力求干净，对难刮的残毛和断毛，最好不用刀剃或火燎，以免毛根留在皮内，可使用手工脱毛法清除。使用打毛机脱毛时，机内淋浴水温应掌握在 30℃左右，要求不断肋骨，不伤皮下脂肪。禁止用松香拔毛法，以免造成对环境、空气的污染，或引起消费者中毒。吹气或打气刮毛也是不可取的。

大中型肉联厂普遍应用机械脱毛，多为滚筒式刮毛机，刮毛机与烫毛池相连，猪浸烫完毕即由捞耙或传送带自动送进刮毛机，脱毛后的猪体自动放入清水池内清洗，同时由人工将未脱净的部位如耳根、大腿内侧及其他未脱掉的毛刮去。小型屠宰场无刮毛设备时，可使用卷铁进行人工脱毛。

目前国内外较先进的脱毛方法是吊挂隧道式烫毛脱毛。从刺杀放血到烫毛脱毛都吊挂进行，猪体不脱钩，既保证屠体干净，又避免反复摘钩和挂钩的麻烦，减轻劳动强度，提高工作效率。放血后使吊挂的屠体进入烫毛隧道，用62～63℃的热水喷淋或蒸汽烫洗达到烫毛的目的，蒸汽烫毛利用蒸汽无孔不入的特点，使烫毛更彻底，避免交叉污染，同时又利用高温蒸汽对猪胴体进行一次全面的消毒灭菌（蒸汽桑拿浴），进入净毛率高达98%以上的打毛机进行脱毛。

（3）燎毛与刮黑。脱毛后，为清除屠体上的残毛和绒毛，必须进行净毛处理。目前国内外大型肉联厂是通过燎毛炉和刮黑机完成净毛的，燎毛炉内的温度可高达1200℃，屠体在炉内停留10～15s，即可将残毛烧掉，然后进入刮黑机，刮去大部分烧焦的残毛和皮屑层，再通过擦净机械和干刮设备，将屠体修刮干净，同时达到体表灭菌的目的。这套设备效果很好，但工艺要求复杂，费用较高，因此一些中小型屠宰加工企业仍多采用酒精喷灯燎毛，手工刮黑的方法。

（五）开膛与净膛

屠畜在剥皮或脱毛后应立即进行开膛，自放血后至开膛不得超过30min。延缓开膛会影响脏器和内分泌腺体的利用价值，如肠管发黑、内分泌腺的生物效价降低等，同时还会降低肉品的质量和耐存性。

开膛宜采用倒挂垂直方式，这样即减轻劳动强度，又减轻胴体被胃肠内容物污染的机会。开膛时应沿腹部正中线剖开，切勿划破胃肠、膀胱和胆囊，一旦划破后被胃肠内容物、尿液、胆汁污染，应立即用清水冲洗干净，并另行处理。

开膛后去内脏，又称净膛，摘除的内脏按“白下水”（胃、肠、脾）和“红下水”（心脏、肝、肺）分开放置，并接受检验。净膛时，要防止内脏落地，净膛后应及时用足够压力的清水冲洗胸腹腔，洗净腔内瘀血、污物。

（六）去头蹄与劈半

净膛后去头蹄，从寰枕关节处卸下头，从腕关节处去掉前蹄，从跗关节处去掉后蹄。操作中注意切口整齐，避免出现骨屑。

劈半是指沿脊椎正中线将胴体劈成左右对称的两半。目前广泛使用的劈半工具是手提式电锯和桥式电锯，劈半时以劈开脊椎管暴露出脊髓为宜，避免左右弯曲或劈断、劈碎脊椎，而降低商品价值。用手提式电锯对猪胴体劈半时，可先沿脊柱切开皮肤和皮下软组织，俗称“描脊”，以防劈偏。

（七）胴体修整

胴体修整是指清除胴体表面的各种污物，修割掉胴体上的病变组织、损伤组织及游离组织，摘除有碍食肉卫生的组织器官，并对胴体进行必要的修削整形，使胴体具有完好的商品形象。胴体修整包括湿修和干修。

1. 湿修　湿修是指用具有一定压力的净水冲刷胴体，将附着在胴体表面的毛、血、粪等污物尽量冲洗干净，应特别注意冲洗颈断部和已劈开的脊柱。

2. 干修　干修是指用刀钩将胴体表面的碎屑和余水除去，修整颈部和腹部的游离缘，割除伤痕、化脓灶、斑点、瘀血部以及残留的膈肌、游离脂肪，取出脊髓，摘除甲状腺、肾上腺和病变淋巴结。修整好的胴体要达到无血、无粪、无毛、无污物、无病变、无“三腺”，具有良好的商品外观。

（八）内脏整理

内脏经检验后立即送往内脏整理车间整理，不得积压。割取胃时，应将食道和十二指肠留有适当的长度，以免胃内容物流出。分离肠道时，应小心摘除附着的脂肪和胰腺，除去肠系膜淋巴结和病变部位，切忌将肠管扯破。翻肠和倒胃应在固定的工作台上进行，翻出的胃肠内容物应集中于容器中，及时运出处理，不得在车间内堆积。内脏整理洗净后应及时冷冻加工，以防变质。内脏整理车间应有充足的温水和冷水。

（九）皮张和鬃毛整理

皮张整理时，应先抽取尾巴，刮去血污、皮肌和脂肪，然后送往皮张整理车间作进一步加工，不得堆放或暴晒，以防变质、老化和褪毛。鬃毛整理主要是除去混杂的皮屑，选择适当地点及时晾晒。

二、牛羊的屠宰加工工艺与卫生要求

（一）致昏

1. 刺昏法　系指用锋利的匕首迅速、准确地刺入牛的枕骨与第一颈椎之间，破坏延脑和脊髓的联系，造成瘫痪。此法的优点是操作简便，易于掌握。缺点是刺得过深会伤及呼吸中枢或血管运动中枢，可使呼吸立即停止或血压下降，造成放血不良。

2. 木槌击昏法　参见猪的木槌击昏法。在屠宰老弱牛只时，有些屠宰企业仍采用此法。

3. 电麻法　牛用单接触杆式电麻器时，以电压不超过 200V、电流强度为 1～1.5A、作用时间为 7～30s 为宜；使用双接触杆式电麻器时，以电压为 70V、电流强度为 0.5～1.4A、电麻时间为 2～3s 为宜。

由于羊的性情温顺，对人不具有攻击性，因而一般不予致昏。

（二）刺杀放血

1. 切颈法　即伊斯兰教屠宰法，多用于屠宰牛、羊。此法是在屠畜头颈交界处的腹侧面作横向切开，切断颈部的颈静脉、颈动脉、气管、食管和部分软组织，使血液从切面流出。这种方法的优点是放血快，屠畜死亡快，缩短了垂死挣扎的时间；缺点是在切断颈动脉、颈静脉的同时，也切断了气管、食管和部分肌肉，胃内容物常经食道流出，污染切口，甚至引起肺呛血和肺呛食。但在信仰伊斯兰教的少数民族地区，应尊重民族风俗习惯。

2. 切断颈部血管法　牛的刺杀部位在距胸骨 16～20cm 之颈中线处下刀，刀尖斜向上方（悬挂状态）刺入 30～35cm，随即抽刀向外侧偏转，切断血管。羊的刺杀部位在下颌角稍后处横向刺穿颈部，切断颈动脉、颈静脉，而不伤及气管和食道。沥血时间，牛为 8～10min，羊为 5～6min。

（三）剥皮与去头、蹄

屠宰牛、羊一般使用剥皮。刺杀放血后应尽快剥皮，以免尸体冷后不易剥皮。牛、羊的剥皮方法分手工剥皮和机械剥皮两种。在剥皮过程中，分别将头、蹄卸下。剥皮的卫生要求参见项目五、模块一中猪的剥皮。

（四）开膛与净膛

牛、羊的开膛与净膛的操作方法和卫生要求参见项目五、模块一中猪的净膛与开膛。

（五）劈半

牛胴体劈半的方法和要求与猪基本一样。但牛胴体劈半后，再沿最后肋骨后缘分割为前后两半，称为“四分体”。羊的胴体较小，一般不劈半。

（六）胴体修整

牛、羊胴体修整的方法和卫生要求与猪基本一样。但湿修时，对牛、羊胴体只冲洗胸腹腔，不冲洗胴体外表，因为牛、羊皮下脂肪少，肌肉易吸水，而影响肉的品质和保藏。

（七）内脏整理

牛、羊内脏整理的方法和卫生要求参见项目五、模块一中猪的内脏整理。

（八）皮张整理

牛、羊生皮是重要的副产品，经鞣制加工后，可以制成各种日用品和工业品。其整理的卫生要求参见项目五、模块一中猪的卫生要求。

项目二　屠宰加工车间和急宰车间的卫生管理

（一）屠宰加工车间的卫生管理

屠宰加工车间的卫生管理是整个屠宰加工企业管理的核心部分，该车间的卫生状况直接影响到产品的卫生质量，因此必须加强屠宰加工车间的卫生管理。

1. 建立完善的消毒制度

（1）车间门口应设与门等宽且不能跨越的消毒池，人员进出必须从池内经过，池内的消毒液应经常更换以保持药效。

（2）禁止闲杂人员进入车间，参观人员进入车间，必须有专人带领，且穿戴专用衣、帽和靴，参观过程中不得触摸肉品、用具和废弃物。

（3）生产车间内的设备、工器具、操作台应经常清洗和进行必要的消毒。设备、工器具、操作台用洗涤剂或消毒剂处理后，必须再用饮用水彻底冲洗干净，除去残留物后方可接触肉品。每班工作结束后或在必要时，必须彻底清洗加工场地的地面、墙壁、排水沟，必要时进行消毒。

（4）除发现恶性传染病时的紧急消毒外，每周应用2%的热碱液消毒一次，至下一班生产前再用流水冲刷干净。

（5）放血刀应经常更换和消毒，生产人员和工具受污染后，应立即消毒和清洗。为此，在各加工检验点除设有冷热水龙头外，还应备有消毒液或热水消毒器（用82℃的热水）。

（6）更衣室、淋浴室、厕所、工作休息室等公共场所，应经常清扫、清洗、消毒，保持清洁。

2. 保证加工肉品的卫生质量

（1）烫池水每4h更换一次，清水池的水应保持流动和清洁。

（2）在整个生产过程中，要防止任何产品落地，严禁在地上堆放产品。

（3）生产车间的废弃物必须随时清除，并及时用不渗水的专用车辆运到指定地点加以处理。废弃物容器、专用车辆和废弃物临时存放场应及时清洗、消毒。严禁喂猫、喂犬或直接运出厂外作肥料。

（4）严禁在屠宰加工车间进行急宰，万不得已时，须在当天健畜宰完以后进行，宰后立即消毒。

（5）车间内外应定期、随时除虫灭害。车间内使用杀虫剂时，应按卫生部的规定采取妥善措施，不得污染肉与肉制品。使用杀虫剂后应将受污染的设备、工具和容器彻底清洗，除去残留药物。

（二）急宰车间的卫生管理

急宰车间是为宰杀由病畜隔离圈和贮畜场送来的确诊为无碍肉品卫生的普通病或一般普通传染病患畜而设立的，是屠宰加工企业不可缺少的重要组成部分，因为在这里屠宰的动物多为患病动物，所以对其卫生管理应更为严格。急宰车间除应遵守屠宰加工车间的卫生原则外，还必须做到以下要求：

（1）应有更严密的防蝇、防蚊、防鼠设备。

（2）应设有专用下水道系统，污水在排入公共下水道前，必须严格消毒。血液和粪污等未经彻底消毒，不许任意向外排放。

（3）本车间的工作人员要保持相对稳定。未经允许非工作人员不得进入车间。本车间工作人员与其他车间的工作人员在工作期间不得互相往来。

（4）内脏、胴体、皮张均应妥善放置，未经检验不得移动。本车间生产的所有产品，均须经无害化处理后方可出厂。严禁将本车间的任何用具带出车间。

（5）凡送往急宰间的动物，需持有兽医出具的急宰证明。凡确诊为恶性传染病者，一律不得急宰。

（6）每日工作完毕后，车间的地面及工作台板、用具等须用5%的热碱水或含6%有效氯的漂白粉溶液消毒，于下次开工前再以清水冲洗。5%的碱液对金属用具有强烈的腐蚀作用，因此要在消毒后及时清洗。

（三）生产人员的个人卫生要求与防护

1. 健康要求

（1）从事肉食生产的工作人员，每年至少进行1次健康检查。新进厂的工人，经体检合格取得“健康检查合格证”方可参加生产。

（2）凡患有痢疾、伤寒、病毒性肝炎等消化道染病（包括病原携带者），活动性或开放性肺结核，化脓性或渗出性皮肤病以及其他有碍食品卫生的疾病的，不得从事肉食生产。

2. 卫生要求

（1）生产人员应保持良好的个人卫生，勤洗澡、勤换衣、勤理发，不得留长指甲和涂指甲油。

（2）生产人员不得将与生产无关的个人用品和饰物带入车间。

（3）进车间必须穿戴工作服（暗扣或无纽扣，无口袋）、工作帽、工作鞋，头发不得外露；工作服和工作帽必须每天更换，每天清洗和消毒一次，保持洁净；接触直接入口食品的加工人员，必须戴口罩。生产人员离开车间时，必须脱掉工作服、帽、靴。

（4）车间内严禁进食、饮水、吸烟和打架，不许对着肉品咳嗽、打喷嚏，不许随地吐痰。

（5）饭前、便后及工作前后要按程序洗手和消毒。

3. 个人防护

（1）生产人员在生产过程中要做好个人卫生防护，放血工人和与水接触较多的工人，还应穿戴不透水的衣、裤。

(2) 凡受刀伤或其他外伤的生产人员，应立即采取措施包扎防护，否则不得从事屠宰或接触肉品的工作。

(3) 急宰车间的工作人员应佩戴无色平光眼镜、乳胶手套、线手套、皮套袖、皮围裙、高筒靴等。

(4) 屠宰加工企业的工作人员应定期进行必要的预防注射，以免感染人畜共患疫病。

复习思考题

一、名词解释

1. 致昏　2. 湿修　3. 干修　4. 描脊

二、填空题

1. 胴体修整时需摘除的“三腺”是＿＿＿＿＿、＿＿＿＿＿、＿＿＿＿＿。

2. 从事肉食生产的工作人员，每年应进行＿＿＿＿＿次健康检查。新进厂的工人，经体检合格取得＿＿＿＿＿方可参加生产。

3. “白下水”是指＿＿＿＿＿、＿＿＿＿＿、＿＿＿＿＿，“红下水”是指＿＿＿＿＿、＿＿＿＿＿、＿＿＿＿＿。

三、判断题

1. 凡是屠宰的动物都应该先进行淋浴。(　　)

2. 食品从业人员的健康证应到县级以上医院办理。(　　)

3. 食品从业人员只要持有健康证就可终生从事食品的生产、经营、检验等相关工作。(　　)

四、简答题

1. 为什么要对屠畜进行致昏处理？常用的致昏方法是哪一种，为什么？

2.《中华人民共和国食品安全法》规定患有哪些疾病的人不能参加从事食品生产经营活动？

模块六 屠畜的宰后检验与处理

知识目标

1. 明确屠畜宰后检验的目的意义。
2. 熟悉宰后检验的方法和要求。
3. 了解淋巴结在宰后检验中的作用及被检淋巴结的剖检部位。
4. 熟悉宰后检验的处理方法。

能力目标

1. 学会宰后检验的各种方法。
2. 学会各种动物应剖检淋巴结的检验术式。
3. 学会猪、牛宰后检验的程序和要点。
4. 学会高温、化制和销毁的处理方法。

项目一 宰后检验的目的意义与方法要求

一、宰后检验的目的意义

屠畜的宰后检验是应用兽医病理学和实验诊断学的知识，对屠体实行的卫生质量的检验。其主要目的在于发现患有疫病或有害人类健康或已丧失营养价值的胴体、脏器及组织，继而依照有关的规定对这些有害产品和废弃品进行无害化处理，以确保肉类食品的卫生质量。由于宰前检疫只能检出那些症状明显的病畜和可疑病畜，而对那些缺乏明显症状，特别是处于发病初期或疾病潜伏期的病畜一般无法检出，只有在宰后对胴体、脏器作直接的病理学检验和必要的实验室检验时，经综合分析后才能检出。因此宰后检验是兽医卫生检验的重要环节，是宰前检疫的继续和补充，它对于保证肉品卫生质量，保障食用者的食肉安全和健康，防止人畜共患病和屠畜疫病病原的传播和扩散具有重要意义。

二、宰后检验的方法与技术要求

（一）宰后检验的方法

宰后检验以感官检验为主，只有在必要时辅以实验室的病理学、微生物学、寄生虫学、理化学等检验，以便对宰后检验中所发现的病害肉作出准确判断，并作出相应的卫生处理。

1. 感官检验 即运用感觉器官通过视检、触检、嗅检和剖检等方法对胴体和脏器进行病理学诊断与处理。

（1）视检。用肉眼观察胴体的皮肤、肌肉、脂肪、胸膜、腹膜、骨骼、关节、天然孔及各种脏器的色泽、形态、大小、组织状态等是否正常，为进一步的剖检提供依据。如皮肤、皮下组织、结膜、黏膜和脂肪组织发黄，表明病变为黄疸，应仔细检查肝和造血器官有无病变；咽喉肿胀时应注意炭疽、链球菌和巴氏杆菌病；牛、羊上下颌骨膨大，应注意检查放线菌病；猪的皮肤病变时应注意猪瘟、猪丹毒、猪肺疫等疫病。

（2）触检。用手触摸或用刀触压受检组织和器官，判定其弹性和软硬程度，触检对于发现深部肿块、结节病灶等潜在性的变化具有特别重要的作用。

（3）剖检。是借助检验刀具等剖开胴体和脏器的受检部位或应检部位，观察胴体或脏器的隐蔽部分或深层组织的结构和组织状态有无异常。剖检对于淋巴结、肌肉、脂肪和所有脏器的检验都非常重要。

（4）嗅检。通过嗅闻胴体和组织器官有无特殊气味，从而判定肉品卫生质量。如屠畜生前患尿毒症，肉组织常有尿味；农药中毒、药物中毒或药物治疗后不久屠宰的动物肉品则带有特殊的气味或药味。

2. 实验室检验 当感官检验不能对疾病立即作出判定时，必须进行实验室检验。常用的方法有细菌学、血清学、组织病理学、寄生虫学和理化学检验等。

（二）宰后检验的技术要求

（1）在流水作业的加工条件下，为了保证迅速、准确地对屠畜禽组织和器官的健康状态作出判定，兽医检验人员必须按规定检查最能反映病理变化的组织和器官，并遵循一定的方式、方法和程序进行检验，养成良好的工作习惯，以免漏检。

（2）为确保肉品卫生质量和商品价值，剖检只能在规定部位切开，切口深度、大小应适宜，切忌乱划或拉锯式切割。肌肉应顺肌纤维切开，非必要不得横断，以免造成巨大的豁开性切口，降低商品价值，并招致细菌的侵入或蝇蛆的附着。

（3）检查带皮猪胴体的淋巴结时，应尽可能从剖开面检查，淋巴结应沿长轴切开，当病变不明显时，可沿长轴切成薄片仔细观察。

（4）对每一屠畜的胴体、内脏、头、皮张在分开检验时要编上同一号码，以便查对。

（5）当切开脏器或组织的病变部位时，要采取一切措施，防止病变材料污染产品、地面、设备、器具和卫检人员的手。

（6）检验人员应配备2套检验刀和钩，以便污染后替换，被污染的器械应立即消毒。同时卫检人员要做好个人防护，穿戴清洁的工作服、鞋帽、围裙和手套上岗，工作期间不得到处走动。

三、宰后检验被检组织器官的选择

（一）胴体和受检器官的编号

为了保证宰后检验的顺利进行并正确作出卫生评价，必须把每一个屠畜的胴体、离体的头、内脏及其皮张编上同一号码，以便检验人员发现病变时，及时追踪查找该病畜的胴体及其内脏。

编号的方法可根据屠畜的种类、屠宰加工工艺、顺序及加工设备等采用不同的方法。一般常用的编号方法有贴纸号法、挂牌法和变色铅笔书写法。这些方法各有其优缺点，实际生产中可根据情况选择使用。在无传送装置的屠宰场，对剥皮的屠畜常用贴纸号法。脱毛带皮的屠畜则用变色铅笔于臀部或耳壳上编记标号，其内脏用贴纸编号。变色铅笔书写法简便易行，但在脏器表面书写的字迹往往因摩擦而模糊不清，在加工剥皮肉时，书写的编号也不易保持清晰。为了克服上述缺点，防止漏检、错号，也有把头和脏器挂在胴体上进行分部检验的方法。一般大中型肉类联合加工厂，设有脏器自动传送装置，胴体和脏器应分别放置在传送带上、传送台上待检，脏器与胴体编号一致，进行同步检验。无传送装置的小型屠宰场，可对头和内脏采取离体检验的方法，将头、内脏、胴体放在一起待检。头和心脏、肝、肺悬吊起来，胃肠应置于检验台上；或采取倒挂开膛后头和内脏不离体进行同步检验。

（二）受检组织器官的选择

宰后检验是在高速流水作业生产线上进行的，要求在较短的时间内，通过对胴体和脏器的检验，对疾病或病变作出正确的判定与处理。为此，对受检的脏器与组织必须加以选择，同时还必须了解病原微生物入侵动物体的主要门户、在体内转移和扩散的路径，以及哪些器官与组织对病原微生物的损害反应较为敏感。

“病从口入”是众所周知的俗语，说明消化道是病原微生物侵入机体最主要的门户和途径。当消化道发生感染时，咽部扁桃体、胃肠道黏膜和肠系膜淋巴结等处常发生原发性病灶。此外，某些微生物还可以从肠道直接进入肝或胆囊，在肝与肝门淋巴结等处引起原发性病灶。如果这些组织和器官的防御机能不足以控制病原微生物，病原微生物将沿淋巴及血液循环而转移，直到使全身发生感染。此时，心脏、肝、肺、肾等实质器官及其相关淋巴结也将呈现相应的病变。

当病原微生物从呼吸道侵入动物机体时，首先在肺内或肺淋巴结引起原发性病灶。如果病情继续恶化，病原微生物将经过肺循环进入体循环而造成全身性感染。

此外，泌尿、生殖系统与眼、耳等天然孔道，也是病原微生物侵入动物机体的门户。故母畜的子宫、阴道也经常出现各种病理变化。

被覆于动物体表的皮肤、蹄、角等组织器官，是动物机体的前沿防御组织，但在某些情况下，也是侵入机体的重要门户，如创伤感染、脱蹄、烂角等。有些病原体能通过健康的皮肤造成感染。经由这种途径侵入机体的病原微生物，一般情况下，被机体的防御组织特别是淋巴系统所阻滞，形成局灶性病灶。一旦侵入的病原微生物过多或毒力甚强，就会突破淋巴系统的层层防线，随淋巴进入颈静脉，经肺循环首先侵入肺。如果感染继续扩大，病原微生物将会随血液经大循环扩散到心脏、肝、肾、脾等脏器，形成全身性感染。

综上所述，宰后检验胴体时，必须首先检查天然孔道、皮肤、蹄爪和躯体的主要淋巴结。检验脏器时，首先应检验肠道（尤其是小肠和直肠）、肺、肝、子宫以及从这些脏器汇集淋巴液的局部淋巴结。同时还必须剖检心脏、肾、脾等实质脏器。

项目二　宰后检验被检淋巴结的选择

一、淋巴结在肉品检验中的作用

（一）宰后检验剖检淋巴结的意义

淋巴结属于外周免疫器官，具有免疫和防御功能，并能以其所呈现的相应的病理学变化，为检验者提供诊断疾病的依据。淋巴结具有体液免疫反应和细胞免疫反应的功能，能起到过滤外来抗原物质的作用，而且它还能反映病原体侵害机体的途径、程度及性质。当机体某个部位受到侵害时，其病原体很快被局部淋巴结所阻留，并由巨噬细胞加以吞噬、阻截或清除，成为阻止病原扩散的直接屏障。由于病原的刺激，淋巴结的免疫活性细胞迅速增殖，引起局部淋巴结体积增大。如果病原毒力较强，淋巴结除肿大外，还出现一些其他病理变化。因此局部淋巴结的病理变化是管辖区发生感染的首要标志。局部淋巴结一旦不能阻截或清除这些病原微生物时，病原又循该淋巴结流向继续蔓延，在其他部位引起新的病变。如果不同部位多数淋巴结出现病变，说明疾病已经全身化。

在病原微生物的作用下，淋巴结不仅呈现相应的病理变化，而且不同起源的病理过程，淋巴结往往会形成特殊的具有诊断意义的特征性病理变化。例如，因炭疽发生水肿时，相应部位的淋巴结增大 2～3 倍，切面流出多量黄色或红色汁液，并有暗红色出血点。因外伤引起水肿时，淋巴结稍肿大，色泽正常，切面有时出现小而弥漫的红润区。因心力衰竭引起的慢性水肿过程，淋巴结无明显变化。

由此可见，淋巴系统尤其是淋巴结在肉品检验中，可以准确、迅速地反映屠体的病理状况，在宰后检验中的作用极其重要。

(二) 选择被检淋巴结的原则

屠畜体内淋巴结数目很多，猪约有 190 个，牛、羊约有 300 个，马约有18 000个，分布很广，它们从组织收集淋巴液的情况又错综复杂，故宰后剖检时，必须有所选择。选择被检淋巴结的基本原则是：首先选择收集淋巴液范围较广的淋巴结；其次选择位于浅表和易于剖检的淋巴结；再次选择能反映特定病理过程的淋巴结。

二、猪宰后检验被检淋巴结的选择

(一) 头部被检淋巴结选择

1. 颌下淋巴结　位于下颌间隙，左、右下颌角下缘内侧，颌下腺的前方（如倒挂，在颌下腺下方），被腮腺口侧端覆盖着，见图 6-1，呈卵圆形或扁椭圆形，大小为（2～3）cm×（1.5～2.5）cm，由 1～7 个小淋巴结组成。主要收集下颌部皮肤、肌肉以及舌、扁桃体、颊部、鼻腔前部和唇等部位的淋巴液；输出管一部分直接走向咽后外侧淋巴结，另一部分经颈浅腹侧淋巴结汇入颈浅背侧淋巴结。颌下淋巴结是头部检验第一步必检的淋巴结。剖检颌下淋巴结，主要检验咽型炭疽和结核。

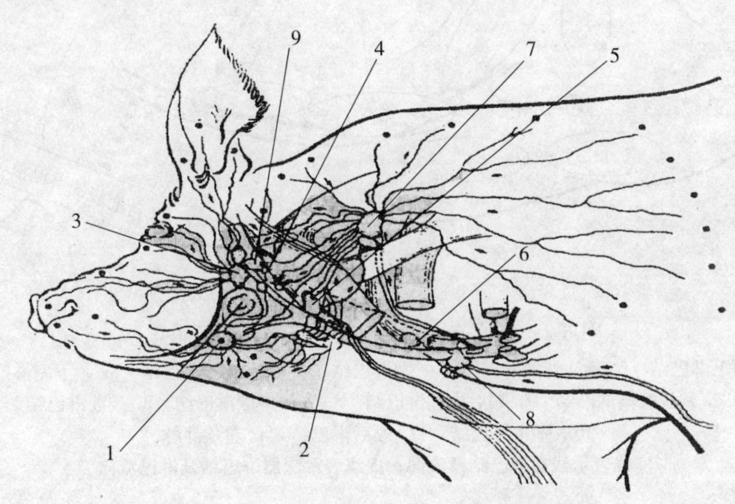

图 6-1　猪头部及颈部淋巴结的分布

1. 颌下淋巴结　2. 颌下副淋巴结　3. 腮淋巴结　4. 咽后外侧淋巴结　5. 颈浅腹侧淋巴结　6. 颈浅中侧淋巴结　7. 颈浅背侧淋巴结　8. 颈后淋巴结　9. 咽后侧淋巴结

2. 腮淋巴结　位于下颌关节的后下方，被腮腺前缘覆盖，见图 6-1。汇集面部、吻突、上唇、颊部、腮腺、颌下腺、耳内侧、眼睑等部位的淋巴液；输出管走向咽后外侧淋巴结。

3. 咽后外侧淋巴结　位于腮腺的背侧后缘，紧靠腮淋巴结的后方，部分或完全被腮腺背侧端覆盖，长条形，长 1～2.5cm。汇集颌下淋巴结、腮淋巴结输出的淋巴液以及头部上述两组淋巴结收集不到的部分的淋巴液；输出管主要走向颈浅背侧淋巴结，少数走向咽后内侧淋巴结，见图 6-1。

4. 咽后内侧淋巴结　位于咽喉的背外侧、舌骨之间，与另一同名淋巴结相并列，大小为（2～3）cm×1.5cm。主要收集舌根及整个舌的深部、咬肌、头颈深部肌肉及腭部、咽喉、扁桃体等部位的淋巴液；输出管直接走向气管淋巴导管，见图 6-1。

以上各淋巴结中，咽后外侧淋巴结是较为理想的一组可选淋巴结，但在屠体解体时常被割破或留在胴体上，并且该部位易受血液污染，不易检查，而该淋巴结的输出管走向颈浅背侧淋巴结，当其受到侵害时，后者也会有一定的变化；另外，猪炭疽、结核和猪肺疫的病变常局限于颌下淋巴结，因此，颌下淋巴结是猪头部检验的必检淋巴结，必要时可剖检其他几组淋巴结作为辅助检查。

（二）胴体前半部被检淋巴结的选择

猪胴体第 11 肋骨以前的淋巴结，主要有颈浅和颈深两个淋巴结群，见图 6-2。

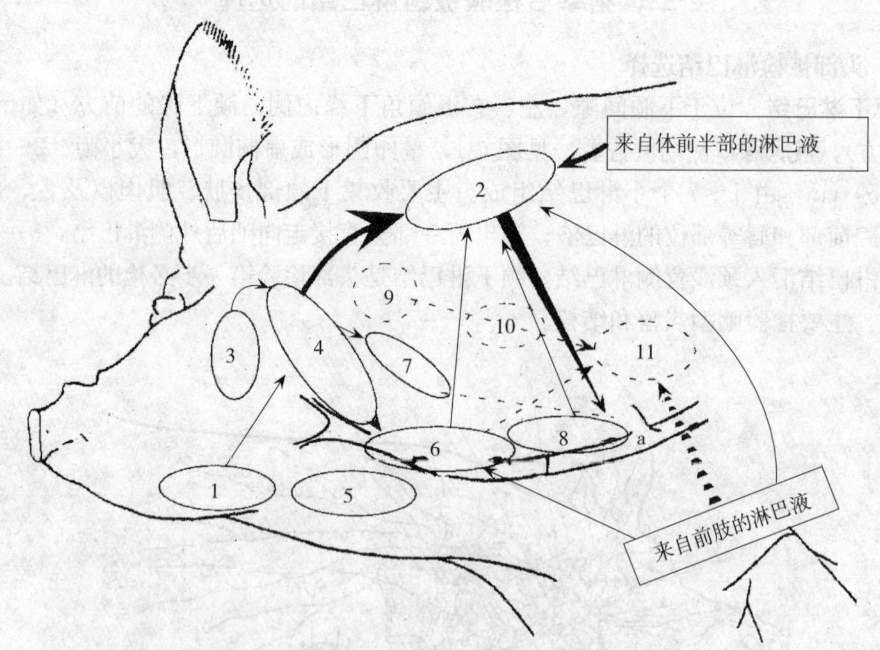

图 6-2　猪体前半部淋巴结及其淋巴循环示意

1. 颌下淋巴结　2. 颈浅背侧淋巴结　3. 腮淋巴结　4. 咽后外侧淋巴结　5. 颌下副淋巴结
6. 颈浅腹侧淋巴结　7. 咽后内侧淋巴结　8. 颈浅中侧淋巴结　9. 颈前淋巴结
10. 颈中淋巴结　11. 颈后淋巴结　a. 左颈静脉
实线表示浅在淋巴结及流向；虚线表示深层淋巴结及淋巴流向

1. 颈浅淋巴结　又分为背侧、中间和腹侧三组。主要汇集头颈部、胴体前半部的淋巴液。

背侧组：即颈浅背侧淋巴结，又称为肩前淋巴结。位于肩关节的前上方，肩胛横突肌和斜方肌的下面，长 3～4cm。主要汇集整个头部、颈上部、前肢上部、肩胛与肩背部的皮肤、肌肉和骨骼、肋胸壁上部与腹壁前部上 1/3 处的淋巴液。

中间组和腹侧组：分别位于锁枕肌的下方，颈静脉的背侧和肩关节至腮腺之间的颈静脉沟内，沿锁枕肌的前缘分布，上方几乎与咽后外侧淋巴结毗邻，下方与颌下副淋巴结邻近。主要汇集颈中部和下部、躯体前部和前肢、胸廓以及腹壁前部下 1/3 部分的淋巴液。

颈浅淋巴结所收集的淋巴液，都经由颈浅背侧淋巴结输入气管淋巴导管。由此可见，颈浅背侧淋巴结直接或间接地收集了猪体前半部绝大部分的淋巴液，因而它是胴体检验的必检淋巴结。猪体前半部其余的淋巴液，可由颈深淋巴结加以补充收集。

2. 颈深淋巴结　也可分为颈前、颈中、颈后三组。它们沿气管分布于喉头至胸腔入口之间，主要收集头颈深部的部分组织及前肢大部分组织的淋巴液。其中以颈后组（又称为颈深后淋巴结）最为重要，它不仅接受颈前和颈中两组淋巴结输出的淋巴液，而且直接收集前肢绝大部分的淋巴液，其输出管走向气管淋巴导管。

由此可见，猪胴体前半部最有剖检价值的淋巴结是颈浅背侧淋巴结和颈深后淋巴结。

（三）胴体后半部被检淋巴结的选择

猪胴体后半部（第 11 肋骨以后）的淋巴结主要有髂下淋巴结、腹股沟浅淋巴结、腹股沟深淋巴结、髂淋巴结和腘淋巴结，见图 6-3、图 6-4。

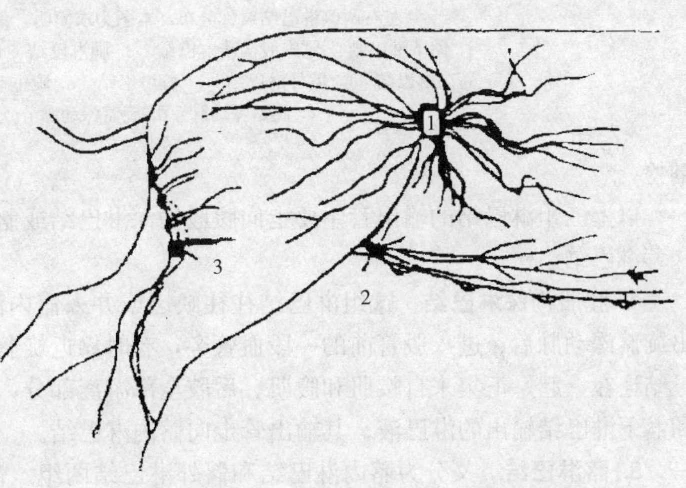

图 6-3　猪体后半部体表淋巴结分布及淋巴流向
1. 髂下淋巴结　2. 腹股沟浅淋巴结　3. 腘淋巴结

1. 髂下淋巴结（股前淋巴结、膝上淋巴结）　位于膝前的皱褶内，阔筋膜张肌前缘的中部，呈扁椭圆形，大小为 2cm×（4～5）cm，包埋于脂肪内。收集躯体第 11 肋骨以后、膝关节以上部位的皮肤和浅表肌肉的淋巴液。剖检此淋巴结可以了解猪体后半部左右两侧及腰部被感染情况。

2. 腹股沟浅淋巴结　此淋巴结在母猪又称为乳房上淋巴结或乳房淋巴结，在公猪又称为阴囊淋巴结。位于最后乳头的稍后上方 2～3cm 处、大腿内侧的腹壁皮下脂肪内，大小为（1～2）cm×（3～8）cm。收集躯体后半部下方和侧方表层组织以及乳房和生殖器官的淋巴液。

3. 腘淋巴结　包括腘深、腘浅两组淋巴结。浅组位于腓肠肌中部后缘，股二头肌和半腱肌之间的三角形凹陷处（跟腱后）的皮下组织内；深组位于股二头肌和半腱肌的深部，腓肠肌之表面上端后方。大小（1.0～2.3）cm×（0.3～1.0）cm。宰后检验时主要剖检浅组淋巴结。它们汇集膝关节以下部位的淋巴液，在后肢肌肉发生炎症等病变时，此淋巴结也会出现相应的病理变化。腘淋巴结在肉联厂的宰后检验中一般不予检验，而在市场检验中经常

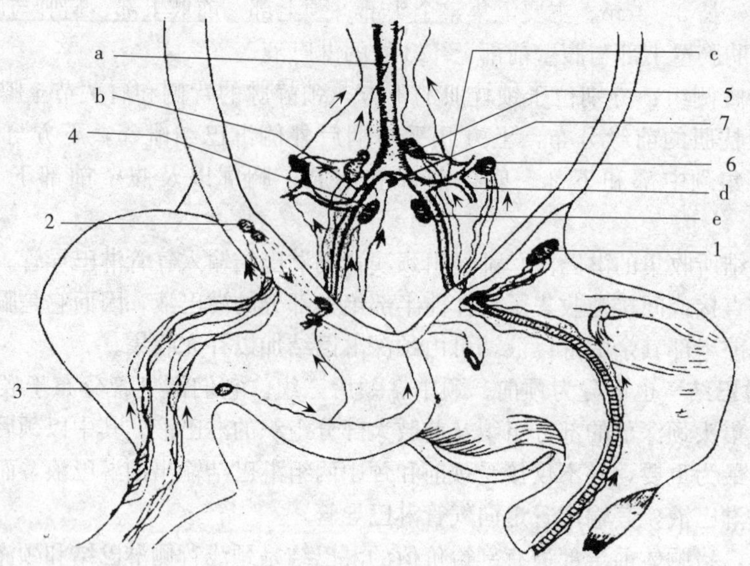

图 6-4　猪体后半部淋巴结分布及淋巴流向

（左右两侧淋巴结对称分布，本图为求简明，仅标明一侧）

1. 髂下淋巴结　2. 腹股沟浅淋巴结　3. 腘淋巴结　4. 腹股沟深淋巴结
5. 髂内淋巴结　6. 髂外淋巴结　7. 荐淋巴结　a. 腹主动脉　b、e. 髂外动脉
c. 旋髂深动脉　d. 旋髂深动脉分支

剖检。

以上三组淋巴结的输出管主要走向腹股沟深淋巴结或髂内淋巴结，少数流向髂外淋巴结和荐淋巴结。

4. 腹股沟深淋巴结　这组淋巴结往往缺乏或并入髂内淋巴结。一般分布于髂外动脉分出旋髂深动脉后、进入股管前的一段血管旁，有时靠近旋髂深动脉的起始处，甚至与髂内淋巴结连在一起。汇集来自腰肌和腹肌、后肢全部游离部分，以及腹股沟浅淋巴结、腘淋巴结和髂下淋巴结输出的淋巴液；其输出管走向髂内淋巴结。

5. 髂淋巴结　又分为髂内淋巴结和髂外淋巴结两组。髂内淋巴结位于腹主动脉分出髂外动脉处的附近，旋髂深动脉起始部前方，见图 6-4，大小为（4～5）cm×1.5cm；髂外淋巴结位于旋髂深动脉前后两支的分叉处，见图 6-4。两组淋巴结汇集的部位基本相同；其输出的淋巴液，大部分经髂内淋巴结输入乳糜池，少部分由髂外淋巴结直接输入乳糜池。由于髂内淋巴结除了汇集腹股沟浅淋巴结、腹股沟深淋巴结、髂下淋巴结、腘淋巴结、腹下淋巴结和荐外侧淋巴结输出的淋巴液以外，还直接收集腰部的骨骼和肌肉、腹壁和后肢的淋巴液，因而成为猪体后半部最重要的淋巴结，尤其在腹股沟深淋巴结缺乏的情况下，就成了胴体后半部最有剖检价值的淋巴结之一。

综上所述，屠猪在进行宰后检验时，头部和胴体最具有剖检意义的淋巴结是颌下淋巴结、颈浅背侧淋巴结（肩前淋巴结）、腹股沟浅淋巴结和髂内淋巴结。必要时，可增检颈深后淋巴结（颈后淋巴结）、髂下淋巴结、腹股沟深淋巴结和腘淋巴结。

（四）内脏被检淋巴结的选择

进行猪的内脏检查时，主要检查的淋巴结有支气管淋巴结、肝门淋巴结和肠系膜淋巴结。

1. 支气管淋巴结　又分为左叶、右叶、中叶和尖叶四组。分别位于气管分叉的左方背面（被主动脉弓所覆盖）、右方腹面、气管分叉的夹角内背面和尖叶支气管分叉的腹面，见图6-5。一般检查前两组淋巴结。

2. 肝淋巴结　位于肝门周围，紧靠胰腺，被脂肪组织所包围，摘除肝时常被割掉。肝淋巴结呈卵圆形，通常为2～7个单个淋巴结，见图6-6。

3. 肠系膜淋巴结　主要位于小肠肠系膜上，沿小肠呈串珠状或条索状分布。此外，还有结肠淋巴结和盲肠淋巴结，分别位于结肠旋襻中、回肠末端和盲肠之间，见图6-6。

内脏的淋巴结，直接收集相应脏器的淋巴液。

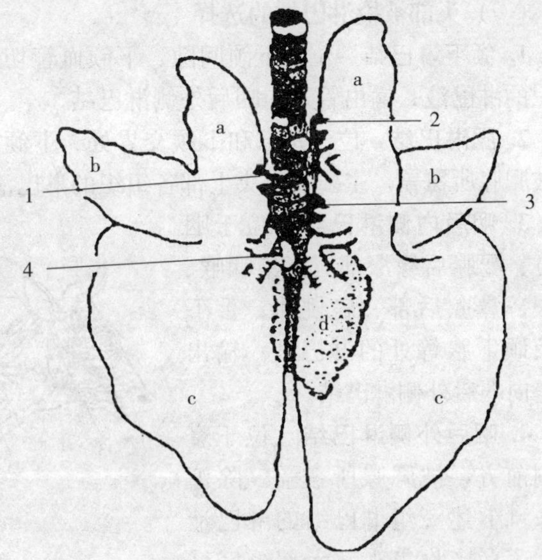

图6-5　猪肺淋巴结分布

1. 左支气管淋巴结　2. 尖叶淋巴结　3. 右支气管淋巴结　4. 中支气管淋巴结

a. 尖叶　b. 心叶　c. 膈叶　d. 副叶

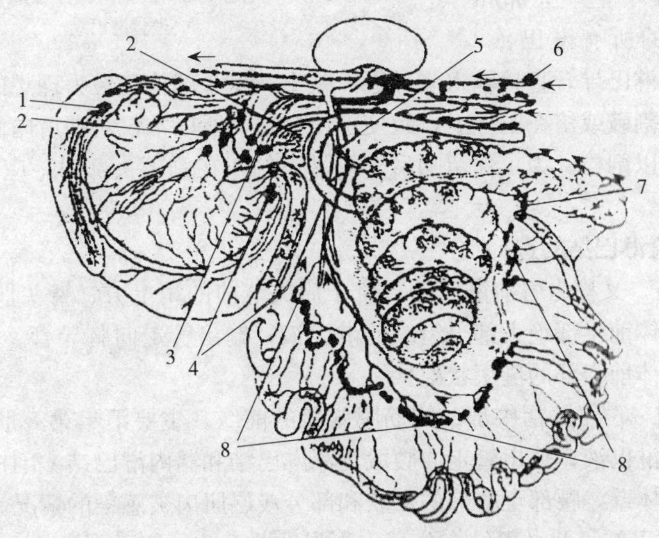

图6-6　猪腹腔脏器淋巴结分布

1. 脾淋巴结　2. 胃淋巴结　3. 肝淋巴结　4. 胰淋巴结　5. 盲肠淋巴结　6. 髂内淋巴结　7. 回、结肠淋巴结　8. 肠系膜淋巴结

三、牛羊宰后检验被检淋巴结的选择

牛和羊虽然畜种不同，淋巴结大小也有区别，但其形状、色泽、部位及其汇集淋巴液的区域基本相似。这里只介绍牛主要被检淋巴结，见图6-7、图6-8。

（一）头部被检淋巴结的选择

1. 颌下淋巴结 位于下颌间隙、下颌血管切迹的后方，颌下腺的外侧。汇集头下部各组织的淋巴液；输出管走向咽后外侧淋巴结。

2. 腮淋巴结 位于颈部和下颌交界处、下颌关节的后下方，前半部暴露于皮下，后半部被腮腺所覆盖。主要收集头上部各组织的淋巴液；输出管走向咽后外侧淋巴结。

3. 咽后内侧淋巴结 位于咽后方、腮腺后缘深部。汇集咽喉、舌根、鼻腔后部、扁桃体、舌下腺及颌下腺等处的淋巴液；输出管走向咽后外侧淋巴结。

4. 咽后外侧淋巴结 位于寰椎侧前方，被腮腺所覆盖。除汇集来自上述三组淋巴结的淋巴液外，还直接收集头部大部分区域及颈部前 1/3 部分的淋巴液；输出管直接走向气管淋巴导管。

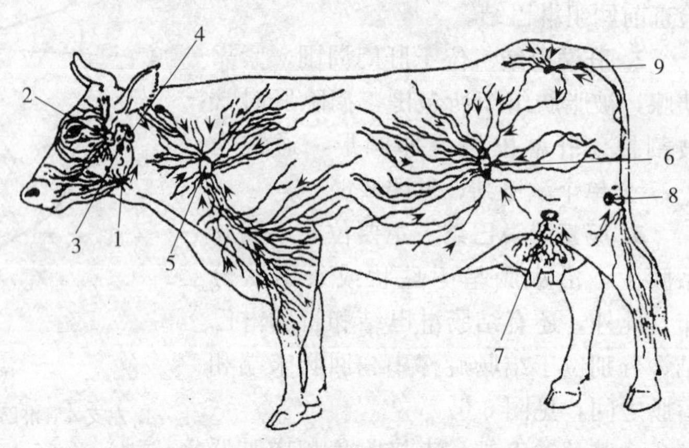

图 6-7 牛体表淋巴结的分布

1. 颌下淋巴结 2. 腮淋巴结 3. 咽后内侧淋巴结 4. 咽后外侧淋巴结 5. 颈浅淋巴结 6. 髂下淋巴结 7. 乳后外侧淋巴结 8. 腘淋巴结 9. 坐骨淋巴结

上述四组淋巴结中，咽后外侧淋巴结几乎收集了整个头部和颈部前 1/3 部分的所有淋巴液，并将淋巴液由气管淋巴导管直接输入胸导管，是牛、羊头部检验最为理想的淋巴结。但在解体去头时，常将其割破或留在胴体上，致使不便检查，所以常仅对咽后内侧淋巴结和位于浅表的下颌淋巴结予以剖检。为了保留咽后外侧淋巴结，在割下头部时，应沿第 3、4 气管环之间将头卸下。

（二）胴体被检淋巴结的选择

1. 颈浅淋巴结 又称为肩前淋巴结。位于肩关节前的稍上方、臂头肌和肩胛横突肌的下面。主要收集胴体前半部绝大部分组织的淋巴液；输出管走向胸导管。检查这组淋巴结，基本上可以了解躯体前半部的健康状况。

2. 髂下淋巴结 位于膝褶中部、阔筋膜张肌的前缘。主要汇集第 8 肋间至臀部的皮肤和部分浅层肌肉的淋巴液；输出管走向腹股沟深淋巴结和髂内淋巴结。剖检此淋巴结，可了解胴体后半部两侧体壁，腰部至臀部的皮肤和部分浅层肌肉被感染的情况。

3. 腹股沟浅淋巴结 此淋巴结在公畜称为阴囊淋巴结，位于阴囊的上方、阴茎的两侧；在母畜称为乳房上淋巴结或乳房淋巴结，位于乳房基部的后上方。主要收集外生殖器和母畜乳房部的淋巴液；输出管走向腹股沟深淋巴结。剖检此淋巴结，可了解胴体后半部下腹壁、外生殖器及母牛乳房等处被感染的情况。

4. 腘淋巴结 位于股二头肌和半腱肌之间的深部，腓肠肌外侧头的表面。主要收集后肢上部各组织、飞节以下至蹄部肌肉的淋巴液；输出管主要走向腹股沟深淋巴结。

5. 髂内淋巴结 位于最后腰椎下方髂外动脉起始部。主要汇集来自腰下部肌肉、臀部和股部部分肌肉、生殖器官和泌尿器官的淋巴液，以及来自髂下淋巴结、髂外淋巴结、腹股沟深淋巴结和其他几组淋巴结的淋巴液；输出管直接输入乳糜池。剖检此淋巴结，可了解腰下部肌肉、臀部、股部部分肌肉、生殖器官、泌尿器官被感染情况。

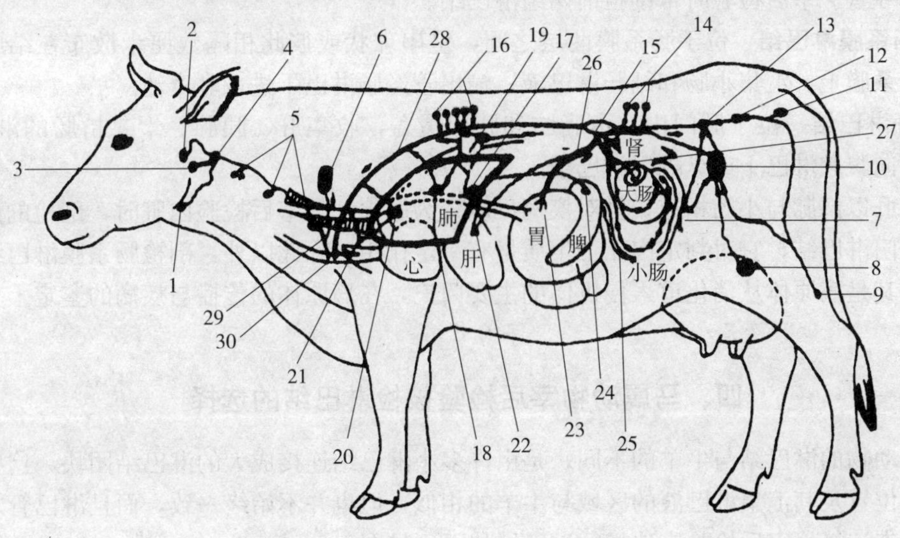

图 6-8　牛全身主要淋巴结的分布与淋巴循环

1. 颌下淋巴结　2. 腮淋巴结　3. 咽后内侧淋巴结　4. 咽后外侧淋巴结　5. 颈深淋巴结　6. 颈浅淋巴结　7. 髂下淋巴结　8. 腹股沟浅淋巴结　9. 腘淋巴结　10. 腹股沟深淋巴结　11. 坐骨淋巴结　12. 荐淋巴结　13. 髂内淋巴结　14. 腰淋巴结　15. 乳糜池　16. 肋间淋巴结　17. 纵隔淋巴结　18. 纵隔中淋巴结　19. 纵隔背淋巴结　20. 支气管淋巴结　21. 纵隔前淋巴结　22. 肝门淋巴结　23. 胃淋巴结　24. 脾淋巴结　25. 肠系膜淋巴结　26. 腹腔淋巴干（收集胃及部分肝的淋巴）　27. 肠淋巴干　28. 胸导管　29. 气管淋巴导管　30. 颈静脉

6. 腹股沟深淋巴结　位于髂外动脉分出股深动脉的起始部上方，在倒挂的胴体上，该淋巴结位于骨盆腔横径线的稍下方，骨盆边缘侧方 2～3cm 处。除汇集来自髂下淋巴结、腘淋巴结、腹股沟浅淋巴结这三组淋巴结输送来的淋巴液以外，还直接汇集从第 8 肋间起躯体后半大部分的淋巴液；其输出管一部分经髂内淋巴结输入乳糜池，其余的直接输入乳糜池，见图 6-8，该淋巴结体积较大，容易在胴体上找到，是牛、羊胴体检验的首选淋巴结。剖检此淋巴结，可了解胴体后半部深层组织与器官被感染情况及由体表向深层蔓延的情况。

综上所述，宰后检验牛、羊胴体时，依次检查颌下淋巴结、颈浅淋巴结、腹股沟深淋巴结和髂下淋巴结。必要时酌情增检咽后外侧淋巴结、髂内淋巴结和腘淋巴结。

（三）内脏被检淋巴结的选择

1. 纵隔淋巴结　是胸腔中最重要的淋巴结。分为前、中、后、背、腹 5 组，均位于纵隔上。它们分别收集整个胸腔内器官和胸腔前部及胸壁肌肉组织的淋巴液，并将收集的淋巴液直接或间接地输入胸导管。以纵隔中、后淋巴结最常用，因其位于两肺叶间的纵隔上，肺被摘除时常留在肺上，易于检验；而且这两组淋巴结汇集来自纵隔背淋巴结、左右支气管淋巴结和肋间淋巴结的淋巴液。

2. 支气管淋巴结　分为左、右、中和尖叶四组（中支气管淋巴结差不多半数牛羊缺无、约 25％的牛羊还缺右支气管淋巴结），它们分别位于肺支气管分叉的左方、右方、背面和尖叶支气管的根部。收集气管和相应肺叶及胸部食管的淋巴液；输出管进入纵隔前淋巴结或直接输入胸导管。宰后检验时常剖检前两组淋巴结。

3. 肠系膜淋巴结　位于肠系膜两层之间，呈串珠状或彼此相隔数厘米散布在结肠襻部位的小肠系膜上。汇集小肠和结肠淋巴液；输出管经肠淋巴干进入乳糜池。

4. 肝淋巴结　位于肝门内，由脂肪和胰腺覆盖，收集肝、胰腺、十二指肠的淋巴液；输出管走向腹腔淋巴干或纵隔后淋巴结。

由于肝以门脉与小肠相通，且对疾病反应较为敏感，故宰后检验内脏时，剖检的淋巴结主要是肝门淋巴结，它对判定肉品卫生质量有一定作用。除此以外，剖检肠系膜淋巴结很有必要，因其是病原体从消化道入侵机体的主要门户，在病原体的传播与疾病的鉴定上具有特殊的意义。

四、马属动物宰后检验被检淋巴结的选择

马属动物的淋巴结与牛羊的不同，是由许多小淋巴结连接成大的淋巴结团块，这些淋巴结团块的位置及其汇集淋巴液的区域与牛羊的相似，但也并不始终一致，而且淋巴管之间往往有吻合支连接。宰后检验应选择的淋巴结如下，见图 6-9。

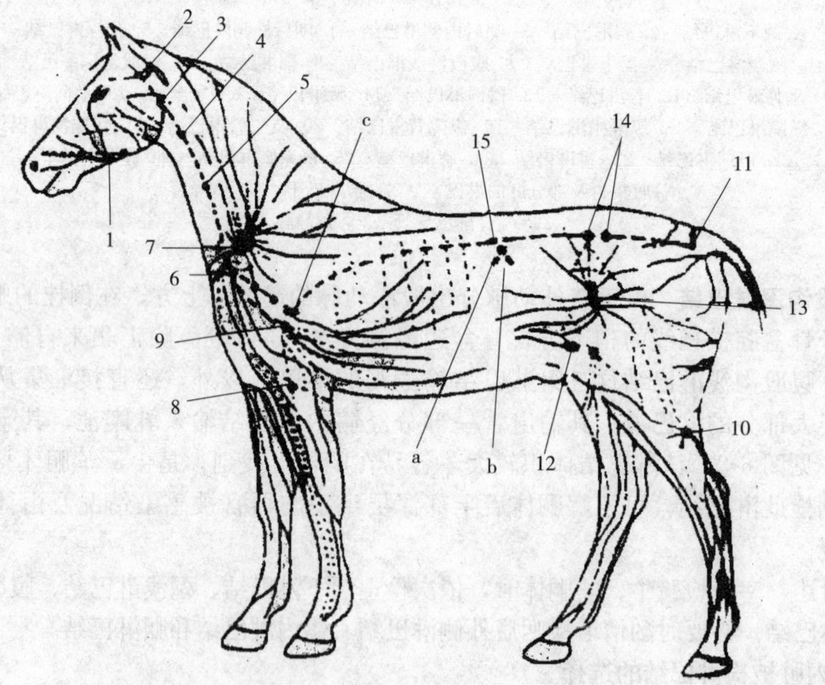

图 6-9　马全身主要淋巴结分布及淋巴循环示意

1. 颌下淋巴结　2. 腮淋巴结　3. 咽后外侧淋巴结　4. 颈前淋巴结　5. 颈中淋巴结　6. 颈后淋巴结　7. 颈浅淋巴结　8. 肘淋巴结　9. 腋淋巴结　10. 腘淋巴结　11. 髂下淋巴结　12. 腹股沟浅淋巴结　13. 荐淋巴结　14. 髂内淋巴结　15. 乳糜池　a. 腹腔淋巴干　b. 肠淋巴干　c. 胸导管与气管淋巴导管汇入血液循环处的颈静脉段

（一）头部与胴体被检淋巴结的选择

1. 颌下淋巴结　位于下颌间隙的两侧，血管切迹内侧皮下。汇集来自内眼角至咬肌中

部的头下部皮肤和肌肉及骨骼、舌、腭部、下颌关节、口腔、鼻腔前半部及唾液腺的淋巴液；输出管走向颈前淋巴结和咽后淋巴结。

2. 咽后淋巴结　由位于咽背侧壁的咽后内侧淋巴结团块和耳下腺下面的咽后外侧淋巴结团块构成。收集来自头上部及头颈结合部的肌肉和骨骼、鼻腔后半部、舌根、咽喉、扁桃体及唾液腺的淋巴液，并汇集腮淋巴结和颌下淋巴结输出的淋巴液；输出管走向颈前淋巴结。

3. 颈浅淋巴结　位于肩关节的前上方，臂头肌的深面。收集来自头中后部、外耳、颈部、前躯及腰前部皮肤，前肢大部分皮肤、肌肉和骨骼，肩带大部分肌肉的淋巴液；左侧的输出管走向颈后淋巴结，右侧的输出管一部分进入颈后淋巴结，另一部分进入右气管淋巴导管。

4. 颈后淋巴结　位于气管的腹侧面，第一肋骨前方，常与胸腔前口的胸淋巴结及纵隔前淋巴结团块融合成界限难分的巨大淋巴结团块。收集来自肩胛肌、臂肌、颈肌和背肌、食管、气管、胸廓、心脏、横膈膜、肝和腹壁下部等处的淋巴液，同时也汇集颈浅淋巴结、腋淋巴结、颈中淋巴结、纵隔淋巴结及肋间淋巴结输出的淋巴液；输出管走向胸导管。

5. 髂下淋巴结　其解剖位置和收集淋巴液的区域与牛、羊的髂下淋巴结相同。输出管走向髂内淋巴结和髂外淋巴结。

6. 髂内淋巴结　位于髂外动脉和旋髂深动脉起始部的两侧，前与腰淋巴结毗连。收集来自腰肌、骨盆和股部的肌肉和骨骼、胸膜、腹膜、腹肌及多数泌尿生殖器官的淋巴液，并汇集髂下淋巴结、髂外淋巴结、腹股沟深淋巴结、坐骨淋巴结和荐淋巴结输出的淋巴液；输出管经腰淋巴干进入乳糜池。

（二）内脏被检淋巴结的选择

1. 支气管淋巴结　与牛的不同，仅分为左、右、中三组，分别位于支气管的左侧、右侧和气管分叉的背侧。收集来自肺、气管和纵隔的淋巴液。此外，右侧支气管淋巴结还接受心脏和心包的淋巴液，背侧支气管淋巴结还接受食管的淋巴液；其输出管经纵隔前淋巴结进入胸导管。

2. 肝门淋巴结和肠系膜淋巴结　与牛、羊的同名淋巴结相似。

马属动物的上述淋巴结，仅作为宰后检验时备选的对象，在特殊情况下，可酌情增检其他有关淋巴结。

关于各种肉用家畜淋巴结的形态和大小，在不同畜种或同种家畜的不同部位，是有一定差别的。牛、羊的淋巴结是完整的，多呈椭圆形，呈圆形者较少，也有呈豆形或马蹄形的。质地较致密而干燥，切面平滑，色泽较深，往往发生局部性的黑色素或褐色素沉着现象。

猪的淋巴结与牛羊的一样，是一个完整的，多呈近圆形，但有的淋巴结由一些不太发达的或是完全隔开的小瓣组成的，其颜色和硬度有时与猪的脂肪组织相似。因此，无经验的卫检人员有可能将猪淋巴结误认为脂肪组织。

马的淋巴结呈纽扣样，是由几个大小不等的淋巴结组织小团块构成的。

淋巴结的大小，各种家畜差异很大，从纽扣大小至10～20cm，平均为0.5～3cm。幼小家畜的淋巴结相对地比成年、老年家畜的大一些，质地较柔软、多汁。切面呈颗粒状。一些成年家畜还有淋巴结枯萎现象。肥胖家畜的淋巴结，常由于网状内皮组织内沉积脂肪组织，而在大小和重量上有所减少。有时会发现猪的个别淋巴结，呈现完全脂肪变现象。

在牛羊的个别部位，特别是主动脉沿线，散布着一些红色球形的血样淋巴结，包埋在脂肪组织里，形体虽小，但容易看到。这种血样淋巴结，在兽医卫生检验中没有价值。

五、淋巴结常见的病变

1. 充血 淋巴结轻度肿胀、发硬，表面发红或出现血丝，切面潮红，按压时切面有血液渗出。见于炎症初期。

2. 水肿 淋巴结肿大，被膜紧张，富有光泽，切口外翻，切面苍白，质地松软，流出多量透明浆液。见于水肿病、恶病质、外伤、长途运输等。

3. 浆液性炎症 淋巴结显著肿大、变软，被膜紧张，切面红润或有出血，按压时流出多量黄色或淡红色混浊液体。见于急性传染病，尤其是能产生大量毒素的病原体的感染，如猪丹毒、牛梨形虫病等。

4. 化脓性炎症 淋巴结肿大柔软，表面或切面上有大小不等的黄白色化脓灶，按压时可流出脓汁；有时见整个淋巴结形成脓肿，触压时有波动感。常见于化脓性细菌感染及化脓疮。

5. 出血性炎症 淋巴结肿大，被膜紧张，富有光泽，具有深红色或黑红色外观，切面稍隆起，多汁湿润，呈深红色至黑红色与灰白色相间的大理石样花纹（多见于猪瘟），或表现为暗红色斑点散在其中或呈现不同程度弥散性红染（主要见于急性败血性疾病）。

6. 急性变质性炎症 淋巴结肿大、松软，切面呈红褐色，实质易于刮下似粥样，有的区域可见坏死灶。这种现象多见于局部剧烈化脓性炎症时汇集淋巴液的局部淋巴结。当组织发生广泛坏死时，这种现象多转化为化脓性炎症，最终在淋巴结形成脓肿。

7. 急性增生性炎症 淋巴结肿大、松软，切面隆起、多汁，呈灰白色混浊的颗粒状，外观如脑髓，故有淋巴结"髓样变"之称，有时在切面可见到黄白色坏死灶。可见于急性副伤寒、猪气喘病及其他急性传染病。

8. 慢性增生性炎症 这种变化往往是某些病理损害的一种结果，是以结缔组织增生形成肉芽组织为主的病理变化。淋巴结因结缔组织增生而体积显著增大，组织结构致密，质地坚实，表面凹凸不平，切面呈灰白色湿润而有光泽。多见于慢性经过的传染病，如结核、鼻疽、布鲁氏菌病等。

9. 特异性增生性炎症 某些特异性病原性微生物所致的肉芽肿性炎或传染性肉芽肿，淋巴结肿大、坚硬，切面灰白色，有粟米大至蚕豆大的结节形成，其中心呈干酪样坏死，并常伴有钙盐颗粒沉积。见于一些特殊的传染病，如结核病形成的结核结节，鼻疽形成的鼻疽结节，放线菌形成的放线菌肿。

10. 寄生虫性淋巴结炎症 在动物患锥虫病和梨形虫病时，淋巴结肿大，网状内皮细胞和浆细胞增生；患弓形虫病时网状内皮细胞大量增生；马原虫及肠结节虫感染时能引起淋巴结的化脓、干酪化和钙化。

11. 肿瘤 淋巴结肿大，形态改变，其结构被肿瘤组织所代替，而且在不同的肿瘤其外观各不相同，在淋巴结的肿瘤中，以黑色素瘤和癌最为多见。

12. 色素沉着 有色动物如老龄的青马常见淋巴结有黑色素沉着；牛羊患肝片吸虫病时淋巴结常见到褐色乃至黑色的蠕虫。

项目三 宰后检验的程序和要点

屠畜宰后检验的程序是根据屠宰加工企业的建筑设备、机械化程度、屠畜种类等而有所不同。一般在大中型肉类联合加工厂，由于机械化程度高，设有自动或半自动化的架空轨道，屠宰加工是采用流水线作业方式，要求宰后检验必须与屠宰加工工艺流程密切配合。小型屠宰场（厂）尽管生产规模小，屠宰加工数量少，加工速度慢，但屠宰加工的顺序基本上也是保持流水作业，宰后检验也必须适合生产。因而宰后检验应安排为若干个环节穿插在屠宰加工过程中。

一、猪宰后检验的程序和要点

一般分为头部检验、皮肤检验、内脏检验、胴体检验和旋毛虫检验五个基本环节。同时要摘除“三腺”，最后是复检。

（一）猪头的检验

猪的头部检验分两步进行。第一步在放血之后、烫毛之前，通过放血刀口顺其长度切开下颌区的皮肤和肌肉，然后在左、右下颌角内侧向下各作一条平行切口，从切口的深部观察下颌淋巴结，观察其状态及其周围组织有无胶样浸润，有无出血、化脓、结节、干酪样坏死灶，主要检验咽炭疽、结核病及化脓性炎症。第二步，如果加工工艺流程规定劈半之前头仍留在胴体上，头部检验在胴体检验时一并进行，否则单独作离体检验。先沿左、右侧下颌骨平行处切开咬肌，检查有无囊尾蚴寄生。然后检验咽喉黏膜、会厌软骨和扁桃体，主要检验猪瘟、猪肺疫。同时检验鼻盘、唇、齿龈，主要检验口蹄疫、猪传染性水疱病和萎缩性鼻炎等。

（二）皮肤检验

为了及早发现传染病，避免扩大污染范围，猪在脱毛后开膛前，对带皮猪进行皮肤检验十分必要。主要观察皮肤的完整性和色泽变化，注意耳根、四肢内外侧、胸腹部、背部等处有无点状、斑状、弥漫性发红和出血变化，有无疹块、痘疮、黄染等。特别注意传染病、寄生虫病与一般疾病引起的出血点、出血斑的区别。由传染病引起的出血点和出血斑多深入到皮肤深层，水洗、刀刮、挤压、煮沸均不消失。猪瘟皮肤上有广泛的出血点；猪肺疫皮肤发绀；猪丹毒皮肤呈方形、菱形、紫红或黑紫色疹块，或全身弥漫性发红，呈现“小红袍”“大红袍”特征；猪弓形虫病引起的皮肤发绀伴有瘀血斑和出血点。一般疾病引起皮肤上的出血点和出血斑多发生在皮肤表层和固有层，刀刮易掉。鞭伤、电麻、疲劳等均可造成皮肤变化。如怀疑是传染病、寄生虫病引起的皮肤变化，立刻打上记号，不得解体，由岔道运到病猪检验点，进行全面剖检与诊断。

（三）内脏检验

内脏检验的方式与程序，随开膛后离体与否而不同。非离体检查主要用于猪，按照内脏器官在畜体内的自然位置，由后向前，分步进行；离体的检查可根据内脏器官摘出的顺序，一般由胃肠开始，依次检查脾、肺、心脏、肝、肾、乳房、子宫或睾丸。

视检内脏形态、大小、色泽有无变化，有无出血、水肿、糜烂、溃疡等。触检其硬度、弹性、有无结节等变化。

1. 胃、肠、脾的检验 首先视检胃肠浆膜及肠系膜，并剖检肠系膜淋巴结（猪注意肠炭疽），必要时将胃、肠移至特定地点剖检，注意其黏膜的色泽是否正常，有无充血、出血、水肿、胶样浸润、痈肿、糜烂、溃疡和坏死等病变。

胃肠检验之后，应相继检查脾，检查其形态、大小及色泽，触检其弹性及硬度，必要时剖检脾髓。检查脾的目的是检出炭疽、猪瘟、猪丹毒、结核病和巴氏杆菌病等传染病。

2. 肺、心脏、肝的检验 从肺开始，先看其外表，观察其形状、大小、色泽和表面情况；再剖检左、右支气管淋巴结；然后触摸两侧肺叶，剖检其中每一硬结的部分，必要时剖开肺内支气管。注意有无呛血、电麻引起的肺出血、充血，有无结核、实变、寄生虫（棘球蚴等）、肿瘤及各种炎症变化以及猪的肺炭疽。

接着进行心脏检查。首先仔细检查心包，观察心包腔有无积液、粘连、化脓等；剖开心包，观察心脏外形、心包腔及心外膜的状态；然后沿心脏长轴与左纵沟相平行在左心室壁上作一纵斜切口，暴露心腔，观察心肌、心内膜、心瓣膜及血液凝固状态，检查心肌内有无囊尾蚴寄生，还应注意二尖瓣上有无菜花状赘生物（慢性猪丹毒）。

最后进行肝检查。先观察外表，注意其大小、色泽、表面损伤及胆管状态，接着触检其弹性和硬度，发现硬结应剖检。然后剖检肝门淋巴结，并以刀横断胆管，挤压胆管内容物，检查有无肝片吸虫寄生。必要时剖检肝实质和胆管。

（四）胴体检验

1. 判定放血程度 观察胴体色泽，浅在血管内血液滞留情况，肌肉切口的湿润情况，以判断放血程度。判定放血程度，是评价肉品卫生质量的主要指标之一。放血不良的特征是：肌肉颜色发暗，皮下静脉血液滞留，胸膜和结缔组织中血管清晰可见，特别是穿行于背部结缔组织和脂肪沉积部位微小血管，以及沿肋骨两侧分布的血管清晰可见，当切开肌肉时，切面上可见到暗红色区域，挤压切面有少量血滴流出。

胴体放血程度还取决于健康家畜屠宰致昏和放血方法的正确与否，因此，需要与病理性原因引起的放血不良进行区别。如果放血不良是与家畜屠宰致昏和不充分的放血有关，则在下一道工序时，残留的血液会从胴体中流出，到第二天血液就能够流净，而且肉色也变得鲜艳。若放血不良是家畜宰前的一种病理状态，那么，胴体中的血液就不会流出，这可作为放血不良的一种特征，常常到第二天变得更明显（由于血红蛋白浸润扩散所致）。凡是衰弱、过度疲劳和患重病的屠畜，都有可能引起放血不良。故在可疑情况下，放血程度的判定最好延至屠宰的次日。

2. 检查病变 仔细检查皮肤、皮下组织、肌肉、脂肪、胸腹膜、骨骼（尤其是剖开的脊椎骨、骨盆及胸骨）、关节及腱鞘的状态，注意有无出血、皮下和肌肉水肿、脓肿、蜂窝织炎、肿瘤、外伤、肌肉色泽异常、四肢病变等。

3. 剖检 剖检胴体具有代表性的淋巴结，观察淋巴结有无充血、出血、水肿、坏死、化脓等变化，并摘除病变淋巴结。如果被检淋巴结发现可疑病变，或在检查头和内脏时发现有某种传染病或疾病全身化可疑时，必须增加对其他一些有关淋巴结的检查。接着剖检两侧深腰肌，检查有无囊尾蚴，或在检查头部或内脏时，发现有囊尾蚴寄生，就应进一步剖检肩胛外侧肌、股部肌群和腹部肌群等，以查明虫体的分布情况和感染程度。

4. 肾检验 一般连在胴体上与胴体检验一并进行。首先剥离肾包膜，观察其外表，注意有无贫血、出血、瘀血等变化，然后触检其弹性和硬度。如果发现某些病理变化，或在其他脏器有某种传染过程时，可剖检肾实质，注意皮质、髓质和肾盂有无出血、有无肾小球肾炎等病变，以发现是否有结核、猪瘟、猪丹毒、猪肺疫等传染病，并注意有无囊肿、肿瘤、结石等。

（五）旋毛虫检验

猪、犬开膛取出内脏后，从两侧横膈膜肌脚各采取样品（两侧各重约 15g），编上与胴体相同的号码，送旋毛虫室检验。在获得膈肌中发现旋毛虫的报告后，再由胴体采取第二份肉样做复核检查。当结果肯定时，即在胴体上打上适当标记，并控制猪头和食道肌等。提出处理意见。

（六）摘除三腺

摘除甲状腺、肾上腺和病变淋巴结在兽医卫生检验中习惯称为摘除“三腺”，应在宰后检验中进行严格的检查与监督，以免发生甲状腺中毒、肾上腺中毒和病变淋巴结对人体健康的危害。

1. 甲状腺　哺乳动物的甲状腺位于气管两侧，喉头的稍后方，分为左右两叶，叶间由腺峡相连。猪的甲状腺呈深红色，不分叶，位于气管的腹侧面；腺体扁平，长约 5cm，质量 5～7g。牛的甲状腺侧叶发达，色较浅，位于气管前端背侧，腺体呈不规则三角形，在腺体表面可见到结节状的腺小叶。

人食用含甲状腺的喉部碎肉会发生中毒。预防甲状腺中毒的方法是在家畜屠宰时摘除甲状腺。摘除甲状腺可在剥皮或煺毛后、净膛之前进行，在肉联厂应把摘除甲状腺作为一道加工工序，安排专人负责执行。

2. 肾上腺　肾上腺位于左右两肾内侧的前部，与肾共同包于脂肪囊内。猪的左肾上腺呈三棱柱状体，右肾上腺呈扭曲的长梭形，长 5～10cm，重 2.5g。每个肾上腺又分为皮质和髓质，髓质在内，颜色较深；皮质在外，颜色较浅。肾上腺的功能是调节体内糖和盐的代谢。肾上腺能分泌肾上腺素和去甲肾上腺素，两种激素具有使心肌收缩力加强，心跳加快，毛细血管收缩，血压升高，内脏平滑肌松弛等功能。

人误食未摘除的肾上腺会发生中毒。预防其中毒的方法是在家畜屠宰时摘除肾上腺，可安排在净膛之后、胴体检验之前进行。

3. 病变淋巴结　病变的淋巴结不仅影响肉的商品外观，降低或丧失了肉的营养价值，还具有把病原体传染给人的可能性。遭受产毒细菌污染的淋巴结还可能对人体有毒性。所以，应把病变淋巴结摘除。如果病变只发生在局部的淋巴结，且由一般性病原微生物引起，将其摘除即可；如果是由人畜共患病或较重要的传染病的病原体所引起，则应同病害肉一起进行无害化处理。

（七）复检

为了最大限度地控制病畜肉出厂（场），胴体经上述初步检验后，还须再进行复检（即终末检验）。复检的任务是查验所有各检验点的检验结果，对胴体的卫生质量作出综合判定，确定所检出的各种病害肉无害化处理的方法，并对检验结果进行登记。这项工作通常与胴体的分级、盖检印结合起来进行。

上述各环节的检验中，对感官检查不能确诊的头、内脏、胴体必须打上预定的标记，以便化验人员采取相应的病料，进一步进行实验室检验。

猪的宰后检验程序与检验点设置见图 6-10。

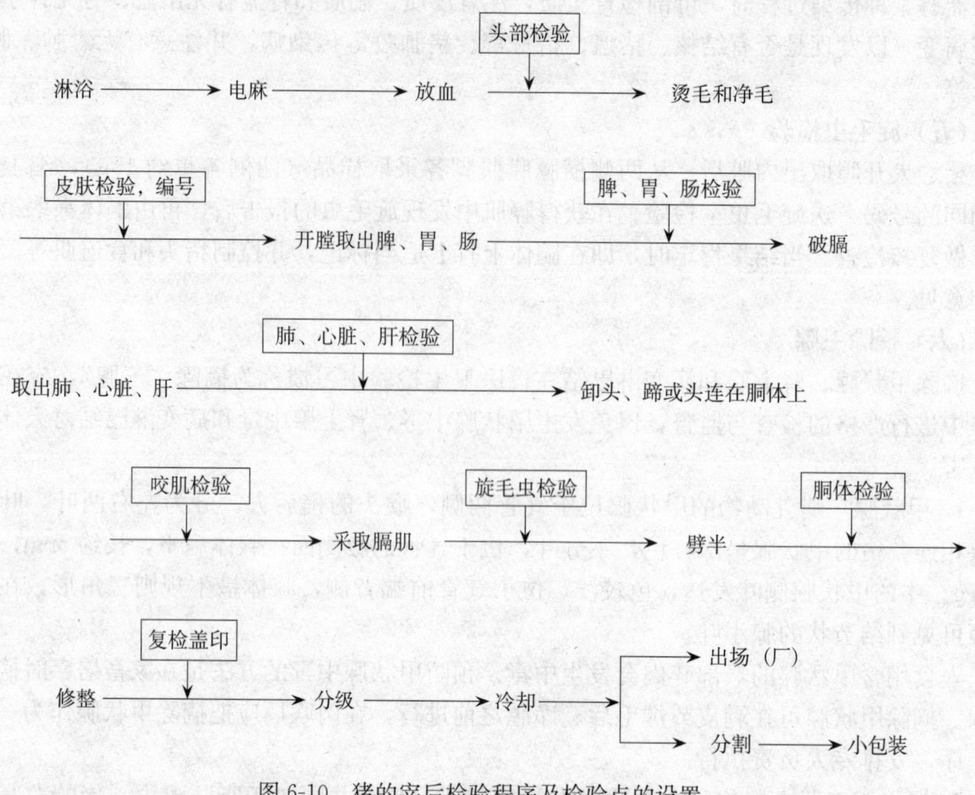

图 6-10　猪的宰后检验程序及检验点的设置

二、牛羊宰后检验的程序和要点

一般分为头部检验、内脏检验、胴体检验三个基本环节。最后是复检。

(一) 头部检验

先检查天然孔、可视黏膜和头部外形。

1. 牛头的检验　首先视检唇、鼻镜、齿龈及舌面，注意有无水疱、溃疡或烂斑，主要检查有无牛瘟、口蹄疫、蓝舌病；接着触摸舌体、观察上下颌骨的状态，检查放线菌肿；然后顺着舌骨枝内侧纵向剖检咽后内侧淋巴结和舌根侧方的颌下淋巴结，观察咽喉黏膜和扁桃体，检查炭疽、结核和牛出血性败血症等；最后沿舌系带纵剖舌肌和内外咬肌，检查牛囊尾蚴，水牛注意检查舌肌上的住肉孢子虫等。如果咽后外侧淋巴结附着在头上，也应一并检查。

2. 羊头的检验　主要检查皮肤、唇及口腔黏膜，注意有无痘疮或溃疡等病变，主要检查口蹄疫、羊痘、蓝舌病等。羊一般不剖检淋巴结。

(二) 内脏检验

1. 脾检验　牛羊脾的检查应于开膛后首先进行，若有炭疽可疑，严禁解体。其他基本与猪的检验相同。

2. 胃、肠的检验　首先视检胃肠浆膜和肠系膜，并剖检肠系膜淋巴结，注意色泽是否正常，有无充血、出血、水肿、胶冻样浸润、痈肿、糜烂、溃疡、结节等病变。必要时剖检胃肠黏膜，检查牛瘤胃、瓣胃，注意有无麸皮样伪膜、瘤胃黏膜肉柱沿线无绒毛处有无水疱、糜烂或溃疡等病变（口蹄疫有此变化）；检查牛消化道黏膜有无卡他性、出血性、纤维素性、坏死性炎症变化（牛瘟有此变化）；牛羊还须检查食道，以发现住肉孢子虫。再检查肠系膜、胃网膜上有无细颈囊尾蚴。

3. 肺、心脏、肝的检验　从肺开始，先看其外表，观察其形状、大小、色泽和表面情况，剖检支气管淋巴结和纵隔后淋巴结，然后触摸两侧肺叶，剖检其中每一硬结的部分，必要时剖开肺内支气管。注意有无呛血、电麻引起的肺出血、充血，有无结核、实变、寄生虫、肿瘤及各种炎症变化。

接着进行心脏检查。首先仔细检查心包，观察心包腔有无积液、粘连、化脓等；剖开心包，观察心脏外形、心包腔及心外膜的状态。应注意有无虎斑心样变化。

最后进行肝检查。先观察外表，注意其大小、色泽、表面损伤及胆管状态，接着触检其弹性和硬度，发现硬结应剖检。然后剖检肝门淋巴结，并以刀横断胆管，挤压胆管内容物，检查有无肝片吸虫寄生。必要时剖检肝实质和胆管，注意肝实质有无棘球蚴寄生。

4. 肾检验　牛的肾不带在胴体上，需单独检验。检验方法同猪的肾检验。

5. 子宫、睾丸和乳房检验　乳房的检查可与胴体一道进行或单独进行。触检其弹性，剖检乳房淋巴结，必要时剖检乳房实质。主要检查结核病、放线菌肿和化脓性乳房炎。对公畜要检查睾丸是否肿大，睾丸、附睾有无化脓、坏死灶；对母畜要检查子宫，注意其浆膜有无出血，黏膜有无黄白色或干酪样的小结节，以检出布鲁氏菌病。

（三）胴体检验

牛羊的胴体检验基本与猪的胴体检验相同。但牛应剖检横膈膜肌、颈部肌肉、股部肌肉和肩肘部肌肉，注意有无囊尾蚴寄生。牛剖检颈浅淋巴结、髂下淋巴结、腹股沟浅淋巴结、腹股沟深淋巴结和腘淋巴结，注意有无病理变化。羊一般不剖检淋巴结，当发现可疑时再详细检查淋巴结。

（四）摘除“三腺”

牛的甲状腺侧叶发达，色较浅，位于气管前端背侧，腺体呈不规则三角形，在腺体表面可见到结节状的腺小叶。其他基本与猪的相同。

（五）复检

牛羊这项工作通常与胴体的分级、盖检印结合起来进行。牛的宰后检验程序及检验点设置见图 6-11。

三、马属动物宰后检验的程序和要点

（一）马属动物和骆驼头的检验

与牛的检验基本相同。但因马属动物易感染鼻疽，因此重点检查鼻中隔和鼻甲骨有无鼻疽结节、溃疡和星芒状瘢痕，并沿气管剖检喉头以及颌下淋巴结、咽后淋巴结（注意有无马腺疫时淋巴结的化脓性炎症）等。马不剖检咬肌。

（二）内脏检验

检查马属动物与骆驼的肺时，要特别注意气管的检查，并仔细剖检肺实质，以发现可能存在于肺深层的局限性鼻疽病灶和脓肿。马的肺若发生各期肝变，呈大理石样外观，应注意

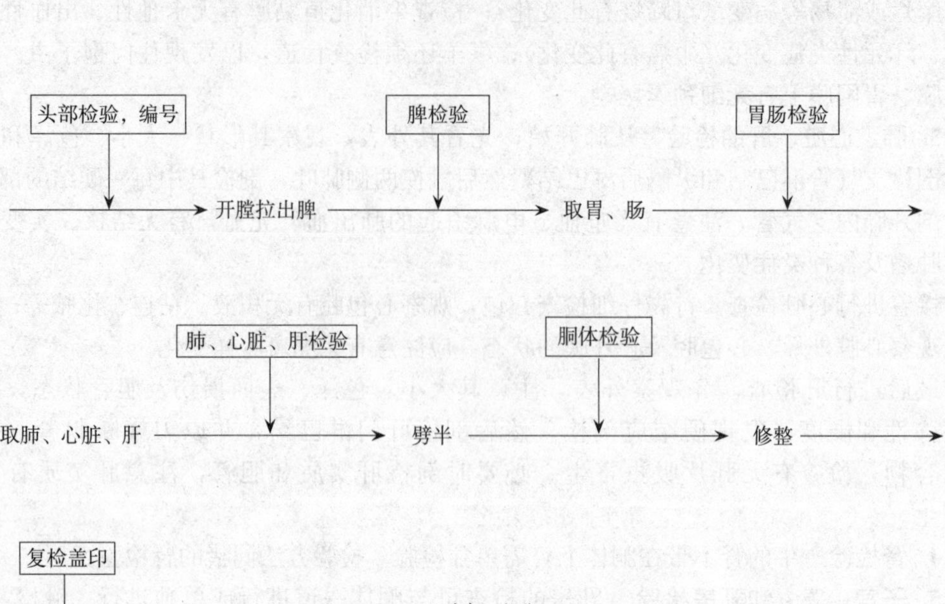

图 6-11　牛宰后检验程序及检验点的设置

是否是马传染性胸膜肺炎。在马的其他内脏检验中，如果发现脾、肝、肾肿大，且相应的淋巴结也肿大，有贫血和黄疸出现，应注意马传染性贫血。

马的其他检验项目参见牛羊和猪的检验程序和要点。

项目四　屠畜宰后检验后的处理

一、宰后检验结果的登记

在宰后检验过程中，经常会发现各种各样病理变化的组织器官。将有典型病变的组织器官作为病理标本，是了解畜禽疫病流行情况、进行卫检学术交流及教学研究的原始材料，也是宰前、宰后对照检验所必需的。总结和研究这些资料，对提高卫检人员的宰后检验水平，了解当地各种传染病、寄生虫病流行现状是十分重要的。

登记工作应当坚持经常进行，并指定专人负责。登记项目包括：屠宰日期、胴体编号、屠畜禽种类、性别、产地名称、畜主姓名、疾病名称、病变组织器官及病理变化、检验人员结论及处理意见等。如此经过多年积累，这些登记资料经科学分析综合后，对了解疫情，制订防疫措施，提高兽医卫生检验技能及对公共卫生方面都具有重要意义。因此，应当将检疫结果的登记统计表作为档案长期保存，需要时可随时查阅。

当宰后发现某种严重的畜禽传染病或寄生虫病时，应及时通知畜禽产地的动物卫生监督机构，并根据传播情况和危害范围的大小，及早采取有效的兽医防治措施，必要时停止畜禽调运。

二、宰后检验后的处理方式

胴体和内脏器官经过兽医卫生检验后，根据鉴定的结果提出处理意见。其原则是既要确保人体健康，又要尽量减少经济损失，并且避免造成环境污染。根据我国现行规定，处理方法通常有以下几种：

（一）适于食用

品质良好，符合国家卫生标准，可不受任何限制新鲜出厂（场、站）。

（二）有条件的食用

凡患有一般性传染病、轻症寄生虫病或病理性损伤的胴体和内脏，根据损伤的性质和程度，经过无害化处理后，使其传染性、毒性消失或寄生虫全部死亡者，可以有条件地食用。

根据国家标准 GB 16548—2006《病害动物和病害动物产品生物安全处理规程》中规定，"高温处理"是有条件食用肉的唯一的处理方法。

1. 适用对象　猪肺疫、溶血性链球菌病、猪副伤寒、结核病、副结核病、羊痘、山羊关节炎脑炎、绵羊梅迪/维斯纳病、弓形虫病、梨形虫病、锥虫病等病畜的胴体和内脏；恶性传染病病畜的同群屠畜以及怀疑被其污染的胴体和内脏。

2. 操作方法　方法有高压蒸煮法和一般煮沸法。

（1）高压蒸煮法。把胴体切成重不超过 2kg、厚不超过 8cm 的肉块，放在密闭的高压锅内，在 112kPa 压力下蒸煮 1.5～2.0h。

（2）一般煮沸法。将肉切成与上述大小相同的肉块，放在普通锅内煮沸 2～2.5h（从水沸腾时算起），使肉块深部温度达到 80℃以上，切开时，深部肌肉呈灰白色或灰色，切开无红色血水流出时即可。

（三）化制

即在一定的技术设备条件下，将屠畜及其产品炼制成骨肉粉和工业油等可利用产品的无害化处理方法。以往提及的"工业用"，指的就是此种处理方法。

1. 适用对象　凡是病变严重，肌肉发生退行性变化，按规定须销毁的传染病以外的其他传染病、中毒性疾病、囊尾蚴病、旋毛虫病、严重污染的胴体和内脏、自行死亡的胴体和内脏、因普通病而死亡的胴体和内脏以及不明原因死亡的家畜尸体或胴体及内脏。

2. 操作方法

（1）干化法。其操作方法是利用大型干化机，将原料分类，分别投入化制。干化机是一种卧式或立式带夹套的真空化制锅，机身由双层钢板组成，形成夹层，机身内腔中心带有搅拌器。

干化法的优点是处理过程快，产品含油量少，回收率高且易保藏和运输，既可作饲料又可作化肥；但不能化制大块原料和全尸，亦不能用于化制恶性传染病尸体。

（2）湿化法。即利用湿化机将整个尸体投入进行化制的处理方法。湿化机实际上是一个大型的高压蒸汽灭菌器，其容积可达 2～3t，有的甚至达 4～5t。整个动物尸体可不经解体而直接放入湿化机内。其原理是利用过热蒸汽直接与尸体接触，在蒸汽凝结时放出大量的热能，使油脂融化，蛋白凝固，并将病原微生物完全杀灭。

目前我国广泛采用的是大型立式高压罐。安装在有上下两层操作房的车间内。这种立式高压罐可并排安装数个，上部开口在上层操作间，整个畜禽尸体或其他废弃物可以由此开口投进罐中。然后加水，加盖密封。由过热蒸汽通过双层罐壁的夹层加热、加压。经过一段时间，罐内容物分为3层，上层为油脂，中层为溶解的蛋白质有机物，下层为肉骨残渣。这3层物质可分别作为生产工业油、蛋白胨和骨肉粉的原料。

湿化法的优点是可以有效地处理恶性传染病尸体及大型家畜全尸，无需解体；缺点是所得到的油脂含水量高，部分油脂被乳化而使油脂色泽不良且不耐贮藏，所得油渣不能作饲料用，而只能作肥料或工业用。

干化法和湿化法在优缺点上可以互补，因此大型肉类联合加工厂应同时具有上述两套设备，以分别处理不同的原料。

（四）销毁

销毁是对危害特别严重的恶性人畜共患传染病、恶性肿瘤、多发性肿瘤和病腐的动物尸体及其他危害性严重的废弃物所采用的无害化处理方法。

1. 适用对象 确认为炭疽、鼻疽、牛瘟、牛肺疫、恶性水肿、气肿疽、狂犬病、羊快疫、羊肠毒血症、肉毒梭菌中毒症、羊猝狙、马流行性淋巴管炎、马传染性贫血、马鼻腔肺炎、马鼻气管炎、蓝舌病、非洲猪瘟、猪瘟、口蹄疫、猪传染性水疱病、猪密螺旋体病、急性猪丹毒、牛鼻气管炎、牛病毒性腹泻-黏膜病、钩端螺旋体病（已黄染的胴体）、李氏杆菌病、布鲁氏菌病等传染病和恶性肿瘤或两个器官发现肿瘤的病畜整个尸体；从其他患病畜禽各部分修割下来的病变部分和内脏。

2. 操作方法

（1）湿法化制。利用湿化机将整个尸体投入进行化制，见前所述。

（2）焚烧。将整个尸体或被割除下来的病变器官和内脏投入焚尸炉，使其烧毁和炭化的处理方法。焚烧是处理病原体最彻底的处理方法，其缺点是不能回收副产品。

三、宰后检验后的盖检印

宰后检验的盖检印一般分为以下四类：

第一类，认为品质良好、适于食用的胴体和脏器，盖以兽医验讫印戳。

第二类，认为经过无害化处理后可供食用的胴体和脏器，盖以高温或食用油或复制的印戳。

第三类，病理变化比较严重，不适于食用的胴体和脏器，盖以非食用的印戳。

第四类，评价为应销毁的胴体和脏器，盖以销毁的印戳。

盖印的部位及数目，外销产品应根据合同办理。内销产品第一类若为国营肉联厂屠宰后检验的胴体，原则上在胴体两侧臀部各盖以检验合格印戳，二、三、四类应在胴体多处盖以相应印戳，见图6-12；定点屠宰点检疫后的盖印，第一类为沿胴体中线两侧的皮肤10cm加盖动物卫生监督机构统一使用的滚动长条形“兽医验讫”印戳，第二类盖以高温印戳，第三、四类盖以化制、销毁印戳，且应在胴体多处盖印戳。

在验讫印戳上应刻有检验机关全称、畜别、检验日期，兽医验讫等项。

我国规定，对于经屠宰检疫合格的产品，除在胴体加盖检疫验讫印章或加施其他检疫标志外，运输或销售前，尚需出具“动物检疫合格证明”。该证明分为省境内销售和出省境销售两种。前者要求一畜一证，后者要求一般以运输工具为单位出具证明。国营肉联厂或大型肉类加工企业屠宰后检验的肉类应附具定点屠宰场（厂）专用的“肉品品质检验合格证明”。

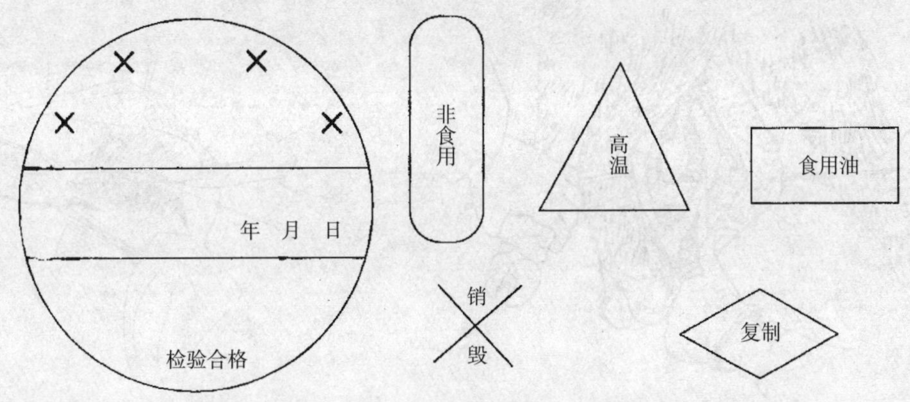

图 6-12　宰后检验处理章印模（GB/T 17996—1999）

经检疫合格的动物产品到达目的地后，根据销售或贮藏情况，向当地动物卫生监督机构申请换证或重新申报检疫。

实训五　猪的屠宰检疫

【目的与要求】　了解屠宰加工企业中检验点的设置；初步掌握宰后检验的程序、方法、操作技术以及常见病变的鉴别和处理。

【器材与试剂】

（1）常用检验工具（检验刀、检验钩和锉棒）。

（2）常用实验室设备（显微镜、载玻片、染色液等）。

（3）工作帽、工作服、胶靴、手套等。

【操作方法】

1. 头部检验

（1）颌下淋巴结检验。将宰杀放血后的猪体倒悬在架空轨道上，腹面朝向检验者或仰卧在检验台上待检。

剖检颌下淋巴结时，一般由两人操作，助手以右手握住猪的右前蹄，左手持检验钩，钩住颈部放血口右侧壁中间部分，向右拉；检验者左手持检验钩，钩住放血口左侧壁中间部分，向左侧拉开切口，右手持检验刀从放血口向深部并向下方纵切一刀，使放血口扩大至喉头软骨和下颌前端。然后再以喉头为中心，朝向下颌骨的内侧，左右下颌角各作一平行切口，即可在下颌骨内侧、颌下腺下方（胴体倒挂时）找出该淋巴结，见图实 5-1，进行剖检。同时摘除甲状腺。如在流水生产线上进行操作，则由一人操作，左手持检验钩钩住放血口，右手持检验刀按上述方法切开放血口下颌角内侧，找到淋巴结即可。但要求技术熟练，动作准确、迅速。颌下淋巴结的剖检术式见图实 5-1。

（2）检验咬肌。首先观察鼻盘、唇部有无水疱，必要时检验口腔、舌面、喉头黏膜，注意有无水疱、糜烂及其他病变，以检出口蹄疫，猪传染性水疱病等。然后用检验钩钩住头部一定部位，固定猪头，右手持检验刀从左、右下颌角外侧沿与咬肌纤维垂直方向平行切开两侧咬肌，观察有无囊尾蚴寄生，见图实 5-2。

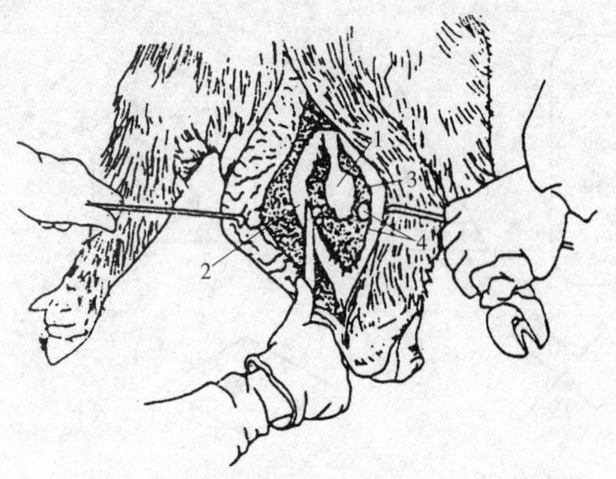

图实 5-1　猪颌下淋巴结剖检术式

1. 咽喉头隆起　2. 下颌骨角　3. 颌下腺　4. 颌下淋巴结

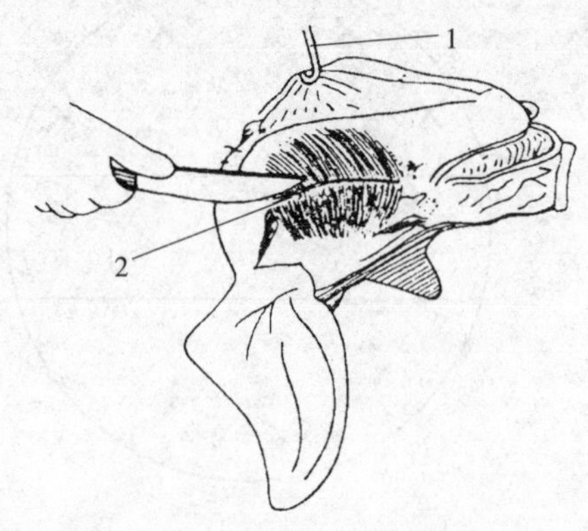

图实 5-2　猪咬肌剖检术式

1. 提起猪头的检验钩　2. 被切开的咬肌

2. 体表检验　烫毛后开膛前进行体表检验。主要观察全身皮肤的完整性及其色泽的改变，特别注意耳根、四肢内外侧、胸腹部、背部及臀部等处，观察有无点状、斑状出血性变化或弥漫性发红；有无疹块、痘疮、黄染等；有无鞭伤、刀伤等异常情况。同时注意耳尖、蹄冠、蹄踵和指间有无水疱或水疱破溃后留下的烂斑和溃疡等。在检查中还应特别注意猪的一、二、三类传染病、寄生虫病以及地方上规定的危害性较大的和新发现的传染病等显示于体表皮肤的病理变化。

3. 内脏检验

（1）胃、肠、脾检验。受检脏器必须与胴体同步编号。先检查胃、肠的外形和色泽，看其浆膜有无粘连、出血、水肿、坏死及溃疡等变化，再观察肠系膜上有无细颈囊尾蚴寄生；然后观察脾的外形、大小、色泽和性状，触检其硬度，观察其边缘有无楔形梗死。必要时再剖检脾、胃、肠，观察脾实质性状，沿胃大弯和与肠管平行方向切开胃、肠，检查胃肠浆膜和胃肠壁有无出血、水肿、纤维素渗出、坏死、溃疡和结节形成。再将胃放在检验者左前方，大肠放在正前方，用手将小肠部分提起，使肠系膜铺开，可见一串珠状隆起，先观察其外表有无肿胀、出血，周围组织有无胶样浸润；检验者用刀在肠系膜上作一条与小肠平行的切口，切开串珠状隆起，即可在脂肪中剖检肠系膜淋巴结，见图实 5-3。并注意猪肠型炭疽。

图实 5-3　猪肠系膜淋巴结剖检术式

1. 小肠　2. 肠系膜　3. 肠系膜淋巴结

（2）肺、心脏、肝检验

①肺检验：先进行外观和肺实质检查，用长柄钩将肺悬挂，观察肺的色泽、形状、大小，触检其弹性及有无结节等变化，或将肺平放在检验台上，使肋面朝上，肺纵沟对着检验员进行检验。然后进行剖检，切开咽喉头、气管和支气管，观察喉头、气管和支气管黏膜有

无变化，再观察肺实质有无异常变化，有无炎症、结核结节和寄生虫等变化。最后剖检支气管淋巴结，左手持检验钩钩住主动脉弓，向左牵引，右手持检验刀切开主动脉弓与气管之间的脂肪至支气管分叉处，观察左侧支气管淋巴结，并剖检，见图实 5-4；再用检验钩钩住右肺尖叶，向左下方牵引，使肺腹面朝向检验者，用检验刀在右肺尖叶基部和气管之间紧贴气管切开至支气管分叉处，观察右侧支气管淋巴结，并剖检，见图实 5-5。

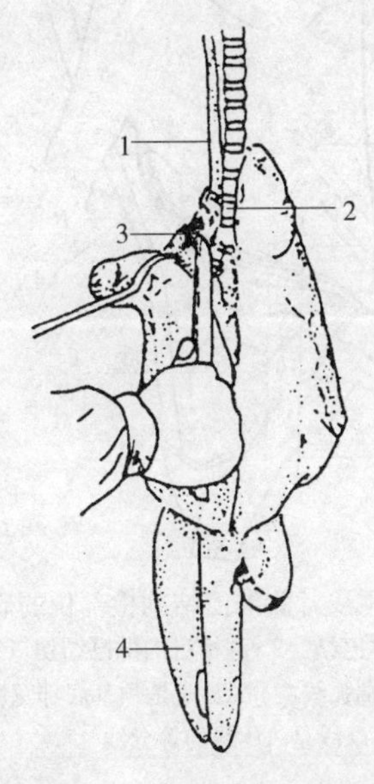

图实 5-4　猪左支气管淋巴结悬挂式检验法

1. 食管　2. 气管　3. 左支气管淋巴结　4. 肝

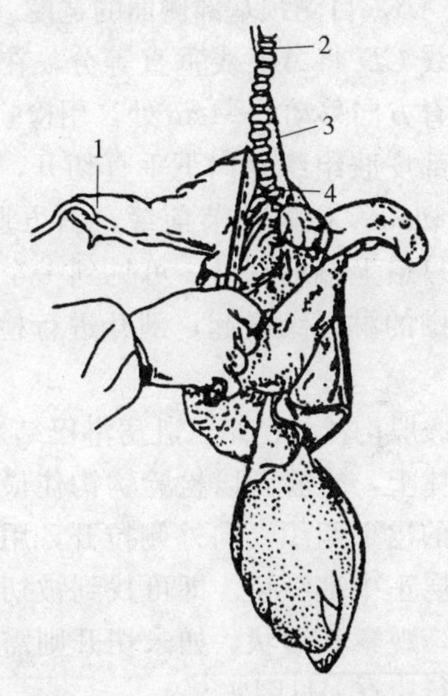

图实 5-5　猪右支气管淋巴结悬挂式检验法

1. 右肺尖叶　2. 食管　3. 气管　4. 右支气管淋巴结

②心脏检验：先观察外形，检查心包及心包液有无变化，注意心脏的形状、大小及表面情况（如冠状沟脂肪的量和形状），心外膜有无炎性渗出物、纤维化，有无创伤，心肌内有无囊尾蚴寄生。然后检验者用检验钩钩住心脏左纵沟，用检验刀在与左纵沟平行的心脏后缘纵剖心脏，可按图实 5-6 设线（AB）所示，一刀切开两个房室进行检验，观察心肌、心内膜、心瓣膜及血液凝固状态，特别应注意心瓣膜上有无增生性变化及心肌内有无囊尾蚴寄生。

③肝检验：先进行外观检验，重点注意观察肝的大小、形状、硬度、颜色及肝门淋巴结的性状、胆管内有无寄生虫包囊和结节等；然后进行肝的剖检，检验者用检验钩牵起肝门处脂肪，用检验刀切开脂肪，找到肝门淋巴结进行检查；然后观察肝切面的血液量、颜色、有无隆突、小叶的性状，有无病灶及其表现、有无寄生虫，并剖检胆管及胆囊观察有无异常变化。

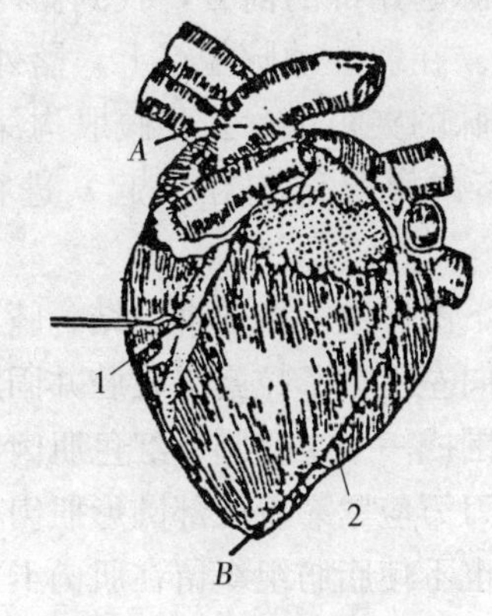

图实 5-6　猪心脏剖检示意

1. 左纵沟，检验钩着钩处　2. AB 线是纵剖心脏切开线

4. 胴体检验

（1）一般检查。主要是观察胴体色泽、浅

在血管中血液潴留情况、肌肉切口湿润程度以判定放血程度，分别观察皮肤、皮下结缔组织、脂肪、肌肉、骨骼及其断面、胸膜和腹膜有无变化。

（2）主要淋巴结的剖检。重点剖检颈浅背侧淋巴结、腹股沟浅淋巴结和髂内淋巴结，必要时剖检颈深后淋巴结、髂下淋巴结、腘淋巴结和腹股沟深淋巴结。

①颈浅背侧淋巴结（肩前淋巴结）：在悬挂的胴体上，沿颈基部紧靠肩端处虚设一条水平线 *AB*，目测颈基部侧面的宽度，再虚设一条纵线 *CD* 将 *AB* 线垂直等分，在两线交点向背脊方向移动 2～4cm 处，用检验刀垂直刺入颈部皮肤组织并向下垂直切开，以检验钩牵开切口，在肩关节前缘，斜方肌之下，所作切口最上端的深处，可见到一个被少量脂肪包围的淋巴结隆起，剖开进行检验，见图实 5-7。

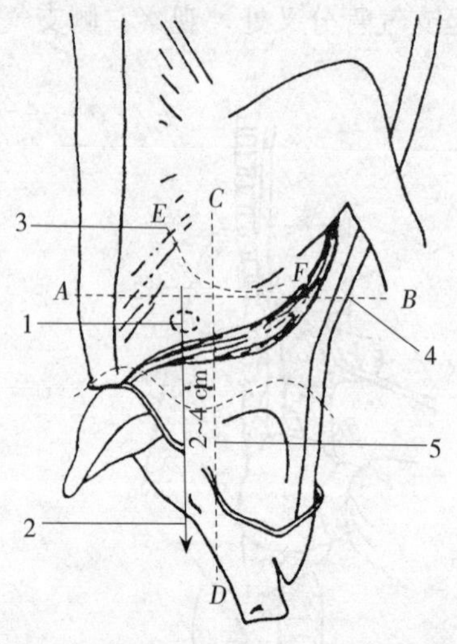

图实 5-7 猪颈浅背侧淋巴结剖检部位的确定

1. 颈浅背侧淋巴结 2. 剖检目的淋巴结切口线 3. *EF* 线是肩端弧线 4. *AB* 线是颈基底部宽度 5. *CD* 线是 *AB* 线的等分线

②腹股沟浅淋巴结（乳房淋巴结）：在悬挂的胴体上，检验者以检验钩钩住最后乳头稍上方的皮下组织，向外侧拉开，用检验刀从脂肪层正中部纵切，即可找到被切开的该淋巴结，观察其形状，如未切开则需补刀切开后进行检查，见图实 5-8。

③髂内淋巴结和腹股沟深淋巴结：在悬挂的胴体上，检验这两组淋巴结时，先在最后腰椎处设一水平线 *AB*，再从第五、六腰椎结合处斜上方作一直线 *CD* 与 *AB* 线相交呈 45°左右夹角。检验者将胴体固定后，沿 *CD* 线切开脂肪层，在切线附近可以找到髂外动脉，在腹主动脉与髂外动脉的夹角中，旋髂深动脉起始部的前方，找到髂内淋巴结进行剖检。在髂外动脉径路上，髂外动脉与旋髂深动脉的夹角中，找到腹股沟深淋巴结（有时和髂内淋巴结连在一起）进行剖检，见图实 5-9。

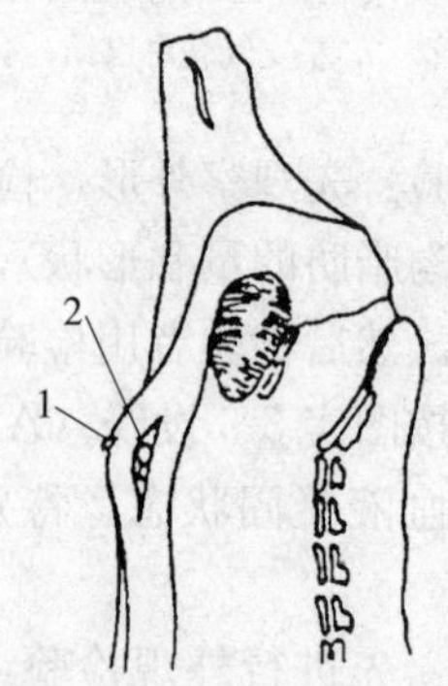

图实 5-8 猪腹股沟浅淋巴结剖检术式

1. 检验钩着钩处 2. 腹股沟浅淋巴结

④髂下淋巴结（股前淋巴结、膝上淋巴结）：检验者以检验钩在最后乳头处钩住整个腹壁组织，向左上方牵拉露出腹腔并固定胴体，可见到耻骨断面与股部白色肥膘层将股薄肌及股内侧肌围成一个半椭圆形红色肌肉区，用检验刀在此顶点处下刀，沿虚线 *AB* 作一条很深的切口。刀刃应紧靠着股部圆形肌肉群运行，将肌肉和肥膘间结缔组织分离。注意既不要切破肌肉，也不使脂肪组织留在肌肉上。当切口到达腰椎附近髋结节之下时，在阔筋膜张肌的前缘，找到该淋巴结并进行剖检，见图实 5-10。

⑤腘淋巴结：将胴体的后肢跟突面向检验者，在跟腱下面的小窝（股二头肌与半腱肌之

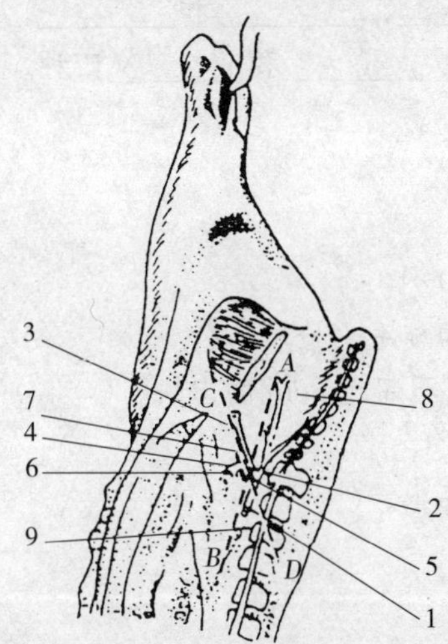

图实 5-9　猪髂内淋巴结和腹股沟深淋巴结剖检术式

1. 腹主动脉　2. 髂内动脉　3. 髂外动脉　4. 旋髂深动脉　5. 髂内淋巴结　6. 髂外淋巴结　7. 腹股沟深淋巴结　8. 沿腰椎设 *AB* 线　9. *CD* 线是剖检目的淋巴结切口线

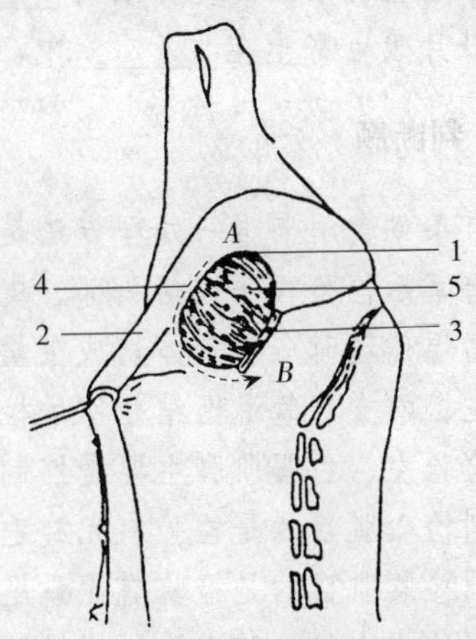

图实 5-10　猪髂下淋巴结剖检术式

1. 剖检下刀处　2. 肥膘　3. 耻骨断面　4. *AB* 线为切口线及运刀方向　5. 由股薄肌形成的半圆形红内肌肉区

间的间隙）的下缘设一水平线，在该水平线上目测该处猪腿的厚度，将其 3 等份，在外 1/3 处用刀尖垂直点刺，作一个 3.5cm 的切口，即可发现该淋巴结并进行剖检。

⑥颈深后淋巴结：在胸腔前口处，胸骨柄背侧稍下方（胴体倒挂时）接近胸骨处切开，即可找到该淋巴结并进行剖检。

（3）深腰肌检验。以检验钩固定胴体，在深腰肌部位，顺肌纤维方向作 3～5 个平行的切口，仔细检查每个切面有无囊尾蚴寄生。

（4）肾检验。一般多附着于胴体上检验。先用检验钩钩住肾盂部，右手持检验刀沿肾边缘处，顺肾纵轴轻轻地切开肾包膜，切口长约 3.5cm，然后将检验钩一边向左下方牵引，一边向外转动，与此同时，以刀尖背面向右上方挑起肾包膜，两手同时配合，将肾包膜剥离，迅速视检其表面，观察有无出血点、坏死灶和结节形成，必要时切开肾检验，观察其颜色等情况。在肾检验的同时摘除肾上腺。

5. 旋毛虫检验　按模块六、项目三中相关说明操作。

6. 复检　根据以上检验结果提出处理意见。

复习思考题

一、名词解释

1. 同步检验　2. 化制　3. 销毁

二、填空题

1. 宰后检验的感官检验方法包括________、________、________和________四种。

2. 淋巴结的常见病变主要有________、________、________、________、________等。

3. 屠猪宰后胴体必检的淋巴结是________、________、________。

4. 屠猪宰后胴体增检的淋巴结是________、________、________和________。
5. 宰后检验后的处理方法有________、________、________和________四种。
6. 肝片吸虫寄生在________中，其形态呈________。

三、判断题

1. 有条件食用肉唯一处理方法是高温处理。（　　）
2. 猪宰后检验程序包括头部、皮肤、内脏、胴体和旋毛虫检验。（　　）
3. 高温处理时应将胴体切成重量不超过 2kg，厚度不超过 8cm 的肉块。（　　）
4. 左、右支气管淋巴结是宰后检验增检的淋巴结。（　　）
5. 检验左、右膈肌脚主要是控制细颈囊尾蚴有无寄生。（　　）
6. 剖检心肌目的是检验有无旋毛虫寄生。（　　）
7. 剖检腰肌目的是检验有无囊尾蚴寄生。（　　）
8. 胴体或内脏检验出囊尾蚴时可以高温处理后出厂。（　　）

四、简答题

1. 宰后检验的目的意义是什么？
2. 宰后检验的基本方法有哪些？
3. 如何区别病理性放血不良和技术性放血不良？
4. 宰后检验时应注意哪些技术问题？
5. 宰后检验被检淋巴结的选择原则有哪些？
6. 猪、牛宰后检验时各设置哪些检验点？其检验要点是什么？
7. 猪宰后检验时必须剖检的淋巴结有哪些？必要时增加剖检哪些淋巴结？简要说明其解剖部位。
8. 牛、羊宰后检验时必须选择剖检的淋巴结有哪些？必要时增加剖检哪些淋巴结？简要说明其解剖部位。
9. 屠畜宰后检验的处理包括哪些内容？
10. 有条件食用中所指的“无害化处理”，其具体处理方法是什么？

模块七　屠畜常见传染病的检验与处理

知识目标

1. 掌握常见主要人畜共患病的种类，各种病的检验方法和卫生处理原则。
2. 基本掌握常见的屠畜固有疾病的种类，各种病的检验方法和卫生处理原则。

能力目标

能够完成屠畜主要传染病的检验与处理。

项目一　主要人畜共患传染病的检验与处理

炭疽是由炭疽杆菌所引起的人畜共患的一种急性、热性和败血性传染病。临诊特征主要表现突然高热，可视黏膜发绀且天然孔出血。病变特点为败血症变化、脾显著肿大、皮下和浆膜下结缔组织出血性胶样浸润，血凝不良呈煤焦油状，死后尸僵不全等变化。人感染本病均继发败血症及脑膜炎，病性严重。

1. 宰前鉴定

（1）最急性型与急性型。牛、羊常发生，最急性型多发生于羊，表现为突然站立不稳、全身痉挛、迅速倒地，高热，呼吸困难，天然孔出带泡沫的暗色血，血凝不全，常于数小时内死亡。

（2）亚急性型（痈型炭疽）。症状与急性型相似，但表现较缓和。牛和马可见颈、咽喉、胸、腹、外阴等处皮肤出现明显的局灶性炎性肿胀或者炭疽痈，初发热，不久则变冷无痛，随后软化皲裂，发生坏死，形成溃疡。

（3）慢性型。多见于猪，表现为咽峡型和肠型炭疽等。咽峡型典型症状咽喉和附近淋巴结肿胀，体温升高，严重时，黏膜发绀、呼吸困难，窒息而死。但多数病例，临诊见不到明显症状，屠宰后方发现其病变。肠型炭疽常伴随便秘或腹泻，轻者可恢复，重者致死。猪炭疽的败血型极少见。

2. 宰后鉴定

（1）痈型炭疽。以牛宰后多见，于痈肿部位的皮下有明显的出血性胶样浸润，病部淋巴结肿大，周围水肿，淋巴结切面呈暗红色或砖红色，且有点状、条状或巢状等出血。

（2）咽峡型炭疽。屠猪最为常见。咽峡部单侧或双侧的颌下淋巴结肿胀、充血，邻近组织有明显的水肿和胶样浸润，淋巴结的切面有数量不等的紫黑色、黑红色小坏死灶，呈淡粉红色、樱桃红色、砖红色。除此，扁桃体也常发充血、水肿、出血及溃疡，表面多被覆一层灰黄色痂膜，横切时痂膜下可见暗红色楔形或犬齿的病灶，涂片镜检时可找到炭疽杆菌。

（3）肠型炭疽。猪肠型炭疽主要病变是十二指肠与空肠前半段的少数或全部肠系膜淋巴结肿大、出血、坏死，变化与咽型炭疽相似。肠型炭疽痈邻近的肠系膜呈出血性胶样浸润，散布有纤维素凝块，肠系膜淋巴结肿胀、出血，切面可见暗红色、樱桃红色或砖红色，质地硬脆。与病变肠管、肠系膜淋巴结相连的淋巴管，也发生出血性红线或虚线样。

（4）肺型炭疽。较少发，在膈叶上有大小不一的暗红色实质肿块，切面呈樱桃红色或山楂糕状，质硬脆、致密，有灰黑坏死灶。支气管淋巴结及纵隔淋巴结肿大，周围组织胶样浸润。

3. 卫生处理

（1）宰前在畜群发现炭疽病畜，采取不放血方法扑杀后销毁处理。对可疑病畜必须进行血片检查；未经检查者不得先行放血屠宰。

（2）炭疽患畜的整个胴体、内脏、皮毛与血（包括被污染的血），应于当天采用不漏水的容器运至指定地点或化制站，必须全部作化制工业用或者销毁。

（3）被炭疽杆菌污染或可疑被污染的胴体和内脏，应在6h内高温处理后方可出场，不能在6h内处理者必须作工业用或销毁处理。血、骨及毛等只要存在污染的可能，均应作工业用或销毁。

（4）发现炭疽病后，对确未被污染的胴体、内脏及其副产品等，应不受限制出场。

（5）场地和一切工具应严密消毒。

鼻　疽

鼻疽是由鼻疽假单胞菌感染引起的马属动物最易感的一种人畜共患传染病。主要特征是在鼻腔、喉头、气管黏膜或皮肤形成特异性的鼻疽结节、溃疡或瘢痕，在肺、淋巴结或其他实质器官内发生鼻疽结节。

1. 宰前鉴定

（1）急性型。病初期表现体温升高，呈不规则热（39～41℃）、颌下淋巴结肿大等全身性变化。肺鼻疽主要表现为干咳，肺部可呈现半浊音、浊音、不同程度的呼吸困难等症状；鼻腔鼻疽可见一侧、两侧鼻孔流出浆液或黏液性脓性鼻汁，鼻腔黏膜有小米粒至高粱米粒大小的灰白色圆形结节突出于黏膜表面，周围绕有红晕，结节坏死后形成溃疡，呈灰白色或黄色且边缘不整，隆起如堤形，底面凹陷；皮肤鼻疽常发在四肢、胸侧和腹下等处，形成大小不一的局限性有热有痛的炎性肿胀的硬固结节，结节破溃后，有脓汁排出，形成边缘不整、喷火山口状难愈合的溃疡灶，结节多沿淋巴管径路蔓延至附近组织，形成念珠状的索肿。后肢皮肤发病时，常见明显肿胀，腿变粗。

（2）慢性型。临床不明显，有时于一侧或两侧鼻孔流出灰黄色脓性鼻汁，鼻腔黏膜常见糜烂性溃疡，有的在鼻中隔形成放射状瘢痕灶。

2. 宰后鉴定

（1）肺鼻疽。鼻疽粟粒大小结节，高粱米及黄豆大小，常发于肺膜面下层，呈半球状隆起于表面，中央灰黄色，周围有红晕，有的散布于肺深部组织内或密布于全肺区，呈暗红色、灰白色或干酪样。

（2）鼻腔鼻疽。鼻黏膜红肿，并出现粟粒大小黄色结节，边缘红晕，病程继续则中心坏死如喷火口，破溃形成溃疡。鼻中隔多呈典型的溃疡变化，或数量不一散在，或溃疡成群，流灰黄脓性或带血鼻涕。鼻疽瘢痕的特征是呈星芒状。严重时甚至见鼻中隔穿孔。

（3）皮肤鼻疽。多发在前躯及四肢等处，初期表现为沿皮肤淋巴管热性肿痛，继而形成硬固结节，呈念珠状。结节软化破溃后流出灰黄色或混有血液的脓液，形成溃疡，溃疡面有堤状边缘及油脂样底面，底面覆着坏死性物质或呈颗粒状肉芽组织。

3. 卫生处理

（1）宰前畜群发现患畜，应采取不放血方式扑杀后销毁。

（2）宰后检验发现鼻疽病畜，其胴体、内脏、血液及皮张全部作工业用或者销毁。可疑被污染的胴体与内脏高温处理后出场，皮张、骨骼经消毒后利用。

结　核　病

结核病由分枝杆菌引起的一种慢性人畜共患传染病。特征性变化是在淋巴结、肺、乳房、肠道及胸膜等多种组织器官形成特征性结核结节，并发生干酪样坏死、脓汁化、空洞和钙化。

1. 宰前鉴定　主要症状是全身渐进性消瘦与贫血。患牛最为明显，表现如下：

（1）肺结核。咳嗽，呼吸困难，呼吸音粗厉、伴有啰音或摩擦音，食欲降低，逐渐消瘦。

（2）乳房结核。表现为单纯的乳房肿胀的患牛，乳部肿胀界线不清，无痛；有的表现为乳房表面触有凹凸不平的坚硬肿块，或者摸乳房实质有多个无热无痛的硬固结节。于泌乳期时见乳汁薄如水样，颜色微绿，夹杂大量白色絮片及碎屑。

（3）肠结核。表现为病牛便秘与下痢交替出现，或是持续下痢，体消瘦。

（4）淋巴结结核。猪较多发生在颌下、咽喉、肠系膜处淋巴结，呈特异性结核病灶，表现淋巴结肿大，变硬，无热痛感。

宰前检验确诊本病，应进行结核菌素皮内注射或点眼变态反应试验。

2. 宰后鉴定　病畜胴体消瘦，主要变化是在多种器官或组织形成结核结节或干酪状坏死。

（1）特异性结核结节。结核结节有增生性和渗出性两种基本类型。

①增生性结核结节。是最多的一种病变，结节的特点是大小不等，呈针头大、粟粒大至鸡蛋大，多为灰色或淡黄色，坚实；新鲜结节的周围有红晕，陈旧结节多见钙化灶。

②渗出性结核结节。其病变坚实，切面呈黄白干酪样坏死，病变周围呈炎性水肿。表现为渗出性炎症过程。组织内可见纤维蛋白性或脓性渗出物，伴以淋巴细胞的弥漫性浸润变化。渗出物常不被吸收，也不形成结节，多是与组织发生干酪样坏死变化。

（2）发病部位。结核病灶可发生在畜体的任何器官及淋巴结处，如牛以肺、胸膜支气管淋巴结的结核病变最为多见；同时消化器官的淋巴结、腹膜及肝也常发生。猪的结核病变最常见于颌下、咽及颈部和肠系膜淋巴结。羊的结核病变多于胸壁、肺和淋巴结。禽的结核病变主要集中在肝、脾、肠道和骨髓等部位。

（3）发病程度。宰后检验时首先应明确是局限性结核还是全身性结核。局限性结核病是指在个别脏器或小循环的一部分脏器发病，如肺、胸膜及胸腹腔的个别淋巴结核等；而全身性结核是指病原菌经由大循环入脾、肾、乳房、骨与胴体的淋巴结，造成不同部位组织器官同时出现结核病灶的变化。

3. 卫生处理

（1）患全身性结核病或多数器官有结核病灶的，一律化制工业用或销毁。

（2）患局部性结核病（仅发生于个别器官、组织或个别淋巴结）的，将病变部分销毁，其余部分高温处理。

（3）胴体局部淋巴结有结核病变时，将病变淋巴结切除作工业用或销毁，其周围组织及管辖部分的肌肉也应割除作工业用或销毁，其余部经高温处理后出场。

（4）肋胸膜、腹膜等有结核病变时，将病变浆膜割下工业用或销毁，相应的胴体部分作高温处理，其余部分不受限制出场。若结核病变蔓延至邻近组织器官，肉尸明显消瘦的，其肉尸、内脏全部作工业用或销毁。

（5）内脏器官或其淋巴结发现结核病变时，整个内脏作工业用或销毁处理，胴体不受限制出场。

（6）患骨结核的家畜，将病变的骨剔割作工业用或销毁，胴体与内脏高温后出场。

布鲁氏菌病

布鲁氏菌病是由布鲁菌引起的人、畜共患慢性传染病。以牛羊和猪家畜最常发生，其特征是生殖器官和胎膜发炎，引起流产、不育及各种组织局部病状。人主要经与病畜、带菌动物及产品的接触，或者食用了未经消毒的病畜肉、乳而引发感染。

1. 宰前鉴定 主要特征是妊娠母牛、羊流产、胎衣滞留和产出死胎或弱胎；公畜常见睾丸炎或附睾炎，有时病例表现关节炎、黏液囊炎，常损伤膝关节。

2. 宰后鉴定 在下述情形发生时，应考虑有感染布鲁氏菌病的可能：

（1）猪患阴道炎、睾丸炎及附睾炎，化脓性关节炎、骨髓炎、子宫黏膜部见大量的如高粱米粒大的黄白色结节，颈部、四肢肌肉变性坏死；牛羊患阴道炎、子宫炎、睾丸炎或附睾炎。

（2）肾皮质有麦粒状的灰白色结节。

（3）管状骨、椎骨内积脓或是形成外生性的骨扰，造成骨外膜表面高低不平的变化。

3. 卫生处理

（1）确诊为布鲁氏菌病屠畜的胴体、内脏必须作工业用或销毁。毛皮浸入5%碱盐液中，浸泡24h后取出挂起，碱盐液流净，再在5%盐酸液浸泡，水冲洗后晾干方可出场。

（2）宰前诊断为阳性而无症状、宰后检验无病变的家畜的生殖器及乳房作工业用或销毁，其胴体和内脏高温处理后出场。

口蹄疫

口蹄疫是由口蹄疫病毒所引起的偶蹄动物的一种急性、热性、高度接触性传染病。特征是在口腔黏膜和鼻镜、乳房、蹄部等部位皮肤发生水疱和溃烂。人感染多因饮用未充分消毒的病畜乳及其乳制品所致，创伤也可感染，小儿易感性高、病性重，而与病畜直接接触感染现象较少。

1. 宰前鉴定

（1）牛患口蹄疫后，主要表现体温升高至 40～41℃，精神委顿，食欲下降，随后在病牛唇内面、齿龈、舌面和鼻镜等处分别可见蚕豆至核桃大的水疱。水疱圆而突起，内含清亮的液体，多经一昼夜破溃成浅平的边缘整齐的红色糜烂灶。此时病牛大量流涎，口涎呈白色泡沫状挂于唇边，采食、反刍完全停止。同时或稍后，趾间及蹄冠的皮肤上呈现红肿、疼痛，且迅速发生水疱，破裂后形成糜烂。若继发感染细菌后，出现化脓、坏死、甚至蹄匣脱落，病畜则站立、行走困难。有的病牛于乳头皮肤也可发生水疱，破溃后形成烂斑灶。

（2）羊发病后，病状与牛相似但较轻。山羊多见于口腔病状，为弥漫性口炎，水疱则见于硬腭和舌面部。羔羊常发生出血性肠炎和心肌炎而致死。

（3）猪感染口蹄疫后，可能在口腔黏膜、鼻盘及乳房等处见到水疱、烂斑。多数病猪蹄冠、蹄叉和蹄踵等部位能见到米粒至蚕豆状大小的水疱，其破溃形成糜烂，如继发感染使蹄壳脱落，患肢不能落地，则病猪常卧不起。新生仔猪感染发病，多呈心肌变性所致的心肌炎而死亡。

2. 宰后鉴定　口腔、蹄部有水疱和烂斑灶，在咽喉、气管、前胃黏膜等部可见圆形糜烂变化，有时胃肠黏膜出现出血性炎症。因心肌变性致使心脏扩张，心包膜见弥漫性点状出血，心肌可见不整齐的斑点和灰白色的条纹，形如虎皮斑纹，特称为“虎斑心”。

3. 卫生处理

（1）宰前确诊或疑似口蹄疫患畜，将所有屠畜全部扑杀，病畜停留场所必须严格消毒。

（2）病畜的整个胴体、内脏及其他副产品均作工业用或销毁。

（3）病畜的同群动物及疑似被污染的胴体、内脏等作高温处理后出场。毛皮经消毒后出场。

猪　丹　毒

猪丹毒也称为“红热病”，是由红斑丹毒丝菌（俗称为猪丹毒杆菌）引起的人畜共患的一种急性或慢性传染病。急性型以败血症症状或皮肤出现特异性疹块为特征，有的慢性型表现增生性心内膜炎或非化脓性关节炎、皮肤坏死。本病主要是从损伤的皮肤或黏膜感染给人，也可经吃肉感染，称为“类丹毒”。

1. 宰前鉴定

（1）急性败血型。体温升高呈稽留热，达 42℃以上，喜卧于阴湿处，食欲废绝，眼结膜潮红，间有呕吐，便秘或腹泻，离群独卧。后期耳、腹及腿内侧等皮肤上较多见大小不一的红斑，指压时褪色。

（2）亚急性疹块型。较为多见，表现在颈、肩、胸、腹、背至四肢等部皮肤上出现圆形、方形、菱形或不规则形状的红色疹块灶，俗称为“打火印”。疹块稍高出于皮肤表面，边缘灰紫色，有的表面中心产生小水疱，或形成痂块坏死、结痂、自然脱落。

（3）慢性型。病猪消瘦，四肢关节，尤以腕、跗关节多发，肿胀变形且运动障碍。有时见病猪皮肤成片坏死脱落，重者耳壳尾巴全部脱落。

2. 宰后鉴定

（1）急性型。常见全身皮肤弥漫性发红，呈“大红袍”现象。全身淋巴结充血肿胀，呈红色、紫红色，切面多汁，有点状出血灶。脾肿大明显呈樱桃红色，质柔、切面外翻、脾髓易于刮下。肾色暗红肿大，其皮质可见大小不等小点状出血。肝充血水肿，呈红棕色。心外膜点状出血，心包积液，心冠脂肪充血变红。胃及十二指肠有急性卡他性炎症或出血性炎症。耳根、颈部、胸前、腹壁及四肢内侧皮肤可见不规则的鲜红色斑块，指压褪色，且红斑相互融合成片状，微隆起于皮肤表层。

（2）亚急性型。皮肤上出现各种形状的特征性疹块，其稍突出于皮肤表面，皮肤及皮下结缔组织表现浆液浸润，或间有出血点，内脏也有急性型的变化。

（3）慢性型。心内膜炎的病猪在心脏二尖瓣上形成各种灰白色的菜花样赘生物；关节炎时表现关节肿大或变形，为多发性和增生性炎症，关节囊内充满大量浆液，混有白色纤维素性渗出物。

3. 卫生处理

（1）宰前发现急性病猪时，扑杀后销毁。宰后检验出急性猪丹毒的胴体、内脏与血液作工业用或销毁。

（2）其他类型病变轻微者，胴体及内脏高温处理后出场，血液化制或销毁，皮张经消毒后利用，脂肪可炼制后食用。

（3）皮肤上仅见灰黑色痕迹且皮下无病变者，将患部割除后，其余部分高温处理后方可出场。

猪链球菌病

猪链球菌病是由多种不同群链球菌引起的一类人畜共患的急性、热性传染病的总称，主要以颌下、咽喉及颈部淋巴结化脓性炎症为特征。特定人群经伤口、消化道等途径可感染发病，以猩红热较多见，并可致死亡。

1. 宰前鉴定

（1）急性型以脑炎和败血症为主症。

败血型病猪体温升高至41～42℃，食欲减退、废绝，精神委顿，眼结膜充血，流泪，流浆液性鼻液，便秘、少尿色黄，有的皮肤由颈部向后至腹下、四肢下端等变为紫红色出血斑点。

脑膜炎型病畜出现突发倒地、四肢作游泳状或是前冲后撞、共济失调或者做圆圈运动，盲目行走或者全身痉挛，空嚼、磨牙、口吐白沫等神经症状，最终衰竭死亡。

（2）慢性型以关节炎、心内膜炎、淋巴结脓肿为特征。

关节炎表现为，跛行或站立不稳。四肢关节可见发炎肿大，起初坚硬，逐渐变软，针刺流脓液，后期皮肤变硬形成结痂。

淋巴结脓肿型可见颌下淋巴结化脓性炎症，表现为局部肿胀隆起，触诊硬固。

有的发生在咽喉部、耳下及颈部淋巴结，表现一侧或两侧性。影响病猪采食、咀嚼吞咽以及呼吸。当局部脓肿灶成熟后，中央质软，皮肤坏死，自行破溃流脓，脓汁绿色、稠厚、无臭味，不能引起死亡。

还可见局部脓肿、子宫炎、乳房炎、咽喉炎及皮炎等。子宫发炎时可发生流产与死胎。局部脓肿发生在肘或跗关节以下或咽喉部。浅层组织脓肿突凸于体表，破溃后有脓汁流出，深部脓肿触诊敏感，呈波动性，穿刺有脓汁，常导致跛行。

2. 宰后鉴定　病猪皮肤出现紫斑变，黏膜及实质器官出血。胸腔有大量淡黄色透明液体，含有纤维素，出现纤维素性胸膜炎。全身淋巴结呈不同程度的肿大、出血。肺充血肿胀，呈实质性病变。心包积液，色淡黄，心内膜见出血斑点。脾色暗红、肿胀易脆。肠系膜水肿。脑膜充血、出血，脑脊髓液多量呈混浊，脑实质化脓性脑炎。慢性病例则表现心内膜炎、关节炎。

3. 卫生处理

（1）宰前发现病猪扑杀后销毁；宰后检验出患猪的胴体、副产品作工业用或销毁。

（2）病猪污染的场地、用具等应严格消毒，并采取预防性防疫措施。

（3）做好接触病猪的人员的防护工作，防范其病发感染给人。

猪传染性水疱病

猪传染性水疱病，又称为猪水疱病，由猪水疱病病毒引起的急性传染病。其特征为蹄部、口腔部、鼻端与腹部皮肤发生水疱，症状与口蹄疫相似，但不感染牛、羊等偶蹄动物。人具有一定的感染性。

1. 鉴定　本病仅感染猪。病猪初发体温升高达 41℃以上，水疱破溃后很快降至常温，于蹄冠、蹄叉、蹄底等处出现一个或几个圆形、椭圆形水疱。水疱常出现在蹄踵，后波及蹄叉，疱内充满淡黄色液体，破溃后形成溃疡，真皮暴露，颜色鲜红。严重的蹄壳脱落，病猪呈跛行，食量减少或停食，精神沉郁，且明显掉膘。初生仔猪有的同时会在鼻镜、口腔、舌面、乳房皮肤处形成水疱，多导致死亡。

2. 鉴别诊断　水疱病仅猪发病，口蹄疫和水疱性口炎不只感染猪，对牛、羊、马均能感染。鉴别诊断此疾病，必须经中和试验、动物接种试验和病原特性检测。

3. 卫生处理　病猪的肉尸、头、蹄、内脏及其副产品都应作工业用或销毁处理。

钩端螺旋体病

钩端螺旋体病是由致病性钩端螺旋体所引起的一种自然疫源性的人畜共患传染病。特征表现短期发热、贫血、黄疸、血红蛋白尿、黏膜及其皮肤坏死等症状。通常经浸泡在水中的皮肤、黏膜或被污染的食物感染给人。

1. 宰前鉴定　病畜体温升高，贫血，水肿，出现黄疸和血红蛋白尿。鼻镜干燥至皲裂，唇和齿龈呈现坏死性溃疡，耳、颈部、背部、腹下及外生殖器官等多处皮肤坏死脱落。有时可发生溶血，眼结膜潮红或为黄染，皮肤黄染或坏死。

2. 宰后鉴定　病畜皮肤常见坏死灶，可视黏膜、皮下组织黄染，严重的全身黏膜、肌肉、骨骼、胸腹膜及内脏均变黄。肝肿大，黄褐色至红褐色，胆囊充满黏稠胆汁。肾表面至切面有灰白色小病灶，有时可见出血点。脾稍肿或不肿。肺有出血点或出血斑。心脏淡红色，心肌切面横纹消失。膀胱积血红蛋白尿。

3. 卫生处理

（1）处于急性期发热和呈现高度衰弱的病畜，不准屠宰。

（2）宰后明显病变，胴体呈黄色并在一昼夜内不消失的屠畜，其胴体、内脏作工业用或销毁。

（3）宰后未见黄疸或为黄疸病变轻微，放置一昼夜后基本消失或仅留痕迹的屠畜，其胴体和内脏高温处理后方准出场，肝销毁处理。

（4）皮张应用浸渍法加工、盐腌或保持干燥状态，2 个月后出场利用。

（5）处理钩端螺旋体病畜及其产品必须加强个人的防护。

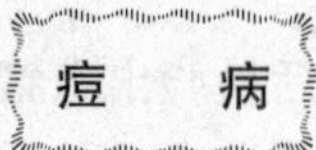

痘　病

痘病是由痘病毒引起的各种动物和人共患的一种急性、热性、接触性的传染病。哺乳动物发病特征是在皮肤和黏膜上形成痘疹，禽痘则在皮肤表现增生性和肿瘤样病变。人感染痘病能引起天花。

1. 宰前鉴定 痘病中以绵羊痘、山羊痘、鸡痘较为多见，且危害较大。病畜体温升高到 41～42℃，食欲不振，呼吸和脉搏增数，黏膜及结膜潮红，眼鼻流出黏性或脓性液体，无毛或少毛的部位出现丘疹、红斑。典型病例可表现病初期丘疹，变为水疱以至呈脓疱，干燥结痂后，痂皮脱落至痊愈。牛痘、山羊痘多发生于乳房。猪痘主要见于躯干的下腹部、肢内侧以及背部或体侧等处。马痘于系部和球关节部皮肤出现痘疱，以及在唇、舌和颊部黏膜发生脓疱性口炎，个别病变于阴门、阴道发生水肿、痘疹和溃疡。

2. 宰后鉴定 除皮肤有病变外，病猪的口、咽、气管以及支气管黏膜也有痘疹病变，绵羊呼吸道黏膜呈出血性炎症和痘疹，肺部可见干酪样结节及卡他性肺炎，胃黏膜常见大小不一的圆状或半球状坚实结节，有的渐变为痘疹或溃疡。有的患畜痘疱发生化脓或坏疽。

3. 卫生处理

（1）绵羊和猪的胴体有全身性出血或坏疽并确认为痘病者，作工业用或销毁。患良性痘疮而全身营养良好者，将痘疮割去后出场。头蹄有病变者，割除病变部分后出场。

（2）牛胴体割去病变部分后，不受限制出场。

（3）皮张干燥后出场，或以不漏水工具直接运至制革厂加工。

李氏杆菌病

李氏杆菌是由产单核细胞李氏杆菌引起的一种散发性人畜共患传染病，人常由于直接接触感染致病。家畜和人均表现为中枢神经系统受损害，以脑膜脑炎、败血症、流产为特征；家禽和啮齿类动物以坏死性肝炎、心肌炎及单核细胞增多症为特征。

1. 宰前鉴定 病畜表现精神委顿，食欲下降，体温升高。渐进出现神经症状，多呈反应迟钝，口吐白沫，做转圈运动，或头抵地不动，或头颈后仰，或四肢作游泳状。有的病例出现脑脊髓炎症状，感觉过敏，共济失调，四肢、下颌和喉部呈不全麻痹或痉挛等。

2. 宰后鉴定 病畜脑膜和脑常发生充血、水肿和炎症，脑脊液增多，稍呈混浊，脑干变软，可见细小脓灶等变化。另外，败血型可见患畜全身性败血变化，脾肿大，心外膜下、肠黏膜出血，肝及心肌有灰白色粟粒状小坏死灶。发生流产的母畜子宫内膜充血，严重者为广泛性坏死，胎盘子叶也可见出血及坏死灶。

李氏杆菌病临床表现复杂，仅依据临床症状难以确诊，需经血清学和细菌学检查判定。

3. 卫生处理

（1）只有症状而不能确诊的，头和患病脏器作工业用或销毁，胴体须高温处理。

（2）症状明显并经确诊的患畜（胴体和内脏）应销毁。

沙门氏菌病

沙门氏菌病也称为副伤寒，是由沙门菌属的细菌引起各种动物和人的一类传染病的总称，其主要临诊表现为败血症和肠炎，孕畜也可发生流产。人主要经食用沙门氏菌感染的禽、肉、蛋及产品而感染本病，且极易引发食物中毒和败血症等症状。

1. 宰前鉴定

（1）猪沙门氏菌病。多发生于仔猪，急性型表现突然发病，虚弱、发热（41～42℃），呼吸困难，耳、腹部皮肤出血点或斑块；亚急性型体温升至40.5～41.5℃，精神不振，打寒战，呈结膜炎；慢性型多为典型僵猪，被毛粗乱，贫血，长期腹泻，粪含纤维素、坏死组织、饲料凝块，呈灰绿色，发恶臭味，患猪消瘦，严重脱水。

（2）牛沙门氏菌病。病牛的临诊特征为体温升高（40～41℃）和随之发生腹泻现象。表现精神沉郁、食欲废绝、呼吸困难，体况迅速下降，粪便中初混有稀薄血丝，不久即下痢，粪恶臭，含有纤维絮片和黏膜。下痢开始后体温下降。有的病牛迅速脱水、消瘦，尤其眼结膜充血及变黄。腹疼严重时，常以后肢蹬踢腹部。怀孕母牛多数会流产。犊牛常在2周龄左右发病，体温高达41℃，脉搏、呼吸加快，排出有血丝和黏液的恶臭稀粪，随后出现拒食、卧地不起，迅速衰竭而死亡。病程长的出现腕和跗关节炎、有时可见支气管炎以及肺炎症状。

（3）羊沙门氏菌病。主要症状表现为下痢和母羊流产。

（4）马沙门氏菌病。本病临诊特征为妊娠母马流产，幼驹关节肿大与下痢，公马睾丸炎、关节和鬐甲肿等。

2. 宰后鉴定

（1）猪沙门氏菌病。急性型特征表现为败血症变化。肝、脾、肾有充血、出血现象，淋巴结出血。脾肿大，呈暗蓝色，脾髓不软化，有坚实感，切面蓝红色，脾间质增生。肠系膜淋巴结肿胀，呈索状，出现浆液性、出血性炎症。有时肝实质有黄灰色坏死灶。全身浆膜以及黏膜有不同程度的出血斑点。

亚急性和慢性型主要病变是坏死性肠炎。回肠、盲肠和结肠黏膜坏死。盲肠、结肠肠壁增厚。由散在坏死连成大块坏死灶，坏死处往往形成溃疡，灰白色，溃疡表面覆盖弥漫性坏死组织、饲料污垢物质，剥离后可见不规则溃疡灶，呈纤维素性坏死性肠炎变化。肠系膜淋巴结肿大，部分为干酪样变。脾稍肿大。肝有针头大灰黄色坏死。

（2）牛沙门氏菌病。成年牛的病变主要呈急性出血性胃肠炎。肠黏膜潮红，常杂有出血，大肠黏膜脱落，有局限性坏死区。腺胃黏膜也可能炎性潮红。肠系膜淋巴结表现不同程度的水肿、出血。肝脂肪变性或灶性坏死。胆囊壁有时会增厚，胆汁混浊，黄褐色。脾常肿大，伴有充血。病程长的病例，有时肺可见到肺炎病灶。

犊牛的病变急性时主要呈一般败血性变化。在心壁、腹膜及腺胃、小肠和膀胱黏膜处有小点出血。肠系膜淋巴结肿胀，有时也出血，呈“髓样”肿胀或“髓样变”。脾水肿、质软，充血。在病程较长的病例中肝色泽变淡，胆汁常变得稠而混浊。肺也常有肺炎区。肝、脾和肾有时发现灰黄或灰白色小坏死灶。亚急性或慢性型时，主要表现为卡他性化脓性支气管肺炎、肝炎和关节炎。关节损害时，其腱鞘与关节腔含有胶样液体。

（3）羊沙门氏菌病。呈现出血性胃肠炎变化。

（4）马沙门氏菌病。主要见于流产胎儿胎膜变化，水肿，胎膜表面呈糠麸样物，伴有出血点。妊娠母马发生流产时，少数病马可继发子宫内膜炎。

3. 卫生处理

（1）宰前发现沙门菌患畜应急宰，病变轻微或无病变者，其胴体及内脏高温处理后出场。

（2）宰后病理变化明显的猪和牛的肉尸、内脏和血液应该作工业用或销毁处理。

巴氏杆菌病

巴氏杆菌病是由多杀性巴氏杆菌所引起的发生于动物和人类的一种急性传染病。其特征是急性出血性和败血性过程，慢性病例在皮下、结缔组织和关节发生化脓性病灶，故又称为出血性败血症。人主要是被动物咬伤、抓伤或经皮肤黏膜的伤口感染发病，表现局部化脓或脑膜炎，较少见。

1. 宰前鉴定

（1）猪巴氏杆菌病。又称为猪肺疫。最急性型，俗称为“锁喉风”，通常不见症状，突然发病，且迅速死亡。急性型是主要表现败血症和急性胸膜肺炎症状。体温升高（40～41℃），初发痉挛性干咳，后变为湿咳。呼吸极度困难，作犬坐姿势，可视黏膜发绀，耳根、腹侧及四肢内侧皮肤出现红斑，颈下咽喉部发热、红肿、坚硬，严重者向上延及耳根，向后可直达胸前。常伴有黏脓性结膜炎。病猪一经出现呼吸症状，即病情迅速恶化，很快死亡。慢性型主要表现为慢性肺炎和慢性胃肠炎症状。常有持续性咳嗽和呼吸困难，泻痢，进行性营养不良，极度消瘦现象。

（2）牛巴氏杆菌病。又称为牛出血性败血症。败血型病牛病初发高烧至41～42℃，随之出现全身症状。稍经时日，表现腹痛、下痢，粪便初为粥样，后呈液状，间夹混有黏液、黏膜片以及血液，恶臭味。腹泻开始后，体温随之也下降，迅速致死。浮肿型主要表现在颈部、咽喉部和胸前的皮下结缔组织，出现迅速扩展的炎性水肿症状，同时伴发舌体及周围组织的高度肿胀，舌呈暗红色，患畜呼吸高度困难，皮肤和黏膜普遍发绀。肺炎型主要呈纤维素性胸膜肺炎症状。病牛便秘，有时下痢。

（3）羊巴氏杆菌病。以幼龄绵羊和羔羊多发。最急性者主要为哺乳羔羊突然发病，呈现寒战、虚弱、呼吸困难等症状，数分钟至数小时内死亡。急性者精神沉郁，食欲废绝，体温升高至41～42℃。呼吸急促，咳嗽。眼结膜潮红，有黏性分泌物。颈部、胸下部发生水肿。初期便秘，后期腹泻，严重时全部变为血水样粪便，随后虚脱而死。慢性者表现消瘦、食欲不振。病羊有角膜炎，流黏液脓性鼻液、咳嗽、呼吸困难。有时颈部和胸下部发生水肿。病羊腹泻，粪便恶臭，临死前极度衰弱。山羊感染本病时，主要呈纤维素性肺炎症状，病程急促。

2. 宰后鉴定

（1）猪巴氏杆菌病。最急性型病例主要呈现全身黏膜、浆膜和皮下组织大量出血点，尤以咽喉部及其周围结缔组织的出血性浆液浸润最为特征。切开颈部皮肤，可见大量胶冻样淡黄、灰青色纤维素性黏液。水肿可自颈部一直蔓延至前肢。全身淋巴结出血。心外膜和心包膜可见小出血点。肺急性水肿。脾有出血，但不肿胀。胃肠黏膜有出血性炎症变化。皮肤有红斑。

急性型病猪特征性的病变为纤维素性肺炎与胸膜炎。肺有不同程度的肝变区，周围常伴有水肿和气肿变化，呈暗红色、灰红色或红、灰相间的颜色。胸膜常有纤维素性附着物，与肺部粘连。胸腔及心包积液。

慢性型病猪尸体极度消瘦、贫血。肺肝变区广大，并有灰黄色或灰色坏死灶，外覆以结缔组织包囊，内含干酪样物质，有的形成空洞，与支气管相通。心包与胸腔积液，胸腔有纤维素性沉着，肋膜肥厚，往往与病肺粘连。有时分别于肋间肌、支气管周围淋巴结、纵隔淋巴结以及扁桃体、关节、皮下组织等处见有坏死灶。

（2）牛巴氏杆菌病。败血型特征性变化为内脏器官出血，在黏膜、浆膜以及肺、舌、皮下组织和肌肉，都有出血点。脾无变化，或有小出血点。肝、肾实质变性。淋巴结显著水肿。胸腹腔内积有大量渗出液。

浮肿型者病变和猪的类似。

肺炎型者病变主要表现胸膜炎和纤维素性肺炎。病牛胸腔中有大量浆液性、纤维素性渗出液。整个肺也有不同肝变期变化，小叶间淋巴管明显增大变宽，肺切面呈大理石样。有些病例发生相同阶段的变化；呈弥漫性出血，肺泡内有大量红细胞。严重时肺出现无光泽的坏死灶，呈以污灰色或暗褐色。个别病例有纤维素性心包炎和腹膜炎，心包与胸膜粘连，内含有干酪样坏死物。

（3）羊巴氏杆菌病。可见病羊皮下有液体浸润和小点出血。胸腔内有黄色纤维素渗出物。肺瘀血，小点出血和肝变。其他脏器呈水肿和瘀血，间有小点出血，但脾不肿大。胃肠道急性卡他性炎或出血性炎。病期较长者尸体消瘦，常有纤维素性胸膜肺炎和心包炎，肝有坏死灶。

3. 卫生处理

（1）病畜肌肉无病变或病变轻微时，将病变部割除掉，胴体及内脏高温处理后出场。

（2）全身特别是皮下以及肌肉有病变时，胴体、内脏与血液作工业用或销毁。

（3）皮张经消毒后出场。

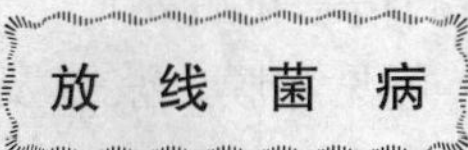

放线菌病

放线菌病是由放线菌属的牛放线菌、伊氏放线菌、林氏放线菌和猪放线菌等引起的牛、猪及其他动物以及人的一种非接触性慢性传染病。以特异性肉芽肿和慢性化脓灶，脓汁中含有特殊菌块（又称为“硫黄颗粒”）为特征。

1. 宰前鉴定　本病以形成肉芽肿、瘘管和流出一种含灰黄色干酪状颗粒的脓液为特征。

牛多发生于颌骨、唇、舌、咽、齿龈、头部的皮肤和皮下组织。病灶坚硬、界限明显，初期痛感、后期无痛，破溃后形成瘘管，流出脓汁。肿块切开时，可见内含有一些淡黄色的菌块，其形状如同硫黄颗粒。舌感染放线菌表现舌体高度肿大，常垂于口外，并可蔓延至咽喉部位，病牛流涎，咀嚼吞咽困难。乳房感染时，呈弥漫性肿大或局灶性硬结，乳汁黏稠，混夹有脓汁。

绵羊和山羊常发生舌、唇、下颌骨、肺和乳房的损害。呈单个或多发的坚硬结节灶，从许多瘘管中排出脓汁。

病猪多见其头、颈、四肢关节、乳房等部位出现放线菌肿和溃烂。

马患病多发鬐甲肿或鬐甲瘘等。

2. 宰后鉴定 在病畜损害器官可见小结节，这些小结集聚形成大结节最后变成脓肿，常于颌骨、鼻骨、腭骨等形成病灶。下颌骨肿胀，骨质疏松，流出灰黄色脓汁。也可见瘘管从皮肤破溃或引入口腔中，口腔有时在黏膜上可见有蘑菇状生成物，病程长的肿块可钙化。舌背沟出现小结节和糜烂。乳房上有坚硬肿块，乳头坏死或是形成瘘管。

本病的诊断可采用一种比较简便的方法：将肿块内的硫黄样小颗粒或脓汁做成压片，用革兰氏染色法染色，如发现放线菌菌丝体（牛放线菌中心呈紫色，周围辐射状菌丝呈红色；林氏放线菌呈均匀的红色），可以确诊。

3. 卫生处理

（1）患畜的胴体、内脏及骨骼已病变时，应全部工业用或销毁处理。

（2）仅舌头或内脏轻微病变者，割除病变部，其他不受限制出场。

（3）只有头部的骨骼和肌肉有病变者，整个头部作工业用或销毁。

（4）仅头部淋巴结病变时，割除病畜的淋巴结，头不受限制出场。

破伤风

破伤风病是由破伤风梭菌经创口感染毒害人畜的一种急性、创伤性、中毒性传染病。临床表现全身肌肉或某些肌群发生持续痉挛性收缩和神经反射的兴奋性增高，又称为强直症或锁口风。人可经伤口感染。

1. 宰前鉴定 初期，病畜常从头部开始表现强直性痉挛收缩，采食、咀嚼和吞咽均缓慢；逐渐病势发展，病畜全身肌肉呈现强直性痉挛，四肢硬直，状如木马，且行走困难。严重者表现有牙关紧闭，瞬膜突出，流涎，颈强直，背僵直，腹部蜷缩，竖尾。有时倒卧不能起并会出现典型角弓反张症状，四肢由前向后，强直收缩。通常患畜对外界刺激反应性增强，当有声、光、触动的刺激时，表现症状加剧。患畜的体温、呼吸、脉搏数通常无变化。一般诊治不及时，多呈急性经过致使病情恶化后死亡。

2. 宰后鉴定 宰后无特征病变，可见黏膜、浆膜及脊髓膜有小出血点，骨骼肌和心肌有变性坏死灶，肌间结缔组织有浆液浸润，肺呈充血、水肿变化。

3. 卫生处理

（1）肌肉无病变者，将创口割除后，其他部分不受限制出场。

（2）肌肉有局部病变者，病变部分切除应作工业用或销毁，其余高温处理后出场。

（3）肌肉多处有病变的病畜，胴体、内脏均应作工业用或销毁。

狂　犬　病

狂犬病是由狂犬病病毒引起的一种侵害中枢神经系统的急性接触性传染病，可感染所有恒温动物和人类，即俗称的疯狗病。临诊特征是神经兴奋和意识障碍，麻痹死亡。

1. 宰前鉴定　根据有被犬咬的病史与特征的症状，建立诊断。患畜主要表现吞咽困难，唾液量增多，精神兴奋，异常狂暴，出现摇尾、嘶鸣或哞叫、攻击其他动物或人。有的表现精神沉郁，多躲于暗处，最后麻痹而死。

2. 宰后鉴定　无特殊病变。可见尸体消瘦，有咬伤、撕裂伤，常见口腔与咽喉黏膜充血、糜烂，胃内空虚或有多种异物，如鬃毛、石块儿、破布条、木片等，胃底、十二指肠充血、出血，中枢神经实质和脑膜肿胀、充血或出血。经病理组织学检查，在大脑海马角或小脑神经细胞内发现特征性的内基氏小体。

3. 卫生处理

（1）屠畜被狂犬咬伤后 8d 内未出现狂犬病症状者，胴体、内脏应经高温处理后利用。若超过 8d 即不准屠宰，采取不放血的方法扑杀作销毁处理。

（2）若不能证明并确实病畜咬伤日期时，一般应不作食用。

（3）对于狂犬病畜采取不放血的方式扑杀并应销毁。

伪　狂　犬　病

伪狂犬病是由伪狂犬病病毒所引起家畜和野生动物的一种急性传染病，临床上以发热、奇痒（猪不明显）、脑脊髓炎和神经节炎为特征。本病对人有一定危害，一般经皮肤创伤感染。

1. 宰前鉴定

（1）牛伪狂犬病。感染多呈急性病例，体温升高达 40℃以上。特征症状是常见在鼻镜、乳房和后肢出现强烈的奇痒，也可发生于身体的任何部位，引起皮肤脱毛、充血甚至擦伤。同时剧痒使病牛狂躁不安。病变部位肿胀、渗出带血的液体。后期病牛体质衰弱，呼吸、心跳加快，发生痉挛，卧地不起，最终昏迷。死前咽喉部发生麻痹，流出带泡沫的唾液及浆液性鼻液。

（2）羊伪狂犬病。病羊表现体温升高，精神委顿，肌肉震颤，出现奇痒。常见病羊用前肢摩擦口唇、头部等痒处，有时啃咬痒部并发出凄惨叫声或撕脱痒部被毛。病羊卧地不起，食欲减退或不食，咽喉部麻痹，大量流涎。山羊患病病程可稍有延长。

（3）猪伪狂犬病。主要临床特征为怀孕母猪发生流产、产死胎、木乃伊胎；新生仔猪大量死亡；断奶仔猪表现为腹泻及神经症状；母猪出现返情、屡配不孕；育肥猪表现生长迟缓和呼吸系统症状。但病猪无奇痒症状。

2. 宰后鉴定

（1）牛伪狂犬病。病死牛患部变化剧烈，被毛脱落，皮肤撕裂，皮下水肿、充血，肺充血、水肿，心外膜出血，脑膜充血。组织病理学检查，中枢神经系统呈弥漫性、非化脓性脑膜脑脊髓炎及神经节炎。同时，病变部位可见明显的周围血管套，以及弥漫性、局限灶性胶质细胞增生，并伴有广泛的神经节细胞和胶质细胞坏死变化。

（2）羊伪狂犬病。病死羊除局部被毛脱落，皮肤有水肿、充血、擦伤甚至撕裂外，一般无明显眼观变化。组织病理学检查，与牛相似。

（3）猪伪狂犬病。表现为损伤部位皮下出血性胶样浸润，肺水肿、瘀血，淋巴结、脾和肾出血，脑膜充血、水肿，脑脊液增多，脑灰质和白质有小点状出血。子宫被感染后可发展成溶解坏死性胎盘炎。仔猪的脾、肝、肾、肺中可见渐进性小坏死灶。

3. 卫生处理

（1）发现病畜应急宰。

（2）对营养良好的屠体且病变较轻者，在除去病变部分后，其他胴体、内脏经高温处理后允许出场。

（3）消瘦的屠体且病变明显者，胴体和内脏作工业用或销毁。

牛海绵状脑病

牛海绵状脑病俗称为疯牛病，是由朊病毒所致的牛的一种神经性、渐进性、致死性疾病。其临床和组织病理变化特征是精神状态失常、共济失调、触听视三觉过敏，死后大脑组织呈海绵状空泡变性。

1. 宰前鉴定 病牛最常见的症状是触觉和听觉高度过敏，脖颈伸直，耳朵朝后。精神异常恐惧、烦躁不安、狂暴等表现。运动障碍表现为四肢伸展过度，后肢运动失调、肌肉震颤、起立困难、重者躺卧，不能站立。最常见的病牛对触摸、声音和光过度敏感。患牛体重和泌乳量日渐下降，最终机体衰竭而死。

2. 宰后鉴定 主要以中枢神经系统脑组织呈海绵状空泡变性为特征。脑组织神经元数目减少，脑两侧灰质神经可见对称性海绵样病变，脑神经核的神经元核周围空泡变性，一般在延髓、脑桥和中脑处的脑横切面的切片中较常见，变化也较一致，特别在延髓间脑部神经实质最严重。少数病例可见大脑淀粉样变。

本病确诊，对疑似病牛采取脑部组织制作切片，经 HE（苏木精-伊红）染色、镜检，根据患牛脑干神经元空泡变性和海绵状变性的出现与否进行判定。

3. 卫生处理

（1）病牛或为疑似病牛，应严禁食用，一律扑杀作销毁处理。

（2）牧场、畜舍的垫料、器具等被污染器物应尽量销毁，不可销毁的器具必须经 0.5% 以上的次氯酸钠 2h 或用 1～2mol/L 苛性钠 1h 消毒处理。

（3）若处理病例时发生意外的创伤用次氯酸钠彻底消毒。

项目二　屠畜固有传染病的检验与处理

猪　瘟

猪瘟俗称为烂肠瘟，是由猪瘟病毒引起的一种具有高度接触性、传染性、败血性猪的疫病，其特征是高热稽留，全身性的出血，实质器官的坏死和梗死。发病后期常有巴氏杆菌病和副伤寒的继发。

1. 宰前鉴定

(1) 最急性型。病猪常突然发病，呈高热稽留，皮肤及黏膜发绀，有出血点等。

(2) 急性型。体温在 40～42℃，稽留热，常喜卧、弓背、寒战及行走摇晃。病初便秘、后期腹泻，间有呕吐。两眼无神，结膜发炎，流出大量黏性、脓性分泌物。病猪的鼻端、耳后根、腹下、臀部及四肢内侧等的皮肤点状出血，公猪包皮发炎、积有恶臭混浊的尿液。

(3) 慢性型。多为急性型转变而来，表现体温时高时低，食欲不振，便秘与腹泻交替，逐渐消瘦、贫血。有时病猪的耳尖、尾部、四肢下侧皮肤呈蓝紫色或坏死、脱落。

(4) 温和型。也称为非典型，主要在断乳后的仔猪及架子猪可见。其症状较轻，体温持续在 40℃左右，皮肤无出血点，但有时瘀血和坏死。病猪食欲时好时坏，口渴，尿黄，长期便秘，粪便混有血液、黏液、伪膜。

2. 宰后鉴定

(1) 急性型。以全身性出血为特征，皮肤尤其是颈部、腹下、股内侧、四肢等处皮肤，有暗红或紫红的小点出血或融合成出血斑；喉头、扁桃体、胆囊、膀胱黏膜和心内外膜出血。淋巴结肿胀、充血、出血，呈黑红色，切面似大理石样。脾常不肿大，边缘多见出血性梗死。肺切面暗红色，间质水肿、出血。肾贫血色淡，皮质有针尖至小米粒大的出血点。胃、肠黏膜卡他性炎症、潮红。

(2) 慢性型。主要病变为实质器官见少量针尖状的陈旧性出血点或出血斑，特征病变是回肠、盲肠、结肠有坏死性肠炎。炎症以淋巴滤泡开始，向外扩展，形成中央低、突起黏膜表面的溃疡，呈同心轮层状或纽扣状病灶。断乳病猪在肋骨末端和软骨组织交界处可见因骨化障碍而形成的黄色骨化线。

(3) 温和型。淋巴结水肿，尤其是颌下淋巴结、肠系膜淋巴结表现轻度出血或无出血变化；肾出血点不一致；脾稍肿，有的周边见单个的梗死灶；回盲瓣有溃疡和坏死病灶，但很少出现纽扣状溃疡。

3. 卫生处理

(1) 患病猪的整个胴体、内脏及血液均作工业用或销毁。

(2) 同群猪及其怀疑被污染的胴体与内脏作高温处理，皮张经消毒后出场。

牛　瘟

牛瘟是由牛瘟病毒引起的一种主要见于牛的败血性传染病，急性经过表现为黏膜坏死性炎症，尤其消化道黏膜的病变更具典型特征性。临诊特征为血痢，尿频呈黄红或黑红；口腔、肠、上呼吸道黏膜发炎、糜烂或坏死。我国已宣布消灭牛瘟。

1. 宰前鉴定　特征性症状是口腔黏膜的变化。初期病牛高热、流涎，在口角、齿龈、颊内面和硬腭黏膜可见斑点状或弥漫性潮红，以后逐渐呈一层均匀的灰色或灰黄色伪膜，极易脱落，露出形状不规则的出血烂斑，糜烂区边缘不整。病畜排出污灰色或褐棕色具恶臭的稀糊状粪便，有时见血液或脱落的黏膜。眼结膜、鼻黏膜潮红或溃烂，流出浆液、脓性分泌物，干结成褐色。

2. 宰后鉴定 主要以消化道黏膜炎症和坏死为特征。口腔黏膜，以唇内侧、齿龈、舌下、舌侧面等部位呈弥漫性充血，充血区见有小结节或边缘不整齐的红色溃疡或糜烂，其上覆盖灰黄色麸皮样伪膜。真胃空虚，幽门区和皱襞处显著充血，病变明显，呈灰白色坏死、伪膜及烂斑。小肠和直肠黏膜红肿，密布点状出血，黏膜上皮坏死，形成伪膜。上呼吸道黏膜坏死、糜烂，或充血、出血，有的可见黏脓性渗出物覆盖在烂斑上。

3. 卫生处理

（1）宰前发现病牛，立即封锁现场并向有关部门报告疫情，停止相关工作。

（2）病牛整个胴体，内脏、血液、骨、角、皮张等副产品全部作工业用或销毁。

（3）被污染的胴体、内脏应经高温处理后出场，皮张消毒后出场。

（4）宰后发现病畜，立即停止屠宰操作，封锁、消毒，采取相应防疫措施。

（5）粪污实施销毁，污水经严格消毒。

高致病性猪蓝耳病

猪蓝耳病又称为猪繁殖与呼吸综合征，是由猪繁殖与呼吸综合征病毒引起猪的一种繁殖障碍和呼吸系统的高度接触性传染病。高致病性猪蓝耳病是由猪繁殖与呼吸综合征病毒的变异株所引起的一种急性、高致死性传染病。特征表现为母猪怀孕后期发生流产、死胎、木乃伊胎或产弱胎，以及仔猪呼吸困难、败血症、高致死率等，育肥猪也可发病死亡。

1. 宰前鉴定 体温明显升高达41℃以上，可见病猪眼结膜发炎、眼睑水肿；表现咳嗽、气喘等呼吸系统症状；有的猪耳端、躯体末梢皮肤发绀。个别病猪出现后躯无力、不能站立或者共济失调等症状。一般仔猪发病率可达100%、死亡率在50%以上，妊娠母猪流产率可达30%以上，同时成年猪也可发病，并死亡。

2. 宰后鉴定 病理表现脾边缘或于表面有梗死灶；肾土黄色，表面有针尖至小米粒大小不等的出血点斑；在皮下、扁桃体、心脏、膀胱、肝及肠道均见到出血点斑。有时见胃肠道出血、溃疡和坏死灶。

本病确诊，对出现临床和病理变化的疑似病猪采料进行高致病性猪蓝耳病病毒分离鉴定或高致病性猪蓝耳病病毒反转录聚合酶链式反应（RT-PCR）检测才能确诊。

3. 卫生处理

（1）确诊患猪和同群猪扑杀，病变的胴体和内脏应作化制或销毁处理。

（2）对病猪的排泄物、污染物实施无害化处理，对被污染的物品、用具及场地等进行彻底消毒。

猪支原体性肺炎

猪支原体肺炎是由肺炎支原体引起的一种猪群地方流行性、慢性、接触性传染病，又称为地方流行性肺炎、猪气喘病。主要症状为咳嗽和气喘，病变的特征是在肺尖叶、心叶、中间叶及膈叶前缘呈肉样或虾肉样实变。

1. 宰前鉴定

（1）急性型。病猪表现食欲大减或废绝，精神不振，呈剧喘，腹式呼吸或犬坐姿势，有时发生痉挛性阵咳，体温一般正常，但有继发感染则体温升高至42℃以上。

（2）慢性型。由急性型转来，主要呈长期咳嗽，尤其清晨进食前后或剧烈运动时最明显，严重者为痉挛性咳嗽状。病猪体温不高，消瘦、发育不良、被毛粗乱。

（3）隐性型。不表现任何症状，或偶见有猪只咳嗽。

2. 宰后鉴定　病变初期于肺心叶，病灶粟粒大至绿豆大，随后渐次扩展到尖叶，中间叶和膈叶前下缘，形成融合性支气管肺炎，且两侧病变大致对称，病变处肿大，色为淡红或灰红，半透明状，界限明显，似鲜嫩的肌肉样肉变，严重的病变部位呈胰变或虾肉样变。

如继发细菌感染，可引起肺及胸膜的纤维素性、化脓性和坏死性病变。

3. 卫生处理

（1）无病变的内脏应高温处理，而病变的内脏作工业用或销毁。

（2）胴体不受限制可出场。

猪痢疾是由致病性猪痢疾蛇形螺旋体所引起的一种猪肠道传染病，以大肠黏膜卡他性、出血性及坏死性肠炎为特征，主要表现出黏液性或黏液出血性下痢。

1. 宰前鉴定　最急性患猪突发死亡。急性病猪迅速下痢，粪便黄色，不久，含有大量血液、黏液及坏死上皮组织碎片。病猪表现脱水、口渴、食欲减退、体况消瘦，弓腰缩腹，极度衰竭致死。亚急性和慢性表现反复下痢，粪中含较多黏液、坏死组织碎片。病猪进行性消瘦，生长发育缓慢。

2. 宰后鉴定　病变仅限于大肠、回盲结合段，大肠黏膜肿胀，并覆盖着黏液和带血块的纤维素。大肠内容物质软、稀薄、腥臭，并混有黏液、血液（或血块）和组织碎片。继而黏膜表层发生坏死，形成伪膜，有的黏膜上只有散在成片的密集的薄纤维素物。剥除伪膜可见浅表糜烂。

3. 卫生处理

（1）胴体消瘦和内脏有病变的屠猪全部作工业用或销毁处理。

（2）胴体及内脏均无明显病变者，仅胃肠作工业用，胴体及其他内脏经高温处理后出场。

恶性卡他热

恶性卡他热又称为恶性头卡他，是由狷羚疱疹病毒Ⅰ型引起的一种牛致死性、淋巴增生性传染病，临床以高热、呼吸道与消化道黏膜的黏脓性、坏死性炎症为特征。

1. 宰前鉴定　恶性卡他热有最急性型、消化道型、头眼型、良性型及慢性型等病型。初发病时，牛体温升高至41～42℃，呈高热稽留，肌肉震颤，全身寒战。次日发生各部黏膜症状，口腔、鼻腔黏膜充血、坏死、糜烂。数日后，鼻孔前端分泌物变成黏稠脓状，典型病牛可见黄色长线状物直垂于地面。其分泌物干涸堵塞鼻腔，导致呼吸困难；口腔黏膜呈广泛坏死、糜烂，并流出带有臭味涎液。所有典型病例均可见双眼炎症同时发病，表现羞明流泪，眼睑闭合，结膜充血，角膜混浊，引起失明。体表淋巴结肿大。白细胞减少。患畜初便秘、后腹泻，排尿变频，有时见血液和蛋白质等，出现瘤胃弛缓，泌乳停止，呼吸、心跳加快。母畜阴唇水肿，阴道黏膜潮红、肿胀，有的孕牛造成流产。

2. 宰后鉴定 除宰前具有诊断意义的眼部、鼻腔、口腔的特征性病变外，咽部、会厌及食管黏膜可见有糜烂或溃疡与充血、出血灶；心外膜有小出血点、变性，肺充血、水肿，常发急性支气管肺炎。肝及肾浊肿，胆囊可见充血、出血。消化道胃和肠黏膜有不同程度炎症变化，泌尿道黏膜潮红。全身淋巴结肿大，呈棕红色，其周围明显胶样浸润，切面隆突、多汁，偶见有坏死灶。脑膜充血，呈浆液性浸润。

3. 卫生处理

（1）屠体病变为局限性，仅限于头部（包括鼻腔、口腔）或气管、肺、胃肠者，修割掉患部作工业用或者销毁，其余部分经高温处理后出场。

（2）若病变范围广泛，多数器官与胴体（或淋巴结）有病变者全部作工业用或销毁。

牛传染性胸膜肺炎

牛传染性胸膜肺炎又称为牛肺疫，由丝状支原体所引起的一种牛的高度接触性传染病。临诊特征流出浆液或脓性鼻液，呼吸高度困难；呈纤维素性肺炎或浆液纤维素性肺炎。

1. 宰前鉴定

（1）急性型。初期病牛体温 40～42℃，鼻孔扩张，鼻翼扇动，有浆液或脓性鼻液流出。呼吸高度困难（呼气长吸气短），呈腹式呼吸，伴有吭声或痛性短咳。喜站，肋间下陷，反刍迟缓或消失，可视黏膜发绀。触拍胸部患部，牛有痛感。胸部叩诊有浊音或实音区，听诊出现啰音和支气管呼吸音、胸膜摩擦音。病情严重时，呼吸极度困难，眼球下陷，病牛呻吟，口流白沫，伏卧伸颈，体温下降，最后窒息而死。

（2）慢性型。病牛消瘦，多无明显病症，偶发干性短咳，叩诊胸部发实音且敏感。消化机能紊乱，且食欲反复无常，乳牛的泌乳量下降。

2. 宰后鉴定 特征性病变是呼吸系统发病，特别是肺和胸腔病变。肺的损害常限于一侧，初期以小叶性肺炎为特征。中期呈典型的浆液性纤维素性胸膜肺炎，病灶呈紫红、红、灰红、黄或青色等不同状态的肝变，切面观大理石状外观，间质明显增宽。病肺与胸膜粘连，胸膜显著增厚并有纤维素附着。胸腔有淡黄色絮状的纤维素渗出物沉积。支气管淋巴结和纵隔淋巴结肿胀、出血。心包腔积有大量混浊的液体。末期肺病灶坏死并发结缔组织包囊包裹，严重者结缔组织增生造成整个坏死灶瘢痕化变。

3. 卫生处理

（1）胴体与内脏发生病变者，将病变部割除作工业用或销毁。

（2）若胸腔有炎症，胸腔器官及邻近部分均应作工业用或销毁。

（3）被污染的胴体及其内脏等经高温处理后出场。

（4）牛皮须经消毒或在隔离条件下晒干，方能出场。

羊传染性胸膜肺炎

羊传染性胸膜肺炎，也称为羊支原体性肺炎，是由多种支原体所引起的一种高度接触性传染性肺炎，临床特征表现为高热，咳嗽，肺及胸膜浆液性和纤维性炎症，尤以 3 岁以下的山羊最易感。

1. 宰前鉴定　病羊初体温增高，呼吸急促而有痛苦的鸣叫，很快出现肺炎症状，呼吸困难、咳嗽，并流浆液带血的鼻液，黏附在鼻孔、上唇部，结成干固的棕色痂垢。一侧出现胸膜肺炎变化，叩诊呈浊音或实音区，听诊为支气管呼吸音和摩擦音，按压胸壁表现敏感，疼痛。此时高热稽留不退，眼睑肿胀、流泪，眼有黏液、脓性分泌物。口半开张，流泡沫状的唾液。头颈伸直，腰背拱起，表现呼吸极度困难。濒死前体温至常温以下。

2. 宰后鉴定　胸腔常见有多量淡黄色液体，其暴露于空气后见有纤维蛋白凝块。胸膜变厚而粗糙，黄白色纤维素层附着，重者直至胸膜与肋膜，心包发生粘连。急性病例表现一侧或双侧纤维素性肺炎，肝变区突出于肺表面，颜色呈暗红、灰红色，切面呈大理石状。支气管扩张，支气管淋巴结与纵隔淋巴结肿大，切面多汁并有出血点。心包积液，心肌松弛、变性。

3. 卫生处理

（1）胴体和内脏有病变者，将病变部修割掉作工业用或销毁，余下部分可不受限制出场。

（2）胸腔出现炎症时，胸腔器官及周围部分器官作工业用或销毁。

（3）炎症渗出物已污染的胴体及内脏，洗净后作高温处理。

（4）羊皮需经消毒或者隔离条件下晒干出场，或以不漏水的工具运至制革厂加工处理。

猪传染性胸膜肺炎

猪传染性胸膜肺炎是由胸膜肺炎放线杆菌所致猪的一种接触性呼吸道传染病，主要特征为急性出血性纤维素性肺炎和慢性纤维素性坏死性胸膜炎变化。

1. 宰前鉴定

（1）最急性型。病况突然，体温升高可达 41.5℃，精神沉郁，拒食，偶尔见短暂的腹泻和呕吐。病猪初躺卧，心跳加快，鼻部、耳部、四肢甚至全身皮肤发绀，随后出现严重的呼吸困难，犬坐式张口呼吸。濒死前口鼻有大量带血的泡沫性分泌物。有的病猪不表现任何临床症状而突发死亡。

（2）急性型。主要表现为体温升高 40.5～41℃，精神沉郁，不愿站立，厌食，呼吸困难，咳嗽，有时可见张口呼吸。鼻盘、耳尖、四肢甚至全身皮肤发绀。

（3）亚急性型和慢性型。症状较轻，可见病猪偶尔咳嗽，食欲减退，消瘦，生长缓慢。若继发或伴发其他呼吸道病原体如猪肺炎支原体、多种病原菌或病毒感染时，症状可能被掩盖。

2. 宰后鉴定　主要见于肺和呼吸道内病变，多发于肺的心叶、尖叶和膈叶，呈紫红色，多为双侧性肺炎，其与正常组织界线分明，肺间质充满血色胶冻样液体。发病 24h 以上的病猪，肺炎区出现纤维素性物质附于表面，肺出血、间质增宽、有肝变。纤维素性胸膜炎蔓延至整个肺与胸膜粘连。肺门淋巴结、腹股沟淋巴结见肿大、充血、出血。

3. 卫生处理

（1）无病变的屠猪内脏高温处理，有病变的内脏作工业用或销毁。

（2）胴体可不受限制出场。

副猪嗜血杆菌病

副猪嗜血杆菌病，是由副猪嗜血杆菌引起的猪多发性传染病。主要特征表现发热、咳嗽、呼吸困难、关节肿胀、跛行、被毛粗乱，纤维素性浆膜炎和关节炎。

1. 宰前鉴定 病猪常表现为发热可达40.5～42℃，食欲不振、厌食，反应迟钝，咳嗽，呼吸困难，尖叫；关节肿胀，尤其以跗关节和腕关节明显，触摸疼痛感，跛行，肌肉颤抖，共济失调；可视黏膜发绀、喜侧卧、消瘦及被毛粗乱。

2. 宰后鉴定 主要见单个或多个浆液性或纤维素性浆膜炎和关节炎，于胸膜、腹膜、心包膜，有时关节和脑表面见数量不等的浆液性或纤维素性炎性渗出物，致使在胸腔、腹腔、关节腔等部位有不等量的黄色或淡红色液体，有的呈胶冻样。

3. 卫生处理 同猪传染性胸膜肺炎。

副 结 核 病

副结核病，又称为副结核性肠炎，是由副结核分枝杆菌引起的主要发生于牛的一种慢性传染病。特征是慢性卡他性肠炎、顽固性腹泻和逐渐消瘦，伴有明显的肠黏膜增厚的变化。

1. 宰前鉴定 患畜主要表现间断性腹泻，渐进变为经常性的顽固下痢。粪便稀薄，恶臭，混有气泡、黏液及血液凝块等。随病情食欲减退，逐渐消瘦，泌乳逐渐减少，营养高度不良，皮肤粗糙，被毛粗乱，下颌及垂皮水肿，喜侧卧。

2. 宰后鉴定 见于消化道（空肠、回肠和结肠前段）和肠系膜淋巴结的病变，尤其在回肠段肠浆膜水肿明显，肠黏膜多增厚3～20倍，呈黄色及灰黄色，并有硬固和弯曲的皱襞变化。皱襞突起常充血，且黏膜上面紧附着黏稠、混浊的黏液。有时肠壁增厚。肠系膜淋巴结肿胀，质地变软，切面有黄白色病灶且湿润多汁。

3. 卫生处理

（1）患副结核消瘠的屠体，整个与内脏作工业用或销毁。

（2）若屠体营养状况尚好，则除去内脏外，胴体不受限制出场。

气 肿 疽

气肿疽是由气肿疽梭菌所引起的反刍动物（黄牛最易感）的一种急性、发热性传染病。特征为肌肉丰满部位发生炎性、气性肿胀，按压有捻发音，并常伴跛行。

1. 宰前鉴定 通常见病牛体温高达41～42℃以上，多伴发跛行。相继表现特征性症状：在股、臀、肩、颈部等肌肉丰满的部位发生气性炎性水肿。肿胀部气体很快沿皮下及肌间向四周扩散，肿胀部皮肤变干硬、紧张，呈暗红色、黑色，触诊硬固，呈捻发音。肿胀破溃或切开患处，有污红色带泡沫的酸臭液流出。局部淋巴结肿大，变坚硬。患畜食欲、反刍停止，呼吸困难，临死前一般体温下降。

2. 宰后鉴定 特征病变是于肌肉丰满的部位发生出血性气性炎性水肿。患部按压有捻发音，切开病变部时，肌肉切面呈暗灰红或黑褐色，流出酸臭味刺激性的液体，伴有气泡。

3. 卫生处理

（1）宰前发现病畜时必须禁止屠宰。

（2）宰后发现患畜，其胴体、全部内脏、毛皮、血液等应销毁。被污染的胴体、内脏作高温处理后出场。

蓝　舌　病

蓝舌病是由蓝舌病病毒引起的一种以昆虫为传染媒介的反刍动物的病毒性传染病，主要发生于绵羊，其临床特征为发热、消瘦，口、鼻及胃黏膜的溃疡性炎症变化。

1. 宰前鉴定　病羊初体温升高，表现厌食、委顿，口流涎，唇水肿，蔓延到面颊和耳部，甚至颈部、胸部、腹部。口腔黏膜和舌充血、发绀，呈青紫色糜烂。鼻流炎性、黏性分泌物，鼻孔周围结痂。溃疡部位渗出血液。病羊消瘦、衰弱，表现呼吸困难、吞咽困难，便秘或腹泻。有时见蹄冠、蹄叶发炎，呈不同程度的跛行。牛通常缺乏症状。

2. 宰后鉴定　口腔出现糜烂区，舌、齿龈、硬腭、颊黏膜和唇水肿、出血。颌下、颈部处皮下组织充血、胶样浸润。呼吸道、消化道和泌尿道黏膜以及心肌、心内外膜均有小点出血。瘤胃有暗红色区，表面有空泡变性、坏死。乳房和蹄冠等部位上皮脱落但不发生水疱，蹄部有蹄叶炎变化，并常溃烂。肌肉纤维变性。严重病羊消化道黏膜有坏死和溃疡。

3. 卫生处理

（1）胴体和内脏应全部作工业用或销毁。

（2）疑似被污染的胴体和内脏高温处理，毛皮消毒后出场。

牛病毒性腹泻-黏膜病

牛病毒性腹泻-黏膜病，简称为牛病毒性腹泻或牛黏膜病，是由牛病毒性腹泻-黏膜病病毒引起的牛的急性、热性传染病。本病的特征是消化道黏膜发炎、糜烂和肠壁淋巴组织坏死；主要症状为发热、咳嗽、腹泻、鼻漏、消瘦和白细胞减少。

1. 宰前鉴定

（1）急性型。牛突然发病，体温升高到40～42℃。精神沉郁，厌食，腹泻，鼻眼有浆液性分泌物，鼻镜与口腔黏膜表面糜烂，舌面上皮坏死，流涎增多。在口腔损害之后常发生严重的腹泻，粪便从水泻逐渐到黏稠（呈胶冻状），含有大量黏液和气泡，甚至带有血。有些病牛常有蹄叶炎及趾间皮肤糜烂与坏死，易发跛行。

（2）慢性型。多无明显发热症状，鼻镜上的糜烂很明显，并可连成一片。眼常有浆液性分泌物。在口腔内很少有糜烂灶，但门齿齿龈常发红。患牛因蹄叶炎及趾间皮肤糜烂、坏死而跛行。而皮肤变成皮屑状，尤其鬐甲、颈部及耳后部最为明显。病牛呈持续性或间歇性腹泻，当病程较长时可持续数月。

2. 宰后鉴定　病变主要在消化道和淋巴结。特征性病变是食道黏膜有不同形状和大小不规则的烂斑，呈线状纵行排列，如虫蚀样损害。皱胃炎性水肿和糜烂。小肠急性卡他性炎症，大肠有卡他性、出血性、溃疡性以至不同程度的坏死性炎症，肠淋巴结肿大。鼻镜、鼻孔黏膜、齿龈、唇内面、上腭、舌面两侧及颊部黏膜有糜烂及浅溃疡等。蹄部病变为趾间皮肤及全蹄冠呈急性、糜烂性炎症，甚至发展变为溃疡或坏死。

3. 卫生处理 同牛瘟。

马传染性贫血

马传染性贫血简称为马传贫，是由马传染性贫血病毒引起的马属动物的一种传染病。其临床特征是发热（稽留热或间歇热型）、贫血、出血、黄疸、心脏衰弱、浮肿及消瘦等症状，并反复发作。发热期时症状明显，无热期（间歇期）则症状渐轻或消失。病变特征是全身败血症变化，以及肝、脾、淋巴结等网状内皮细胞变性、增生和铁代谢障碍等。

1. 宰前鉴定 主要以发热、贫血、出血、黄疸、浮肿、心机能紊乱、血液学变化和进行性消瘦为特征。根据临诊表现，可分为急性、亚急性、慢性和隐性四种病型。各型病马的共同症状如下：

（1）发热。发热类型有稽留热、间歇热和不规则热等。稽留热表现为体温升高到40℃以上，稽留3～5d，有时达10d以上，直至死亡。间歇热表现有热期与无热期交替出现，多见于亚急性及部分慢性病例马。慢性病例以不规则热为主，常有明显的上午体温高、下午体温低的温差倒转现象。

（2）贫血、出血和黄疸。于发热初期，可视黏膜潮红，随着病情加重，表现为苍白或黄染。在眼结膜、舌底面、齿龈、口腔、鼻腔、阴道等黏膜处，常见鲜红色或暗红色的出血点（斑）。

（3）心机能紊乱。心搏亢进、第一心音增强，节律不齐，心音混浊或分裂，缩期杂音，脉搏增数或减弱。

（4）浮肿。常在四肢下端、胸前、腹下、包皮、阴囊、乳房等处出现无热、无痛的浮肿变化。

（5）血液学变化。红细胞显著减少，血红蛋白量降低，血沉加速；白细胞减少，白细胞象也发生变化；外周血液中出现吞噬细胞。在发热期，嗜酸性粒细胞减少或消失，退热后，淋巴细胞增多。

2. 宰后鉴定 急性型呈现全身败血变化。浆膜、黏膜、淋巴结和实质脏器有弥漫性出血点（斑）。脾急性肿大，暗红或紫红色，红髓软化，有的白髓增生时切面呈颗粒状。肝肿胀，黄褐色或紫红色，肝细胞索变性与中央静脉、窦状隙瘀血交织变化，使肝切面形成豆蔻状或槟榔状花纹，故称为“豆蔻肝”或“槟榔肝”。亚急性和慢性病例以贫血、黄染和网状内皮系统增生为主，全身败血变化则较轻微。

3. 卫生处理

（1）当宰前发现病畜时，应禁止屠宰。

（2）宰后检验出病畜，其胴体、内脏、毛皮及血液作工业用或销毁。

（3）被污染的胴体和内脏高温处理后方能出场，皮张、骨骼作消毒后可利用。

羊快疫

羊快疫是由腐败梭菌所引起的羊的一种急性传染病，主要发生于绵羊。其特征为发病突然，病程短促而致死，真胃黏膜出血性、坏死性炎。

1. 宰前鉴定 病羊突然发病，常在症状出现前即死亡，多为肥壮的羊只死在放牧途中或圈舍。有些羊表现死前有腹痛、臌气、疝疼，排粪困难，里急后重，最后痉挛、衰竭或昏迷而死。有的离群独处，不愿走动，强迫行走时呈运步无力、运动失调。

2. 宰后鉴定 真胃黏膜呈出血性炎性变化。真胃和十二指肠黏膜见充血、肿胀，并散在有大小不均的出血斑点，黏膜下水肿，肠道内有大量气体。前胃黏膜常自行脱落，瓣胃内容物多干而硬。心内膜下和心外膜下有大量点状出血。肠、肺的浆膜下也可见出血灶。

3. 卫生处理

（1）宰前发现病畜时，应禁止屠宰。

（2）宰后发现病畜，其胴体、内脏、毛皮以及血液作销毁处理，被污染的胴体与内脏作高温处理。

羊肠毒血症

羊肠毒血症又称为软肾病和类快疫，是由D型产气荚膜梭菌导致绵羊的一种急性、高度致死性传染病。主要以突然发病、病程短促和死后肾软化为主要特征。

1. 宰前鉴定 常无症状而突然发病和死亡。病程稍长的可见到以抽搐和昏迷、静静死亡为特征的两种类型。前者倒地前呈全身肌肉痉挛，眼球转动，四肢抽搐呈划水样，呼吸迫促，口鼻流出白沫，头颈显著伸缩后2～4h死去。后者病羊步态不稳、卧倒，感觉过敏，昏迷，角膜反射消失，个别腹泻，3～4h后死去。

2. 宰后鉴定 见于消化道、呼吸道及心血管系统损害。死羊腹部膨大，真胃存有未消化的饲料，肠黏膜特别是小肠黏膜急性出血炎症，回肠段尤为严重，重症致使整个肠段内壁呈红色，有的还出现溃疡。心包腔积液，心内外膜有小出血点。肺瘀血气肿，肝充血肿胀。特征性病变是肾软化，实质变红色，似脑髓状，一般认为是一种死后的变化。肝肿大，呈灰土色，质地脆弱，被膜下有带状或点状出血。脾肿胀，但不软化。

3. 卫生处理 同羊快疫。

马流行性淋巴管炎

马流行性淋巴管炎又称为假性皮疽，是由皮疽组织胞浆菌引起的一种马属动物的慢性传染病。以皮下淋巴管及其临近淋巴结发炎、脓肿、溃疡和肉芽肿结节为特征。

1. 鉴定 主要表现为皮肤、皮下组织及黏膜发生结节、脓肿、溃疡和淋巴管索状肿及串珠状结节。本病常呈慢性经过，体温一般不升高，全身症状不明显。

（1）皮肤（皮下组织）结节、脓肿和溃疡。常发生于四肢、头部（尤其位于唇部），其次为颈、背、腰、尻、胸侧和腹侧。初为硬性无痛结节，随之变软化形成脓肿，破溃后流出混有血液的黏稠脓汁，呈黄白色，成为溃疡。继而愈合或形成瘘管。

（2）黏膜结节。常损害鼻腔黏膜，鼻腔可见有少量黏液脓性鼻漏，鼻黏膜上有大小不等的黄白色、灰白色结节，结节渐渐破溃形成溃疡，颌下淋巴结也常同时肿胀。口唇、眼结膜以及生殖道黏膜，公畜的包皮、阴囊、阴茎，母畜的阴唇、会阴、乳房等多处也可发生结节和溃疡。

（3）淋巴管索状肿及串珠状结节。病菌引起淋巴管内膜炎和淋巴管周围炎，使其变粗变硬，呈索状。因淋巴管瓣膜栓塞，在索状肿胀的淋巴管上可形成较多串珠状结节，呈现长时间硬肿，而后变软、化脓，破溃后流出黄白色或淡红色脓液，蔓延形成蘑菇状溃疡灶。

2. 卫生处理

（1）宰前发现病畜时，应禁止屠宰。

（2）宰后发现病马，胴体、内脏、毛皮和血液作工业用或销毁。

（3）被污染的胴体、内脏高温处理后出场，皮张及骨骼经消毒后再利用。

羊猝狙

羊猝狙是由C型产气荚膜梭菌的毒素所引起成年绵羊的一种急性高度致死性的传染病。主要以溃疡性肠炎和腹膜炎为主要特征。

1. 宰前鉴定 本病主要表现为病程短促，多未及见到症状即突发死亡。有时发现病羊掉群、卧地，呈现不安、衰弱、痉挛，眼球突出，在数小时内死亡。

2. 宰后鉴定 病变主要见于消化道和循环系统。十二指肠、空肠黏膜严重充血、糜烂，个别的区段见大小不一的溃疡灶。胸腔、腹腔及心包大量积液，暴露于空气易形成纤维素样絮块。浆膜上有小出血点。肌肉出血，有气性裂孔。

3. 卫生处理 同气肿疽。

羊梅迪-维斯纳病

羊梅迪-维斯纳病是由梅迪-维斯纳病毒所引起成年绵羊及山羊的一种接触性致死性的传染病。主要特征为经过漫长的潜伏期表现出的间质性肺炎或者脑膜炎。

1. 宰前鉴定 本病的潜伏期长达2年以上，临床症状有两种类型。

（1）梅迪病（呼吸道型）。病羊早期症状表现缓慢进行的倦怠、干咳、消瘦，呼吸困难，呈慢性间质性肺炎症状，有进行性日益加重，严重时病羊鼻孔扩张，头高仰，有时张口呼吸，最终死亡。

（2）维斯纳病（神经型）。病羊早期呈现步态异常，尤以后肢为常见，头部出现异常姿势，如口唇、颜面肌肉震颤，病情缓慢进展并恶化，最后病羊因对称性麻痹而死。

2. 宰后鉴定

（1）梅迪病的病变主要见于肺和肺淋巴结。病羊肺体积及重量较正常增大2～4倍，呈淡灰黄色、暗红色，触摸有橡皮感觉。可见病肺组织结构致密，质地似肌肉，其中膈叶的变化最严重，心叶、尖叶次之。病肺切面干燥，滴加醋酸，很快能出现针尖大小结节。

（2）维斯纳病主要表现为弥漫性脑膜炎，脑脊髓液增多，脑膜充血、水肿，有时出血。淋巴细胞和小胶质细胞增生、浸润以及出现血管套现象。

3. 卫生处理 同口蹄疫。

复习思考题

一、填空题

1. 结核病是一种人畜共患慢性传染病，其病原体是________。

2. 布鲁氏菌病宰后鉴定要点之一是肾皮质呈________。

3. 口蹄疫是由口蹄疫病毒所引起的偶蹄动物的一种________性、________性和________性传染病。

4. 猪丹毒病主要是从损伤的皮肤或黏膜感染给人，人也可经吃肉感染，称为________。

5. 宰后鉴定发现患猪瘟病的胴体、内脏及血液均作________。

二、判断题

1. 猪对炭疽杆菌有一定抵抗力，常呈局限性感染。（　）

2. 猪链球菌病不感染人 。（　）

3. 人感染口蹄疫病多因饮用未充分消毒的病畜乳及其乳制品所致。（　）

4. 李氏杆菌病又称为单核细胞增多症，是一种人畜共患传染病。（　）

5. 牛海绵状脑病，俗称为疯牛病，是由朊病毒所致的牛的一种神经性、渐进性、致死性疾病。（　）

6. 高致病性猪蓝耳病是由猪繁殖与呼吸综合征病毒的变异株所引起的一种急性、高致死性传染病。（　）

7. 巴氏杆菌病是由肺炎支原体引起的一种猪群地方流行性、慢性、接触性传染病，也称为地方流行性肺炎，猪气喘病。（　）

8. 宰后检验发现肺尖叶、心叶、中间叶及膈叶前缘呈肉样或虾肉样实变，应鉴定为支原体肺炎。（　）

9. 羊快疫是由腐败梭菌所引起的羊的一种急性传染病，其特征为发病突然，病程短促而致死，真胃黏膜出血性、坏死性炎。（　）

10. 羊猝狙是由D型产气荚膜梭菌的毒素所引起成年绵羊的一种急性高度致死性的传染病，主要以溃疡性肠炎和腹膜炎为主要特征。（　）

三、简答题

1. 炭疽患畜的检验要点和卫生处理方法是什么？

2. 宰后发现结核病患畜如何进行卫生处理？

3. 宰后发现布鲁菌病患畜如何进行卫生处理？

4. 简述口蹄疫患畜的检验要点和卫生处理原则。

5. 猪瘟病猪的检验要点和卫生处理措施是什么？

模块八　屠畜常见寄生虫病的检验与处理

知识目标

1. 掌握屠畜常见人畜共患寄生虫病的检验与处理方法。
2. 熟悉屠畜常见固有寄生虫病的检验与处理方法。

能力目标

1. 能够完成囊尾蚴病的检验与处理。
2. 能够完成旋毛虫病的检验与处理。

项目一　主要人畜共患寄生虫病的检验与处理

动物的寄生虫病，有些可经过肉品传染给人，有些可经过其他途径感染人，还有的虽不感染人，但可感染其他动物，因而造成重大的经济损失。所以有必要对其进行检验并作适当处理。

囊尾蚴病

囊尾蚴病又称为囊虫病，是由绦虫的中绦期幼虫所引起的一种人畜共患的寄生虫病。多种动物均可感染此病，人感染囊尾蚴时，在四肢、颈背部皮下可出现半球形结节，重症病人有肌肉酸痛、全身无力、痉挛等表现。虫体寄生于脑、眼、声带等部位时，常出现神经症状、头昏眼花、视力模糊和声音嘶哑等。人吃进生的囊尾蚴病肉，即可在肠道中发育成有钩绦虫（猪肉绦虫）或无钩绦虫（牛肉绦虫）。人患绦虫病时，身体虚弱，消化不良，经常下痢和腹痛，有时恶心和呕吐。所以本病在公共卫生上的地位十分重要，是肉品卫生检验的重点项目之一。

1. 鉴定

（1）猪囊尾蚴病。猪囊尾蚴病是由寄生于人体小肠内的有钩绦虫的幼虫——猪囊尾蚴在猪体内寄生所引起的疾病。轻症病猪，无特殊表现。重症病猪可见走路前肢僵硬，后肢不灵活，左右摇摆，似醉酒状；不爱活动，反应迟钝；若寄生在舌部，则咀嚼、吞咽困难；若寄生在咽喉，则声音嘶哑；若寄生在眼球，则视力模糊；若寄生在大脑，则出现痉挛等。猪囊尾蚴多寄生于肩胛外侧肌、臀肌、咬肌、深腰肌、心肌、脑部、眼球等部位，所以我国规定猪囊尾蚴主要检验部位为咬肌、深腰肌和膈肌，其他可检部位为心肌、肩胛外侧肌和股内侧肌等。肌肉中可见多少不等的椭圆形的白色半透明的囊泡，囊内充满液体，囊壁上有一个圆形、粟粒大的乳白色头节，显微镜检查可见头节的四周有 4 个圆形吸盘和 2 圈角质小钩。

（2）牛囊尾蚴病。牛囊尾蚴病是由寄生于人体小肠内的无钩绦虫的幼虫——牛囊尾蚴在牛体内寄生所引起的疾病。牛囊尾蚴主要寄生在牛的咬肌、舌肌、颈部肌肉、肋间肌、心肌和膈肌等部位。我国规定牛囊尾蚴主要检验部位为咬肌、舌肌、深腰肌和膈肌。与猪囊尾蚴的外形相似，囊泡为白色的椭圆形，大小为 8mm×4mm，囊内充满液体，囊壁上也附着有乳白色的头节，头节上有 4 个吸盘，但无顶突和小钩，这正是与猪囊尾蚴的区别。

（3）绵羊囊尾蚴病。绵羊囊尾蚴病是由绵羊带绦虫的幼虫——绵羊囊尾蚴在体内寄生引起的绵羊的一种疾病，人不感染此病。绵羊囊尾蚴主要寄生于心肌、膈肌，还可见于咬肌、舌肌和其他骨骼肌等部位。我国规定羊囊尾蚴主要检验部位为膈肌、心肌。绵羊囊尾蚴囊泡呈圆形或卵圆形，较猪囊尾蚴小。

2. 卫生处理

（1）整个胴体在去除皮下脂肪和体腔脂肪后作化制处理。

（2）胃、肠、皮张不受限制出场。除心脏以外的其他脏器检验无囊尾蚴者，亦不受限制出场。

（3）患病胴体剔下的皮下脂肪和体腔脂肪，可炼制食用油。

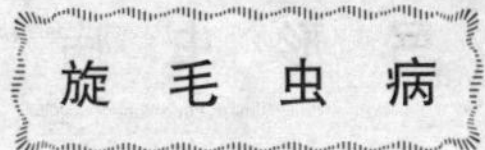

旋毛虫病

旋毛虫病是由旋毛形线虫所引起的一种人畜共患寄生虫病。多种动物均可感染，屠畜中主要感染猪和犬。本病对人危害较大，可致人死亡。人感染旋毛虫病多与吃生的或未煮熟的猪肉、犬肉，或食用腌制与烧烤不当的含旋毛虫包囊的肉类有关。

1. 鉴定　动物感染轻微者，大都有一定的耐受力，症状不明显。而感染严重者，则表现为食欲减退、呕吐、腹泻，以后因虫体移行而引起肌炎，病畜出现肌肉疼痛、麻痹、运动障碍、声音嘶哑、发热等症状。

我国规定采用 ELISA 进行旋毛虫的宰前检疫。

猪体内肌肉旋毛虫常寄生于膈肌、舌肌、喉肌、颈肌、咬肌、肋间肌及腰肌等处，其中膈肌部位感染率最高，且多聚集于筋头。故我国规定旋毛虫的宰后检验方法是：

（1）感观检查。在每头猪的两侧横膈膜肌脚各取一小块肉样（各重约 15g），先撕去肌膜作肉眼观察。

（2）压片镜检。顺肌纤维方向各随机剪取米粒大肉粒 12 粒，两块共 24 粒，进行压片镜检。可见肌旋毛虫包囊与周围肌纤维间界限明显，包囊内的虫体呈螺旋状。被旋毛虫侵害的肌肉发生变性，肌纤维肿胀，横纹消失，甚至发生蜡样坏死。

（3）集样消化法。详见实训七。

2. 鉴别诊断　旋毛虫包囊特别是钙化和机化的包囊，镜检时易与囊尾蚴、住肉孢子虫及其他肌肉内含物相混淆，应加以区别，见表 8-1。

表 8-1　猪囊尾蚴、旋毛虫、住肉孢子虫眼观及镜下区别

虫体名称	猪囊尾蚴	旋毛虫	住肉孢子虫
虫体形态	黄豆大包囊，囊内充满无色液体，白色头节如米粒大；镜检，头节有 4 个吸盘和角质小钩	呈灰白色半透明小点，包囊呈纺锤形，椭圆形，虫体常蜷曲成 S 形或“8”字形	呈灰白色或黄白色毛根状小体，镜下，米氏囊内充满香蕉形滋养体和卵圆形孢子

（续）

虫体名称		猪囊尾蚴	旋毛虫	住肉孢子虫
虫体寄生部位		咬肌、肩胛外侧肌，股内侧肌、心肌、腰肌等	多见于舌肌、喉肌、肋间肌、肩胛肌、膈肌、腰肌等	骨骼肌、心肌，尤以食道、腹部、股部等部位最多
虫体钙化灶	肉眼观察	椭圆或圆形，粟粒至黄豆大，呈灰白、淡黄色或黄色，触摸有坚硬感	针尖或针头大，灰白或灰黄色；与钙化的肉孢子虫不易区别	虫体钙化灶略小于囊尾蚴钙化灶，呈灰白或灰黄色。触摸有坚实感
	压片镜检	不透明的黑色块状物	包囊内有大小不等的黑色钙盐颗粒，有的在包囊周围形成厚的组织膜	数量不等，浓淡不均的灰黑色钙化点，有时隐约可见虫体
	脱钙处理	可见角质小钩	可见虫体或残骸	可见虫体或残骸

3. 卫生处理 同囊尾蚴病。

弓形虫病

弓形虫病又称为弓形虫病或弓浆虫病，是由龚地弓形虫所引起的一种人畜共患的原虫病。猪、羊、牛、禽、兔等多种动物均可感染，但以猪最为常见。人可因接触和生食患有本病的肉类而感染。

1. 鉴定 感染病猪体温升高达41～42℃，呈稽留热，精神沉郁，食欲减退或废绝，便秘。呼吸困难，流鼻涕，咳嗽甚至呕吐。耳翼、鼻端、下肢、股内侧、下腹部等处出现紫红斑或小点状出血。病理变化主要有肠系膜淋巴结、胃淋巴结、颌下淋巴结及腹股沟淋巴结肿大、硬结，质地较脆，切面呈砖红色或灰红色，有浆液渗出。急性型的全身淋巴结髓样肿胀，切面多汁，呈灰白色；肺水肿，有出血斑和白色坏死点，切面间质增宽，有多量浆液流出；肝变硬、浊肿、有坏死点；肾表面和切面有少量出血点。

确诊必须进行病原学检查、动物接种和免疫学诊断。

2. 卫生处理

(1) 病变脏器及淋巴结割除后作工业用或销毁。

(2) 胴体和内脏高温处理后出场，皮张不受限制出场。

棘球蚴病

棘球蚴病又称为包虫病，是由细粒棘球绦虫和多房棘球绦虫的幼虫——棘球蚴所引起的一种人畜共患的寄生虫病。家畜中牛、羊、马、猪和骆驼均可感染，以羊和牛受害最重。人感染棘球蚴后常寄生于肝、肺及脑组织，对人体健康危害很大。

1. 鉴定 轻度感染时无症状，严重感染时，病畜表现消瘦、咳嗽，右侧腹部膨大。棘球蚴主要寄生于肝，其次是肺。受害脏器体积显著增大，表面凹凸不平，可在该处找到棘球蚴，有时也可在其他脏器如脾、肾、脑、皮下、肌肉、骨、脊椎管等处发现。虫体包囊大小不等，小的如豌豆粒，大的有排球样大小。切开棘球蚴可见有液体流出，将液体沉淀，用肉眼或在解剖镜下可看到许多生发囊与原头蚴；有时肉眼也能见到液体中的子囊甚至孙囊。偶然还可见到钙化的棘球蚴或化脓灶。

2. 卫生处理

(1) 患棘球蚴的器官，整个化制或销毁。

(2) 在肌肉组织中发现有棘球蚴时，患部化制或销毁，其余部分不受限制出场。

孟氏裂头蚴病

孟氏裂头蚴病是孟氏裂头绦虫的幼虫——裂头蚴寄生于猪、鸡、鸭、泥鳅、鲨、蛙和蛇的肌肉中所引起的一种寄生虫病。成虫寄生于犬、猫等动物的小肠内。猪主要由于吞食了含有裂头蚴的蛙类和鱼类而感染，人的感染主要是吃了生的或半生不熟的含有裂头蚴的肌肉所致，也有因用蛙皮贴敷治疗而感染的。

1. 鉴定　孟氏裂头蚴为乳白色扁平的带状虫体，头似扁桃，伸展时如长矛，背腹各有一纵行吸沟，虫体向后逐渐变细，体长1～100cm，偶尔可见长达1～2m的虫体。

主要寄生于猪的腹肌、膈肌、肋间肌等肌膜下或肠系膜的浆膜下和肾周围等处。宰后检验中最常见于腹斜肌、体腔内脂肪和膈肌浆膜下发现，盘曲成团，如脂肪结节状，展开后如棉线样，如寄生于腹膜下，虫体则较为舒展。寄生数目不等，严重感染者寄生数目可达1700余条。

2. 卫生处理　现行规程尚无规定。虫体较少时可经高温处理后出场，虫体数量过多的局部作工业用或销毁。

肝片吸虫病

肝片吸虫病是牛、羊最常见的寄生虫病之一，由肝片吸虫寄生于牛、羊、鹿和骆驼等反刍兽的肝胆管内而致。兔、马和人也可遭受感染。

1. 鉴定　感染严重时可见患畜营养不良、消瘦、贫血，颈、胸、腹下有水肿。肝片吸虫虫体扁平，外观呈柳叶状，自胆管取出时呈棕红色，固定后变为灰白色。虫体长20～30mm，宽5～13mm。牛、羊急性感染时，肝肿胀，被膜下有点状出血和不规整的出血条纹。慢性病例，肝表面粗糙不平，颜色灰白，胆管发生慢性增生性炎症和肝实质萎缩、变性，导致肝硬化。

2. 卫生处理

(1) 病变轻微者，割除病变部分，其余部分不受限制出场。

(2) 病变严重者，整个脏器化制或销毁。

住肉孢子虫病

住肉孢子虫病是由住肉孢子虫寄生于骨骼肌和心肌所引起的一种人畜共患的寄生虫病。猪、牛、羊等多种动物均可感染，人也可患此病。

1. 鉴定

(1) 猪住肉孢子虫病。患猪表现不安，腰无力，肌肉僵硬等症状。猪住肉孢子虫体形较小，虫体长 0.5～5mm，主要寄生在腹斜肌、膈肌、肋间肌、咽喉肌和舌肌等处。肉眼观察可在肌肉中看到与肌纤维平行的白色毛根状小体。显微镜检查虫体呈灰色纺锤形，内含无数半月形孢子。若虫体发生钙化，则呈黑色小团块。严重感染的肌肉，虫体密集部位的肌肉发生变性，颜色变淡似煮肉样。有时可见胴体消瘦，心肌脂肪呈胶样浸润等变化。

（2）牛住肉孢子虫病。患牛表现厌食、贫血、发热、消瘦、水肿、淋巴结肿大等症状。牛住肉孢子虫主要寄生于食管壁、膈肌、心肌及骨骼肌，呈白色纺锤形，虫体大小不一，长 3～20mm 不等。

（3）羊住肉孢子虫病。症状与牛相似。羊住肉孢子虫主要寄生于食道、膈肌和心肌等处，呈卵圆或椭圆形的半球状突起。自小米粒至大米粒大，最大的虫体长达 2cm，宽 1cm。

2. 卫生处理

（1）虫体发现于全身肌肉，但数量较少的，不受限制出场。

（2）若较多虫体发现于全身肌肉，且肌肉有病变的，整个胴体化制或销毁；肌肉无病变的，则高温处理后出场。

（3）若较多虫体发现于局部肌肉，该部高温处理后出场；其余部分不受限制出场。

（4）水牛食管有较多虫体者，将食管化制或销毁。

华支睾吸虫病

华支睾吸虫病是由华支睾吸虫寄生于肝胆管内引起的一种人畜共患的寄生虫病。犬、猫、猪、水貂和鱼等动物均可感染，人常因吃生的或不熟的肉类而感染，所以本病在公共卫生上的地位十分重要。

1. 鉴定 多数动物为隐性感染，常无症状表现。严重感染时，则表现为消化不良、食欲减退、腹泻、贫血、消瘦等症状。华支睾吸虫形体较小，窄长，呈扁平的乳灰白竹叶状，前端稍尖，后端钝圆，体长一般为 10～25mm，宽为 3～5mm。由于虫体寄居而引起胆管和胆囊发炎，管壁增厚。严重者，虫体阻塞胆管，使胆汁排泄障碍而引起黄疸。肝结缔组织增生，肝细胞萎缩、变性，毛细血管栓塞形成，引起肝硬化。切开胆管和胆囊，有许多虫体。

2. 卫生处理 同肝片吸虫病。

双腔吸虫病

双腔吸虫病是由矛形复腔吸虫所引起的一种人畜共患的寄生虫病。虫体寄生在牛、羊、猪、骆驼、马、鹿和兔等动物的肝胆管和胆囊内。多与肝片吸虫混合感染。这种吸虫主要见于反刍兽，偶见于人。

1. 鉴定 轻度感染者无症状，严重感染者可见黏膜黄染，逐渐消瘦，水肿和腹泻等症状。矛形双腔吸虫虫体比肝片吸虫小，虫体长 5～15mm，宽 1.5～2.5mm。扁平而透明，呈棕红色。前端尖细，后端较钝，呈矛状故而得名。由于虫体寄居，可见胆管壁轻度增生和黏膜卡他性炎症，胆管常呈粗细一致的粗索状。病程较久或严重侵袭时，可导致不同程度的肝硬化，且以边缘部分最为明显。切开较大的胆管，可见虫体随胆汁流出。

2. 卫生处理

（1）病变轻微者，割除病变部分，其余部分不受限制出场。

（2）病变严重者，整个脏器化制或销毁。

项目二　屠畜固有寄生虫病的检验与处理

细颈囊尾蚴病

细颈囊尾蚴病是由泡状带绦虫的幼虫——细颈囊尾蚴所引起的一种常见寄生虫病。成虫寄生在犬、狼等肉食兽的小肠内，幼虫寄生在猪、黄牛、绵羊、山羊等多种动物的大网膜、肠系膜、肝、肺等部位。

1. 鉴定　成年动物感染后一般无临床症状，但对羔羊、仔猪危害较大。幼虫在肝移行时，患畜表现不安、流涎、不食、腹泻和腹痛等症状，甚至死亡。幼虫到达腹腔和胸腔后则可引起腹膜炎和胸膜炎。细颈囊尾蚴俗称为水铃铛。呈囊泡状，自黄豆至鸡蛋大，大小不等，囊壁乳白色，囊泡内含透明液体。眼观可看到囊壁上有一个不透明的乳白色结节，即其颈部及内凹的头节所在，翻转结节的内凹部，能见到一个相当细长的颈部与其游离端的头节，头节上有 4 个吸盘和由 36 个角质钩组成的一个双排齿冠。

虫体寄生部位，形成较厚的包膜，包膜内虫体死亡、钙化。严重者可形成一片球形硬壳，破开后可见到许多黄褐色的钙化碎片，以及淡黄色或灰白色头颈残骸。

2. 卫生处理

（1）感染轻微者，可将患部割除，集中处理，不得随意丢弃或喂犬，其余部分不受限制出场。

（2）感染严重者，整个器官化制或销毁。

肺线虫病

肺线虫病是由各种肺线虫所引起的一种慢性支气管肺炎。牛、羊、猪均可感染，尤以羊和猪较为严重。

1. 鉴定

（1）羊肺线虫病。是由丝状网尾线虫（大型肺线虫）和原圆线虫（小型肺线虫）寄生在羊的气管和支气管内引起。病羊主要表现为咳嗽，严重感染时呼吸急促，流涕。病羊出现逐渐消瘦、贫血、浮肿、呼吸困难等症状。支气管内含有黏性至黏脓性甚至混有血液的分泌物团块，其中含有大量的成虫、幼虫和虫卵。支气管黏膜肿胀、充血，并有小点状出血；支气管周围发炎，并有不同程度的肺膨胀不全和肺气肿。虫体寄生部位的肺表面隆起，呈灰白色，触诊有坚硬感，切开常见有虫体。

（2）猪肺线虫病。又称为猪后圆线虫病。是由长刺后圆线虫和复阴后圆线虫寄生在猪的支气管、细支气管和肺泡内所引起。轻度感染者，症状不明显，但影响生长发育。严重感染时，患猪表现为咳嗽、呼吸困难、贫血、食欲废绝，即使痊愈，生长仍缓慢。虫体呈丝线状，肉眼病变一般不明显。在肺膈叶腹面边缘有楔状肺气肿区，支气管壁增厚、管腔扩张，靠近气肿区还有坚实的灰色小结，小支气管周围呈淋巴样组织增生和肌纤维肿大。支气管内有虫体和黏液。

（3）牛肺线虫病。又称为牛网尾线虫病，是由胎生网尾线虫寄生于牛的气管和支气管引起。病牛最初出现的症状为咳嗽，初为干咳，后变为湿咳，流鼻涕、消瘦、贫血，严重者发生肺气肿而致呼吸困难。虫体呈乳白色，细长，形如粗棉线，长 40～80mm。病理变化为肺气肿，肺门淋巴肿大，有时胸腔积液。肺体积肿大，有大小不一的块状肝变区。切开大小支气管可见虫体堵塞。

2. 卫生处理

（1）轻度感染者，割除患部，其余部分不受限制出场。

（2）严重感染者，且肺部病变明显，可将整个肺化制或销毁。

猪浆膜丝虫病

猪浆膜丝虫病是由猪浆膜丝虫引起的一种寄生虫病。虫体主要寄生于猪的心脏浆膜下。

1. 鉴定 猪浆膜丝虫病一般不表现临诊症状，严重感染引起心脏病变时，可影响心脏功能而出现相应症状。

虫体呈丝状，乳白色，细似毛发。成虫寄生于猪的心脏、子宫阔韧带、肝、胆囊、胃、膈肌、腹膜、肋膜以及肺动脉基部等部位的浆膜淋巴管内。虫体常寄生于心外膜淋巴管内，致病猪心脏表面呈现病变。最为常见的病变为灰白色结节，呈圆形或卵圆形结节或弯曲的条索状，境界分明，质地坚实，切面灰黄色，干燥，常有死亡或钙化的虫体残骸，其数量多少不等，大小不一。病变严重者的心外膜往往因纤维性肥厚而呈现乳斑状或绒毛状，甚至与心包呈不全粘连。其他器官和胸腹等处也有寄生，但较少见。

2. 卫生处理 若心脏上只有少数病灶者，可割除病灶后出场；若有较多病灶者，可将心脏化制或销毁。

贝诺孢子虫病

贝诺孢子虫病是由贝氏贝诺孢子虫所引起的一种慢性寄生虫病。牛、马、羊、骆驼均可感染，但以牛感染率最高。

1. 鉴定 贝诺孢子虫病患畜表现为皮肤过度增生肥厚而表现为慢性皮炎、脱毛、皲裂，又称为厚皮病。本病不但可降低皮和肉的质量，而且还可以引起母牛流产，公牛精液质量下降，对养牛业发展造成较大的危害。

贝诺孢子虫寄生于动物的皮肤、皮下结缔组织、筋膜、浆膜、呼吸道黏膜及眼结膜、巩膜等部位。虫体多形成包囊，包囊为宿主组织所组成，故称为假囊。假囊呈现灰白色，圆形，如细砂粒样，散在、成团或串珠状排列。直径为 100～500μm，囊壁由两层构成，内层薄，含有许多扁平的巨核；外层厚，呈均质而嗜酸性着染，囊内无中隔。假囊中的滋养体为新月状或香蕉状，一端尖，另一端圆，核偏中央。

贝诺孢子虫病患畜局部皮肤粗糙，被毛稀少，弹性消失，厚而坚硬，出现皱褶，严重者呈格子状，类似大象的皮肤。在头部、四肢、背部、臀部、股部、阴囊、腰部等处，可见皮下结缔组织和表层肌间结缔组织增生肥厚，其中有许多灰白色圆形砂粒样的坚硬的孢子虫小结节，外有结缔组织包囊。严重病例，除全身皮下结缔组织外，在浅表肌层、大网膜、舌、喉头、气管和支气管黏膜、肺及大血管内壁和心内膜上可见到寄生性结节。

确认此病，可在皮肤病变部切取小块或刮取皮肤裸层组织，压片后镜检，可见假囊或滋养体。宰后常在皮下、喉头、声带、软腭、鼻腔等黏膜上，可见散在有大量白色的圆形包囊，并从包囊中检查出香蕉状的滋养体。

2. 卫生处理

(1) 虫体发现于全身肌肉，但是数量较少时，不受限制出场。

(2) 若较多的虫体发现于全身肌肉，并且肌肉有明显病变时，整个胴体化制或销毁；而肌肉无明显病变时，则高温处理后出场。

(3) 若较多的虫体发现于局部肌肉，将该部高温处理后出场；其余部分不受限制出场。

前后盘吸虫病

前后盘吸虫病是由前后盘科各属的多种前后盘吸虫所引起的一种寄生虫病。成虫寄生于牛、羊等反刍兽的瘤胃、网胃和胆管壁上，一般危害不严重。但大量幼虫移行寄生于真胃、小肠、胆管、胆囊时，可引起较严重的疾病，甚至导致死亡。

1. 鉴定　前后盘吸虫病病畜主要表现为顽固性下痢，粪便呈粥样或水样，常有腥臭味。食欲减退，精神委顿，消瘦，贫血，颌下水肿，黏膜苍白，最后病畜极度衰弱，卧地不起，因衰竭而死亡。

前后盘吸虫因其种属很多，虫体大小也因种类不同而有差异，小者长仅几毫米，大者长达20mm。虫体深红色、粉红色或乳白色。呈圆柱状、梨形或圆锥形等。有两个吸盘，口吸盘位于虫体前端，腹吸盘位于虫体后端，大于口吸盘。有些虫体具有腹袋，有的口吸盘连有一对突出袋。角皮光滑，没有咽，有食道，有两条肠管，睾丸多数分叶，常位于卵巢之前，卵黄腺发达，位于虫体两侧。

幼虫在移行阶段，可见于真胃、十二指肠、胆管和胆囊中，有时在腹腔渗出液中甚至肾盂内也可发现幼小的虫体。

2. 卫生处理

(1) 轻者，除去虫体。

(2) 重者，切除虫体侵害部分，其余部分不受限制出场。

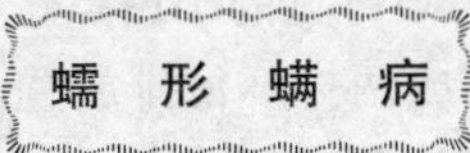

蠕形螨病

蠕形螨病又称为毛囊虫病或脂螨病，是由蠕形螨科中的各种蠕形螨寄生于毛囊或皮脂腺引起的皮肤病。各种家畜各有其固有的蠕形螨寄生。犬和猪的蠕形螨病较多见，羊、牛也常有此病发生。患蠕形螨病的牛皮和猪皮，在制革生产上很不适用，造成很大经济损失。寄生于人体的有毛囊蠕形螨和皮脂蠕形螨两种。

1. 鉴定

（1）猪蠕形螨病。首先发生于眼周围、鼻部和耳基部，而后逐渐向其他部位蔓延。病变部出现针尖大、米粒大甚至核桃大的白色囊。囊内含有很多蠕形螨、表皮碎屑及脓细胞，细菌感染严重时，成为单个小脓肿。有的患猪皮肤增厚、不清洁，凹凸不平而覆盖以皮屑，并且发生皱裂，以毛囊炎为特征。猪蠕形螨病多发生于细嫩皮质的毛囊、皮脂腺或皮下结缔组织中。

（2）牛蠕形螨病。一般多发生于头部、颈部、肩部、背部或臀部，形成针尖大至核桃大白色小囊瘤，内含粉状物或脓样液，也有的只出现鳞屑而没有疮疖的。切开皮肤上的结节或脓包，取其内容物作涂片镜检。可见蠕形螨身体细长，似蠕虫状，呈半透明的乳白色，虫体长0.25～0.3mm，宽约0.04mm。从外形上可以区分为头、胸和腹三部分。头部具有蹄铁状的口器（又称为假头），口器由1对须肢、1对螯肢和1个口下板组成；胸部有4对短粗的足；腹部较长，表面具有明显的环形皮纹。

2. 卫生处理

（1）轻度感染时，将病变的皮肤切除化制或销毁，其余部分不受限制出场。

（2）严重感染时且皮下组织有病变者，剥去病变部皮肤及切除病变组织化制，其余部分高温处理后出场。

实训六　旋毛虫的检验

【目的与要求】 通过实训，学习和掌握肌肉压片检查法、集样消化检查法检验旋毛虫的方法，认识旋毛虫的形态特征。

【器材与试剂】

1. 器材　显微镜，旋毛虫检查投影仪，组织捣碎机，磁力加热搅拌器，贝尔曼氏幼虫分离装置，0.3～0.4mm铜筛，分液漏斗，剪刀、镊子、弯头剪刀、旋毛虫压定器或载玻片、烧杯、600mL三角烧瓶等。

2. 试剂　5%和10%盐酸溶液，50%甘油溶液，0.1%～0.4%胃蛋白酶水溶液，胃蛋白酶（每克含酶30 000IU）等。

【操作方法】

（一）肌肉压片检查法

1. 采样　从胴体左、右膈肌脚各采取肌肉一块，每块质量为30～50g，编上与胴体相同的号码。如果被检对象是部分胴体，可从咬肌、腰肌、肋间肌等处采样，送实验室检查。

2. 制片　取采取的肉样，用剪刀顺着肌纤维的方向，分别在肉样两面的不同部位剪取12个麦粒大小的肉粒（其中如果有肉眼可见的小白点，必须剪下），两块肉样共剪取24粒，依次将肉粒贴附于夹压玻片上，排列成两排，每排放置12粒。如果用载玻片，则每排放置6粒，共用两张玻片。然后取另一玻片覆盖于肉粒上，旋动夹压片的螺丝或用力压迫载玻片，将肉粒压成厚度均匀又很薄的薄片，并使其固定后镜检。

3. 镜检　将制好的压片置于50～70倍的低倍显微镜或投影仪下，进行仔细观察。从压片一端的第一个肉片外缘开始，顺着肌纤维检查，直到压片另一端的最后一个肉片的外缘为止，逐个检查每一个视野，不得漏检。视野中的肌纤维呈黄蔷薇色。

4. 判定

(1) 没有形成包囊的旋毛虫幼虫。在肌纤维之间，虫体呈直杆状或逐渐蜷曲状，但有时因压片时压力过大或压得太紧，使虫体被挤出在肌浆中。

(2) 形成包囊后的旋毛虫幼虫。在淡黄蔷薇色的背景上，可看到发亮透明的圆形或椭圆形的包囊，囊中央是蜷曲的旋毛虫幼虫，通常为一条，重度感染时，可见到双虫体包囊和多虫体包囊。猪旋毛虫的包囊呈椭圆形，而犬旋毛虫的包囊常呈圆形。有时因压片时使包囊破裂，幼虫游离于包囊外周（图实 6-1）。

(3) 钙化的旋毛虫幼虫。在包囊内可见数量不等、颜色浓淡不均的黑色钙化物。通常虫体的钙化先始于局部，逐渐波及全虫，最后四周包囊开始钙化。钙化后的包囊仅见虫体轮廓和包囊，连同包囊钙化了的虫体在镜下为一黑色团块。为了便于鉴别，此时可在压片上滴加 10％的盐酸溶液数滴，静置 15～30min，待钙盐溶解后，便可见到完整的幼虫虫体，此系包囊钙化；或可见到断裂成段、模糊不清的虫体，此系幼虫本身钙化。前者钙化是从包囊腔两端开始，逐渐向中间扩展；后者钙化是从虫体本身开始，逐渐向包囊边缘扩展。

(4) 发生机化的旋毛虫幼虫。虫体未形成包囊以前，包围虫体的肉芽组织逐渐增厚、变大，形成纺锤形或椭圆形的肉芽肿，生产实践中检验人员称之为“大包囊”或“云雾包”，被包围的虫体结构完整或破碎，乃至完全消失。虫体形成包囊后的机化，其病理过程与上述相似。由于机化灶透明度较差，此时可在压片上滴加 2～3 滴 50％甘油生理盐水溶液，经数分钟透明处理后，即可看到虫体的形态，或死亡的虫体残骸。

(二) 集样消化检查法

1. 操作步骤

(1) 取检样。按胴体的编号顺序，以 5～10 头猪为一组，每头猪胴体采取膈肌 5～8g，分别放在相应顺序号的采样盘或塑料袋内送检。

(2) 磨碎肉样。将编号送检的肉样，各取 2g，每一组共 10～20g，放入组织捣碎机的容器内，加入 100～200mL 胃蛋白酶溶液，捣碎 0.5min，肉样则成絮状并混悬于溶液中。

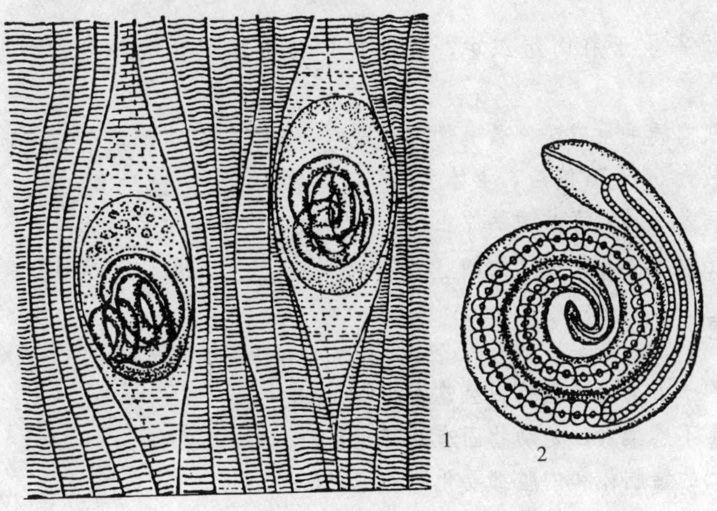

图实 6-1　旋毛虫幼虫包囊及幼虫形态

1. 肌肉内的包囊　　2. 脱囊的幼虫

（3）消化。将肉样捣碎液倒入锥形瓶中，再用等量胃蛋白酶溶液分数次冲洗容器，冲洗液注入锥形瓶中，再按每200mL消化液加入5%盐酸溶液7mL左右，调整pH为1.6～1.8，然后置于磁力加热搅拌器上，在38～41℃条件下，中速搅拌、消化2～5min（如无磁力加热搅拌器，可置于43.3℃温箱中，消化4～8min并不断搅拌）。

（4）过滤和沉淀。先用40～50目铜筛过滤消化肉样液，并以少量胃蛋白酶溶液冲洗黏附在瓶壁上的残渣，经此粗筛后，将滤液和冲洗液都置于一个大烧杯中，接着将粗筛后的滤液通过折成漏斗形的80目尼龙筛，再用适量的水，分别冲洗烧杯和筛面残渣，经细筛后，将滤液、冲洗液都收集在另一个大烧杯中，待其自然沉降；为了加速沉降，可用适量水和碎冰块加入烧杯中，使之迅速降温至20～23℃。然后倾去烧杯中1/2～2/3的上清液，剩下的滤液用玻棒引流入250mL的分液漏斗内，此时，操作者用手轻轻摇晃分液漏斗，促使虫体下沉，经过10～15min沉淀，待分液漏斗底层出现沉淀物后，迅速把底层沉淀物放在底部划分为若干个方格的大平皿内，待镜检。

（5）镜检。将平皿放在50～70倍显微镜下，按平皿底部划分的方格，逐个检查每一方格内有无旋毛虫幼虫或旋毛虫包囊。

（6）判定。若发现虫体或包囊，则该检样组为阳性，必须对该组的5～10头猪的检样，逐一进行压片复检。

2. 卫生评定

（1）如发现包囊的或钙化的旋毛虫，头、胴体和心脏化制或销毁。

（2）上述两种情况的皮下脂肪、肌间脂肪可炼制食用油，体腔脂肪及其他脏器不受限制出场。

复习思考题

一、填空题

1. 猪囊尾蚴寄生于肌肉组织中，我国规定猪囊尾蚴主要检验部位为________、和________等。

2. 猪体内肌肉旋毛虫感染率最高的部位是________，且多聚集于筋头处。

3. 旋毛虫放大50～70倍后，虫体呈________。

4. 弓形虫病是一种人畜共患的原虫病，弓形虫的终末宿主是________。

5. 细颈囊尾蚴主要寄生在动物的________、________、肝、肺等部位。

二、判断题

1. 猪住肉孢子虫呈大米粒样白色囊泡。（　）

2. 肝片吸虫不感染人，是动物固有的寄生虫病。（　）

3. 患囊尾蚴的猪胴体和内脏都要化制处理。（　）

4. 细颈囊尾蚴病的内脏可以不受任何限制出厂。（　）

5. 猪肺线虫寄生在肺细支气管中，在肺膈叶腹面边缘易形成楔状肺气肿区。（　）

三、简答题

1. 简述囊尾蚴的形态结构及其成虫对人类的危害。
2. 猪旋毛虫病的宰后鉴定和卫生处理要点是什么？
3. 猪囊尾蚴、旋毛虫、住肉孢子虫眼观及镜下区别要点有哪些？

模块九 病变组织器官及肿瘤的检验与处理

知识目标

1. 掌握组织常见病理变化的特征。
2. 掌握器官常见病理变化的特征。
3. 掌握动物常见肿瘤的眼观病理变化特征。

能力目标

1. 能够识别组织上常见的病理变化，并能对其作出正确的卫生处理。
2. 能够识别器官上常见的病理变化，并能对其作出正确的卫生处理。
3. 能够识别动物常见的肿瘤，并能对其作出正确的卫生处理。

项目一 局限性和全身性组织病变的检验与处理

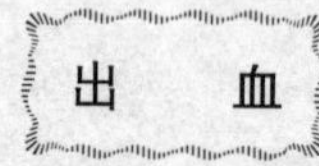

出 血

1. 出血的病变

（1）机械性出血。为机械作用所致，屠畜被猛烈撞击、骨折、外伤（刀伤、挫伤、刺伤等）时最易发生，此种出血常呈局限性的破裂性出血，流出的血液蓄积在组织间隙，甚至形成血肿。发生部位与机械作用部位一致，多见于皮肤、体腔、肌肉、皮下和肾旁。如在关节、耻骨联合部肌肉、大腿部、腰部肌肉和膈肌处有细小点状出血，常常是由于急速驱赶和吊宰肥猪时引起肌纤维撕裂所致。

（2）电麻性出血。为电麻不当所致，如电麻时电压过大、持续时间过长等。此种出血多表现为多量的新鲜放射状出血，以肺最为多见，尤其是在肺膈叶背缘的肺胸膜下有散在的或密集成片的出血变化，其次见于头颈部淋巴结、唾液腺、脾被膜、肾、心外膜、椎骨、颈部结缔组织及肝等处。淋巴结的出血以边缘出血多见，但淋巴结不肿大，可与病原性淋巴结出血加以区分。

（3）窒息性出血。为缺氧所引起。主要见于颈部皮下、胸腺和支气管黏膜等处。表现静脉怒张，血液呈黑红色，有数量不等的暗红色瘀点和瘀斑。

（4）病原性出血。为传染病和中毒所引起。常表现为渗出性出血。出血呈散在点状、斑块状或弥散性，多见于皮肤、皮下组织、浆膜、黏膜和淋巴结以及肌肉等处，且有该病原引起的相应组织、器官的特征性病理变化。病原性出血的时间，可根据鲜红→暗红→紫红→微绿→浅黄的颜色变化顺序来判断。

2. 卫生处理

（1）由外伤、骨折及肌纤维撕裂引起的新鲜出血，若淋巴结没有炎症变化，则切除出血部位和水肿的组织作工业用或销毁，胴体不受限制出场。

（2）电麻引起的出血，如变化轻微，胴体和内脏不受限制出场；如变化严重，将出血部分和电麻肺废弃，其余部分不受限制出场。

（3）当出血、水肿变化较广泛，淋巴结有炎症时，且判明为非传染病时，对胴体、内脏进行沙门氏菌的检查，检查结果为阴性时，切除病变部分后尽快出场（厂）；阳性者，经有效高温处理后出场（厂）。

（4）若由病理性原因引起的出血，应结合具体疾病处理。

组 织 水 肿

1. 水肿的病变　组织水肿是指组织间隙或体腔中组织液的含量增加。在胴体任何部位如有水肿，其边缘呈胶样浸润时，应首先排除炭疽、恶性水肿，然后判定水肿的性质，即判定水肿是炎性水肿还是非炎性水肿。

2. 卫生处理

（1）单纯性创伤性水肿时，割去病变组织作工业用或销毁，其他部分不受限制利用。

（2）当发现皮下水肿，肾周围、网膜、肠系膜及心内外膜等处的脂肪组织发生淡黄色或黄红色胶样萎缩时，要检查肌肉有无病变并作细菌学检查。肌肉无病变，细菌学检查阴性的，切除病变部分，迅速发出利用；肌肉无病变，细菌学检查阳性的，经高温处理后出场（厂）；如果同时伴有淋巴结肿大、水肿、放血不良、肌肉松软等，呈恶病质状态者，整个胴体全部化制或销毁。

（3）后肢和腹部发生水肿时，应仔细检查心脏、肝、肾等器官，如有病变，则需进行沙门菌检查。阴性的，切除病变器官，胴体迅速发出利用；阳性的，经高温处理后出厂（场）。

（4）若水肿因传染病或中毒引起，则根据疾病性质化制或销毁。

蜂 窝 织 炎

1. 蜂窝织炎的病变　蜂窝织炎是指在皮下或肌间疏松结缔组织发生的一种弥漫性化脓性炎症。发生部位常见于皮下、黏膜下、筋膜下、软骨周围、腹膜下及食道和气管周围的疏松结缔组织。严重时，能引起脓毒败血症。检验时可根据淋巴结、心脏、肝、肾等器官的充血、出血和变性变化，以及胴体放血程度、肌肉变化等进行判断。

2. 卫生处理

（1）若为局限性病灶，全身肌肉正常，则需进行细菌学检查。阴性的，切除病变部分化制，其余部分迅速发出利用；阳性的，经高温处理后出场（厂）。

（2）若病变已发展为全身性，淋巴结、肝、肾变性，胴体放血不良，则胴体、内脏全部化制或销毁。

脓肿

1. 脓肿的病变 脓肿是指组织内局限性化脓性炎症，是宰后常见的一种病变，容易识别。当在任何组织器官发现脓肿时，首先应该考虑是否为脓毒败血症。对无包囊，而周围炎性反应明显的新脓肿，一旦查明是转移性的，即表明是脓毒败血症。肺、脾、肾的脓肿，往往是由于四肢、子宫、乳房等部位的脓肿转移而来，应注意检查。

肝脓肿多见于牛，主要发生于肝实质，以膈面为多见，其大小不一。脓肿可能是单个存在的，也可能数目很多，致使肝只存留少量实质，且肿得很大。脓肿大小由豌豆大到排球大。多数情况下，脓肿的脓液是浓稠的，无气味。但是由于网胃创伤引起的脓肿的脓液，往往带有强烈的难闻气味。这种脓肿通常有较厚的结缔组织包囊。肝脓肿的起源多种多样，多为原发性的。据调查，肝脓肿往往发生于酒糟和油渣、糖渣饲喂的牛。此外肝脓肿的发生还可能与原发性或继发性副伤寒沙门氏菌的感染有关。还可发生于脓毒败血症转移性脓肿。

颌下区域脓肿多见于猪、牛，多由创伤感染引起，检查时注意与颌下淋巴结结核及继发链球菌等感染相鉴别。

2. 卫生处理

（1）局部形成有包囊的脓肿，采取不割破脓包情况下，切除脓肿区及其相邻组织，其余部分不受限制利用。

（2）如果脓肿不可能切除或数量多，将整个器官化制。

（3）多发性新鲜脓肿或脓肿具有不良气味的，整个器官或胴体化制。被脓液污染或吸附有脓液难闻气味的胴体部分，割除化制。

败血症

1. 败血症的病变 败血症是在动物机体的抵抗力降低时，病原微生物通过创伤或感染灶侵入血液，生长繁殖，产生毒素，引起全身中毒和毒害的病理过程。败血症可以是某些炎症发展的一种结局，也可以是某些传染病的败血型表现。败血症在通常情况下可以由许多病原微生物引起。败血症一般无特殊病理变化，常表现为各实质器官变性、坏死及炎症变化；胴体放血不良，血凝不良；皮肤、黏膜、浆膜和各种脏器充血、出血、水肿；脾和全身淋巴结充血、炎症细胞浸润及网状内皮细胞增生，从而导致体积增大。而由化脓性细菌感染引起的败血症时，常在器官、组织内发现脓肿或多发性、转移性化脓灶，即脓毒败血症。

2. 卫生处理

（1）由传染病引起的，按传染病的性质处理。

（2）非传染病引起的，若病变轻微，肌肉未见变化的，可高温处理后出厂（场）；如果病变严重，肌肉、脂肪有明显病变的，化制或销毁。

（3）脓毒败血症的胴体、内脏全部作工业用或销毁。

脂肪组织坏死

1. 脂肪组织坏死的病变　脂肪组织坏死是指屠畜体内某些部位的脂肪组织细胞发生坏死和崩解，局部形态结构有明显的改变。可按原因分为三种类型：

（1）胰性脂肪坏死。主要见于猪。是由于胰腺发炎、导管阻塞、寄生虫寄生在胰腺或胰腺遭受机械性损伤，胰脂肪酶游离出来分解胰腺间质及其附近肠系膜的脂肪组织而造成，有时波及网膜和肾周围的脂肪组织。病灶外观呈细小而致密的无光泽的浊白色颗粒状，有时呈不规则的油灰状，质地变硬，失去正常的弹性和油腻感。

（2）营养性脂肪坏死。最常见于牛和绵羊，偶见于猪。其发生一般与慢性消耗性疾病（结核病、副结核病等）有关，但也见于肥胖牲畜的急性饥饿、消化障碍（肠炎、创伤性胃炎、肠胃阻塞）或其他疾病（肺炎、子宫炎）。不论何种原因引起，变化的本质是体脂利用不全，即脂肪分解的速度超过了脂肪酸转运的速度，导致部分脂肪酸沉积在脂肪组织中。病变可发生于全身各部位的脂肪，但以肠系膜、网膜和肾周围的脂肪最常见。病变脂肪暗淡无光，呈白垩色，质地明显变硬；病变初期，脂肪组织内有许多散在的淡黄色坏死点，如撒上的粉笔灰，以后这些坏死点逐渐扩大、融合，形成坚实的坏死团块或结节。

（3）外伤性脂肪坏死。常见于猪的背部皮下脂肪组织，由于机械性损伤使组织释放出脂肪酶，将局部脂肪分解所引起。坏死脂肪呈白垩质样团块，坚实无光，有时呈油灰状。这种脂肪刺激周围组织常引起周围组织发炎，有时积聚了炎性渗出物，会误认为脓肿或创伤性感染。切开病变部位，可见有黄色或白色的油状渗出物，或者渗出物很少，而是慢性炎症引起的结缔组织增生。如有外伤存在，渗出物可从坏死的局部流出体外。

2. 卫生处理

（1）脂肪坏死轻微，无损商品外观，不受限制出厂（场）。

（2）如果脂肪坏死病变明显，可将病变部分切除化制，胴体不受限制出场。

项目二　器官病变的检验与处理

肺病变

1. 肺病变的检验

（1）肺电麻出血。电麻时电压过大、持续时间过长等引起，一般常出现在肺膈叶背缘的胸膜下，呈散在性，有时密集成片，呈放射状，鲜红色，边缘不整。

（2）肺呛水。屠宰时，将未死透的猪放入烫池，烫池水被猪吸入肺内引起。呛水区多见于肺的尖叶和心叶，有时波及膈叶。其特征是肺极度膨胀，外观呈浅灰色或淡黄色，肺胸膜紧张而有弹性，剖开后见有温热、混浊的水样液体溢出。支气管淋巴结无任何变化。

（3）肺呛血。屠宰时采用三管齐断法（食管、气管、血管），血和胃内容物吸入肺内引起。多局限于肺膈叶背缘，向下逐渐减少，呛血区外观呈鲜红色，范围不规则，由无数弥漫性放射状小红点所组成，触之富有弹性。切开呛血区，肺组织呈弥漫性红色（深部变暗），支气管和细支气管内有凝血块。支气管淋巴结可能周缘出血，但不肿大。

（4）支气管肺炎。即小叶性肺炎，其病变多发生于肺的尖叶、心叶和膈叶的前下部。发炎的肺组织坚实，病灶部表面因充血而呈暗红色，散在或密集有粟米大、米粒大或黄豆大的灰黄色病灶。切面可见灰黄色粟米大、米粒大或黄豆大的岛屿状炎性病灶。

（5）纤维素性肺炎。即大叶性肺炎，病变特征为肺内有红色肝变期、灰色肝变期的肝变区，病变多波及肺的一个大叶、全肺或胸膜。肺色彩不一，间质增宽，呈大理石样外观，触之坚实，切面干燥呈细颗粒状。肺胸膜和肋胸膜表面有纤维素附着并形成粘连。

（6）坏疽性肺炎。肺组织肿大，切开病变部可见污灰色、灰绿色甚至黑色的膏状和粥状坏疽物，有恶臭味。有时病变部因腐败、液化而形成空洞，流出污灰色恶臭液体。坏疽性肺炎多由肺内进入异物引起。

（7）化脓性肺炎。病变特点是在支气管肺炎的基础上，出现大小不等的脓肿。

2. 卫生处理

（1）电麻肺、呛血肺、呛水肺病变轻微，不受限制利用。病变严重整个肺化制或销毁。

（2）其他病变肺，作工业用或销毁。

（3）传染病、寄生虫病引起的变化，或者肿瘤，应结合具体的疾病处理。

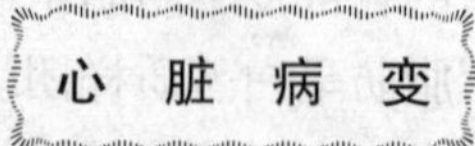

1. 心脏病变的检验

（1）心肌炎。心脏扩张，心肌呈灰黄色或灰白色似煮肉状，质地松软。炎症若为局灶性，在心内膜和心外膜下可见灰黄色或灰白色斑块或条纹。化脓性心肌炎时，在心肌内有散在的大小不等的化脓灶。

（2）心内膜炎。最常见的是疣状心内膜炎，以心瓣膜发生疣状血栓为特征；其次是溃疡性心内膜炎，其特征是在心瓣膜上出现溃疡。

（3）心包炎。最常见的是牛创伤性心包炎，心包极度扩张，增厚，其中沉积有淡黄色纤维蛋白或脓性渗出物，恶臭。慢性病例，心包极度增厚，与心脏及周围器官发生粘连，形成"绒毛心"或"盔甲心"。而非创伤性心包炎，常为单一发生或并发于其他疾病，如结核性心包炎、猪肺疫、猪瘟引起的浆液性、纤维素性心包炎。

除以上变化外，心脏的变化还有心冠脂肪胶样萎缩、脂肪浸润（肥胖病）、心肌肥大、肿瘤、心内外膜出血等。

2. 卫生处理

（1）心肌肥大、脂肪浸润、慢性心肌炎而不伴有其他器官的变化，心脏可食用。

（2）心内膜炎、非创伤性心包炎、急性心肌炎以及心肌松弛和色泽改变时，心脏作工业用。

（3）创伤性心包炎时，心脏化制；对胴体进行沙门氏菌检验，阴性的，胴体不受限制出场；阳性的，胴体高温处理后出场。

肝　病　变

1. 肝病变的检验

(1) 肝脂肪变性。常由传染病、中毒等因素引起，多见于败血性疾病。初期表现肝肿大，被膜紧张，边缘钝厚，呈不同程度的浅黄色或土黄色，质地松软而脆，切面有油腻感，称为“脂肪肝”。病程长时，肝体积缩小。若肝脂肪变性同时又有瘀血时，肝切面由暗红色的瘀血部和黄褐色的脂变部交织掺杂形成类似槟榔切面的花纹，称为“槟榔肝”。

(2) 饥饿肝。由饥饿、长途运输、惊恐奔跑、挣扎和疼痛等因素引起，特征是肝呈黄褐色或土黄色，但体积不肿大，结构质地无变化，也不伴有胴体和其他脏器的异常变化。

(3) 肝瘀血。轻度瘀血，肝实质正常。瘀血严重的，体积增大，被膜紧张，边缘钝圆，色呈蓝紫色，切开时有暗红色血液流出。

(4) 肝坏死。多见于牛肝。大多数是感染坏死杆菌引起，病变特征为肝表面和实质散在榛实大或更大一些的凝固性坏死灶，呈灰色或灰黄色，质地脆弱，切面景象模糊，周围常有红晕。

(5) 肝硬化。见于传染病、寄生虫病或非传染性肝炎。其特点是肝内结缔组织增生，使肝变硬和变形。萎缩性肝硬化时，一般肝体积缩小，被膜增厚，质地变硬，色灰红或暗黄，肝表面呈颗粒状或结节状，称为“石板肝”。肥大性肝硬化时，肝体积增大 2～3 倍，质地坚实、表面平滑或略呈颗粒状，称为“大肝”。

(6) 肝中毒性营养不良。为全身性中毒或感染的结果，各种家畜都可发生，但以猪多见。病变初期似脂肪肝，随后在黄色背景上出现散在红色岛屿状或槟榔样斑纹，肝体积缩小，坏死明显，质地柔软。如病程延长，因结缔组织增生和肝实质再生，质地变硬，导致肝硬化。

(7) 寄生虫性病肝。以牛、羊、猪多见。如有棘球蚴和细颈囊尾蚴寄生时，肝表面出现绿豆大至黄豆大黄白色结节，或在肝组织中可见黄豆大至鸡蛋大的圆形半透明的棘球蚴和细颈囊尾蚴，有的形成花纹斑以及肝包膜炎。肝如有蛔虫移行时，可形成乳白色斑纹，称为“乳斑肝”。

2. 卫生处理

(1) 饥饿肝、轻度的肝瘀血和肝硬化，不受限制利用。

(2)“脂肪肝”“槟榔肝”“大肝”“石板肝”、中毒性营养不良肝及脓肿、坏死肝，一律化制或销毁。

(3) 寄生虫性病变，如病变轻微，修割病变部分后鲜销；如病变严重者，整个肝予以化制或销毁。

肾　病　变

1. 肾病变的检验

(1) 肾小球肾炎。急性者，体积略肿，色淡，被膜易剥离，表面和切面淡红，皮质增厚，稍隆突，肾小体呈灰白色半透明颗粒状突出。出血性炎，表面、切面有针尖大的出血点；亚急性者，肾肿大、变软、色苍白或淡黄，切面皮质增厚显著苍白混浊，髓质灰红纹理不清，皮质髓质界限清晰，有“大白肾”之称。慢性者，肾皱缩、色灰白、表面颗粒不平，质地坚硬，被膜难剥离，切面皮质变薄，纹理不清。多见于猪瘟、猪丹毒等传染病和中毒。

（2）间质性肾炎。早期肾体积肿大，被膜易剥离，表面平滑散在有灰白、灰黄色斑点状病灶，切面皮质病灶呈条纹状伸向髓质，病程长者病灶扩大，呈现白斑肾，肾呈猪脂样色泽。病灶若机化则呈皱缩肾的变化。多见于感染、中毒以及钩端螺旋体病时，多发于牛，其次是猪、绵羊。

（3）肾囊肿。肾肿大、柔软，表面不平，有单个或数个大小不等的透明囊疱突出，切面上皮质、髓质都可能见到囊疱，囊疱中蓄积无色透明的液体。多为先天性胚胎发育不全。

（4）化脓性肾炎。肾肿大，被膜易剥离，表面及切面皮质部可见有大小、数量不等的灰黄或灰白色脓肿。由各种化脓菌引起，常见于牛、猪。

（5）肾梗死。肾表面有黄白色或暗红色局灶性坏死病变，与周围健部组织界限明显，坏死部略隆起，切面梗死灶呈楔形，尖端向内。梗死部坏死组织被吸收则向内部凹陷。由于肾中小动脉阻塞造成。

2. 卫生处理 除轻度的肾结石、肾囊肿、肾梗死，可修割局部病变后食用外，其他各种病变的肾一律化制。如系传染病引起的肾变化，应按具体疾病处理。

脾病变

1. 脾病变的检验

（1）急性脾炎。脾较正常增大2～3倍，有时达4～16倍，质软，切开后白髓和红髓分辨不清，脾髓呈黑红色，如煤焦油样，常见于一些败血性传染病。

（2）坏死性脾炎。脾肿大或轻度肿大，主要变化在脾小体和红髓内均可见到散在性的小坏死灶和中性粒细胞浸润。见于出血性败血病，如鸡新城疫、禽霍乱。

（3）脾脓肿。常见于马腺疫、犊牛脐炎、牛创伤性网胃炎等。

（4）脾梗死。常发生于脾边缘，约扁豆大，常见于猪瘟。

（5）慢性脾炎。脾体积稍大或较正常较小，质地较坚硬，切面平整或稍隆突，在深红色的背景上可见白色或灰黄色增大的脾小体，呈颗粒状向外突出，称为细胞增生性脾炎。主要见于慢性猪丹毒、猪副伤寒、布鲁氏菌病等。在结核和鼻疽病时，脾上可见到结核结节和鼻疽结节。

2. 卫生处理 无论原因如何，凡具有病理变化的脾，一律销毁。

胃肠病变

1. 胃肠病变的检验 胃肠可发生各种炎症、充血、出血、糜烂、溃疡、坏疽、结核、肿瘤等。

猪宰后检验常发现肠壁和淋巴结含气泡，称为肠气泡症。如果气体串入黏膜下层，可在肠壁上见到多发性大小不等的气泡，压之有捻发音。本病的发生可能与吸收肠内容物中的气体有关。

2. 卫生处理　除将肠气泡症的肠道放气后可供食用外，其他病变胃肠一律化制。

项目三　肿瘤的检验与处理

(一) 概述

肿瘤是机体在致瘤因素的作用下，一些组织细胞发生异常增生，形成可见或不可见的新生物。通常表现为在局部形成肿块。目前对肿瘤的本质还没有完全认识清楚。对动物肿瘤与人类肿瘤的关系还未弄清。因而无法澄清患肿瘤动物的肉品与人类健康上的关系。但人们从某些现象上观察到人类肿瘤与动物肿瘤在病因和流行病学上有一定的相关性。近年来，肿瘤的检出率有逐年上升的趋势，给畜牧业造成了严重的损失，也给肉品加工业造成了重大经济损失。同时，漏检的畜禽肿瘤肉品还可对人体健康造成一定的威胁。因此，应加强对肿瘤的检验。

肿瘤分为良性肿瘤和恶性肿瘤。良性肿瘤一般生长较慢，不发生转移，常不危及生命。一般生长在身体或器官表面的良性肿瘤多呈结节状、息肉状或乳头状，瘤体表面光滑；发生于深层组织的良性肿瘤一般为近于圆形的结节状。良性肿瘤通常有较厚的包膜，切面呈灰白色或乳白色，质地较硬，与周围正常组织有明显的分界。恶性肿瘤一般生长快，可发生转移，对机体危害较大。一般恶性肿瘤呈蟹足样浸润生长，多呈菜花样或形状不规则的结节状，无明显的包膜或包膜不完整，较薄，瘤体表面凹凸不平，有的瘤体表面有出血、坏死、溃疡及裂隙等现象，切面实质呈灰白色或鱼肉样，质地较嫩，均匀一致或呈分叶状。良性肿瘤瘤体可能长得很大，恶性肿瘤一般体积不大。有些弥漫型肿瘤不形成明显的肿块，肿瘤细胞仅在组织器官内呈浸润性生长，使病变组织器官变硬，体积增大。

(二) 畜禽常见肿瘤的检验

畜禽较常见的肿瘤如下：

猪：肝癌、淋巴肉瘤、纤维瘤、肾母细胞瘤、平滑肌瘤。

牛：淋巴肉瘤、肝癌、腺癌、纤维肉瘤、纤维瘤。

羊：肺腺瘤样瘤。

兔：肾胚瘤、间皮细胞瘤。

鸡：马立克氏病、白血病、肾母细胞瘤、卵巢腺癌、肝癌。

鸭：肝癌、腺癌。

鹅：淋巴肉瘤。

下面介绍畜禽常见肿瘤的眼观变化，供肉品卫生检验时参考。

1. 乳头状瘤　是上皮组织的良性肿瘤，各种动物均可发生，反刍动物多发。好发部位为皮肤、黏膜等。根据间质成分的多少可分为硬性乳头状瘤和软性乳头状瘤。前者多发于皮肤、口腔、舌、膀胱及食管等处，含纤维成分较多，质地坚硬。后者多发生于胃、肠、子宫、膀胱等处的黏膜，含纤维成分较少，细胞成分较多，质地柔软，易出血。

乳头状瘤因外形呈乳头状而得名。大小不一致，一般与基底部正常组织有较宽的联系，也有的肿瘤与基底组织只有一短而细的柄相连，表面粗糙，有时还有刺样突出。生长于牛皮肤或外生殖器（阴茎、阴道）的纤维乳头状瘤，常呈乳头状或结节状，有时呈菜花样突起于皮肤或阴道黏膜，表面因外伤而发生出血。

2. 腺瘤 发生于腺上皮的良性肿瘤。腺上皮细胞占主要成分的，称为单纯性腺瘤，间质占主要成分的，称为纤维腺瘤；腺上皮的分泌物大量蓄积，使腺腔高度扩张而成囊状的，则称为囊瘤或囊腺瘤。腺瘤眼观呈结节状，但在黏膜面可呈息肉状或乳头状，多发生于猪、牛、马、鸡的卵巢、肾、肝、甲状腺、肺等器官。

3. 纤维瘤 发生于结缔组织的良性肿瘤，由结缔组织纤维和成纤维细胞构成。常发生于皮肤、皮下、肌膜、腱、骨膜以及子宫、阴道等处，根据细胞和纤维成分的比例，可分为硬性纤维瘤和软性纤维瘤。

硬性纤维瘤含胶原纤维多，细胞成分较少，故质地坚硬。多呈圆形结节状或分叶状，有完整的包膜，切面干燥，灰白色，有丝绢样光泽，并可见纤维呈编织状交错分布。软性纤维瘤含细胞成分多，胶原纤维较少，质地柔软，有完整的包膜，切面淡红色，湿润，发生于黏膜上的软性纤维瘤，常有较细的蒂与基底组织连接，称为息肉。

4. 纤维肉瘤 是发生于结缔组织的恶性肿瘤。各种动物均可发生，最常发生于皮下结缔组织、骨膜、肌膜、腱，其次是口腔黏膜、心内膜、肾、肝、淋巴结和脾等处。外观呈不规则的结节状，质地柔软，切面灰白，鱼肉样，常见出血和坏死。

5. 鳞状上皮癌 是发生于复层扁平上皮或变异上皮组织的一种恶性肿瘤，主要见于皮肤、口腔、食道、胃、阴道及子宫等部分。这种肿瘤多半是长期慢性刺激或在慢性炎症基础上发展而成的。生长较快，通常不突出于上皮表面，而仅使局部组织增厚。肉眼观察可见皮肤、黏膜表面隆起，高低不平，或呈颗粒状的硬性肿块，表面粗糙呈花椰菜状，也有坏死脱落，形成溃疡。切面可见到实质与间质两部分，实质通常呈很小的结节状，色白或灰，质地软而均匀；结节之间是由纤维结缔组织构成的间质。常见的有猪鼻咽癌、鸡食管癌。猪鼻咽癌在我国华南地区多发，患猪生前经常流浓稠鼻涕，有时发生鼻出血，鼻塞，面颊肿胀，逐渐消瘦。剖检见鼻咽顶部黏膜增厚粗糙，呈微细突起或结节状肿块，苍白、质脆、无光泽，有时散布小的坏死灶。结节表面和切面有新的疤痕。患鼻咽癌的猪往往同时伴发鼻旁窦癌，鸡食管癌多发生于6月龄以上鸡的咽部和食管上段，食管中、下段很少发生。外观呈菜花样或结节状，有时呈浸润性生长，使局部黏膜增厚。肿瘤表面易发生坏死，呈黄色或粉红色。坏死周围黏膜隆起、外翻、增厚，切面灰白，质硬，颗粒状。

鳞状上皮癌除因呈浸润性生长而破坏局部组织外，并常经淋巴或血液转移到其他部位的淋巴结或全身各组织器官内，从而形成新的转移癌。

6. 鸡卵巢腺癌 多发生于成年母鸡，两岁以上的鸡发病率最高。病鸡呈进行性消瘦，贫血，食欲减退，产蛋减少或不产蛋，腹部膨大，下垂，行走时状如企鹅。剖检时可见腹腔有大量淡黄色混有血液的腹水，卵巢中有灰白色、无包膜、坚实的肿瘤结节，外观呈菜花样，有些呈半透明的囊疱状，大小不等，灰白或灰红色，有些发生坏死。也可见残存的变性的坏死卵泡。卵巢癌可在腹腔其他器官（胃、肠、肠系膜、输卵管等）浆膜面形成转移癌瘤，外观呈灰白色、坚实的结节状或菜花样。

7. 原发性肝癌 原发性肝癌可见于牛、猪、鸡和鸭，往往呈地区性高发。主要是由于黄曲霉毒素慢性中毒所致。由肝细胞形成的称为肝细胞性肝癌，由胆管上皮细胞形成的称为胆管上皮细胞性肝癌。

猪的原发性肝癌，可分为巨块型、结节型和弥漫型。巨块型肝癌较少见，在肝中形成巨大的癌块，癌块周围常有若干个卫星性结节。结节型最常见，特征是在肝组织形成大小不等的类圆形结节，小的仅有几毫米，大的可达数厘米，通常在肝各叶中同时存在多个结节，切面呈乳白色、灰白色、灰红色、淡绿色或黄绿色，与周围组织分界明显。弥漫型是不形成明显的结节，癌细胞弥漫地浸润于肝实质，形成不规则的灰白色或灰黄色斑点或斑块。

8. 肾母细胞瘤　肾母细胞瘤又称为肾胚胎瘤，是幼龄动物常见的一种肿瘤，最多见于兔、猪和鸡，也见于牛和羊。

兔和猪的肾母细胞瘤多数为一侧肾发生，少数为两侧性。肿瘤突出于肾表面，大小不等，自豆粒大到西瓜大小，外观呈结节状、分叶状或巨块状，灰白色一般有包膜，质地硬，肾实质受压迫而使肾萎缩变形。偶见肺和肝有转移瘤形成。

9. 黑色素瘤　是由黑色素细胞构成的肿瘤，大多为恶性黑色素瘤，各种动物均可发生，但老龄的淡毛色的马属动物最多见，其次是牛、羊、猪和犬。原发部位主要是肛门、尾根部、眼、乳房、会阴等的皮下组织，呈圆形的肿块，大小不等，灰黑色或深黑色，切面深黑色的肿瘤块被灰白色的结缔组织分割成大小不等的圆形小结节。恶性化后，迅速生长，瘤细胞可经淋巴和血液转移，在盆腔淋巴结、肺、心脏、肝、脾、胸膜、脑、眼、肌肉、阴囊、骨髓等全身组织器官形成转移瘤。

10. 淋巴肉瘤　是淋巴组织的恶性肿瘤，由未成熟的淋巴网状细胞组成，含间质很少，生长迅速，容易广泛转移。多见于牛、鸡和猪，肉瘤可发生于全身各种组织器官，以淋巴结、脾、肝和肾最多。全身淋巴结肿大1～3倍，质地湿润，呈油脂样均匀的灰白色或灰红相间，结构模糊不清。脾通常肿大，边缘钝圆，呈淡的红褐色。切面呈颗粒状，有小米粒大到豆粒大的灰白色结节。严重者表面和切面几乎都变成灰白色，仅其中留有红髓的痕迹。肝和肾显著肿大，呈均匀的淡红黄色或灰红色，质地脆弱，切面结构模糊，有时呈豆蔻状的杂花色。有时肝、肾肿大不显著，但在表面和实质深部散在有豌豆至核桃大小的灰黄色瘤状增生物，切面呈油脂样。

（三）患肿瘤畜禽的卫生处理

宰后检验对肿瘤病畜禽的卫生评价，一般根据胴体的肉质状况、肿瘤的良恶性质、是否扩散转移、单发或多发，来进行评价。

（1）一个脏器上发现有良性肿瘤时，如果胴体不瘠瘦，且无其他明显病变的，患病脏器化制或销毁，其他脏器和胴体经高温处理；胴体瘠瘦或肌肉有变化的，胴体和脏器化制或销毁。

（2）恶性肿瘤或两个及两个以上脏器被检出有肿瘤病变，其胴体、内脏全部作工业用或销毁。

复习思考题

一、名词解释

1. 败血症　2. 饥饿肝　3. 乳斑肝　4. 肿瘤

二、填空题

1. 脂肪组织坏死按原因分为三种类型，即________、________和________。

2. 当出血、水肿变化较广泛，淋巴结有炎症时，且判明为非传染病时，对胴体、内脏应进行________检查，检查结果为阴性时，切除病变部分后尽快出场（厂）。

3. 若脓肿不可能切除或数量多，将整个器官________处理。

4. 宰后鉴定为纤维素性肺炎、支气管肺炎等的肺应________处理。

三、判断题

1. 肺水肿和肺气肿区别在于切开肺组织，水肿时有带泡沫液体流出，而气肿较干燥。（ ）

2. 较度脂肪肝可以不受限制食用。（ ）

3. 饥饿肝不可以食用，应化制处理。（ ）

4. 两个或两个以上脏器发现有肿瘤病变的，胴体和内脏作工业用或销毁。（ ）

5. 良性肿瘤多为浸润性生长，恶性肿瘤多为膨胀性生长。（ ）

四、简答题

1. 肉品检验中如何鉴定和处理肌肉器官的出血、组织水肿、蜂窝织炎、脓肿、败血症及脂肪组织坏死？

2. 肉品检验中各器官常见的病理变化有哪些？如何鉴定和卫生处理？

3. 宰后检验时怎样区别恶性肿瘤和良性肿瘤？

模块十　家禽的屠宰加工卫生与检验

知识目标

1. 理解屠禽宰前管理的意义。
2. 掌握屠禽宰前检疫的程序和方法。
3. 熟悉家禽屠宰加工过程的兽医卫生监督。
4. 掌握屠禽常见疫病的宰后检验与处理。

能力目标

1. 能够对屠禽进行宰前管理。
2. 能够对屠禽进行宰前检疫与处理。
3. 能够对屠禽进行宰后检验与处理。

项目一　家禽的宰前检疫与管理

家禽的宰前检验是屠宰加工过程中的一个重要环节，它对提高食品质量，保证消费者安全和防止家禽疫病散播，都具有很大意义。

一、家禽的宰前检疫

（一）家禽宰前检疫的程序

1. 入厂（场）验收　当家禽运到屠宰加工企业以后，动物检疫人员应先向押运员索取家禽产地动物卫生监督机构出具的“动物检疫合格证明”，了解产地有无疫情和途中病死情况，并仔细查看禽群，核对家禽的种类和数量。如无检疫证明或检疫证明超过有效期（3d），或证物不符以及发现有病死家禽时，兽医卫检人员必须认真查明疑点，待查明原因后按有关规定进行处理。经入场验收认为合格的家禽，准予卸载，并进行宰前饲养管理。

2. 住场查舍　入场验收合格的家禽，在宰前饲养管理期间，兽医人员应经常入禽舍，对禽群进行静态、动态和饮食状态等的观察，发现漏检的或新发病的禽只及时处理。

3. 送宰检验　经宰前管理后的家禽，为了最大限度地防止病禽进入屠宰加工车间，在送宰之前需再进行详细的临床检查，检查合格后出具准宰证明，送往屠宰车间宰杀。

（二）家禽宰前检疫的方法

家禽的宰前检疫对保证产品质量和防止疫病扩散是一个非常重要的环节，因此，必须做好宰前检疫工作。家禽的宰前检疫包括群体检查和个体检查两个步骤，一般以群体检查为主，个体检查为辅，必要时进行实验室诊断。

1. 群体检查　家禽的群体检查一般以笼或舍作为一群来进行检查，通过对禽群进行静态、动态、饮食状态的观察以判定家禽的健康状况。

（1）静态检查。在不惊扰禽群的情况下，观察家禽在自然安静状态下的情况。主要观察禽群的精神、呼吸、站立、羽毛、冠、髯、天然孔等有无异常。

（2）动态检查。靠近禽群，将家禽轻轻轰起，观察家禽的反应情况和行走姿态有无异常。

（3）饮食状态检查。在饲喂时观察禽群的采食和饮水是否正常，顺便观察粪便的情况。

健康家禽全身羽毛丰满整洁，紧贴体表而有光泽，泄殖孔周围和腹下绒毛洁净而干燥。两眼明亮有神，口、眼、鼻洁净，冠、髯鲜红发亮，对周围事物反应敏感，行动敏捷，勤采食，不时发出咯咯声或啼叫声，经常撩起尾羽与鼓动翅膀，常用喙梳理羽毛，休息时往往头插入翅下，并且一肢高收。呼吸均匀，粪便呈浅黄色半固体状。

病禽精神委顿，闭目缩颈，冠、髯苍白或青紫、肿胀，口、鼻、眼有分泌物，翅、尾下垂，羽毛蓬松无光泽，离群独居，行动迟缓，不喜采食，有灰白色、灰黄色或灰绿色的痢便，泄殖孔周围和腹下绒毛潮湿不洁或沾有粪便，呼吸困难，有喘息音。

2. 个体检查 经群体检查被剔除的病禽和疑似病禽，应逐只进行详细的个体检查。其检查方法包括看、听、摸、检四大要领。

检疫人员用左手自禽体后方向前握持两翅根部，将家禽提起。先观察头部的冠、髯，看有无肿胀、苍白、发绀和痘疹等异常现象；看口、眼、鼻是否洁净，有无异常分泌物等；再用右手的中指抵住咽喉部，并用拇指和食指夹压两颊部，使禽口张开，观察口腔内有无过多黏液、黏膜是否出血，咽喉部有无灰白色伪膜等病理变化。将家禽适当举高，俯耳于家禽头颈部听其呼吸音有无异常，必要时用右手的拇指和食指捏压喉头和气管，观察能否诱发咳嗽。看羽毛是否松乱，有无光泽，重点看肛门周围和腹下绒毛是否潮湿不洁，有无粪便沾污；掀开被毛，检查皮肤，观察皮肤的色泽，有无痘疹、坏死、肿瘤、结节等。用手触摸嗉囊，检查其充实度和内容物的性质，是否空虚、积液、积气、积食；再触摸胸部和腿部肌肉，检查其肥瘦程度；触摸关节，检查是否肿胀。必要时将家禽夹在左腋下，左手握住两腿，将温度计插入泄殖腔，测其体温。

鸭则夹于左臂下，以左手托住锁骨部，用右手进行个体检查。鹅体较重，不便提起，一般按倒就地检查。

二、家禽宰前检疫后的处理

1. 准宰 经宰前检疫确认健康合格的家禽，由动物检疫人员出具准宰证明，送往屠宰加工车间屠宰。

2. 急宰 经检查确认为患有或疑似有一般性疾病的家禽，应出具急宰证明，送往急宰间急宰。如患有鸡痘、鸡传染性喉气管炎、鸡传染性支气管炎、传染性法氏囊病、禽霍乱、禽伤寒、禽副伤寒、球虫病等疫病的家禽应急宰。

3. 禁宰 经检查确认家禽患有危害严重的疫病时，应采取不放血的方法捕杀后销毁。如患有禽流感、鸡新城疫、鸡马立克氏病、小鹅瘟、鸭瘟等疫病的家禽应禁宰。

4. 死禽的处理 在运输车船和禽舍内发现的死禽大都因病而死，一律销毁，不准食用，并及时查明原因以确定同群禽处理方法。与患疫病禽同群的其他家禽，根据疫病的性质与传染情况不同迅速屠宰或作其他处理。被病禽污染的场地、设备、用具应进行严格消毒。

三、家禽的宰前管理

1. 宰前休息管理 家禽宰前一般休息 24～48h。

2. 宰前停食管理 宰前停食的时间取决于家禽的种类和屠宰加工方式，鸡、鸭一般停食 12～24h，鹅一般停食 8～16h。加工全净膛和半净膛的光禽时，停食时间一般为 12h 左右；加工不净膛的光禽时，停食时间可适当延长，但不宜过长，以免引起骚动，影响肉的品质。在停食期间，应给予充分饮水至宰前 3h 为止，有时为了尽快使胃肠内容物排除，可在饮水中加入 2%的硫酸钠。

项目二 家禽的屠宰加工卫生与检验

一、家禽的屠宰加工工艺与卫生要求

大型家禽屠宰加工厂其加工工艺一般包括电麻、刺杀沥血、浸烫脱毛、整理、取内脏、预冷、分割、包装入库或上市，见图 10-1。

图 10-1 家禽屠宰加工工艺流程

(一) 电麻

家禽的电昏条件为电在 0.18～0.5A、35～50V 的条件下，电麻时间为 8～10s。交流电和直流电均可以。电昏时间要适当，以电昏后，禽能在 60s 内自动苏醒为宜。

(二) 刺杀沥血

常用的刺杀沥血方法有以下几种：

1. 颈动脉颅面分支放血法 该方法是在家禽左耳后方切断颈动脉颅面分支，其切口鸡约为 1.5cm，鸭、鹅约为 2.5cm，放血时间应在 2min 以上。本法操作简单，放血充分，也便于机械化操作，而且开口较小，不会造成大面积污染，能保证胴体较好的完整性，故目前大多数采用这种放血方法。

2. 三管切断放血法 即在家禽的喉部横切一刀，在切断颈动脉、颈静脉的同时，也切断了气管和食管。该法操作简便，放血较快，但切口较大，不但有碍商品外观，而且容易造成污染，影响商品的耐藏性。所以该法不适用于规模化的屠宰加工厂，为我国民间习惯采用的方法。

3. 口腔放血法 用手打开口腔，另手持细长尖刀在上腭裂后约第二颈椎处切断任意一侧颈总静脉与桥状静脉连接处。抽刀时，顺势将刀刺入上腭裂至延脑，以促使家禽死亡，并可使缩毛肌松弛而有利于脱毛。用本法给鸭放血时，应将鸭舌扭转拉出其口腔，夹于口角，以利于放血流畅，避免呛血。本法放血效果良好，能保证胴体外观的完整性。但是操作较复杂，不易掌握，稍有不慎容易造成放血不良，有时也会造成口腔及颅腔的污染，不利于禽肉的保藏。

刺杀沥血方法上，不管采用上述哪种方法，都应有足够的放血时间保证放血良好，并使屠禽彻底死亡后，再进入浸烫脱毛程序。

（三）浸烫脱毛

目前机械化家禽屠宰加工厂，在屠宰加工时，先浸烫再煺毛。

浸烫时，要严格掌握浸烫水温和浸烫时间，防止烫生或烫老。一般肉仔鸡浸烫水温为58～60℃，淘汰蛋鸡浸烫水温为60～62℃，鸭、鹅为62～65℃，浸烫水温必须严格控制，水温过高会烫破皮肤，使脂肪熔化，水温过低则羽毛不易脱离。浸烫时间主要根据家禽的品种、年龄和季节而定，一般控制在1～2min。要保持烫池内水的清洁，最好使用流水或每2h更换一次热水，以免浸烫水污浊而污染禽体。未死透或放血不良的禽尸，不能进行烫毛，否则会降低商品价值。

浸烫后一般采用机械煺毛，未煺净的残毛（尤其是绒毛）在清水池中用手拔干净。去除方法有钳毛和火焰喷射机烧毛。

（四）整理

1. 干修　用洁净的海绵或毛巾擦去颈部和体腔内的血水。再用刀、剪将胴体表面的碎屑和余水除去，修整颈部和腹部的游离缘，割除伤痕、化脓灶、斑点、瘀血部以及游离脂肪。修除残余内脏和生殖器官。

2. 湿修　采用具有一定压力的净水冲刷胴体，将附着在胴体表面的毛、血、粪等污物尽量冲洗干净，又称为湿修。湿修时全自动生产线是用洗禽机进行清洗，清洗效果很好。半自动生产线是将净膛后的胴体放在清水池中清洗，要注意勤换池水，以免胴体被水中微生物污染。修整好的胴体要达到无血、无粪、无毛、无污物、具有良好的商品外观。修割下来的肉屑或弃物，按卫生要求分别处理，严禁乱扔乱放。

3. 内脏的整理　内脏整理间要保证充足的供水，及时将初步整理的心脏、肝、肌胃、肌胃角质膜等清洗。洗净后的内脏应迅速包装和冷却，并及时销售或进一步加工，腺胃和肠可加工成饲料。

（五）取内脏

煺毛后应立即开膛取内脏，该过程称为净膛。

1. 净膛的方式

（1）全净膛。从胸骨至肛门中线切开腹壁或从右胸下肋骨开口，将脏器全部取出，同时去除嗉囊。仅保留肺、肾。

（2）半净膛。由肛门周围分离泄殖腔，并于扩大的开口处将全部肠管拉出，其他脏器仍保留在体腔内。

（3）不净膛。脱毛后的光禽不作任何净膛处理，全部脏器都保留在体腔内，直接上市销售。

2. 净膛时的卫生要求

（1）在加工全净膛和半净膛时，拉肠管前应先挤出肛门内粪便，不得拉断肠管和扯破胆囊，以免粪便和胆汁污染胴体。体腔内不得残留断肠和应除去的脏器、血块、粪便及其他异物等。

（2）在加工全净膛和半净膛时，内脏取出后应与该胴体放在一起进行检验。

（3）在加工不净膛光禽时，宰前必须做好停食管理，适当延长停食时间，尽量减少胃肠内容物，以利于保存。

（六）预冷

通常有 2 种预冷方式，即预冷池式和预冷机式。早期的屠宰厂大都采用池式预冷，即在一个长方形水池中布置一些制冷排管，鸡体通过悬链系统进入池子，并在池子中运行约 40min，其特点是预冷效果好，运行成本较低，但不利于卫生清洗。近几年新建的屠宰厂，大多采用螺旋预冷机，虽然运行成本略高于池式预冷，但便于卫生清洁，有利于保证鸡肉的品质，预冷时间也应保证在 35～40min。不管采用何种方式，都分成 2 个阶段预冷。

第 1 阶段水温可以稍高些，在水中加次氯酸钠消毒液，第 2 阶段水温应保持在 0～1℃。这样才能使预冷后的鸡体温度不高于 8℃。采用螺旋预冷机必须配备制冰机。其制冷量根据肉鸡屠宰产量配置，每只鸡所需制冷量可以通过计算得出。

（七）分割包装

分割包装区的温度在 16℃以下。根据需要可分别生产加工白条类、胸肉类、腿肉类、翅肉类等产品。冷冻产品应在－18℃以下储存。

二、家禽的宰后检验

家禽的宰后检验与家畜的宰后检验不同，一是由于家禽淋巴系统的组织结构特殊，鸭、鹅仅在颈胸部和腰部有少量淋巴结，鸡无淋巴结，因而家禽不论是内脏检验还是胴体检验，均不剖检淋巴结。二是家禽的加工方法与家畜不同，有全净膛、半净膛与不净膛之分。对全净膛者检查内脏和体腔，对半净膛者，一般只能检查胴体表面和肠管。对不净膛者只能检查胴体表面。

（一）胴体检查

1. 判断放血程度　煺毛后视检皮肤的色泽和皮下血管的充盈程度，以判断胴体放血程度是否良好。放血良好的光禽，皮肤为黄色或淡黄色，有光泽，看不清皮下血管，肌肉切面颜色均匀，切断面无血液渗出。放血不良的光禽，皮肤暗红色或红紫色，常见表层血管充盈，皮下血管显露，胴体切断口有血液流出，肌肉颜色不均匀。放血不良的光禽应及时剔出，并查明原因。

2. 检查体表和体腔

（1）体表检查。首先观察皮肤的色泽，色泽异常者可能是病禽或放血不良的禽体，同时注意皮肤上有无结节、结痂、疤痕（鸡痘、马立克氏病）；其次观察胴体有无外伤、水肿、化脓及关节肿大。

（2）体腔检查。对于全净膛的光禽，须检查体腔内部有无赘生物、寄生虫及传染病的病变，还应检查是否有粪污和胆汁污染；对于半净膛的光禽，可由特制的扩张器由肛门插入腹腔内，张开后用手电筒或窥探灯照明，检查体腔和内脏有无病变和肿瘤。发现异常者，应剖开检查。

3. 检查头部和肛门

（1）鸡冠和肉髯。注意有无肿胀、结痂（鸡痘）和变色，若鸡冠和肉髯成青色和黑色，应注意是否为新城疫或禽流感。

（2）眼。观察眼球有无下陷。注意虹膜的颜色、瞳孔的形状、大小以及有无锯齿状白膜或白环（眼型马立克氏病），眼睛和眼眶有无肿胀，眼睑内有无干酪样物（鸡传染性鼻炎、眼型鸡痘）。

(3) 鼻孔和口腔。观察其清洁度，注意有无分泌物或干酪性伪膜（鸡传染性鼻炎、眼型鸡痘）。

(4) 咽喉和气管。观察有无充血和出血，有无纤维蛋白性分泌物或干酪性渗出物（鸡传染性喉气管炎、鸡痘）。

(5) 肛门。观察肛门的清洁度，注意是紧闭还是松弛，有无炎症。

(二) 内脏检验

对于全净膛加工的家禽，取出内脏后应全面仔细进行检验。半净膛者只能检查拉出的肠管。不净膛者一般不检查内脏。但在体表检查怀疑为病禽时，可单独放置，最后剖开胸腹腔，仔细检查体腔和内脏。

(1) 肝。观察其色泽、形态和大小，是否肿大，软硬程度有无异常，有无黄白色斑纹和结节（鸡马立克氏病、鸡白血病、鸡结核病），有无坏死斑点（禽霍乱），胆囊有无变化。

(2) 脾。观察是否有出血、充血、肿大、变色、有无灰白色或灰黄色结节等。

(3) 心脏。注意心包膜是否粗糙，心包腔是否有积液，心脏是否有出血、形态变化及赘生物等。

(4) 胃。剖检肌胃，剥去角质层（鸡内金），观察有无出血、溃疡；剪开腺胃，轻轻刮去腺胃内容物，观察腺胃黏膜乳头是否肿大，有无出血和溃疡（鸡新城疫、禽流感）。

(5) 肠道。视检整个肠管浆膜及肠系膜有无充血、出血、结节，特别注意小肠和盲肠，必要时剪开肠管检查肠黏膜。

(6) 卵巢。观察卵巢是否完整，有无变形、变色、变硬等异常现象（卵黄性腹膜炎）。

项目三 家禽常见疫病的检验与处理

禽流感

禽流行性感冒简称为禽流感，又称为鸡瘟或真性鸡瘟，或称欧洲鸡瘟，是由A型流感病毒引起的禽类的一种急性、热性、高度接触性传染病。其临床特征是高热，呼吸困难，头颈水肿、发绀和腹泻。

1. 宰前检验 高致病性禽流感常呈暴发流行，流行初期的病例可不见明显症状而突然死亡。症状稍缓和者可见精神沉郁，体温升高，食欲废绝，头翅下垂，鼻分泌物增多，常摇头，企图甩出分泌物，严重的可引起窒息。病鸡流泪，颜面浮肿，冠和肉髯肿胀、发绀、出血、坏死，脚鳞变紫，下痢，出现轻度到严重的呼吸道症状，包括咳嗽、打喷嚏、啰音和呼吸困难等。有的还出现歪脖、跛行及抽搐等神经症状。蛋鸡产蛋停止。发病率和死亡率可达100%。

低致病力毒株感染的家禽临床症状较复杂，其严重程度随感染毒株的毒力、家禽品种、年龄、性别、饲养管理状况、发病季节和鸡群健康状况等情况不同而有很大差异，可表现为不同程度的呼吸道症状、消化道症状、产蛋量下降或隐性感染等。病程长短不定，不继发其他病原体感染时病死率较低。

2. 宰后检验 禽流感的特征性病变是口腔、腺胃、肌胃角质膜下和十二指肠出血。颈胸部皮下水肿。胸骨内面、胸部肌肉、腹部脂肪和心脏均有散在性的出血点。腿部可见充血、出血，脚趾肿胀，伴有瘀斑性变色。头部青紫，眼结膜肿胀、有出血点。口腔及鼻腔积有黏液，并混有血液。头部眼周围、耳和肉髯水肿，皮下有黄色胶样液体。肝、脾、肾常见灰黄色小坏死灶。肾肿胀，有尿酸盐沉积。卵巢和输卵管充血或出血，产卵鸡见卵黄性腹膜炎。

低致病性禽流感主要表现为呼吸道及生殖道内有较多的黏液或干酪样物，输卵管和子宫质地柔软易碎。个别病例可见呼吸道、消化道黏膜出血。

3. 鉴别诊断　禽流感应与鸡新城疫、禽霍乱、传染性喉气管炎、传染性支气管炎、传染性鼻炎和慢性呼吸道病等区别，确诊需要通过病毒分离鉴定或血清学检测。

4. 卫生处理

（1）宰前发现禽流感时，病鸡采用不放血的形式扑杀后销毁。

（2）宰后发现禽流感时，病鸡整个胴体、内脏和副产品均销毁。

鸡　新　城　疫

鸡新城疫又称为亚洲鸡瘟，是由新城疫病毒引起的一种急性、热性、败血性、高度接触性传染病。主要特征是高热、呼吸困难、严重下痢、神经障碍、黏膜和浆膜出血以及消化道黏膜坏死。

1. 宰前检验　自然感染的潜伏期一般为3～5d，根据病程长短分为最急性、急性和慢性三型。

（1）最急性型。突然发病，常无特征症状而迅速死亡。往往头天晚上饮食活动如常，翌晨发现死亡，多见于流行初期和雏鸡。

（2）急性型。常以呼吸道症状开始，继而下痢。常表现为体温升高至43～44℃，食欲和饮水突然减少，精神不振，离群呆立，缩颈闭眼，鸡冠、肉髯呈现紫色，翅翼及尾下垂似昏睡状态。咳嗽，呼吸困难，有黏液性鼻漏，嗉囊内积有大量液体，倒提时从口中流出大量酸臭的暗灰色液体；母鸡产蛋下降，产软皮蛋、小蛋和褪色蛋；鸡常伸头，张口呼吸，并发出“咯咯”的喘鸣声或尖锐的叫声，排黄白或黄绿色粪便或混有少量血液。后期粪便呈蛋清样。在病的后期，因病毒侵害神经而引起扭脖及抽搐等神经症状。至最后体温下降，在昏迷中死去，死亡率达90%以上，病程2～5d。成年鸡则病程长，死亡率较小鸡低。

（3）慢性型。常见于成年鸡和流行后期。初期症状如同急性型，但较轻微。突出表现神经症状，如偏头、扭脖、站立不稳、转圈运动、共济失调以至翅膀麻痹瘫痪。病程达3周，多数以死亡告终。

（4）非典型。近几年还出现了由弱病毒株感染引起的非典型症状的鸡新城疫。其临床症状及病理变化均不典型，但成年鸡产蛋量明显下降，并有明显死亡，常继发细菌感染。

2. 宰后检验　本病的主要病理变化是全身黏膜和浆膜出血、坏死，尤其以消化道和呼吸道为明显。腺胃黏膜水肿，其乳头或乳头间有鲜明的出血点，或有溃疡和坏死。肌胃角质层下也常见有出血点。小肠、盲肠发生出血性坏死性炎症并常见覆有伪膜的溃疡，盲肠扁桃体普遍有出血。喉头和气管黏膜充血或有小点出血。肺充血，气囊增厚。心尖和心冠脂肪有出血点。产蛋母鸡的卵巢和输卵管显著充血。

3. 卫生处理　确诊为鸡新城疫的病禽及其整个胴体、副产品，均作销毁处理。

禽伤寒

禽伤寒是由鸡伤寒沙门氏菌引起的一种主要发生于鸡和火鸡的禽类败血性传染病。主要特征是体温上升，排黄绿色粪便。病原菌有时可引起人的食物中毒。

1. 宰前检验 病禽精神沉郁，体温升高，食欲减退或消失，口渴喜饮，离群独立，羽毛蓬乱，头翅下垂，冠和肉髯苍白。下痢，粪便呈黄绿色或褐黄色粥状物。

2. 宰后检验 常见肝、脾充血肿大，肝呈淡褐色或青铜色，质脆，表面时常有散在性的灰白色粟粒状坏死点，胆囊充满胆汁而膨大。肾呈显著的充血、肿大，表面有细小坏死灶。心包积液，心脏扩张，表面有粟粒样坏死灶，心肌变性。卵泡出血、变形，常因卵泡破裂而导致腹膜炎。公鸡睾丸常有病灶。肺和肌胃可见灰白色小坏死灶。肠呈出血性卡他性炎症，肠内容物因含有多量胆汁而呈淡黄绿色。通常以小肠病变较严重。

3. 卫生处理

（1）宰前发现时，应急宰。

（2）宰后发现胴体无病或病变轻微的，胴体高温处理，内脏及血液作工业用或销毁；胴体有明显病变的，胴体及内脏全部作工业用或销毁。

禽副伤寒

禽副伤寒是由鼠伤寒沙门氏菌、肠炎沙门氏菌、鸭沙门氏菌等沙门氏菌引起的传染病。其特征为呼吸困难、下痢、抽搐等。病原菌可引起人的沙门氏菌食物中毒。

1. 宰前检验

（1）急性型。多见幼禽，鸭发病特别普遍和严重。病禽表现精神沉郁，嗜眠，怕冷，头和翅膀下垂，羽毛蓬乱，有结膜炎和角膜炎。常挤在较暖和的地方，不愿行走。食欲减退或消失。口渴，便秘，继而下痢，粪便初为粥状，后呈黑色液状，肛门周围羽毛常被粪便污染。呼吸困难，常见痉挛性抽搐，头向后仰，病鸭常很快死亡。

（2）慢性型。多见于成年家禽，病禽表现极度消瘦和血痢，有时呈现抽搐，转圈，轻瘫，甚至麻痹，间或关节肿大，出现跛行。

2. 宰后检验

（1）急性型。肠黏膜出现出血性卡他性炎，盲肠黏膜有坏死灶。肝肿大，土黄色，质脆，表面散在大小不等灰白色坏死点。胆囊肿大，黏膜充血，充满深绿色黏性胆汁。

（2）慢性型。可见病禽极度消瘦，脱水，肠黏膜坏死，肝脾肿大，肺有卡他性或纤维素性肺炎，卵泡变形、发炎，有时继发腹膜炎。

3. 卫生处理 同禽伤寒。

禽霍乱

禽霍乱也称为禽巴氏杆菌病，是由多杀性巴氏杆菌引起的一种急性败血性传染病。急性型特征为突然发病、下痢，呈现急性败血症状，发病率和死亡率均高。慢性型肉髯水肿，关节发炎。

1. 宰前检验　临床症状分为最急性、急性和慢性三型。

(1) 最急性型。见于流行初期，病禽突然不安、倒地挣扎、翅膀扑动几下，迅速死亡，或未见明显异常死于窝中。种鸡群中公鸡的死亡率高于母鸡，病程几小时。

(2) 急性型。禽精神委顿，嗜睡，羽毛蓬乱，翅下垂，弓背缩头，呆立一隅。食欲不振或废绝，口渴，呼吸困难，从口鼻流出淡黄色泡沫状黏液，冠及肉髯青紫，肉髯肿胀。常发生剧烈腹泻，粪便灰黄色或铜绿色，有时混有血液。病鸭有拍水表现，常因呼吸困难而张口呼吸，并常摇头，故有“摇头瘟”之称。常于1～3d内痉挛或衰竭死亡。

(3) 慢性型。多发于流行后期，病禽精神委顿，日渐消瘦。以慢性肺炎、慢性呼吸道炎和慢性胃肠炎较多见。冠及肉髯显著肿大，苍白。常见关节肿大，甚至化脓，跛行。严重者鼻流黏液，鼻窦肿大，喉部蓄积分泌物，影响呼吸。病程可达数周。

2. 宰后检验

(1) 最急性型。常见不到明显的病变，仅见心冠状沟部有针尖大的出血点，肝有细小的灰黄色坏死灶。

(2) 急性型。可见各处黏膜、浆膜及皮下组织呈现不同程度的出血点，胃肠道特别是十二指肠严重的急性卡他性或出血性肠炎，内容物带血，心外膜有程度不同的出血，心冠和纵沟部的出血最为多见，往往血点密布，呈喷射状，心包扩张，蓄积较多的混有纤维素的淡黄色液体。肺充血、水肿，表面有出血点。肝肿大、柔软，呈棕色或棕黄色，质地脆弱，表面和切面散布针尖大至针头大灰黄色或灰白色坏死灶。

(3) 慢性型。除上述部分病变外，鼻腔、鼻窦及上呼吸道内有黏液，公鸡肉髯水肿，内有干酪样物。关节炎病例关节肿大，关节腔内积有炎性渗出物或干酪样物，尚可见纤维素性坏死性肠炎、气囊炎及腹膜炎。内脏的特征病变是纤维素性坏死性肺炎、胸膜炎和心包炎。

3. 卫生处理

(1) 血液内脏作工业用或销毁，胴体高温处理。

(2) 羽毛消毒后出厂。

禽结核病

禽结核是由禽结核分枝杆菌引起的一种禽的慢性消耗性传染病。特征是消瘦、贫血。主要发生于鸡，也可传染于人。

1. 宰前检验　病初症状不明显，食欲虽正常但表现为进行性消瘦，体重减轻，精神委顿，贫血，冠、肉髯及可视黏膜苍白，羽毛蓬乱，翅下垂，不喜运动，极度消瘦，胸骨显露。部分病鸡可能有顽固性下痢（肠结核）或跛行（骨结核）。产蛋减少或停止。

2. 宰后检验　结核病变最多见于肠道、肝、脾、骨骼和关节，结核结节大小不一，一般由针头大到粟粒大。肝和肠的结节可达豌豆大，且凸出于器官表面。结核结节常呈灰白色或淡黄色，切开时见有结缔组织包囊，很少钙化。肠结核有时可形成溃疡。鸭结核病灶则多限于肺和肾，肠和肠系膜次之。常见粟粒大透明小结节或融合为豌豆大至榛子大或橄榄果大小的干酪样病灶。

3. 卫生处理　确认为禽结核的病禽作工业用或销毁。

鸡马立克氏病

鸡马立克氏病是马立克氏病毒所致鸡的一种以淋巴样细胞增生为特征的肿瘤性疾病。主要表现为病鸡的外周神经、性腺、虹膜、各种脏器、肌肉和皮肤单核细胞浸润。病鸡常见消瘦、肢体麻痹，并常有急性死亡。

1. 宰前检验 按症状分为神经型（古典型）、内脏型（急性型）、眼型及皮肤型。

（1）神经型。主要侵害外周神经，病鸡表现运动障碍，一侧或两侧肢体进行性麻痹为特征。表现为患翅或患腿拖拉在地，或两腿前后分开呈劈叉状；两腿同时受害的，则倒地不起。一些病例头颈歪斜，呼吸困难，嗉囊胀大。当颈部神经受损时，表现为视力障碍，甚至失明。

（2）内脏型。常侵害幼龄鸡，死亡率高，主要表现为精神委顿，进行性消瘦，闭眼，嗜睡，极度贫血，冠和肉髯苍白或黄染。病程较短，常突然死亡。

（3）眼型。发现于一眼或两眼，虹膜受损，甚至失明。虹膜增生褪色，瞳孔收缩，边缘不整，似锯齿状。

（4）皮肤型。皮肤上可见大小不等灰白色肿块或结节，有时形成以毛囊为中心的疥癣样小结节，并有结痂。

2. 宰后检验

（1）神经型。常为一侧臂神经、坐骨神经或内脏大神经增粗（有的肿大 2～3 倍），呈灰白色或黄白色，因水肿、变性而呈半透明状，神经干的横纹消失，偶见大小不等的黄白色结节，使神经变得粗细不均匀。脊神经节增大，病变蔓延至相连的脊髓组织中。

（2）内脏型。常见性腺、脾、肝、肾、肠管、肾上腺、骨骼等发生淋巴细胞瘤性病灶。比正常的大数倍，颜色变淡，或出现不一致的淡色区。在器官的实质内呈灰白色的肿瘤结节，小的如粟粒大，大的直径数厘米，结节的切面平滑，呈灰白色。卵巢病变最为常见，显著肿大，形成很厚的皱褶，外观似脑回状。腺胃和肠管壁增厚、坚实，从浆膜或切面均可见到肿瘤性硬结节病灶。肌肉形成小的灰白色条纹以至肿瘤结节。法氏囊常萎缩，无肿瘤性结节形成，这是与鸡淋巴细胞性白血病不同之处。

（3）眼型。虹膜的正常色素消失，呈圆形环状或斑点状以至弥漫的灰白色，所以俗称“鸡白眼病”或“灰眼病”。

（4）皮肤型。与宰前检查所见相同。

3. 卫生处理 确认为鸡马立克氏病的病禽及其整个胴体、副产品，均作销毁处理。

禽白血病

鸡白血病是反转录病毒科的禽白血病病毒所致鸡的一种慢性肿瘤性疾病。其特征为淋巴母细胞增生形成肿瘤。自然发病多见于 14 周龄以后，以性成熟期的鸡发病率最高。

1. 宰前检验 本病无特征性症状，仅见冠和肉髯苍白，皱缩，偶有发绀。食欲不振或废绝，部分病鸡有下痢和腹部膨大现象，触诊时常可摸到肿大的肝。

2. 宰后检验 病毒常侵害肝、脾和法氏囊，其他器官如肾、肺、性腺、心脏、胃、肠系膜及骨髓等也可能受到损害，出现大小和数量不等的肿瘤病变。根据肿瘤的形态和分布，可分为结节型、粟粒型、弥漫型和混合型4种类型，其中以弥漫型最为常见。

(1) 弥漫型。病变器官呈弥漫性增大，如肝可增大数倍（故称为“大肝病”），质地脆弱，色泽灰红，表面和切面散在着白色颗粒状病灶，肝外观呈大理石样。

(2) 结节型。多呈球形扁平隆起，单个或大量散布于器官表面和实质，直径0.5～5cm。形状似结核结节，但质地柔软，切面光亮。

(3) 粟粒型。多为直径不到2cm的小结节，均匀分布于整个器官的实质，肝尤为多见。

(4) 混合型。兼有上述3种类型病变的特征。

3. 鉴别诊断 本病与内脏型马立克氏病相似，在检验时应注意鉴别。

4. 卫生处理 病鸡及其整个胴体、副产品一律作工业用或销毁。

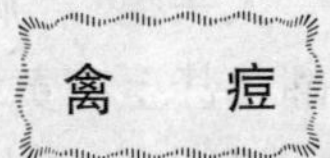

禽 痘

禽痘是由禽痘病毒所致鸡和火鸡的一种急性、热性、高度接触性传染病。通常分为皮肤型和白喉型。皮肤型特征性症状是皮肤尤其是头部皮肤产生丘疹和疱疹，继而结痂、脱落；白喉型特征性症状为口腔或咽喉黏膜的纤维素性坏死性炎症，常形成伪膜。

1. 宰前检验 本病潜伏期4～10d。根据病毒侵害部位不同分为皮肤型、黏膜型、混合型、偶见败血型。

(1) 皮肤型。以头部皮肤，或腿、翅、泄殖腔周围皮肤形成一种特殊的痘疹为特征。病初在无毛和少毛部位，特别是冠、肉髯和眼睑、耳球及口角等处皮肤开始生成灰白色小结节，突出于皮肤表面，随后迅速扩大如豌豆大小的痘疹，并融合结痂，痂皮脱落后，留下白色瘢痕。重症病鸡（特别是仔鸡）可能出现精神委顿，食欲消失，体重减轻，甚至死亡。产蛋鸡产蛋减少。

(2) 黏膜型。又称为白喉型。多发生于小鸡和青年鸡，病初呈鼻炎症状，在口腔、咽喉等处黏膜形成灰白色小结节，以后迅速增大并融合在一起，表面形成一层黄白色干酪样的伪膜，伪膜不易脱落，故称为白喉。撕去伪膜可露出出血的溃疡面。随后伪膜逐渐扩大和增厚，堵塞在口腔和咽喉部位，引起病禽呼吸和吞咽困难。死亡率较高。

(3) 混合型。冠、肉髯、眼睑及皮肤上出现痘疹，同时口腔也发生白喉样病变。

(4) 败血型。比较少见。以严重的全身症状开始，继而发生肠炎，病鸡多迅速死亡，或者转为慢性腹泻而死。

2. 宰后检验 除具有典型的皮肤和黏膜的痘斑外，口腔黏膜的病变有的可蔓延到气管、食道和肠。肠黏膜有小出血点，体腔内积有浆液性渗出物。肝、脾和肾肿大。心肌有的呈实质变性。

3. 鉴别诊断 应注意白喉型伪膜与传染性喉气管炎伪膜的相互区别。白喉型的伪膜形成是由黏膜表面隆起而逐渐变为伪膜，伪膜与黏膜紧密相连，剥离困难，剥离后则其下部出现溃疡面。传染性喉气管炎的伪膜是由黏膜的分泌物形成，同黏膜面没有紧密连接，容易剥离，剥离后的下部黏膜正常。

4. 卫生处理

(1) 病变限于头部的，头部作工业用或销毁，其余部分不受限制出厂（场）。

（2）内脏有病变时，内脏化制或销毁，其他部分高温处理后出厂（场）。

鸭　瘟

鸭瘟又称为鸭病毒性肠炎，俗称为“大头瘟”，是由鸭瘟病毒引起的一种急性、热性、败血性、接触性传染病。特征是发热、两脚麻痹无力、下痢、流泪。部分病鸭头部肿大，口腔、食道和泄殖腔黏膜有坏死伪膜或溃疡。肝小点出血和坏死。

1. 宰前检验　发病初期，体温升高至43℃，高热稽留，食欲减少或消失，饮水量增加。羽毛松乱，离群独处。神经麻痹导致两翅下垂，两腿麻痹无力，行走困难，严重者卧地不起。特征症状是流泪、眼睑水肿，分泌脓性渗出物使眼睑黏着，严重者眼睑黏膜有小出血点或溃疡。部分病例头颈水肿，故俗称为“大头瘟”。病鸭呼吸困难，叫声嘶哑，下痢，排绿色或白色稀粪，泄殖腔充血、水肿、外翻，甚至有黄绿色伪膜。

2. 宰后鉴定　全身皮肤、浆膜和黏膜有出血斑点，头颈皮下胶样浸润，口腔和喉头有不易剥离的伪膜。最典型的是食管黏膜有纵行排列的灰黄色伪膜覆盖或小出血斑点。肠黏膜出血、充血，泄殖腔黏膜坏死、结痂，伪膜不易剥离，黏膜上有出血斑点和水肿。产蛋鸭卵泡增大、破裂，引起腹膜炎。肝表面和切面均可看到针尖至小米粒大的灰白色坏死小点。胆囊黏膜充血、溃疡。肾肿大，有小点出血。

3. 卫生处理　确认为鸭瘟的病禽进行扑杀，病禽及其产品、副产品均作销毁处理。

实训七　家禽的屠宰检疫

【目的与要求】掌握鸡的宰前宰后检验技术。

【器材与试剂】　肉鸡的饲养管理与屠宰演示光盘；鸡笼（$2m^2$左右）、污物桶各一件；刀、剪刀、镊子、搪瓷盘、面盆、活鸡各一个，为一套，2人共用一套。

【操作方法】

（1）观看电教片，注意掌握鸡宰前管理的项目、宰前检验方法及内容、鸡屠宰加工工艺过程、宰后检验点的设置和检验方法。

（2）宰前检验技术采取以群体检查为主，辅以个体检查的综合方法。将所有实训用鸡放在笼内，从“静、动、食”三方面观察，先从群体里剔出病鸡或疑似病鸡，然后对这些病鸡或疑似病鸡进行个体检查。将病、健鸡区别、分开。

（3）宰后检验技术将实训用鸡宰杀放血、烫毛、脱毛、清洗、冷却、待检。宰后检验以感官检查为主，依次进行体表检查、体腔检查和内脏检查。

①体表检查：检查放血程度、皮肤是否完整、清洁卫生，注意头部、肛门有无病变或异常，体躯和四肢关节有无病变。

②体腔检查：将白条鸡仰卧放在搪瓷盘中，由胸骨柄到肛门，沿腹中线切开腹壁，并绕肛门一周；在胸前口颈基部切开皮肤，剥离嗉囊，然后自腹壁开口一并取出胃、肠、脾、嗉囊和心脏、肝等脏器，放在搪瓷盘中待检。检查胸腹壁，尤其是气囊有无病变，注意卵巢（或睾丸）有无病变，肺、肾是否正常，有无断肠、粪污和胆污。用手术刀柄钝性剥离并除去肾，暴露腰荐神经丛，检查其有无病变；也可自大腿内侧肌肉缝剥离出坐骨神经检查。注

意神经干的粗细和色泽。

③内脏检查：依次检查肝、脾、心脏、胃、肠。注意其大小、形态、色泽、弹性，有无出血、坏死、结节和肿瘤等。必要时，剖开腺胃和肌胃，剥去肌胃角质膜，检查有无出血和溃疡。

复习思考题

一、名词解释

1. 全净膛　2. 半净膛

二、判断题

1. 不净膛是指将屠禽全部脏器都保留在体腔内，应提倡此种加工方式。(　　)
2. 全净膛是指将家禽的全部内脏从体腔内取出。(　　)
3. 屠宰禽类时烫池水按要求每 4h 更换一次。(　　)
4. 半净膛是指将屠禽全部肠管从体腔内取出的加工方法。(　　)
5. 患高致病性禽流感的家禽胴体可以高温处理后食用。(　　)
6. 因为鸡仅在颈胸部和腰部有两群简单的淋巴结,所以鸡的宰后检验不剖检淋巴结。(　　)

三、简答题

1. 家禽宰前管理要点与宰前检疫方法有哪些?
2. 家禽屠宰加工过程的卫生要求是什么?
3. 家禽宰后检验的两个基本环节主要包括什么内容?
4. 试举两例，说明家禽主要疾病的宰前、宰后检验要点及其卫生处理措施。
5. 哪些病禽肉可引起人类食物中毒?

模块十一　家兔的屠宰加工卫生与检验

知识目标

1. 理解家兔宰前管理的意义。
2. 掌握家兔宰前检疫的程序和方法。
3. 掌握家兔屠宰加工过程的兽医卫生监督。
4. 掌握家兔常见疫病的宰后检验与处理。

能力目标

1. 能够对家兔进行宰前管理。
2. 能够完成家兔的宰前检疫与处理。
3. 能够完成家兔宰后检验的方法与处理。

项目一　家兔的宰前检疫与管理

一、家兔的宰前检疫

（一）家兔宰前检疫的程序

1. 入场验收　家兔运到屠宰加工企业时，兽医卫检人员应先向押运员索取产地动物检疫证明，认真核对只数，如有不符必须要查明原因，然后逐笼视检，剔除有明显病症和重伤的个体。发现患有传染病的兔群，根据疾病的种类按规定处理。

2. 入场检疫　入场后的家兔，在验收圈中休息 4～8h 后进行一次检查，以便及时发现病兔，做到病、健隔离。

3. 送宰检疫　家兔在饲养圈休息和停食管理后，送宰之前应进行检疫，以便最大限度地控制病兔进入屠宰流水线，做到病、健分宰。对检疫后临床健康的家兔，开具送宰证明。

（二）家兔宰前检疫的方法

家兔宰前检验中的健康检查是以感官检查为主，必要时辅以体温测定，一般分为群体视检和可疑病兔重点检查两步。

1. 群体视检　安静地接近兔圈（笼），仔细观察兔群。

（1）家兔神态及对环境的反应。健康家兔被毛浓密、润滑而有光泽；精神活泼、敏感，动作迅速，当见人接近，立即逃避；病兔反应迟钝，行动迟缓。

（2）家兔的采食情况。健康家兔好采食，咀嚼动作迅速，病兔则反之。

（3）家兔的呼吸情况。健康家兔呼吸正常，无咳嗽、喷嚏等现象；呼吸道与口腔有病的家兔往往垂涎，前胸乃至前肢下端被毛潮湿。

（4）家兔粪便。观察圈内有无稀便。腹泻的家兔一般都较弱，肛门和后肢的被毛被稀便严重污染。

(5) 有无圈（笼）亡兔尸。如发现圈（笼）亡兔尸，应立即送检验室剖检，找出死亡原因。

2. 可疑病兔群体 视检时发现的可疑病兔，应立即隔离，进行重点检查。观察家兔的外表，着重检查口腔、眼睛、耳朵、鼻孔、被毛、肛门、趾爪等部位的情况。必要时进行肛门测温。

(1) 体表应着重检查被毛是否蓬乱、稀疏、脱落斑块；皮肤有无丘疹、化脓或结痂，体表淋巴结，尤其是颌下淋巴结是否肿胀。

(2) 体态重点检查站立和运动姿势是否正常，有无神经症状，如头位不正或四肢麻痹。

(3) 眼睑有无肿胀，眼结膜是否黄染或贫血，是否潮红，有无脓性分泌物。

(4) 鼻腔有无黏性、脓性分泌物。

(5) 阴部、肛门周围和后肢被毛有无粪便污染，母兔阴道是否有脓性分泌物。

二、家兔宰前检疫后的处理

1. 准宰 凡经检疫确认为健康、肥度合格的家兔，准予屠宰。

2. 禁宰 确诊患有严重传染病或严重人畜共患病的家兔，如兔病毒性出血症、野兔热、兔产气荚膜梭菌病等禁止屠宰，应采取不放血的方法扑杀后销毁。

3. 急宰 凡患有一般性疾病或有外伤的家兔，应送急宰车间进行急宰。

4. 缓宰 经检查无显著病症的可疑病兔，须隔离观察；怀孕兔和瘦弱兔均应留养。

三、家兔的宰前管理

1. 休息和饲养 进入屠宰场的家兔，应按其产地、品种和体型的大小分群饲养。饲养圈不宜过大，每群以 25m^{2}面积存放 200～300 只为宜。饲养圈必须经常打扫，保持清洁，并定期进行消毒。家兔由于环境的改变和在运输途中所产生的应激反应，正常生理机能受到抑制或破坏，抵抗力降低。因此，在宰前饲养过程中必须限制家兔的活动，保证充分休息，以消除疲劳，减少应激。对肥度良好的家兔，喂饲以恢复在运输途中所受损失为原则，瘦弱兔要以饲喂精料为主，以期在短期内迅速增重，改善兔肉品质。

2. 停饲管理 停食时间应视具体情况而定，一般不超 20h。停食期间应供给饮水，直到临宰前 2～3h 停止饮水，但饮水不宜过多，以免影响解体加工操作。

项目二 家兔的屠宰加工卫生与检验

一、家兔的屠宰加工工艺与卫生要求

家兔的屠宰方法很多，现代化的屠宰场都采用机械流水作业，用空中吊轨移动来进行家兔的屠宰与加工，降低劳动强度，提高工作效率，减少污染机会，保证肉质的新鲜卫生。小型肉兔加工厂屠宰时多采用手工操作，但宰杀过程大体相同。家兔的宰杀过程包括致昏、沥血、剥皮、截肢、去尾、剖腹取内脏等过程。

(一) 致昏

1. 电击法 目前已为各兔肉加工厂所广泛采用，常用的是长柄锤形电麻器和转盘式电麻器，一般采用电压 70V、电流 0.75A、电麻时间 2～4s，通电部位为两侧耳根稍后。电麻不得过深，否则会造成放血不良，使兔肉质量降低。家兔电麻击昏后，倒挂切颈放血。

2. 机械击昏法 紧握兔两后腿提起，使兔头下垂，用木棒猛击其头部，使其昏厥后屠宰。此法用于小型兔屠宰场和家庭屠宰。棒击时需迅速熟练，否则，不仅达不到击昏的目的，而且还会因兔骚动发生危险。此外，头部被棒击中部位有瘀血，影响兔头的深加工。目前很少应用。

（二）放血

现代化兔肉加工企业多采用机械转盘刀割头放血，这种方法可减轻劳动强度，提高工效，并防止兔毛飞扬和兔血四溅。有的兔肉加工企业采用将兔体倒挂后切断颈部动、静脉血管放血法，这也是一种比较好的方法。

目前常用颈部放血法，家兔电麻击昏后，倒挂垂直放血，割断颈部的血管和气管进行放血，放血时间以2～3min为宜，一般不能少于2min。注意放血必须彻底。放血是否充分，对兔肉的品质和耐藏性起着决定性的作用。

放血彻底的兔肉呈粉红色，肉质细嫩柔软，含水量少，保存时间长。放血不充分的兔肉，肉色发红，色泽不美观。

（三）剥皮

1. 尽快剥皮 剥皮过晚不但不易剥离，而且容易撕破皮肤或皮张带肉。为避免兔毛、粪污染胴体，在剥皮前需用冷水湿裆，剥皮宜采用脱袜式。

大型机械化屠宰厂多用链条剥皮机。一般厂采用半机械化剥皮，即先用手工操作，将已宰杀家兔挂在铁钩上，从后肢膝关节处平行挑开，剥至尾根部，再双手紧握兔皮的腹背部剥至前腿处（应防止挑破腿肌和撕裂胸腹肌），然后把尾部兔皮夹入剥皮机进行剥皮。

广大农村和小型兔肉加工厂多采用手工操作剥皮，有袋剥法和平剥法。袋剥法又称为脱套褪皮法，是先用粗绳将已宰杀家兔一后肢吊在柱上，见图11-1A，然后用利剪自颈部周围、四肢中段（前肢腕部和后肢跗部处）将皮剪断，再自阴部的上沿两腿内侧把皮剪开，见图11-1B，将皮自阴部上方剥开翻转，向颈部脱落，用褪套的方法把皮剥下，使其成为皮板朝外的圆筒状。该方法也称为脱袜式剥皮。

平剥法是将放净血的家兔放置于剥皮台上，四肢一律用剥皮刀自第二关节处切离，然后使家兔仰卧，在咽喉部开一创口，沿腹部中央线切开，止于会阴部，用刀锋由后肢的内侧垂直划出，将大腿部的皮和肉分离，至尾根部，将附着于尾骨的皮切断。再继续向头部进行剥离，至前肢的切线环，一肢剥离，再剥另一肢。最后剥至头部的皮，根据需要将头颈部剥取，或全部废弃。

2. 防止污染 在剥皮过程中，凡是接触过皮毛的手和工具，不得再接触胴体，以防止兔肉受到污染。家兔在剥皮前需用冷水湿裆，以防兔毛飞扬。但不要喷湿挂钩和被固定的兔爪，以免污染胴体。

（四）截肢、去尾

在腕关节稍上方截断前肢，从跗关节稍上方截断后肢，从第一尾椎处去掉兔尾（包括尾根）。在尾根附近有鼠鼷腺和直肠腺，分泌物具有特殊腥味，须采用圆环形切刀剔除，以免影响兔肉品质。这一工序有些厂家采用机械进行，既长短一致，又没有碎骨，也不沾飞毛。手工操作时应注意四肢都截整齐，切忌长短不一。

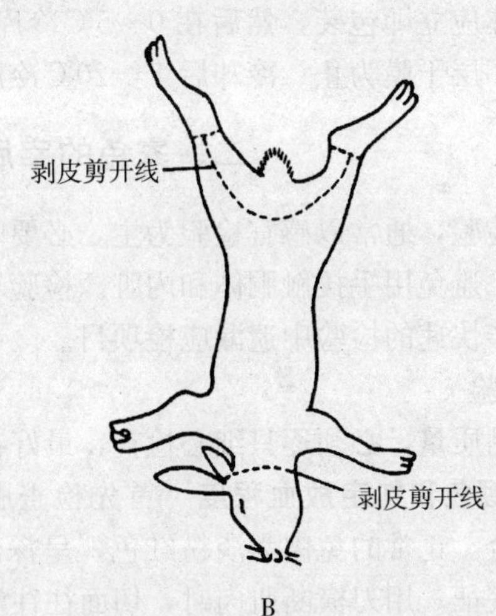

图 11-1　兔的剥皮

(五) 开膛与净膛

1. 开膛　开膛下刀要深浅适度，避免割破胃、肠而造成胴体污染。自骨盆腔开始，从腹线正中剖开腹腔。

2. 净膛　摘取大小肠和膀胱。摘取大肠，应以手指按住腹壁及肾，以免脂肪与肾连同大小肠一并扯下。然后再割开横膈膜，以手指伸入胸腔抓住气管，将心脏、肺、肝、胃取出。

在家兔屠宰加工生产过程中，粪便是沙门氏菌的主要传播因素，因此，工作人员在剖腹操作时要细心熟练，一旦开破胃肠，要及时将该兔胴体拉出流水线，另行处理，手和刀具应经消毒清洗后才能继续操作，这样可避免扩大污染。

(六) 修整

除去胴体上污染的瘀血、残脂、污秽等，达到洁净、完整和美观的商品要求。加工整理过程在整个屠宰过程中十分重要，又是最易忽视的过程，特别是小型屠宰厂。

1. 擦去胴体残留血液　家兔胴体的修整，不得采用冷水冲洗，否则体表不易晾干，很难形成干膜，胴体不易保藏。用洁净海绵或毛巾擦去颈部血水，用“T”字形擦血架擦去体腔内残留的血水。小型的家兔用真空泵吸出血水最为理想，可避免胴体受到污染。

2. 修割胴体

(1) 修除残余内脏、生殖器官、耻骨附近的腺体和结缔组织；修除血脖肉、胸腺和胸腹内的大血管；修除体表各部位明显的结缔组织；从骨盆处挤出后腿大血管内残留的血水。

(2) 背部、臀部及腿部外侧等主要部位的外伤必须修割，但不得超过两处，每处面积不超过 1cm^2。其他部位外伤也应修割掉，其面积可适度放宽。

(3) 修割掉暴露在胴体表面的脂肪，特别是背部的两条脂肪应修割掉，以防贮存时脂肪氧化变质。

家兔的胴体一般不采用湿修方法，否则体表难以形成干膜，不耐保藏。修整加工时胴体应单层摆放，不得积压，最多不得超过两层。

（七）冷却包装

修整后的胴体应立即包装，然后在 0～5℃冷库放置 2～4h 冷却，夏季可通风冷却，直至胴体表面形成一层干膜为止。冷却后于－20℃冷库内冷冻处理。

二、家兔的宰后检验

家兔的宰后检验，通常以感官检验为主，必要时再作实验室检验。检验时常借助于齿镊和外科尖头剪刀，避免用手接触胴体和内脏。检验者应遵循一定的检验程序，养成习惯，以防止在流水线生产快速的检验中遗漏应检项目。

（一）胴体检验

为了保证产品质量，必须逐只细心检查，最好在初检后再复检一次。

1. 观察兔肉颜色和判定放血程度 首先检查胴体的外观，观察肌肉的色泽是否正常，判断放血是否完全。正常的兔肉为淡粉红色，呈深红色的，为老龄兔；如果兔肉呈暗红色，则是放血不全的表征，用刀横断肌肉时，切面往往渗出小血滴；脂肪黄染而疑似黄疸时，可剪开背、臀部深层肌肉和肾，观察肌肉和肾盂的色泽。

2. 检查胸腹腔 以左手持镊子固定左侧腹部肌肉，右手持剪，将右侧腹肌撑开，暴露出胸腹腔，检查胸腹腔内有无炎症、出血、化脓、结节等病变，有无寄生虫寄生。同时观察留在胴体上的肾有无病变（正常兔肾呈棕红色）。

3. 检查体表和淋巴结 检查体表时，首先观察四肢内侧有无创伤、脓肿。再视检各部主要淋巴结有无肿胀、出血、化脓、坏死、溃疡等病变。如果发现多处淋巴肿大，尤其是颈部、颌下、腋下、腹股沟淋巴结呈深红色并有坏死病灶者，应考虑土拉菌病和坏死杆菌病。

（二）内脏检验

1. 腹腔脏器的检验

（1）胃。观察胃的浆膜、黏膜有无充血、出血及炎症（注意巴氏杆菌病）。

（2）肠。观察盲肠蚓突和圆小囊浆膜下有无散发性和弥漫性灰白色小结节或肿大（如伪结核）；注意小肠黏膜是否有许多灰白色小结节（如肠球虫病），盲肠、回肠后段和结肠前段浆膜、黏膜有无充血、水肿或黏膜坏死、纤维化（泰泽氏病）。同时观察胃肠浆膜有无寄生虫（豆状囊尾蚴）。

（3）脾。观察脾的大小、硬度、色泽，注意有无充血、出血、结节、硬化等病变。脾肿大，有大小不一、数量不等的灰白色结节的，若其切面有淡黄色或灰白色较硬的干酪样坏死并有钙化灶，则为结核病。

（4）肝。注意肝的硬度、大小、色泽，有无脓肿及坏死病灶，胆囊、胆管有无病变或寄生虫寄生。如肝表面有针尖大小的灰白色小结节，应考虑沙门氏菌病、泰泽氏病、野兔热、李氏杆菌病、巴氏杆菌病、伪结核病；巴氏杆菌、葡萄球菌、支气管败血波氏杆菌感染时，肝常有脓肿；患肝球虫病时，肝实质有淡黄色、大小不一、形态不规则、一般不突出于表面的脓性结节（必要时可剖开胆管，取胆管内容物制压片，镜检卵囊）。

（5）肾。观察肾有无充血、出血、变性及结节。如果肾一端或两端有突出于表面的灰白色或暗红色、质地较硬、大小不一的肿块，或在皮质部有粟粒大至黄豆大小的囊疱，内含透明液体，则是肿瘤或先天性囊肿的病变。要特别注意检查兔的肾母细胞瘤。

（6）子宫和腹腔。注意子宫和腹腔有无积脓，表面有无纤维蛋白性附着物（巴氏杆菌病、葡萄球菌病），并检查有无寄生虫（如多头蚴病、棘球蚴病、豆状囊尾蚴病）。

2. 胸腔脏器的检验

（1）肺。注意肺的形态、色泽、硬度有无变化，肺和气管有无炎症、水肿、出血、化脓、结节等病变。

（2）心脏。注意心包腔有无积液，心脏表面有无粘连或纤维蛋白渗出物附着，心肌有无充血、出血、变性等病变。

项目三　家兔常见疫病的检验与处理

兔巴氏杆菌病

兔巴氏杆菌病是由多杀性巴氏杆菌引起的各种类型疾病的总称。家兔对多杀性巴氏杆菌十分敏感，常大批发病和死亡。

1. 宰前鉴定

（1）急性败血型。病兔体温升高至41℃以上，精神委顿，不食，呼吸急促，鼻腔流出浆液性、脓性分泌物，下痢，死前出现战栗、痉挛、抽搐等神经症状。病程1～3d，有的不显症状就突然死亡。

（2）亚急性型。此型多为慢性型恶化而来。主要表现为肺炎和胸膜炎，体温稍升高，食欲减退，呼吸困难，鼻腔内有黏液或脓性鼻涕，常打喷嚏，关节肿胀，眼结膜发炎，消瘦。

（3）传染性鼻炎型。鼻腔流出浆液、黏液、脓性分泌物，常打喷嚏，咳嗽，呼吸困难，并有鼻塞音。鼻孔周围被毛潮湿、缠结、蓬乱，甚至脱落，常有分泌物形成的结痂。此外，还可能有结膜炎、角膜炎、中耳炎等并发症。

（4）地方流行性肺炎型。最初表现食欲不振和精神沉郁，咳嗽，衰弱，消瘦，以后表现典型症状，大多死于败血症。

（5）脓肿型。体温升高，食欲不振，身体多部位形成脓肿，大小不等，位于深层组织的内脏脓肿不易诊断，有时继发脓毒败血症而死亡。

2. 宰后鉴定

（1）急性败血型。上呼吸道黏膜充血、出血，并有多量分泌物，肺充血、出血、水肿，膈叶尤其严重，心包积液，心内外膜有出血斑点。肝变性，并有许多坏死小点，脾和淋巴结肿大、出血，小肠黏膜充血和出血。胸腹腔有淡黄色渗出液。

（2）亚急性型。肺充血、出血或有脓肿，胸腔有渗出液，胸膜和肺表面常有纤维蛋白性凝絮附着。鼻腔和气管黏膜充血、出血并有黏稠的分泌物，肺的淋巴结充血、肿大。

（3）传染性鼻炎型。鼻腔内积有多量的鼻液，鼻黏膜充血，鼻窦和副鼻窦黏膜红肿。

（4）地方流行性肺炎型。肺内有实变、脓肿或灰白色小结节以及膨胀不全病灶，胸膜及心包膜常有纤维性渗出物，胸腔积液。

（5）脓肿型。体表皮下有大小不等的脓肿，肝、肺、心脏、肌肉、乳腺或其他器官和组织等也可能有脓肿。

3. 卫生评价与处理

（1）疑为巴氏杆菌病的家兔，送急宰间急宰。

（2）胴体营养良好，肌肉无可见病变的胴体，高温处理后出厂（场）；内脏全部化制或销毁。

（3）胴体消瘦或肌肉有可见病变的，有化脓性胸膜炎，皮下或其他部位多处有脓肿的，胴体送作化制或销毁。

（4）皮毛消毒后利用。

兔病毒性出血症

兔病毒性出血症俗称为“兔瘟”，是由兔病毒性出血症病毒引起的一种急性、高度接触性传染病，呈暴发性流行。发病率及致死率极高。以全身实质器官出血、发病率和死亡率很高为主要特征。

1. 宰前鉴定

（1）最急性型。多发生在流行初期。患兔无明显临床症状，突然死亡，死后从鼻孔中流出带泡沫的血液。

（2）急性型。精神沉郁，食欲减退或废绝，渴欲增加，不爱活动，被毛无光泽，体温升高（41℃以上），发病后12～18h死亡。死前表现短时间兴奋、挣扎等神经症状，然后倒地做游泳样动作，全身抽搐，发出惨叫声而死亡。有的头向后仰，有的头扭向一侧。死前肛门松弛，肛门周围被毛有淡黄色黏液污染，粪球外附有淡黄色胶样物。死后鼻孔流出泡沫状血液。

（3）慢性型。多发于3个月内的幼兔。体温升高至41℃，食欲不振，渴欲增加，被毛粗乱，迅速消瘦，排胶冻样粪便。少数3～5d内死亡，多数能耐过而痊愈。

2. 宰后鉴定 病理变化以全身实质器官瘀血、水肿和出血为主要特征。最显著的特征是呼吸器官和肝、心脏、肾等的出血。喉头、气管黏膜严重瘀血，气管环最明显，气管内有泡沫状血液，形成所谓“红气管”。肺表面与肺实质散在出血斑点，外观呈花斑状。肾瘀血、肿大，暗红色，呈“大红肾”。肝瘀血、肿大，小叶间质增宽，表面有淡黄色或灰白色条纹，生殖器官和消化道也有明显的出血性病变。

3. 卫生评价与处理

（1）确认本病后，要封锁疫区。

（2）确诊为病毒性出血症的病兔或整个胴体及副产品，均作销毁处理。

兔黏液瘤病

兔黏液瘤病是由黏液瘤病毒引起的一种高度接触传染性、高度致死性传染病。以全身皮下，尤其是脸面部和天然孔周围皮下发生黏液瘤性肿胀为特征。

1. 宰前鉴定 急性病例呈现耳聋，体温升高42℃，眼睑水肿，2d内死亡。大多数病例发病后5～7d眼睑水肿、下垂，肛门、生殖器及口、鼻周围发炎、水肿。由于皮下组织的黏液性水肿，头部呈狮子头形状。耳朵也剧烈肿胀而下垂。后期出现皮肤出血，发生鼻炎和肺炎。

2. 宰后鉴定　可见皮肤肿瘤和皮肤以及皮下显著水肿。特别是颜面部和天然孔周围的水肿。皮肤出血，脾、淋巴结肿大、出血，心内外膜有出血点，胃肠道黏膜下有瘀血。

3. 卫生处理　整个胴体及副产品，均作销毁处理。

兔葡萄球菌病

兔葡萄球菌病是由金黄色葡萄球菌引起的兔的常见传染病。主要表现为内脏器官、肌肉和皮下组织化脓。在屠宰检验中常见的有脓毒败血症，肌肉、皮下化脓和乳房炎等。

1. 宰前检疫　可见患兔头、颈、背、腿等部的皮下形成一个或几个脓肿，大小不一，一般由豌豆大至鸡蛋大，破溃后流出浓稠的干酪状或乳油样脓液。乳房局部皮肤呈紫红色或蓝紫色，有硬实或柔软脓肿。

2. 宰后检验　在皮下、心脏、肺、肝、脾等内脏器官以及肌肉、睾丸、附睾、子宫和关节等处有脓肿。多数情况下，内脏脓肿常被结缔组织包囊，脓汁呈乳白色奶油状。乳房和腹部皮下结缔组织化脓，脓汁呈乳白色或淡黄色油状。胸腔、腹腔积脓，浆膜有纤维蛋白附着。

3. 卫生处理

（1）脓毒血症的胴体和内脏化制或销毁。

（2）患有局部病灶的胴体，割除病灶后高温处理后出厂（场），病灶部分化制或销毁。

兔密螺旋体病

兔密螺旋体病又称为“兔梅毒”，是兔梅毒密螺旋体所致兔的一种慢性传染病，其特征是侵害外生殖器和颜面部的皮肤和黏膜，发生炎症、结节和溃疡，本病仅发生于成年家兔和野兔，其他动物和人不感染。

1. 宰前鉴定　病初，公兔的龟头、包皮和阴囊皮肤，母兔的阴门边缘等外生殖器和肛门周围黏膜、皮肤发红、水肿，形成粟粒大的结节，以后肿胀部和结节的表面渐渐有渗出物而变为湿润，结成红紫色、棕色痂，剥去痂皮，可露出溃疡面，溃疡稍凹陷，边缘不整齐，易出血，周围常有不同程度的水肿。此外，常因咬噬患部而使感染蔓延至颜面部、下颌、鼻、爪等处，并使被毛脱落。但在愈合后又很快长出，慢性病例多发生于干燥而鳞片状稍凸起的区域，容易被忽视。

2. 宰后鉴定　除上述外生殖器官和其他部位的病变外，腹股沟淋巴结可能肿大，但内脏器官常无肉眼可见的病理变化。

确诊可采取病变部的黏膜或溃疡面的渗出液，特别是流出的淋巴液或包皮渗出物作涂片，用暗视野显微镜检查，或经印度墨汁染色、镀银染色、姬姆萨染色后镜检确认有无螺旋体存在。

3. 卫生评价与处理　患部化制或销毁，胴体和内脏高温处理后出厂（场）。

兔 结 核 病

兔结核病是由分枝杆菌引起的一种慢性传染病。牛型、人型、禽型分枝杆菌均有发现，但以牛型最为多见，其次是禽型结核分枝杆菌。

1. 宰前鉴定 患兔消瘦，衰弱，有厌食表现，眼结膜苍白。患肺结核时，常有咳嗽、喘气和呼吸困难；患肠结核时，主要表现为腹泻。

2. 宰后鉴定 眼观往往可见胴体消瘦和各器官的淡褐色以至灰色的坚实结节。结节大小不一，通常存在于肺、胸膜、心包、支气管淋巴结、肠系膜淋巴结、肾及肝，而较少见于脾。结节中心呈干酪样坏死，外面包裹一层纤维性包膜。肺内结节有时互相融合而成腔洞。患肠结核时，小肠与大肠的浆膜面含有稍凸起、坚实、大小不等的病变区。

3. 卫生评价与处理

（1）局限性结核，废弃病变器官或割除局部病灶，其余部分高温处理后出厂（场）。

（2）全身性结核或胴体消瘦的，胴体和内脏全部化制或销毁。

土 拉 菌 病

土拉菌病是由土拉弗朗西斯菌引起的一种人畜共患的传染病，又称为野兔热。本病原发于野生啮齿动物，以野兔多发，家兔较少见。动物多因采食患野兔热动物污染的饮水或饲料后感染，也可由吸血昆虫传播。人感染本病是食用了未经处理的病畜肉或接触患病动物所致。

1. 宰前检疫 病兔多表现慢性经过，较明显的症状是体温升高，鼻炎，高度消瘦和体表淋巴结肿大。

2. 宰后检验 主要病变是淋巴结和肝、脾等器官的肿大和坏死。病兔全身淋巴结肿大，尤以颌下、颈部、腋下及腹股沟淋巴结肿大最显著，切面呈深红色并有针头大小的白色干酪样坏死点。周围组织充血、水肿。脾肿大呈深红色，表面和切面有灰白色坏死点。肝、肾肿大并有灰白色粟粒大坏死点。有些病例在肺、骨髓和网膜也有同样病灶。盲肠蚓突、圆小囊极少见有病变。

3. 卫生处理 同兔病毒性出血症。

兔泰泽氏病

兔泰泽氏病是毛样芽孢杆菌引起的一种兔病，特征为肝多发性局灶性坏死、出血性坏死性肠炎。主要发生于7～12周龄仔兔，断乳前或成年兔也可感染发病。

1. 宰前鉴定 以严重水泻和后肢有粪污为特征。精神沉郁，不食，脱水。一般在出现临床症状后12～48h，因严重脱水而死亡。

2. 宰后鉴定 盲肠、回肠后段和结肠前段的浆膜充血，并散布点状出血，盲肠壁因水肿而增厚。盲肠和结肠内积有褐色水样内容物，盲肠黏膜充血、粗糙并呈颗粒状外观。在回肠与盲肠以及盲肠与结肠的连接处附近的黏膜也有类似的变化，但通常较轻微。慢性病例，有广泛坏死部位的肠段常因纤维化而发生肠腔狭窄。肝肿大，表面和切面密布细小的灰白色坏死灶。心肌内可见有宽 0.5～2mm、长 4～8mm 的灰白色条纹或坏死灶。

确诊需在肝和肠的病变部及其周缘尚有生机的细胞内检出毛样芽孢杆菌。

3. 卫生评价与处理

(1) 胴体营养良好的，不受限制出厂（场），病变器官化制或销毁。

(2) 胴体消瘦的，经高温处理后出厂（场）。

兔产气荚膜梭菌病

兔梭菌性腹泻又称为兔产气荚膜梭菌病，是由 A 型产气荚膜梭菌引起的兔的一种以消化道为主的全身性疾病。特征为水样腹泻和脱水死亡。

1. 宰前检疫　最明显的症状是急剧下痢，濒死前呈水泻，稀粪污染臀部和后腿，有特殊腥臭味。病兔体温一般偏低，精神委顿，拒食，消瘦，脱水，大多数出现水泻的当天或次日死亡，少数可拖 1 周，极个别的拖 1 个月最终死亡。

2. 宰后检验　胴体肛门附近和后肢飞节下端被毛染粪。剖开腹腔可嗅到特殊臭味。胃底黏膜脱落，有溃疡灶。小肠内充满气体，肠壁菲薄透明，并有弥漫性充血和出血；肝质脆。脾深褐色。膀胱积有茶色尿液。

3. 鉴别诊断　本病应与球虫病、巴氏杆菌病、沙门氏菌病及泰泽氏菌病进行鉴别。通过细菌分离培养、动物接种和对流免疫电泳等实验室检查，可获得确诊。

4. 卫生处理　确诊为兔梭菌性腹泻的病兔或整个胴体及副产品，均作销毁处理。

兔　螨　病

螨病又称为疥癣，是由疥螨科和痒螨科的螨类寄生于家畜或家禽的体表或表皮内所引起的慢性皮肤病，以兔子感染尤为严重。该病通过接触感染，以能引起患畜发生剧烈的痒觉以及各种类型的皮肤炎为特征。

1. 宰前检疫　在兔嘴唇四周、鼻端、耳朵和爪部以及无毛或少毛处形成片样痂皮，患兔发痒不安，时常搔抓患部，食欲减退，体形消瘦。

2. 宰后检验　内脏无肉眼可见病变，主要根据皮肤病变及检查患部皮屑中的螨虫或虫卵做出诊断。

3. 卫生处理　胴体不受限制出厂（场），皮毛经消毒后利用。

实训八　家兔的屠宰检疫

【目的与要求】掌握家兔宰前检验技术，能区分病、健家兔。掌握家兔宰后检验程序、方法和检验内容。

【器材与试剂】每 2 人 1 个兔笼、1 只家兔；刀、剪、镊子、搪瓷盘、体温计、纱布，1 套/组。

【操作方法】

1. 宰前检验　以群体检查为主，辅以个体检查。对兔笼内的实验兔进行群体检查，注意兔的精神状态、被毛是否光洁、呼吸及粪便状况，兔的反应是否敏捷、抓捕时其挣扎情况。将可疑病兔剔出并进行个体检查，测温、注意头部器官有无异常，眼、嘴、鼻黏膜的色泽，有无分泌物及其性状怎样，体躯和四肢皮肤有无创伤，触摸颌下、腋窝、腹股沟淋巴结的大小和硬度；从兔左侧肋骨下触摸到腹部中央，做妊娠检查，若能摸到一团柔软而滑动的肉球状物，则为胎儿。

2. 宰后检验技术

（1）检验前准备。先用手术刀或剪刀沿下颌骨与第 1 颈椎处，切断颈动脉，放血 3～4min，将兔致死，用水冲洗兔体被毛。然后用刀在颈部、前肢腕关节及后肢跗关节上方 1cm 处皮肤作环形切口，再沿两后肢内侧、绕过肛门挑切开皮肤并断尾；再由助手倒提并分开兔两后肢，一人用双手自阴部上方翻转皮肤，采用袋剥法，见图 11-1。把皮自阴部拉向头部、剥去皮、断头、截肢。将肉体放在搪瓷盘中开膛。自耻骨开始，沿腹中线用小刀切开腹壁，取出胃、肠、脾置于小搪瓷盘中，取出心脏、肺、肝置于大搪瓷盘中。然后将内脏和胴体对照检验。

（2）内脏的检验。依次对胃、肠、脾、肝、心脏、肺、肾进行感官检查，注意其大小、色泽、有无病变；尤其是蚓突和圆小囊浆膜下是否有灰白色小结节，以检验兔伪结核病。兔蚓突为盲肠的游离端，比较细，壁厚而内腔狭窄，长约 10cm，表面光滑，颜色较盲肠其他部分淡。圆小囊在回肠与盲肠的连接处，由肠管膨大形成的一个长径约 3cm、短径约 2cm 的厚壁球囊。兔肝常发现有寄生虫寄生，如肝球虫病时，见肝表面有脓性结节。某些传染病，如兔沙门氏菌病、巴氏杆菌病、李氏杆菌病、野兔热和伪结核病等，常见肝表面有针头大小的灰白色结节，应注意鉴别。肝有脓肿，应考虑是否葡萄球菌、巴氏杆菌、支气管败血波氏杆菌感染。

（3）胴体的检查。检验者左手握有齿镊子，钳住左侧腹壁肌肉，右手持剪刀撑开右侧腹壁，视检体腔，再检查体表。注意胴体放血程度、有无出血、黄疸、脓肿等变化，淋巴结有无变化。如发现颈部、腋浅和腹股沟淋巴结肿大、呈深红色并有坏死灶，应考虑野兔热和坏死杆菌病。

复习思考题

一、填空题

1. 家兔屠宰时常用的剥皮方法是________。
2. 家兔宰后检验一般分为________、________和________三部分。
3. 放血良好的兔肉应呈现________。
4. 兔瘟主要侵害________月龄以上的兔。
5. 兔正常的体温是________℃。

二、判断题

1. 兔屠宰加工时为防止兔毛飞扬，剥皮前可以进行湿裆处理。（　　）
2. 家兔胴体可以进行湿修，以除尽胴体上的血液和兔毛等杂物。（　　）
3. 野兔热的病原体是土拉热杆菌，是一种仅感染野兔的疫病。（　　）

4. 兔巴氏杆菌病又称为兔出败，兔对巴氏杆菌易感性很高。(　　)

5. 兔瘟宰后鉴定要点是“红气管、大红肾、花斑肺”。(　　)

三、简答题

1. 宰前检验时病、健兔如何进行分群?
2. 家兔屠宰加工过程的卫生要求是什么?
3. 如何判定兔胴体是否放血良好?
4. 如何对兔常见疫病进行鉴定与处理?

模块十二 肉与肉制品的加工卫生与检验

知识目标

1. 了解肉的形态结构和化学组成。
2. 掌握肉在贮藏过程中的变化特征。
3. 掌握肉新鲜度的检验方法。
4. 了解肉的冷冻加工方法及冷库的卫生要求。
5. 了解动物油脂的变质形式与危害。
6. 掌握常见肉制品的加工卫生要求。
7. 掌握常见肉制品的卫生检验方法。
8. 熟悉常见肉制品国家卫生标准。

能力目标

1. 能够熟练进行肉新鲜度的检验，并能对其作出正确卫生评价。
2. 能够熟练进行常见肉制品的感官检验，并能对常见肉制品作出正确卫生评价。
3. 能够识别冷冻肉常见的异常变化，并能对其作出正确卫生评价。
4. 能够进行油脂酸价、过氧化物值、丙二醛的测定。

项目一 肉的概述

一、肉的概念

肉的概念，从广义上说，指各种动物宰杀后所得可食部分的总称。在肉品工业和商品学中，肉是指去毛或皮、头、蹄、尾和内脏的家畜胴体，也称为白条肉。把去掉羽毛、内脏及爪的家禽胴体称为光禽。而把头、蹄、尾、爪、内脏统称为副产品或下水。因此，这里所说的肉包括肌肉、脂肪、骨、软骨、筋膜、神经、脉管和淋巴结等多种成分。而在肉制品中所说的肉，仅指肌肉以及其中的各种软组织，不包括骨及软骨组织。精肉则是指不带骨的肉，即指去掉可见的脂肪、筋膜、血管、神经的骨骼肌。在屠宰加工和肉的冷冻加工过程中，根据肉的温度将肉分为热鲜肉、冷却肉（冷鲜肉）和冷冻肉等。

二、肉的形态结构

肉在形态学上由肌肉组织、脂肪组织、结缔组织和骨组织等组成的，其中肌肉组织占50%～60%，脂肪组织占20%～30%，结缔组织占9%～14%，骨组织占15%～22%。这些组织在肉中的数量和比例因动物的种类、品种、性别、年龄、肥育程度、营养状况及用途不同而有差异，在一定程度上决定肉的商品价值和食用价值。

1. 肌肉组织 肌肉组织是构成肉的主要组成部分，是肉最有食用价值的部分。各种畜禽的肌肉平均占活体重的27%～44%，或胴体重的50%～60%。肉用品种的畜禽肌肉组织所占比例高，而肥育过的比未肥育过的比例低，幼年与老年、公畜与母畜之间也有差异。肌肉组织在畜禽体内分布很不均匀，通常家畜在臀部、颈部、肩部和腰部的肌肉较丰满，而禽类则以胸肌和腿肌最为发达。

从商品角度来说，肌肉组织主要是指骨骼肌。完整的肌肉由多量的肌纤维（即肌细胞）和较少量的结缔组织及脂肪细胞、腱、血管、淋巴管、神经等构成的。

肌纤维是构成肌肉组织的基本单位，每50～100根肌纤维集束由一结缔组织膜包被起来，称为初级肌束，数十根初级肌束再由较厚的结缔组织包被起来，成一个较大的束，称为次级肌束。包被初级肌束和次级肌束的结缔组织膜称为肌束膜。我们肉眼能够看到肌肉模断面上的大理石样外观，就是由肌束和位于肌间的结缔组织与脂肪组织构成的。次级肌束再次集合，周围包以较厚而坚固的肌外膜，即构成完整的肌肉。肌纤维因动物种类与性别不同而有粗细之别，水牛的肌纤维最粗，黄牛肉、猪肉次之，绵羊肉最细，公畜肉粗，母畜肉细。故检验时常借助于这种特性来鉴别各种动物肉。

畜禽的肌肉通常呈不同程度的红色，这是由于肌纤维内含有肌红蛋白和残存于毛细血管的血红蛋白的缘故。肌红蛋白和血红蛋白含量越多，肌肉颜色越深。放血不良畜禽，由于残存于血管的血红蛋白量多，故肌肉颜色较深。

2. 脂肪组织　脂肪组织主要分布在皮下、肠系膜、网膜、肾周围等，有时也贮积于肌肉间和肌束间。肌间脂肪的贮积，使肉的断面呈所谓的大理石样外观，能改善肉的滋味和品质。不同动物体内脂肪含量差异很大，少的仅占胴体的2%，多的可达40%。一般来说，母畜比公畜的脂肪含量多，肥育的畜禽比不肥育的畜禽脂肪含量多。

脂肪组织是由大量的脂肪细胞填充于少量的疏松结缔组织中构成的。脂肪的气味、颜色、熔点、硬度与动物的种类、品种、饲料、个体肥育状况及脂肪在体内的位置不同而有差异。猪的脂肪呈白色，质地较软；牛的脂肪呈淡黄色，羊的脂肪呈白色，质地较硬；鸡、鸭、鹅等家禽的脂肪均为不同程度的黄色，其质地均较软。

3. 结缔组织　结缔组织广泛分布于畜禽机体各部，是构成肌腱、筋膜、韧带及肌外膜、脂肪组织中的网状基架、血管、淋巴管等的主要成分，主要起支持和连接作用，并赋予肌肉以韧性、伸缩性和一定的外形。结缔组织中除了细胞成分和基质外，主要是胶原纤维、弹性纤维和网状纤维。胶原纤维在肌腱、软骨和皮肤等组织中分布较多，有较强的韧性，不能溶解和消化，在特定温度下，便发生收缩，70～100℃湿热处理能发生水解，硬度减退形成明胶。弹性纤维在血管、韧带组织中分布较多，不受煮沸、稀酸和碱的破坏，通常水煮不能产生明胶。网状纤维主要分布于内脏的结缔组织和脂肪组织中。富含结缔组织的肉，不仅适口性差，营养价值也不高。一般来说，结缔组织在动物前躯多于后躯，肢体下部多于肢体上部。使役、老龄、瘦弱的动物肉中结缔组织的含量较多。

4. 骨组织　骨和软骨也是肉的组成部分，动物体内骨与净肉的质量比可决定肉的食用价值，而该价值与骨质量成反比。随着动物年龄的增长和脂肪的增加，骨组织所占的比例相对减少。动物屠体骨所占百分比：牛肉为15%～20%，犊牛肉为25%～50%，猪肉为12%～20%，羔羊肉为17%～35%，鸡肉为8%～17%，兔肉为12%～15%。

骨是由外部的骨密质和内部的骨松质构成。前者致密、坚实，后者疏松如海绵状，两者的比例依骨的机能而异。因为骨内腔和骨松质里充满骨髓，所以骨松质越多，食用价值越高。骨中一般含5%～27%的脂肪和10%～32%骨胶原，其他成分为矿物质和水。故骨在煮熬时出现大量的骨油和骨胶，赋予肉汤滋味和香味，并使之具有凝固性。

上述四种组织中，肌肉组织和脂肪组织是肉的营养价值之所在，其比例越大，肉的商品价值和食用价值越高，质量越好。结缔组织和骨组织所占比例越大，肉的质量越差。

三、肉的化学组成

无论是何种动物的肉，其化学组成都包括水分、蛋白质、脂肪、矿物质（灰分）、少量的碳水化合物及某些种类的维生素。这些物质的含量，因动物的种类、品种、性别、年龄、个体、机体部位及营养状况而异。各种畜禽肉类化学成分见表12-1。

表12-1　畜禽肉类化学成分表（每100g中的含量）

品　种	水分（g）	蛋白质（g）	脂肪（g）	碳水化合物（g）	灰分（g）	可食部分（%）
猪肉（肥瘦）	46.8	13.2	37.0	2.4	0.6	100
猪肉（肥）	8.8	2.4	88.6	0	0.2	100
猪肉（瘦）	71.0	20.3	6.2	1.5	1.0	100
牛肉（肥瘦）	67.4	18.1	13.4	0	1.1	100
牛肉（瘦）	75.2	20.2	2.3	1.2	1.1	100
羊肉（肥瘦）	65.7	19.0	14.1	0	1.2	90
羊肉（瘦）	74.2	20.5	3.9	0.2	1.2	90
马肉	74.1	20.1	4.6	0.1	1.1	100
驴肉（瘦）	73.8	21.5	3.2	0.4	1.1	100
兔肉	76.2	19.7	2.2	0.9	1.0	100
犬肉	76.0	16.8	4.6	1.8	0.8	100
鸡	69.0	19.3	9.4	1.3	1.0	66
鸡（肉鸡、肥）	46.1	16.7	35.4	0.9	0.9	74
鸭	63.9	15.5	19.7	0.2	0.7	68
鹅	61.4	17.9	19.9	0	0.8	63
鸽	66.6	16.5	14.2	1.7	1.0	42
鹌鹑	75.1	20.2	3.1	0.2	1.4	58

（一）蛋白质

肉中蛋白质含量在18%左右。一般根据蛋白质存在的位置和在盐溶液中的溶解度不同，分为三种主要蛋白质：即肌原纤维蛋白、肌浆蛋白和基质蛋白。这些蛋白质在肉品中的含量依动物种类、解剖部位等不同而差异很大，见表12-2。

表12-2　动物骨骼肌中蛋白质的种类及含量（%）

项　目	哺乳动物肉	禽　肉	鱼　肉
肌原纤维蛋白	49～55	50～60	67～75
肌浆蛋白	30～34	30～34	20～30
基质蛋白	10～17	5～7	1～3

1. 肌原纤维蛋白质　这种蛋白质是肌原纤维的结构蛋白质，是肌肉收缩的物质基础，负责将化学能转变为机械能。占总蛋白质的40%～60%。肌原纤维蛋白质中50%为肌凝蛋白，23%为肌动蛋白，6%为结合蛋白，5%为原肌凝蛋白，5%为肌钙蛋白，其余为α和β辅肌动蛋白等。

（1）肌凝蛋白。肌凝蛋白与球蛋白相似，故又称为肌球蛋白。是构成肌原纤维的主要结构蛋白质，并具有ATP酶活性，能分解三磷酸腺苷为二磷酸腺苷和无机磷酸，并释放出能量，供肌肉收缩时消耗。肌凝蛋白易与肌动蛋白结合，形成肌纤凝蛋白复合物后，具有弹性和收缩性，与肌肉收缩有关，结合时肌凝蛋白与肌动蛋白的比例为（2.5～3）：1。

肌凝蛋白是肌肉中极其重要的蛋白质，它关系到宰后肉的僵硬和成熟过程及肉加工中的嫩度变化，与肌肉的生物化学性质有关。

（2）肌动蛋白。肌动蛋白又称为肌纤蛋白，是构成肌原纤维细丝的主要成分，在肌肉中约占2.5%，它不具有ATP酶的性质。有两种不同存在形式，即球形和纤维形，肌肉收缩时以球形出现，肌肉松弛时以纤维形出现。

2. 肌浆蛋白质　由新鲜的肌肉中压榨出含有可溶性蛋白质的液体，称为肌浆。肌浆中的蛋白质包括肌溶蛋白、肌红蛋白、肌球蛋白X及肌粒中的蛋白质等。在肌肉中约占5.5%，一般占肌肉中蛋白质总量的20%～30%。这些蛋白质易溶于水或低离子强度的中性盐溶液中，是肉中最容易提取的蛋白质，又因为这些蛋白质提取时黏度很低，常称为肌肉的可溶性蛋白质。肌浆蛋白的主要功能是参与肌纤维中的物质代谢，大部分与肌肉收缩时的能量供应有关。

（1）肌溶蛋白。肌溶蛋白即肌清蛋白（肌清是肌浆凝固后剩下的液体部分），占肌浆蛋白质的大部分，在肌肉中约占4%。肌溶蛋白属于简单蛋白，是完全营养蛋白质。可溶于水，不稳定，在其等电点（pH约6.3）时极易变性，加热至52℃即凝固，很容易从肌肉中分离出来。具有酶的性质，大多数是与糖代谢有关的酶。

（2）肌红蛋白。肌红蛋白与血红蛋白相似，系球蛋白结合而成的一种含铁的结合色蛋白，是肌肉呈现红色的主要成分。肌肉中的肌红蛋白的含量因动物种类而异，猪肉为0.06%～0.4%，羔羊为0.20%～0.60%，牛肉为0.30%～1.00%，家禽肉为0.02%～0.18%，公畜比母畜含量高，成年动物比幼年动物含量高，经常运动的肌肉比运动少的肌肉含量高。其与氧的结合力较血红蛋白为强，它与血红蛋白的不同之处在于肌红蛋白分子中只有1个铁原子，而血红蛋白则含有4个铁原子。

肌红蛋白在加热时遭受破坏，从而导致熟肉和肉制品变为灰褐色。这是由于肌红蛋白有多种衍生物，即正常状态下呈鲜红色的氧合肌红蛋白［Mb（Fe^{2+}）］，加工成腌腊制品时呈鲜亮红色的一氧化氮肌红蛋白［NO－Mb（Fe^{2+}）］，加热后呈灰褐色的高铁肌红蛋白［Mb（Fe^{3+}）］等，这些衍生物与肉及肉制品的颜色有直接关系。

3. 基质蛋白　基质蛋白也称为间质蛋白，是指肌肉磨碎之后在高浓度的中性盐溶液中充分抽出之后的残渣部分，包括肌束膜、肌膜、毛细血管壁等结缔组织，其成分主要是硬性蛋白的胶原蛋白、弹性蛋白和网状硬蛋白等，在肉中约占2%。

（1）胶原蛋白。胶原蛋白属于硬蛋白类，胶原蛋白不溶于一般的蛋白质溶剂，将湿胶原蛋白加热至60℃，即骤然收缩至原来长度的1/3～1/4；在碱或盐的影响下，即吸水膨胀；与水共煮（70～100℃）可变成明胶，此种变化在胃内也能进行。胶原可被胃蛋白酶水解，但胰蛋白酶对它则没有作用，而明胶可被各种非特异性蛋白酶水解。明胶在干燥状态下很稳定，潮湿状态下易被细菌分解。明胶不溶于冷水，但加水后逐渐吸水膨胀软化。明胶在加热后熔化，冷却后即凝成胶块，熔点25～30℃。

（2）弹性蛋白。弹性蛋白是呈黄色的弹性纤维，在很多组织中与胶原蛋白共存，在韧带、血管组织中数量多，而在皮肤、腱、肌肉膜、脂肪组织等分布较少，约占弹性组织总固体重量的25%。弹性蛋白的弹性很强，但强度不如胶原蛋白，其抗断力只为胶原蛋白的1/10。其化学性质很稳定，一般不溶于水，即使在热水中煮沸也不能变为明胶，不易被胃蛋白酶或胰蛋白酶水解，加热至160℃时才开始水解。

（3）网状蛋白。网状蛋白对酸、碱、蛋白酶较稳定，在湿热时也不能变为明胶。这类蛋白质含有大量的羟脯氨酸，故后者常被作为结缔组织含量的指示剂。

此外，在肌基质中还有存在于肌束和肌纤维间使肌肉易于滑动的黏蛋白和类黏蛋白，以及作为神经纤维组成成分的神经角蛋白等。

（二）脂肪

脂肪是各种脂肪酸的甘油三酯（如硬脂、软脂等）。广义的脂肪包括中性脂肪和类脂，狭义的脂肪仅指中性脂肪。类脂包括磷脂、糖脂、脂蛋白、胆固醇、游离脂肪酸等。脂肪和类脂统称为脂类，中性脂肪是脂类的主要成分。肌肉组织中的脂肪含量和品质因动物种类、肥度、性别、年龄、使役和饲养的不同而有所差异，阉割的动物和幼小动物脂肪均匀地分布在各个肌群之间，使肉柔软而有香味。

脂肪的性质主要受各种脂肪酸含量的影响。动物脂肪的熔点差不多接近体温，但经常接触寒冷部位的脂肪熔点较低。动物脂肪熔点越接近人的体温，其消化率越高，熔点在50℃以上者则不易消化。动物脂肪以饱和脂肪酸为主。当脂肪中含有大量高级饱和脂肪酸（如硬脂酸）时，脂肪熔点较高，常温时多呈凝固较硬状态（如牛脂、羊脂）；脂肪中含有大量的油酸（不饱和脂肪酸）或低级脂肪酸时，脂肪呈软膏状（如猪和禽类脂肪）。动物肉品的脂肪根据存在的部位不同又可分为沉积脂肪（如皮下脂肪、大网膜脂肪及肌间脂肪等）和组织脂肪（肌肉组织及脏器组织内的脂肪）。动物脂肪组织中一般中性脂肪占90%左右，水分占7%～8%，蛋白质占3%～4%。脂肪的沉积量及组成、性质也因动物种类、品种、性别、年龄、饲料营养、环境以及沉积部位不同而差异很大。

（三）碳水化合物

动物肉中的碳水化合物是以糖原（动物淀粉）形式存在的，其含量一般不足1%，只有马肉可达2%以上。同种动物因肥瘦程度和疲劳程度不同，其糖原含量也有差异。动物宰前休息越好，屠宰放血时挣扎越少，则肉中糖原消耗越少而积累越多。肌肉中糖原的含量对宰后肉的成熟过程有非常重要的作用。动物宰前经过长途运输过度疲劳而休息不好，或患有疾病，以及放血时过度挣扎等，都会引起肌糖原过多地消耗，使肌肉中糖原量减少，导致动物宰后肉不能发生正常的成熟过程，而pH偏高，这样的肉不耐保藏，品质低，口感差。

（四）矿物质

动物肉中的矿物质含量约占肉重的1%，主要有钾、钠、钙、镁、硫、磷、氯、铁、锌、铜、锰等，其中以钾、钠、磷、硫含量较多。各种矿物质的含量见表12-3。

表 12-3　常见动物肉品中的矿物质质量分数（%）

种类	K	Na	Ca	Mg	P	S	Cl	Fe
牛肉	0.338	0.084	0.012	0.024	0.495	0.575	0.076	0.0043
猪肉	0.169	0.042	0.006	0.012	0.247	0.288	0.038	0.0021
兔肉	0.479	0.067	0.026	0.048	0.579	0.498	0.051	0.008
鸡肉	0.560	0.128	0.015	0.061	0.580	0.292	0.060	0.013

（五）维生素

动物肉中含有各种维生素，但在不同的肉品或脏器中含量差异较大。肉品中脂溶性维生素含量很少，但除维生素 C 外其他水溶性维生素的含量比较丰富，见表 12-4。动物脏器中维生素含量较多，尤其是肝中各种维生素的含量都很丰富。

表 12-4　常见动物肉和脏器的维生素含量（每 100g 鲜样）

种类	维生素 A (IU)	维生素 B_1 (mg)	维生素 B_2 (mg)	维生素 PP (mg)	泛酸 (mg)	生物素 (μg)	叶酸 (μg)	维生素 B_6 (μg)	维生素 B_{12} (μg)	维生素 C (mg)	维生素 D
牛肉	微量	0.07	0.20	5.0	0.4	3.0	10.0	0.3	2.0	0	微量
犊牛肉	微量	0.10	0.20	7.0	0.6	5.0	5.0	0.3	0	0	微量
猪肉	微量	1.0	0.20	5.0	0.6	4.0	3.0	0.5	2.0	0	微量
羊肉	微量	0.15	0.25	5.0	0.5	3.0	3.0	0.4	2.0	0	微量
猪肝	2610	0.40	2.11	16.2	—	—	—	—	—	18.0	—
牛肝	5490	0.39	2.30	16.2	—	—	—	—	—	18.0	—
猪肾	微量	0.38	1.12	4.5	—	—	—	—	—	5.0	—
牛肾	102	0.34	1.75	5.1	—	—	—	—	—	6.0	—

（六）含氮浸出物和无氮浸出物

肌肉的组成成分中，除蛋白质等成分外，还有一些能用沸水从磨碎肌肉中提取的物质，包括很多种有机物和无机物，这些统称为浸出物。其中含氮的有机物在肌肉中约占 1.5%，主要有各种游离氨基酸、肌酸、磷酸肌酸、核苷酸类物质（ATP、ADP、AMP、IMP）、肌肽、鹅肌肽、组胺等。这些物质可溶于盐水、而不被三氯乙酸沉淀，这表明它们不是蛋白质，而是含氮物组成的复合物，故称为非蛋白含氮物。肉中含氮浸出物越多，味道越浓。

除含氮浸出物外，尚有约占 0.5%的无氮浸出物，属于这类物质的有糖原、糊精、麦芽糖、葡萄糖、琥珀酸、乳酸等。

（七）水分

水分是肌肉中含量最多的组成成分，约占 70%。水在肌肉中以结合水和自由水的形式存在，结合水以氢键结合力与蛋白质多糖类化合物牢固地结合，构成胶粒周围水膜的水，在冰点以下或更低的温度不结冰，不具有溶剂作用，不能被微生物利用。结合水越多，肌肉的保水性越大。自由水被蛋白质、纤维网状结构机械地吸着，能自由运动，具有溶剂作用，可被微生物利用。因此，影响肉品保藏的水分主要是自由水。肉品中的自由水不仅作为纯水存在，而且还溶解了肉品中的可溶性物质。肉品中的水分含量及其保水性能直接关系到肉及肉制品的组织状态、品质和风味。

项目二　肉在保藏时的变化

刚屠宰后的动物肉就烹调食用是不太适宜的，因为这时的肉吃起来口感粗糙，缺乏风味。但在一定温度下放置一定的时间，使肉发生一系列生物化学变化，如糖原酵解、pH变化、组织蛋白分解等，肉则随之发生僵直、解僵、成熟等变化，使肉的适口性和风味都得到了改善，这时的肉食用是比较科学的。屠宰后的动物肉如果保藏不当，则会发生自溶，使肉的品质降低。在微生物的作用下肉会发生腐败变质，以致不能食用。

一、肉的僵直

1. 肉的僵直概念与机制

（1）肉的僵直概念。屠宰后的动物肉，随着肌糖原的无氧酵解和各种生物化学反应的进行，肌纤维发生强直性收缩，使肌肉失去弹性，变得僵硬，这种状态称为肉的僵直（也称为肉的僵硬）。

（2）肉僵直的机制。动物死亡后，呼吸停止，肌糖原不能完全氧化生成CO_2和H_2O，而是进行无氧酵解生成乳酸，使肉的pH下降，经过24h后，肉的pH可从7.0～7.2降至5.6～6.0。当乳酸生成达一定界限时，分解肌糖原的酶类活性逐渐消失，而另一酶类——无机磷酸化酶的活性大大增强，开始促使ATP迅速分解，形成磷酸，使肉的pH继续下降至5.4左右。由于肌肉中ATP的减少，肌纤维的肌质网体崩裂，其内部保存的Ca^{2+}释放出来，使肌浆中的Ca^{2+}的浓度增高，促使肌球蛋白ATP酶的活化，更加快了ATP的减少，因而促使Mg-ATP复合体的解离。此时，肌球蛋白纤维粗丝和肌动蛋白纤维细丝结合成肌动-球蛋白复合体，由于ATP的不断减少，这种反应为不可逆性，则引起肌纤维永久性的收缩，因而肌肉表现为僵直。

2. 影响肉僵直的因素　肌肉僵直出现的早晚和持续时间的长短与动物种类、年龄、环境温度、生前状态和屠宰方法有关。不同种类动物从死后到开始僵直的速度，一般来说，鱼类最快，依次为禽类、马、猪、牛。一般动物死后1～6h开始僵直，到10～20h达到最高峰，至20～48h僵直过程结束，肉开始缓解变软进入成熟阶段。

肌肉僵直所需时间，受多种条件和因素的影响，如肌糖原含量，ATP含量，环境温度，pH等。肌肉僵直的速度与ATP含量有密切关系，ATP减少的速度越快，僵直的速度也越快，而糖原含量直接影响ATP生成量。在正常有氧的条件下，每个葡萄糖单位可氧化生成39个ATP，而在无氧条件下只能生成3个ATP。因此，宰前处于患病、饥饿、过度疲劳的动物，宰后肌糖原在肌肉中含量明显减少，则ATP生成量更少，可大大缩短僵直期。动物宰前处于健康状态，并给予合理的饲养管理，宰后肉中糖原含量多，僵直持续时间也长。

3. 僵直肉的特点　处于僵直期的肉，由于肌糖原的无氧酵解产生乳酸，ATP分解生成无机磷酸，则使肉的pH下降，肉呈酸性。在不同的pH时，蛋白质对水的亲和力不同，肌肉pH为7时，其含水量为肌肉本身等容积，pH为6时，含水量为肌肉容积的50%，pH为5时，含水量为肌肉容积的25%。处于僵直期的肉pH约为5.4，保水性降低。肉在僵直过程中，肌纤维强韧，肉质坚硬、干燥，缺乏弹性，加之保水性差，嫩度降低，此时的肉，适口性差。这种肉在加热炖煮时不易转化成明胶，不易咀嚼和消化，肉汤也较混浊，缺乏风味，食用价值及滋味都较差，因此，处于僵直期的肉不宜烹调食用。

二、肉的成熟

1. 肉成熟概念与机制

（1）肉成熟的概念。屠宰后的动物肉，在一定的温度下贮存一定的时间，继僵直之后肌肉组织变得柔软而有弹性，切面富有水分，易于煮烂，肉汤澄清透明，肉质鲜嫩可口，具有愉快的香气和滋味，这种食用性质得到改善的肉称为成熟肉，其变化过程称为肉的成熟。肉在成熟期发生的变化，实际上在解僵期已经开始了，所以从过程来讲，解僵期与成熟期不一定能够严格区分开来。

（2）肉成熟的机制。肉成熟的全过程目前还不十分清楚，但经过成熟之后的肉，游离氨基酸、10个以下氨基酸的缩合物都增加，游离的低分子多肽形成，使肉的风味提高。这些非蛋白含氮物的增加是肌肉中水解蛋白酶的作用引起的。

肉中水解蛋白酶种类很多，其中主要的有3种酶，即中性多肽酶（CAF）、组织蛋白酶D和组织蛋白酶L。肉在成熟过程中，这三种酶的活性随肉pH的不同而相继发挥作用，当肉的pH为7左右时，主要是CAF发挥作用；当肉的pH在5.5～6时，主要是组织蛋白酶L发挥作用；当肉的pH降至5.5以下时，主要由组织蛋白酶D发挥作用。由于这些酶的作用，使蛋白质发生部分分解，产生游离氨基酸，如谷氨酸、精氨酸、亮氨酸、缬氨酸、甘氨酸等，使以上氨基酸的含量明显增多，这些氨基酸都能增强肉的滋味与香气。同时，ATP分解为次黄嘌呤核苷，再进一步脱去核苷而成为次黄嘌呤，赋予肉一种特殊的香味和鲜味。

肉在成熟过程中，pH发生变化，从僵直期开始慢慢地上升，但仍保持在5.6左右。在此过程中，由于蛋白质分解生成一些较小的单位，使肌纤维的渗透压增高；此外，蛋白质的电荷发生变化，不同电荷的阳离子（Na^+、K^+、Ca^{2+}、Mg^{2+}等）出入肌肉蛋白质，造成肌肉蛋白质净电荷的增加，使肌肉结构疏松并有助于蛋白质水合离子的形成。因而成熟的肉保水力增加。

肉在成熟过程中，酸性介质可增大肌细胞和肌肉间结缔组织的渗透性，使肌间粗硬的结缔组织吸水膨胀软化，促使溶酶体酶对胶原蛋白的末端肽链非螺旋部的横向交链水解和β-葡萄糖苷酸酶对基质的黏多糖分解，使肌肉中结缔组织结构松散。肌原纤维由原来的数十个至数百个肌节沿长轴方向构成的纤维，由于相邻肌节变得脆弱，使Z线部分受外界机械力冲击或在持续的张力作用下发生断裂，肌原纤维变短，形成1～4个肌节的小片段，此外随着肉保藏时间的延长，原来处于强直性收缩的肌动蛋白和肌球蛋白之间结合力减弱了，使肌动球蛋白的僵直复合体解离。这些过程使得肌肉由硬变得柔软鲜嫩，易煮熟，适口性也有所改善。

肉在成熟过程中，Ca^{2+}在酸性介质下从蛋白质中脱出，使部分肌凝蛋白凝结析出，肌浆的液体部分分离出来，故成熟的肉切面水分较多、煮熟的肉汤也较透明。

2. 影响肉成熟的因素　影响肉成熟的因素主要是肉中肌糖原的含量和成熟过程中的环境因素。肌糖原含量与肉成熟过程有着密切的关系。动物在宰前休息得好、健康，宰杀时电麻深度适当，则宰后肌糖原含量多，有利于肉的成熟。相反，动物经过长途运输而疲劳，未经适当的宰前管理，或患有疾病，或电麻过浅，在宰杀时剧烈地挣扎，都会使肌糖原消耗过多，使肉的成熟过程延缓或不出现成熟变化，从而影响肉的品质。

在环境因素中，温度对肉成熟的速度影响最大，温度越高，肉成熟过程越快。但利用高温的办法促进肉的成熟是危险的，因为温度高时微生物会大量繁殖，不利于肉的保藏，甚至会发生腐败变质。因此，一般采用低温成熟的方法，在 0～2℃、相对湿度 86%～92%、空气流速为 0.1～0.5m/s 的条件下，10d 左右成熟，10d 后的商品价值高。在 3℃的条件下，小牛肉和羊肉的成熟期分别为 3d 和 7d 。

为了加快肉的成熟，在 10～15℃下，2～3d 即能成熟。在这样温度下，为了防止肉的表面有微生物生长繁殖，可用紫外线灯照射肉的表面，杀灭肉表面的微生物。成熟好的肉应立即冷却到 0℃冷藏，以保证其商品质量。

3. 成熟肉的特点

（1）胴体或大块肉表面形成一层干燥如羊皮纸样的薄膜，既可防止其下层水分蒸发，减少干耗，又可防止微生物的侵入。

（2）肌肉切面湿润多汁，肉的横断面有肉汁渗出。

（3）肌肉具有一定的弹性，并不完全松软。

（4）肉汤澄清透明，脂肪团聚于表面，具特有香味。

（5）肉呈酸性反应。

成熟肉提高了肉的食用价值，肉在供食用之前原则上都需要经过成熟过程来改进其品质，特别是牛肉和羊肉，成熟对提高肉的风味是非常必要的。

三、肉的自溶

1. 肉自溶的概念及产生条件　肉的自溶是指肉在不合理的条件下保藏，使肉较长时间保持较高的温度引起肉中的组织蛋白酶活性增强而发生的自体组织蛋白强烈分解的过程。如动物屠宰后，肉未经冷却即行冷藏，或相互堆叠，肉中热量散不出来，这些情况都会引起肉的自溶。动物内脏中的组织蛋白酶较丰富，其组织结构也适合于酶类活动，故内脏存放时比肌肉更易发生自溶。

2. 自溶肉的特征　肉在自溶过程中，主要是蛋白质发生强烈分解，释放出硫化氢和硫醇等有不良气味的挥发性物质。硫化氢与血红蛋白结合，形成含硫血红蛋白（H_2S—Hb）时，能使肌肉和肥膘出现不同程度的暗绿色斑，故肉的自溶亦称变黑。自溶阶段的肉质地松软，缺乏弹性，暗淡无光泽，呈褐红色、灰红色或灰绿色，带有酸味，并呈强烈的酸性反应，硫化氢反应阳性，氨反应阴性。

3. 自溶肉的卫生评价　自溶肉轻度变色、变味时，应将肉切成小块，置于通风处，驱散其不良气味，割掉变色的部分后食用；如果具有明显异味，并变色严重时，则不宜食用。

四、肉的腐败

1. 肉腐败的概念及产物　肉的腐败是指肉在腐败微生物的作用下引起肉中蛋白质、脂肪、碳水化合物的分解并形成多种不良产物的生化过程。肉在成熟和自溶阶段的分解产物，为腐败微生物的生长繁殖提供了良好的营养物质，随着时间的推移，微生物的大量生长繁殖，蛋白质不仅被分解成氨基酸，而且在微生物各种酶的作用下，将氨基酸进一步分解，经过脱氨基、脱羧基和氧化还原等作用，生成更低的产物，生成吲哚、甲基吲哚、腐胺、尸胺、酪胺、组胺、色胺及各种含氮的酸和脂肪酸类，最后生成硫化氢、甲烷、硫醇、氨及二氧化碳等最低的产物，使肉失去了食用价值。

肉的腐败过程，还包括脂肪和糖类也同时受到微生物的分解作用，生成各种类型的低级产物。肉中脂肪分解，形成过氧化物、低分子脂肪酸、醇、酸、醛、酮和二氧化碳、水等。碳水化合物分解产生酸、二氧化碳、水等。

肉的腐败过程是变质中的最严重的形式，因为腐败分解的生成物，如腐胺、硫化氢、吲哚和甲基吲哚都具有强烈的令人厌恶的臭气，胺类还具有很大的生理活性，如酪胺是一种强烈的血管收缩剂，能使血压升高；组胺能使血管扩张；尸胺、腐胺等胺类化合物，即所谓尸毒，注射到组织中有毒性。

2. 肉腐败的原因　肉腐败主要是微生物作用造成的。只有被微生物污染，并且有微生物繁殖的条件，腐败过程才能发展。微生物污染一般有两种形式，即外源性污染和内源性污染。

（1）外源性污染。健康动物屠宰后，胴体本应是无菌的，尤其是深部组织。但从解体到销售，要经过很多环节，接触相当广泛，即使设备非常完善，卫生制度相当严格的屠宰场也不能保证胴体表面绝对无菌。而加工、运输、保藏以至供销的卫生条件越差，细菌污染就越严重，耐藏性就越差。肉被微生物污染后，由于蛋白质是微生物极好的营养物质，如果温度和湿度适宜，微生物会大量的生长、繁殖，并沿着结缔组织、血管周围或骨膜与肌肉间隙等疏松部位向深部扩散，生长繁殖，导致腐败现象更加严重。由于条件不同，分解仅限于表面，而深层不被污染的情形也是有的，这与宰前健康状况、充分休息与否，以及宰后冷却、成熟过程有一定的关系。

（2）内源性污染。动物宰前就已经患病，病原微生物可能在生前即已蔓延至肌肉和内脏，或抵抗力十分低下，肠道寄生菌趁机进入，或者由于疲劳过度使肉的成熟过程进行得很慢，肉的 pH 没有能达到抑制微生物生长的程度，所以腐败进行得很快。

引起肉腐败的细菌主要是假单胞菌属、微球菌属、梭菌属、变形杆菌属、芽孢杆菌属等，也可能伴随沙门氏菌和条件致病菌的大量繁殖。

3. 腐败肉的特征

（1）胴体表面非常干燥或腻滑发黏。

（2）表面呈灰绿色、污灰色、甚至黑色，新切面发黏、发湿，呈暗红色、暗绿色或灰色。

（3）肉质松弛或软糜，指压后凹陷不能恢复。

（4）肉的表面和深层都有显著的腐败气味。

（5）呈碱性反应。

（6）氨的检测试验呈阳性。

4. 腐败肉的卫生评价　肉在任何腐败阶段对人体都是有害的。不论是参与腐败的某些细菌及其毒素，还是腐败形成的有毒分解产物，都能危害消费者的健康。因此，腐败肉一律禁止食用，应化制或销毁。

项目三　肉新鲜度的检验

肉新鲜度的检验，一般是从感官性状、腐败分解产物的特性和数量、细菌的污染程度等三方面来进行。肉的腐败变质是一个渐进性的过程，其变化是非常复杂的，采用单一的检验方法很难获得正确的结果，只有采用包括感官检验和实验室检验在内的综合方法，才能比较客观地对肉的新鲜程度作出正确的判断。

一、感官检验

肉新鲜度的感官检验，主要借助人的嗅觉、视觉、触觉、味觉，通过检查肉的色泽、组织状态、黏度、气味、煮沸后肉汤等来鉴定肉的卫生质量。肉在腐败变质过程中，由于组织成分的分解，使肉的感官性状发生改变，如强烈的酸味、臭味、异常的色泽、黏液的形成、组织结构的崩解等，这些变化通过人的感觉器官进行鉴定，简便易行，具有一定的实用意义。

1. 色泽 将样品置于白色瓷盘中，在自然光线下观察肌肉的色泽、脂肪的色泽、肉表面的清洁度。

2. 组织状态 用手按压肉表面，观察指压凹陷的恢复速度和肌纤维的状态。

3. 黏度 观察肌肉表面有无干膜，有无发黏现象。

4. 气味 在常温下（20℃）检查肉的气味，首先嗅闻肉表面的气味，然后切开立即嗅闻肉的深层气味，特别注意检查关节周围组织的气味。

5. 煮沸后肉汤 称取20g切碎的肉品，加入100mL水，加盖，加热至50～60℃，开盖检查气味。继续加热煮沸20～30min后，迅速检查肉汤的气味、滋味、透明度及表面浮游脂肪的状态、多少、气味和滋味。

我国食品卫生标准中已规定了各种畜禽肉的感官指标，见表12-5、表12-6、表12-7。

表12-5 猪肉感官指标（GB 2707—2005）

项目	鲜猪肉	冻猪肉
色泽	肌肉有光泽，红色均匀，脂肪乳白色	肌肉有光泽，红色或稍暗，脂肪白色
组织状态	纤维清晰，有坚韧性，指压后凹陷立即恢复	肉质紧密，有坚韧性，解冻后指压凹陷立即恢复
黏度	外表湿润，不黏手	外表湿润，有渗出液
气味	具有鲜猪肉固有的气味，无异味	解冻后具有鲜猪肉固有的气味，无异味
煮沸后肉汤	澄清透明，脂肪团聚于表面	澄清透明或稍有混浊，脂肪团聚于表面

表12-6 牛、羊、兔肉感官指标（GB 2707—2005）

项目	鲜牛肉、羊肉、兔肉	冻牛肉、羊肉、兔肉
色泽	肌肉有光泽，红色均匀，脂肪洁白或淡黄色	肌肉有光泽，红色或稍暗，脂肪洁白或微黄色
组织状态	纤维清晰，有坚韧性	肉质紧密，坚实
黏度	外表微干或湿润，不黏手，切面湿润	解冻后指压凹陷恢复较慢
气味	具有鲜牛肉、羊肉、兔肉固有的气味，无异味	解冻后具有牛肉、羊肉、兔肉固有的气味，无臭味
煮沸后肉汤	澄清透明，脂肪团聚于表面，具特有香味	澄清透明或稍有混浊，脂肪团聚于表面，具特有香味

表 12-7　鲜、冻禽产品感官指标（GB 16869—2005）

项　目		鲜禽产品	冻禽产品（解冻后）
组织状态		肌肉富有弹性，指压后凹陷部位立即恢复原状	肌肉指压后凹陷部位恢复较慢，不易完全恢复原状
色泽		表皮和肌肉切面有光泽，具有禽类品种应有的色泽	
气味		具有禽类品种应有的气味，无异味	
煮沸后肉汤		澄清透明，脂肪团聚于液面，具有禽类品种应有的滋味	
瘀血	瘀血面积大于 $1cm^2$	不允许存在	
	瘀血面积小于 $1cm^2$	不得超过抽样量的 2%	
硬杆毛（每 10kg 中检出的根数）		≤1	
肉眼可见异物		不得检出	

注：瘀血面积以单一整禽或单一分割禽体的 1 片瘀血面积计。

二、理化检验

肉新鲜度的感官检验虽然简便易行，也相当灵敏准确，但有一定的局限性。在许多情况下，尚需进行实验室检验，并且尽可能注意它们之间的相互联系和相互补充。

理化学检验是根据肉中蛋白质等物质的分解产物，用物理方法和化学方法对肉的新鲜程度进行检验。物理学检验是根据蛋白质分解，低分子物质增多，导电率、黏度、保水量的变化来衡量肉的品质；化学检验是用定性或定量方法测定分解产物，如氨、胺类、挥发性盐基氮、硫化氢等来评定肉的新鲜度。

肉类腐败变质的分解产物极其繁杂。其检测方法很多，如挥发性盐基氮的测定、pH 的测定、氨的检测、球蛋白沉淀试验、硫化氢试验和过氧化物酶反应等。肉中挥发性盐基氮，能有规律的反映肉品质量，是评定肉新鲜度的客观指标，是国家现行食品卫生标准中唯一的理化指标。其他方法只能作为参考指标。

1. 挥发性盐基氮的测定　挥发性盐基氮（Total volatile basic-nitrogen，简称为 TVBN），系指肉品中蛋白质分解而产生的氨及胺类等碱性含氮物的总称，因其在碱性条件下具有挥发性，故称为挥发性盐基氮。其含量随腐败变质的进程而逐渐增加，与肉腐败程度成正比。其检测方法有半微量凯氏定氮法和微量扩散法。各类鲜（冻）肉的挥发性盐基氮国家标准见表 12-8。

表 12-8　各类鲜（冻）肉的挥发性盐基氮国家标准

肉　类	猪肉（GB 2707—2005）	牛肉、羊肉、兔肉（GB 2707—2005）	禽肉（GB 16869—2005）
挥发性盐基氮 mg/100g	≤15	≤15	≤15

2. pH 的测定　畜禽生前肉的 pH 为 7.0～7.2。屠宰后由于肉中肌糖原无氧酵解产生乳酸，ATP 分解产生磷酸，使肉的 pH 下降。如肉宰后在 20℃放置 24h，肉的 pH 可降至 5.6～6.0，此 pH 在肉品工业中称为“排酸”。肉腐败变质过程中，由于蛋白质被分解为氨和胺类等碱性物质，使肉的 pH 上升，可达到 6.7 以上。但由于宰前过度疲劳、患病等因

素，肉中肌糖原含量少，分解生成的乳酸量少，这种情况下，即使肉是新鲜的，pH 也较高。因此，pH 可以反应肉的新鲜程度，但不能作为绝对指标。测定方法有比色法和酸度计法。其判定标准如下：

（1）新鲜肉：pH5.8～6.4。

（2）次鲜肉：pH6.5～6.6。

（3）变质肉：pH6.7 以上。

3. 氨的检验 肉类腐败变质时，蛋白质分解生成氨和胺类等物质，称为粗氨。粗氨含量随着腐败变质的严重程度而增多，因此，可用来鉴定肉的新鲜程度。由于动物机体在正常状态下含有少量氨，并以谷氨酰胺形式贮存于组织中，另外，过度疲劳的动物肌肉中氨的含量能比平常时多 1 倍，其宰前疲劳程度也影响测定结果。所以，检测氨的阳性结果不能作为肉腐败变质的绝对指标。肉中粗氨的测定采用纳氏试剂法，根据溶液颜色的深浅和沉淀物的多少来鉴定肉的新鲜程度。其判定标准见表 12-9。

表 12-9 纳氏试剂反应结果判定

试剂滴数	颜色和沉淀	反应	氨含量（mg/100g）	肉的鲜度
10	淡黄色、透明	－	≤16	新鲜
10	黄色、透明	±	16～20	新鲜
10	黄色、轻度混浊或稍有沉淀	＋	21～30	次鲜
6～9	明显的黄色、有沉淀	＋＋	31～45	变质
1～5	明显的黄色或橘黄、有沉淀	＋＋＋	＞45	变质

4. 硫化氢检验 肉在腐败变质时，含硫氨基酸进一步分解，释放出硫化氢，其含量能反映出蛋白质的分解程度，因此，可用来鉴定肉的新鲜程度。肉中硫化氢检测采用醋酸铅试纸法。根据醋酸铅试纸颜色的变化进行判定。其判定标准如下：

（1）滤纸条无变化：新鲜肉。

（2）滤纸条边缘呈淡褐色：次鲜肉。

（3）滤纸条下部呈褐色或黑褐色：变质肉。

5. 球蛋白沉淀试验 肌肉中的球蛋白在碱性环境中呈溶解状态，而在酸性条件下则不溶解。新鲜肉呈酸性反应，蛋白质不溶解。肉在腐败过程中，由于肉的 pH 升高，蛋白质呈溶解状态，可与重金属离子 Cu^{2+} 结合成沉淀。因此，根据肉浸液中有无沉淀及沉淀的多少来判断肉的新鲜程度。但是，宰前过度疲劳或患病的动物，宰后肉在新鲜状态下，也呈碱性反应，可使球蛋白试验呈阳性结果。所以，检测的结果不能作为肉腐败变质的绝对指标。其判定标准如下：

（1）溶液呈淡蓝色，完全透明：新鲜肉。

（2）溶液轻度混浊，有时有少量絮状物：次鲜肉。

（3）溶液混浊并有白色沉淀：变质肉。

6. 过氧化物酶反应 健康动物的新鲜肉中，含有过氧化物酶。不新鲜肉，严重病理状态的肉或过度疲劳的动物肉中，过氧化物酶显著减少，甚至完全缺乏。肉中的过氧化物酶能分解过氧化氢，释放出新生态氧，新生态氧使联苯胺指示剂氧化为二酰亚胺代对苯醌，后者与未氧化的联苯胺形成淡蓝色或青绿色化合物，经过一段时间后变为褐色。其判定标准如下：

（1）健康动物的新鲜肉，肉浸液立即或在数秒内呈蓝色或蓝绿色；

（2）次鲜肉肉浸液无颜色变化，或在稍长时间后呈淡青色并迅速转变为褐色；

（3）变质肉，肉浸液无变化，或呈浅蓝色、褐色。

三、微生物学检验

肉的腐败是由于细菌大量繁殖，导致蛋白质分解的结果。故检验肉的细菌污染情况，不仅是判断肉新鲜度的依据之一，也能反映肉在生产、运输、贮藏、销售过程中的卫生状况。常用的检验项目有细菌菌落总数测定、大肠菌群最近似数（*MPN*，most probable number）测定、致病菌检验及鲜肉压印片镜检等。

（一）菌落总数测定、*MPN* 测定

对无公害畜禽肉，应检测菌落总数和大肠菌群最近似数（*MPN*）。

1. 一般检验法

（1）检样的采取和送检。按我国《食品卫生微生物检验方法　肉与肉制品检验》（GB 4789.17—2003）规定：如系屠宰场屠宰后的畜肉，可于开膛后，用无菌刀采取两腿内侧肌肉 50g（或劈半后采取背最长肌 50g）；如系冷藏或售卖之生肉，可用无菌刀取腿肉或其他部位的肌肉 100g。检样采取后，放入灭菌容器内，立即送检，最好不超过 3h，送检时应注意冷藏，不得加入任何防腐剂。检样送往化验室应立即检验或放置冰箱内暂存。

（2）检样的处理。先将样品放入沸水中烫 3～5s（或烧灼消毒）进行表面灭菌，再用无菌剪刀取检样深层肌肉 25g，放入灭菌乳钵内用灭菌剪刀剪碎后，加入灭菌海砂或玻璃砂少许研磨，磨碎后加入灭菌水 225mL，混匀后为 1∶10 稀释液。

（3）检验方法。按 GB 4789.2—2010、GB 4789.3—2010 进行菌落总数、大肠菌群的检验。

2. 表面检验法

（1）检样的采取。检验畜禽肉及其制品受污染的程度，一般可用板孔 $5cm^2$ 的金属制规格板压在受检物上，将灭菌棉拭子稍沾湿，在板孔 $5cm^2$ 的范围内揩抹多次，然后将模板移压另一点，用另一棉拭子揩抹，如此共揩抹 10 次。总面积为 $50cm^2$，共用 10 支棉拭子，每支棉拭子在揩抹后立即剪断或烧断，均投入盛有 50mL 灭菌水的锥形瓶或大试管中，立即送检。检验致病菌时，不必用模板，可疑部位用棉拭子揩抹即可。

（2）检样的处理。检验时先充分振摇，吸取瓶（管）中的液体作为原液，再按要求作 10 倍递增稀释。

（3）检验方法。按一般检验方法中国家标准检验方法进行检验。我国无公害畜禽肉的微生物指标见表 12-10。

表 12-10　无公害畜禽肉微生物指标

项　目	指　　标								
	鲜猪肉	冻猪肉	鲜羊肉	冻羊肉	鲜牛肉	冻牛肉	鲜禽肉	冻禽肉	禽副产品
菌落总数（CFU/g）	$\leqslant 1\times10^6$	$\leqslant 1\times10^5$	$\leqslant 1\times10^6$	$\leqslant 5\times10^5$	$\leqslant 1\times10^6$	$\leqslant 5\times10^5$	$\leqslant 5\times10^5$	$\leqslant 5\times10^5$	$\leqslant 5\times10^5$
大肠菌群（MPN/100g）	$\leqslant 1\times10^4$	$\leqslant 1\times10^3$	$\leqslant 1\times10^4$	$\leqslant 1\times10^3$	$\leqslant 1\times10^4$	$\leqslant 1\times10^3$	$<1\times10^4$	$<1\times10^3$	$\leqslant 1\times10^3$

（二）鲜肉压印片镜检

1. 采样

（1）如为半片或 1/4 胴体，可从胴体前后覆盖有筋膜的肌肉中割取不小于 8cm×6cm×6cm 的瘦肉。

（2）大块肉则从瘦肉深部采样 300g。

2. 触片制备 从样品中切取 $3cm^3$左右的肉块，浸入酒精中并立即取出点燃烧灼，如此处理 2～3 次，从表层下 0.1 cm 处及 3～4cm 处各剪取黄豆大小的肉样各一块。分别制得两个触片。

3. 染色镜检 将干燥的触片用火焰固定 1min，进行革兰氏染色后用油镜观察至少 5 个视野，同时分别计出每个视野的球菌和杆菌数，然后求出一个视野中细菌的平均数。

4. 结果判定

（1）新鲜肉。触片印迹着色不良。看不到细菌，或一个视野中只有几个细菌；

（2）次鲜肉。触片印记着色良好。表层见到 20～30 个球菌和少数杆菌，深层可见 20 个左右的细菌；

（3）变质肉。触片印记着色很浓。一个视野中的细菌数在 30 个以上，且以杆菌占多数。

（三）致病菌检验

主要检测肉品中有无沙门氏菌、致病性大肠杆菌、志贺菌、金黄色葡萄球菌等致病菌，方法按 GB 4789—2010、GB 4789—2012 等进行检验。要求各致病菌均不得检出。

项目四　肉的冷冻加工与冷冻肉的卫生检验

低温冷冻贮藏是目前应用最广泛、最完善的一种肉类贮藏方法。其特点是贮存时间长，肉的组织结构和性质不发生根本变化，贮藏容量大，并已形成完善而现代化冷藏转运系统（冷藏链），即企业的冷库→冷藏车船→商店的冷藏室→家庭的冰箱。所以，肉的冷冻加工与冷藏被世界各国广泛采用。为了保证冷冻肉品的卫生安全，必须在做好肉品卫生检验的同时，加强对冷藏链系统的兽医卫生监督。

一、肉冷冻加工方法与卫生要求

肉的冷冻加工包括肉的冷却和肉的冻结两个步骤。

（一）肉的冷却

1. 肉的冷却的概念与意义 肉的冷却是指将热鲜肉深层的温度快速降低到 0～4℃，这种肉称为冷却肉。冷却可以降低肉中酶活性，延缓肉的僵直期、成熟期以及微生物的生长繁殖速度。由于冷却时环境与肉表面温差较大，表面水分蒸汽压很高而蒸发的水分又仅限于表层，使冷却肉表面形成干膜，从而阻止了微生物的生长繁殖，减少了水分干耗，同时延缓了肉的理化和生化变化过程，故肉在一定时间能有效地保持其新鲜度，而且香味、外观和营养价值都很少变化。

2. 肉冷却的方法 目前国内对肉冷却的方法主要采用一段冷却法、两段冷却法和超高速冷却法。

（1）一段冷却法。进肉前冷却库温度先降低到－2～－3℃，肉进库后，开动冷风机，使库温保持在0～3℃，10h后稳定在0℃左右，开始时相对湿度为95%～98%，随着肉温下降和肉中水分蒸发强度的减弱，相对湿度降至90%～92%，空气流速为0.5～1.5m/s。猪胴体和四分体牛胴体约经20h，羊胴体约12h，大腿最厚部中心温度即可达到0～4℃。

(2) 两段冷却法。第一阶段，冷却库温度多在－10～－15℃，空气流速为1.5～3m/s，经过2～4h后，肉表面温度降至－2～0℃，大腿深部温度在16～20℃。第二阶段，空气的温度升高，库温为0～－2℃，空气流速为0.5m/s，10～16h后，胴体内外温度达到平衡，4℃左右。两段冷却法的优点是干耗小，周转快，质量好，切割时肉流汁少。缺点是易引起冷缩，影响肉的嫩度，牛羊肉冷缩现象较严重，猪肉因皮下脂肪多，比较稳定。

(3) 超高速冷却法。库温－30℃，空气流速为1 m/s，或库温－20～－25℃，空气流速5～8 m/s，约4h即可完成冷却。此法能缩短冷却时间，减少干耗，缩减传送带的长度和冷却面积。国外常使用本法。

禽肉的冷却方法很多，如用冷水、冰水或空气冷却等。在国内，一般小型家禽屠宰加工厂常采用冷水池冷却光禽；中型和大型家禽屠宰厂，一般采用空气冷却法。

3. 肉冷却加工的卫生要求　肉的冷却是在装有吊轨并有足够制冷量的库房或隧道内完成的。其卫生要求是：

(1) 刚屠宰的胴体在冷却前要先经冷凉，再进行冷却。

(2) 冷却室应保持清洁，符合卫生要求，必要时还要进行消毒。

(3) 吊轨间的胴体按“品”字形排列，胴体和胴体之间保持3～5cm的间距，不能互相紧贴，更不能堆叠在一处。

(4) 不同等级，不同种类的肉要分别冷却，以确保在相近时间内及时冷却完毕。同一等级而体重差异十分显著的肉，应将大的吊挂在靠近风口处，以加快冷却。

(5) 根据冷却方法，选择不同的空气流速和湿度。

(6) 肉的入库速度要快，并应一次完成进肉。冷却过程中尽量减少人员进出冷却间，减少微生物污染。

(7) 在冷却间按平均1W/m³的功率安装紫外线灯，每昼夜连续或间断照射5h。

4. 冷却肉的贮藏及贮藏期间的变化　经过冷却的肉类，一般贮藏在－1～1℃的冷藏间，冷藏期间温度要保持相对稳定，以不超出上述范围为宜。进肉或出肉时温度不得超过3℃，相对湿度保持在90%左右，空气流速保持自然循环。冷却肉的贮藏期见表12-11。

表12-11　冷却肉的贮藏条件和贮藏期

品　种	温度(℃)	相对湿度(%)	预计贮藏天数(d)
牛　肉	－1.5～0	90	28～35
羊　肉	－1～0	85～90	7～14
猪　肉	－1.5～0	85～90	7～14
腊　肉	－3～－1	80～90	30
腌猪肉	－1～0	80～90	120～180
去内脏鸡	0	85～90	7～11

冷却肉在贮藏期间常见的变化有：

（1）变软。由于冷却时的僵硬和成熟，使肉的坚实度发生变化。随着保存时间的延长，会出现胶原纤维的软化和膨胀。

（2）变色。开始时，肉中肌红蛋白和血红蛋白与空气中氧气作用形成氧合肌红蛋白和氧合血红蛋白，而使肉的颜色为鲜红色。随后由于继续氧化形成高铁肌红蛋白和肉表面水分的蒸发，色素的相对浓度增大使肉色变暗，并略带棕褐色。

（3）干耗。在冷却过程中，由于水分蒸发而导致的胴体重量的损失。

（4）形成干膜。由于冷却时的空气流动和胴体表面水分蒸发，造成胴体表面蛋白质浓缩和凝固，而形成一层干燥的薄膜。

（5）发黏和发霉。由于贮藏环境温度高、湿度较大、胴体间距小，微生物生长，肉容易发黏和发霉。

（二）肉的冻结

1. 肉的冻结的概念 肉的冻结是指肉中的水分部分或全部变成冰，肉深层温度降至－15℃以下的过程，这种肉称为冻结肉或冷冻肉。对肉进行冻结的目的在于可长期保存。

2. 肉的冻结方法 有两步冻结法、一次冻结法和超低温一次冻结法。

（1）两步冻结法。鲜肉先行冷却，而后冻结。冻结时，肉应吊挂，库温保持－23℃，如果按照规定容量装肉，不到24h后，便可能使肉深部的温度降至－15℃。这种方法能保证肉的冷冻质量，但所需冷库空间较大，结冻时间较长。

（2）一次冻结法。肉在冻结时无须经过冷却，只需经过4h风凉，使肉内热量略有散发，沥去肉表面的水分，即可直接将肉放进冻结间，吊挂在－23℃下，冻结24h即成。这种方法可以减少水分的蒸发和升华，减少干耗1.45%，结冻时间缩短40%，但牛肉和羊肉会产生冷收缩现象。该法所需制冷量比两步冻结法约高25%。

（3）超低温一次冻结法。将肉放入－40℃冷库中，很快使肉温达到－18℃。冻结后，肉色泽好，冰晶小，解冻后，肉的组织与鲜肉相似。我国尚未广泛使用此法。

3. 冻结加工的卫生要求

（1）只有品质良好的肉方能进行冷冻。

（2）冷冻前应将胴体按大小分选，以保证所有的胴体同时冷冻完毕。

（3）速冻间卫生要求同冷却间，严格控制温度、湿度和空气流速。

（4）冷冻时的温度越低，冷冻损耗越小，肉质越好，故以快速冷冻为佳。

（5）应经常除去冷冻管上的霜。

4. 冻结肉冷藏的卫生要求

（1）对冻结好的肉类应及时送往冷藏间冷藏，注意掌握安全贮藏期，执行先进先出的原则，并经常进行质量检查(一般每3个月检查1次)。冻结肉类的贮藏条件和保藏期见表12-12。

（2）冷藏时，一般采用堆垛的方式，以节省库房容积。堆垛时，底层用枕木垫起，肉垛与库内墙壁之间、垛与顶、垛与排管之间应有一定距离，垛间要留有通道。

（3）冷藏室温要低于－18℃，一天内温度波动不得超过1℃，肉的中心温度在－15℃左右。空气相对湿度控制在85%～95%。

（4）外地调运的冻结肉，肉温偏高，肉的中心温度如低于－8℃，可以直接入库，高于－8℃的，须经过复冻结后，再入库。经复冻结的肉，在色泽和质量方面都有变化，不宜久存。

表 12-12　冻结肉类的贮藏条件和保藏期

品种	保藏温度（℃）	保藏期（月）	品种	保藏温度（℃）	保藏期（月）
牛肉	−12	5～8	猪肉	−29	12～14
牛肉	−15	8～12	猪肉片	−18	6～8
牛肉	−24	18	碎猪肉	−18	3～4
包装肉片	−18	12	猪大腿肉（生）	−23～−18	4～6
小牛肉	−18	8～10	内脏（包装）	−18	3～4
羊肉	−12	3～6	猪腹肉（生）	−23～−18	4～6
羊肉	−12～−18	6～10	猪油	−18	4～12
羊肉	−23～−18	8～10	兔肉	−23～−20	<6
羊肉片	−18	12	禽肉（去内脏）	−12	3
猪肉	−12	2	禽肉（去内脏）	−18	3～8
猪肉	−18	1～6	油炸品	−18	3～4
猪肉	−23	8～10			

5. 冻结肉在贮藏期间的变化

（1）干耗。肉类在冻结保藏中水分蒸发或升华而使肉重量减轻的现象称为干耗。冻结肉的干耗仅限于肉的表面，不伴有内层水分向表层的转移，因此经过较长时期保藏的冻肉类，其表面形成脱水的海绵层，并随着保藏时间的延长，海绵层逐渐加深。特别在无包装、肉块小、脂肪少的情况下，更容易发生。

（2）脂肪氧化。脂肪组织易被氧化，特别是含有较多不饱和脂肪酸的肉类更容易发生。脂肪氧化后，气味和滋味不良，外观由黄点至脂肪组织整体变黄，严重时出现强烈的酸味。

（3）颜色变化。冻结肉类在保藏中颜色变化从表面开始，逐渐向深层发展，颜色由鲜红（氧合肌红蛋白）变成褐色（高铁肌红蛋白）。这种变化受温度的影响，温度越高变化越明显。

（4）发霉。胴体表面有霉菌生长，霉菌多见于胴体的一些凹陷处。

6. 冻结肉的解冻　解冻是冻结的逆过程，即冻肉中冰晶融化再吸收的过程。冻结肉在加工或食用之前必须经过解冻。解冻过程中也应注意车间卫生，并选择合适的解冻方法。肉的解冻方法根据解冻媒介不同可分为空气解冻、流水解冻、真空解冻、微波解冻等。

（1）空气解冻。是利用空气和水蒸气的流动使冻肉解冻。合理的解冻方法是缓慢解冻法。开始时，解冻间空气的温度为0℃左右，相对湿度为90%～92%，随后逐渐升温，18h后，空气温度升至6～8℃，并降低其相对湿度，使肉表面很快干燥。肉的内部温度达到2～3℃，需3～5昼夜，解冻即完成。解冻后的肉，再吸收水分，能基本恢复鲜肉的性状，但需要较多的场地、设备和较长的时间。通常情况下，空气解冻在室温下进行，如在20℃下采用风机送风使空气循环，一般一昼夜即可完成解冻。过快的解冻，会使冰晶融化形成的水分不能完全再吸收而流失，影响解冻肉的品质。

（2）流水解冻。是利用流水浸泡的方法使冻肉解冻。这种方法会造成肉中可溶性营养物的流失及微生物的污染，使肉的色泽和质量都受到影响。多用于带包装肉类的解冻。

（3）真空解冻。是利用低温蒸汽的冷凝潜热进行解冻的方法，将冻肉挂在密封的钢板箱中，用真空泵抽气，当箱内真空度达到 94kPa 时，密封箱内 40℃的温水，就产生大量低温水蒸气，使冻肉解冻，一般－7℃的冻肉在 2h 内即可完成解冻，而且营养成分流失少，解冻后肉色泽鲜艳，没有过热部位，是一种较好的解冻方法，但需要大量的设备和能量，用于大批量解冻还有一定难度。

（4）微波解冻。利用微波射向被解冻的肉品，造成肉分子振动或转动，而产生热量使肉解冻。一般频率 915MHz 的微波穿透力较理想，解冻速度也快。但微波解冻耗电量大，费用高，并且易出现局部过热现象。

二、冷冻肉的卫生检验

1. 肉品入库检验

（1）库内卫生状况的检查。鲜肉在入库前，卫检人员要事先检查冷却间，冻结间的温度和湿度，检查库内工具的卫生情况，冷却间内不应有霉菌生长，注意清理墙壁和管道上的积霜。

（2）肉品的检验及预处理。入库的鲜肉必须盖有清晰的检验合格印章，同时要有相应的检疫证明。凡是因有传染病可疑而被扣留的肉，应存放在隔离冷库内。肉在冷却间和冻结间要吊挂，肉间要保持一定的距离，不能互相接触。内脏必须在清洗后平摊在冷藏盘内，不得堆积。禁止有气味的商品和肉混装，防止异味污染，冷库内的温度要按规定进行调节和保持稳定。

2. 冻肉调出和接收时的检验

（1）冻肉调出时的检验。从生产性冷库调出冻肉时，卫检人员必须进行监督，检查冻肉的冷冻质量和卫生状况，检查运输车辆、船只的清洁卫生状况，检验合格后装车，装车后关好车门并加以铅封，开具“动物检疫合格证明”予以放行。

（2）冻肉接收时的检验。卫检人员在冻肉到达时，要检查铅封和“动物检疫合格证明”，然后打开车门进行检验。检验时要注意查看印章是否清晰，用木棒敲击冻肉或用温度计测肉深层温度检查冷冻质量，凡发音清脆，肉温低于－8℃的为冷冻良好。另外注意检查冻肉有无干枯、氧化、异物异味污染、加工不良、腐败变质和疾病漏检等。

（3）检验后处理。冷冻良好、无异常现象的冻肉可入库冷藏。对于冷冻不良的冻肉要立即进行复冻，复冻的产品应尽快出库，不得久存。对于不符合卫生要求的冻肉要提出处理意见，分别处理并做好记录，发出处理通知单，不准进入冷库。

3. 肉品在冷藏期间的检验

（1）检查库内温度、湿度、卫生情况和冻肉情况。发现库内温度、湿度有变化时，要记录好库号和温度、湿度，同时抽检肉温，查看有无软化、变形等现象。已经存有冻肉的冷藏间，不应加装鲜肉或软化肉，以免原有冻肉发生软化或结霜。

（2）冷藏间内要严格执行先进先出原则，以免因贮藏过久而发生干枯和氧化。靠近库门的冻肉易氧化变质，要注意经常更换。

（3）注意各种冷藏肉的安全期，对临近安全期的冻肉要采样化验，分析产品质量，防止冻肉干枯、氧化或腐败变质。根据我国商业系统的冷库使用管理试行办法，各种肉的冷藏安全期见表 12-13。

表 12-13　各种产品的冷藏安全期

品　　名	库房温度（℃）	安全期（月）
冻猪肉	－15～－18	7～10
冻牛、羊肉	－15～－18	8～11
冻禽、冻兔肉	－15～－18	6～8
冻鱼肉	－15～－18	6～9
鲜蛋	－1～－2.5（相对湿度 80%～85%）	6～8
鲜蛋	0～2（相对湿度 80%～85%）	4～6
冰蛋（听装）	－15～－18	8～15
畜禽副产品	－15～－18	5～6

4. 解冻肉的检验　解冻肉的检验可分为感官检查、微生物检验和理化检验三个方面，其检验方法同肉新鲜度的检验。

5. 冷藏肉品常见异常变化的鉴定与处理

（1）发黏。多发生于冷却肉，由于吊挂冷却时，胴体相互接触，降温较慢，通风不良，导致细菌在接触处生长繁殖，并在肉表面形成黏液样的物质，手触有黏滑感，严重时有丝状物并发出一种陈腐气味。这种肉若处于早期阶段，尚无腐败现象时，经洗净风吹发黏消失后，可以食用，或修割去表面发黏部分后食用。一旦有腐败迹象则禁止食用。

（2）异味。异味是指腐败以外的污染气味，如鱼腥味、脏器味、氨味、汽油味等。若异味较轻，修割后煮沸试验中无异常气味的，可供作熟肉制品原料。严重时作工业用。

（3）脂肪氧化。脂肪氧化是指冻肉因加工卫生不良，冻肉存放过久或日光照射等影响，脂肪变为淡黄色、有酸败味。若氧化仅限于表层，可将表层去除熬工业用油，深层经煮沸试验无酸败味的，可供食用。变化严重的作工业用。

（4）盐卤浸渍。冻肉在运输过程中被盐卤浸渍，肉色发暗，尝之有苦味，可将浸渍部分割去，其余部分高温后食用。

（5）发霉。霉菌在肉表面生长，经常形成白点、黑点或不同色泽的霉斑。白点多在表面，抹去后不留痕迹，可供食用。小黑点不多时，可修去黑点部分供食用。青霉、曲霉引起的霉变，不得食用。

（6）深层腐败。常见于股骨周围的肌肉，由于宰后冷却不及时厌气芽孢菌繁殖引起，这种腐败由于发生在深部，检验时不易发现，故检验时应注意抽检。深层腐败的肉不能食用。

（7）干枯。冻肉存放过久，特别是反复融冻，使肉中水分丧失过多所致。干枯严重者味同嚼蜡，形如木渣，营养价值低，不能供食用。轻者尽快发出利用。

（8）发光。在冷库中常见肉上有磷光，这是由一些发光杆菌所引起的。肉上有发光现象时，一般没有腐败菌生长，发光的肉经过卫生消除后可供食用。有腐败菌生长时，磷光便消失。

（9）变色。肉的变色是生化作用和细菌作用的结果，某些细菌生长后分泌水溶性或脂溶性色素，如黄、红、紫、绿、蓝、褐、黑等色素，使肉呈现各种颜色。变色的肉若无腐败现象，可在进行卫生消除和修割后加工食用。有腐败现象者禁止食用。

（10）氨水浸湿。冷库跑氨后，肉被氨水浸湿。解冻后，肉的组织如有松弛或酥软等变化则应放弃。如程度较轻，经流水浸泡，用纳氏法测定，反应较轻的可供加工复制品；反应重的应作工业用。

三、冷库的卫生管理

1. 冷库建筑设备的卫生要求 冷库是冷冻加工肉品和贮藏冻肉的场所。其建筑设备的卫生状况与肉品污染关系十分密切。在选择冷库地址时首先要远离污染源，在修建冷库时要符合下述卫生要求：

（1）防鼠。冷库地基要打深，并且用石头和混凝土铸成。库内墙里应有1m高的护墙铁丝网，每个冷冻间的门口要准备好挡板，便于防鼠灭鼠。

（2）防霉。高温库的内墙应用防霉涂料涂布，以防霉菌生长和繁殖。

（3）设备卫生。吊轨应常刷油漆，以防生锈落屑，滑轮加油要适量，以免油污滴在肉上。冷库内所用架子、钩子、冷藏盘、小车等要用不锈钢材料或镀锌防锈材料制作。

（4）安全。应有防火、防漏电、防跑氨和报警等设施。

2. 冷库管理的卫生要求

（1）冷库卫生管理人员、生产人员的工作服应保持洁净。

（2）搬运肉尸过程中应防止肉尸落地，落地污染的肉要修整。

（3）装拆肉垛时不得用鞋踩踏冻肉。

（4）坚持先进先出，以免积压变质，对门口的肉品应经常调换。

（5）冷库每次出清肉后要打扫卫生，清除冰霜，工具、车辆用热碱水清洗消毒。

（6）冷库走道要经常清扫，地面的碎油要随时铲除干净。

（7）凡入库的肉品必须符合卫生要求，不得带有肠管、血液、污物等。

（8）不同的肉品应分别堆放，不得与有异味的食品同库存放。

3. 冷库的消毒与除霉 冷库经常进出食品，极易被微生物污染。卫生不良的冷库会发出令人不愉快的气味，定期进行消毒、除霉非常重要。每年应彻底消毒1～2次。

消毒、除霉前要做好准备工作。将库房内肉品全部搬空，升高温度至－2℃。首先用机械方法清除地面、墙壁、顶板上的污物和排管上的冰霜，有霉菌生长的地方应用刮刀或刷子仔细清除，然后取出用火烧掉。每立方米用0.33～3W的紫外线灯，距离2m照射6h，可起到杀菌作用。或选择无毒无味、灭菌效果好的消毒药进行化学消毒。常用的消毒药有：

（1）烧碱（氢氧化钠）。用2%～3%的烧碱水溶液喷洒、洗刷地面、垫板和金属用具。用热碱水则效果更好。

（2）漂白粉。取含有效氯量25%～30%的漂白粉，配成10%水溶液，澄清后，上层清液按每立方米容积40mL喷雾消毒。或与石灰混合后粉刷墙面。

（3）次氯酸钠。可用2%～4%次氯酸钠溶液，加入2%的碳酸钠，在库内喷洒。

（4）乳酸。用量按每立方米容积10mL，并加入等量的热水，置于蒸汽炉或搪瓷盆内煮沸蒸发气体消毒。优点是比较方便安全，缺点是对霉菌杀灭力差。

（5）福尔马林。是一种强消毒剂，能杀灭细菌、霉菌、芽孢和病毒。用量一般按每立方米容积15～25mL，加入等量的热水，置于蒸汽炉或搪瓷盆中煮沸蒸发气体消毒，也可以加入与福尔马林等量的高锰酸钾，使其自行蒸发消毒。消毒时必须密闭库门，经12～24h后打开库门通风排气，以排出福尔马林的臭味。使用时要注意安全。

(6) 过氧乙酸。用5%～10%的水溶液电热熏蒸，或超低容量喷雾器喷雾，每立方米空间用0.25～0.5mL，除霉杀菌均有一定效果。

4. 冷库的灭鼠　消灭老鼠对冷库卫生具有重要意义。老鼠不仅能破坏冷库隔热结构与沾污食品，还能传播疾病。因此接收物品时，应仔细检查，特别是有外包装的食品，以免将鼠类带入库内。

目前冷库内灭鼠的方法主要有机械灭鼠、化学药物灭鼠及二氧化碳气体灭鼠等方法。机械灭鼠效果一般不高，化学药物食饵灭鼠，效果较好，但所用药物都是有毒的，故使用时要特别谨慎。化学药物中以敌鼠钠效果较好，敌鼠钠的配法是先将药物用开水融化成5%溶液，然后按0.025%～0.05%浓度与食饵混匀即成。最理想是用二氧化碳气体来灭鼠，无毒而且效果显著。做法是将钢瓶内的二氧化碳通入冷藏库内，如库房密闭性好，不论冷库在任何温度下，用浓度为每立方米空间500g的二氧化碳，在24h内即可达到灭鼠的目的，同时也具有杀菌的功能。应用二氧化碳灭鼠，无需将肉品取出或作特殊的堆放，也不需改变保藏的温度。

项目五　熟肉制品的加工卫生与检验

熟肉制品是指经过选料、初加工、切配以及蒸煮、酱卤、烧烤等加工工艺处理，食用时不必再经过加热烹调的肉制品。我国的熟肉制品种类繁多、滋味各异，有干肉制品如肉松、肉干等，酱卤制品如酱汁肉、酱牛肉等，灌肠制品如灌肠、火腿肠等。熟肉制品是直接入口的食品，所以对其加工的卫生监督和卫生管理要求更为严格。否则，熟肉制品往往成为食物中毒的原因食品。

一、熟肉制品的加工卫生

(一) 原料肉

加工熟肉制品的原料必须来自健康的畜禽，并经兽医卫生检验合格。不得使用腐败变质肉、病畜肉、急宰动物肉、放血不良肉、劣质肉、有异味肉。冻肉解冻后方可使用。加工中发现有漏摘或残留的甲状腺、肾上腺及瘀血、伤痕等病变组织应予摘除和修净。

(二) 辅佐料

食品添加剂的使用必须符合《食品安全国家标准　食品添加剂使用标准》(GB 2760—2011) 的规定。在肉制品加工中常加入焦磷酸钠、三聚磷酸钠和六偏磷酸钠等保水剂，复合磷酸盐使用量（以磷酸盐总计）：肉制品≤1.0g/kg，西式火腿≤8.0g/kg。所选用的调味料，如糖、盐、味精、各种香料等也应符合卫生要求。肠衣和膀胱皮子应干净、新鲜、有弹性、完整。同时严格控制硝酸盐的用量。

(三) 加工卫生

1. 遵守卫生规程　在熟制过程中，要烧熟煮透，严格贯彻生熟两刀两案制，原料整理与熟制过程要分室进行，并要有专门的冷藏设备。操作人员的双手和工具必须保持清洁，防止污染。

2. 保持加工环境及器械的清洁卫生　注意加工场地、工具和容器的清洁消毒，地板上不准堆放肉块、半成品或制成品。凡接触或盛放熟肉制品的用具和容器，要求做到每使用一次消毒一次。

3. 严格运输及销售的卫生管理 熟肉制品的发送或提取时，须对车辆、容器及包装用具进行检查。运输过程中，要防止污染，须采用易于清洗消毒、没有缝隙的带盖容器装运，同时备有防晒、防雨设备。销售单位在接收熟肉制品时要严格验收，遇有不符合卫生要求的，应拒绝接收。在销售时注意用具和个人卫生，减少污染的机会。

4. 及时销售 除肉松、肉干等脱水制品外，要以销定产，随产随销，做到当天售完，隔夜者须回锅加热，夏季存放不得超过 12h。若必须保存，要在 0℃以下冷藏，最长不超过 2d，销售前应进行检验，以确保消费者安全。有些产品（如西式火腿等）销售前必须包装的，应在加工单位包装后出厂。

5. 注意个人卫生 所有加工熟肉制品的操作人员，必须遵守卫生制度，养成良好的卫生习惯，定期检查身体，凡有肠道疾病或带菌者及手上有外伤化脓人员不准参加熟肉制品的生产和销售工作。

二、熟肉制品的卫生检验

（一）感官检查

熟肉制品的卫生检验，多以感官检查为主。主要检查其外表和切面的色泽、组织状态、气味、有无变质、发霉、发黏以及污物沾染等。夏秋季节，应特别注意有无苍蝇停留的痕迹，这对整鸡、整鸭更为重要，因为苍蝇常产卵于鸡鸭的肛门、口、耳、眼等部位，孵化后的幼蛆很快钻入体腔或深部。此时，熟肉制品外观、色泽和气味往往正常，但内部已被蝇蛆所带的微生物污染，故应特别注意检查。

（二）理化检验

熟肉制品种类不同，检测项目也不同。常检测项目有亚硝酸盐 、水分、苯并芘、铅、无机砷、镉、汞、复合磷酸盐等，方法按 GB 2726—2005《熟肉制品卫生标准》中规定的方法进行测定。

（三）微生物学检验

应定期进行细菌学检验。细菌学检验的项目主要包括菌落总数的测定、大肠菌群最近似数（MPN）的测定和致病菌的检验。

1. 熟肉制品样品的采取和送检

（1）家禽。用灭菌棉拭采胸腹部各 $10cm^2$，背部 $20cm^2$，头部肛门各 $5cm^2$，共 $50cm^2$。棉拭采样方法：用板孔 $5cm^2$ 的金属制规板压在检样上，将灭菌棉拭稍蘸湿，在板孔 $5cm^2$ 的范围内揩抹 10 次，然后另换一个揩抹点，每个规格板揩 1 个点，每支棉拭揩抹 2 个点（即 $10cm^2$），一个检样用 5 支棉拭，每支揩后立即剪断（或烧断），均投入盛有 50mL 灭菌水的三角瓶或大试管中立即送检。

（2）烧烤肉制品。用灭菌棉拭采正面（表面）$20cm^2$，背面（里面）$10cm^2$，四边各 $5cm^2$，共 $50cm^2$。

（3）其他熟肉制品。如酱卤肉、肴肉、灌肠、香肚及肉松等。一般可采取 200g，用重量法检验（整根灌肠可根据检验需要，采取一定数量的检样）。

2. 检验方法 方法按 GB 4789—2010、GB 4789—2012 等进行检验。

三、卫生评定

(一) 卫生标准

1. 感官指标　无异味、无酸败味、无异物，熟肉干制品无焦斑和霉斑。

2. 细菌指标　具体见表 12－14（GB 2726—2005）。

表 12-14　熟肉制品卫生检验的细菌指标

项　　目		指　标
菌落总数（CFU/g）	烧烤、肴肉、肉灌肠	$\leqslant 5\times10^4$
	酱卤肉	$\leqslant 8\times10^4$
	熏蒸火腿、其他熟肉制品	$\leqslant 3\times10^4$
	肉松、油酥肉松、肉粉松	$\leqslant 3\times10^4$
	肉干、肉脯、肉糜脯、其他熟肉干制品	$\leqslant 1\times10^4$
大肠菌群（MPN/100g）	肉灌肠	≤30
	烧烤肉、熏煮火腿、其他熟肉制品	≤90
	肴肉、酱卤肉	≤150
	肉松、油酥肉松、肉粉松	≤40
	肉干、肉脯、肉糜脯、其他熟肉干制品	≤30
致病菌（沙门氏菌、金黄色葡萄球菌、志贺菌）		不得检出

3. 理化指标　具体见表 12-15（GB 2726—2005）。

表 12-15　熟肉制品卫生检验的理化指标

项　　目		指　标
水分（g/100g）	肉干、肉松、其他熟肉干制品	≤20.0
	肉脯、肉糜脯	≤16.0
	油酥肉松、肉粉松	≤4.0
复合磷酸盐[a]（以 PO_4^{3-} 计，g/kg）	熏煮火腿	≤8.0
	其他熟肉制品	≤5.0
苯并芘[b]（μg/kg）		≤5.0
铅（mg/kg）		≤0.5
无机砷（mg/kg）		≤0.05
镉（mg/kg）		≤0.1
总汞（以汞计，mg/kg）		≤0.05
亚硝酸盐		按 GB 5009.33—2010 执行

注：a. 复合磷酸盐残留量包括肉类本身所含磷及加入的磷酸盐，不包括干肉制品　b. 限于烧烤和烟熏制品

(二) 卫生评定

(1) 熟肉制品中的细菌菌落总数、大肠菌群 MPN 不得超过国家规定指标，不得检出致病菌。

(2) 对于细菌菌落总数、大肠菌群 MPN 超过国家规定指标，而无感官变化和感官变化轻微的熟肉制品，或无冷藏设备需要隔夜存放的熟肉制品，应回锅加热后即时销售。

(3) 对亚硝酸盐含量超过国家标准的灌肠和肴肉，以及水分含量超标的肉松，不得上市

销售。

（4）肉和肉制品中，包装破坏外观受损者不得销售。凡有变质征象或检出致病菌者，均不得销售和食用。

项目六　腌腊肉制品的加工卫生与检验

腌腊肉制品是肉经腌制、酱制、晾晒（或烘烤）等工艺加工而成的生肉类制品。有咸肉类、腊肉类、酱肉类、风干肉类等种类，如腌肉、火腿、风肉、腊肉、熏肉、香肠、香肚等，这既是肉类保藏的形式，也是改善肉制品风味的一种手段。腌腊肉制品中虽加入食盐对微生物有一定的抑制作用，一般食盐浓度达10%时便能抑制普通细菌的繁殖，但这并非是绝对的，因为细菌对食盐的抵抗力随种类而异，球菌对食盐的抵抗力较杆菌强，球菌甚至在15%的食盐溶液中仍能繁殖。非病原菌的抵抗力较病原菌强，如腐败菌在10%的盐溶液中才被抑制，伤寒杆菌在食盐浓度8%～9%时即被抑制。食盐对霉菌及酵母发育的影响，往往因介质的状态和条件而异，通常在20%的浓度下仍能繁殖，细菌虽然会发生脱水，但短时间并不死亡，有些耐盐和嗜盐菌在高浓度甚至饱和盐水中也能繁殖，因此，必须加强对腌腊肉品加工和保存中的卫生监督和卫生管理。

一、腌腊肉制品的加工卫生

（一）原料肉

原料必须来自健康的畜禽，并经兽医卫生检验合格。使用鲜肉原料时，必须经过充分风凉，以免在盐渍作用之前自溶变质。冻肉原料的解冻应在清洁场所进行，切忌用火烤或汽蒸。加工时必须割净全部瘀血、伤痕。不得使用腐败变质肉、病畜肉、急宰动物肉、放血不良肉、劣质肉、有异味肉。

（二）辅佐料

各种腌腊肉制品所用的辅料（如食盐、香料、酱油等），必须符合卫生质量标准。加工腊肠和腊肚的肠衣和膀胱皮子应干净、新鲜、有弹性、完整。现在广泛使用人造纤维肠衣，成本低、使用方便，加热过程中不受温度限制，生产规格化，是很好的肠衣替代品。

（三）加工卫生要求

1. 腌制室　原料间、腌制间的室温应控制在2～4℃，防止腌制过程中半成品或成品腐败变质。

2. 注意室内清洁　所有设备、机械、用具以及工人的工作服和手套均应保持清洁。每天工作完毕，要用热水清洗整个车间及各种用具，每5d全面消毒一次。仓库力求清洁、干燥、通风，并采取有效的防蝇、防鼠、防虫、防潮、防霉措施。

3. 严格控制硝酸盐的用量　腌腊制品中硝酸盐用量要求不超过0.5g/kg，亚硝酸盐的用量要求不超过0.15g/kg，近年研究证明，使用一氧化碳结合抗坏血酸，或者使用葡萄糖代替硝酸盐作为发色剂取得了良好的效果。但这两种发色剂均无抑菌作用，特别是不能抑制肉毒梭菌的生长。

4. 注意个人卫生　所有加工腌制品人员，应定期检查身体，肠道菌类疾病患者或带菌者及手上有肿胀化脓者，不准参加制造腌腊制品的工作。工作服和手套应经常保持清洁。

二、腌腊肉制品的卫生检验

（一）感官检查

常采用看、刺、切、煮、查的方法进行。

1. 看　从表面和切面观察腌腊制品的色泽和硬度，方法是取上、中、下三层有代表性的肉，察看其表面和切面的色泽和组织状态。

2. 刺　检测腌腊肉深部的气味，将特制竹签刺入腌腊肉制品的深部，拔出后立即嗅察气味，评定是否有异味或臭味。在第二次插签前，擦去签上前一次沾染的气味或另行换签。当连续多次嗅检后，嗅觉可能麻痹失灵，故经一定操作后要有适当的间隙以免误判。

整片腌腊肉常用五签法。第一签，从后腿肌肉（臀部）插入髋关节及肌肉深处。第二签，从股内侧透过膝关节后方的肌肉插向膝关节。第三签，从胸部脊椎骨上方朝下斜向插入背部肌肉。第四签，从胸腔肌肉斜向前肘关节后方插入。第五签，从颈椎骨上方斜向插入肩关节。

火腿通常采用三签法。第一签，在蹄髈部分膝盖骨附近，插入膝关节处。第二签，在商品规格所谓中方段、髋骨部分、髋关节附近插入。第三签，在中方与油头交界处，髋骨与荐椎间插入。

风肉、咸腿等可参考上述方法进行，咸猪头可在耳根部分和额骨之间颞肌部以及咬肌外面插签。

当插签发现某处有腐败气味时，应立即换签。插签后用油脂封闭签孔以利保存。使用过的竹签应用碱水煮沸消毒。

3. 切　看、刺检发现质量可疑时，用刀切开进一步检查内部状况，或选肉层最厚的部位切开，检查断面肌肉与肥膘的状况。

4. 煮　必要时还可将腌腊肉品切成块状放入水中煮沸，以嗅闻和品评腌腊肉制品的气味和滋味。

5. 查　指对腌腊肉制品的生产场地和原料性状的追踪检查。

（1）腌制卤水检查。良好的腌肉，其卤水应当透明而带红色，无泡沫，不含絮状物，没有发酵、霉臭和腐败的气味，pH 为 5.0～6.2。已腐败的腌肉，其卤水呈血红色或污秽的褐红色，混浊不清，有泡沫及絮状物，有腐败及酸臭气味，pH 多在 6.8 以上。卤水 pH 的测定方法与新鲜肉 pH 测定方法相同，但在测定前应先经水浴加热至 70℃使蛋白质凝结，用滤纸滤过，然后检查滤液 pH。

（2）腌腊肉制品虫害的检查。各种腌腊肉制品在保藏期间，由于回潮而容易出现各种虫害，如酪蝇、红带皮蠹、白腹皮蠹、火腿螨等。

为了发现上述害虫，可于黎明前在火腿、腊肉等堆放处静听和观察，有虫存在时常发出沙沙声，若发现成虫则可能有幼虫存在。对于蝇蛆的检查，主要是利用白天注意有无飞蝇逐臭现象，若有则表示制品可能有蛆存在，此时可翻堆进一步查明。

（二）实验室检验

腌腊肉制品中的微生物不易生存和繁殖，因此主要是进行理化检验。腌腊肉制品种类不同，检测项目也不同。常测定的项目有：亚硝酸盐测定、过氧化值的测定、苯并芘的测定、铅、镉、汞、砷的测定、香肠及香肚中脂肪的酸价测定、三甲胺氮的测定等，方法按

GB 2730—2005《腌腊肉制品卫生标准》中规定的方法进行。

三、卫生评定

（一）卫生标准

1. 感官指标　无黏液、无异味、无霉点、无酸败味。

2. 理化指标　具体见表 12-16。

表 12-16　腌腊肉制品理化指标（GB 2730—2005）

项目		指标
过氧化值（以脂肪计，g/100g）	火腿	≤0.25
	腊肉、咸肉、灌肠制品	≤0.50
	非烟熏、烟熏板鸭	≤2.50
酸价（以脂肪计，mg/g）	腊肉、咸肉、灌肠制品	≤4.0
	非烟熏、烟熏板鸭	≤1.6
苯并芘[a]（μg/kg）		≤5.0
三甲胺氮（mg/100g）		≤2.5
铅（mg/kg）		≤0.2
无机砷（mg/kg）		≤0.05
镉（mg/kg）		≤0.1
总汞（以汞计，mg/kg）		≤0.05
亚硝酸盐残留量		按 GB 5009.33—2010 执行

注：a. 仅限于经烟熏的腌腊肉制品

（二）卫生评定

（1）腌腊肉制品的感官指标应符合卫生标准的要求，变质的腌腊肉制品不准出售，应予销毁。

（2）凡亚硝酸盐含量超过国家卫生标准的，不得销售食用，作工业用或销毁。

（3）腌腊肉制品的各项理化指标均应符合国家卫生标准。超过标准要求，可限期内部处理，但不得上市销售，如感官变化明显，则不得食用，应予销毁。

（4）腌腊肉制品表面出现发光、变色、发霉等情况但未腐败变质的，可进行卫生清除或修割后供食用。

项目七　肉类罐头的加工卫生与检验

罐头是指各种符合标准要求的原料经处理、分选、烹调（或不经烹调）、装罐（包括马口铁罐、玻璃罐、复合薄膜袋或其他包装材料容器）、密封、杀菌、冷却而制成的具有一定真空度的食品。罐头食品是一种商业无菌食品。所谓商业无菌是一种无菌状态，即罐头食品经过适度的杀菌后，不含有致病微生物，也不含有常温下能在其中繁殖的非致病性微生物。肉类罐头是以食用动物肉为原料制作而成的罐头食品。在制作加工中，肉的各种酶类全部破坏，并达到了商业无菌状态，因此基本消除了罐头内容物自溶、腐败变质，以及氧化酸败的因素，可达到在一定期限内保藏，并保持其固有的风味目的。

罐头食品是一种特殊形式的食品保藏方法。由于各类罐头食品便于携带、运输和贮存，节省烹调手续，能调节食品供应的季节和地区性余缺，而备受消费者喜爱，尤其能满足野外勘探、远洋航海、登山探险、边防部队及矿山井下作业的特殊需要。

一、肉类罐头的加工卫生

肉类罐头最基本的生产工艺流程是：原料验收（冻肉解冻）→原料处理→预热处理→装罐（加调味剂）→排气→密封→灭菌→冷却→保温检验→包装→入库。

1. 空罐的选择与处理　罐头容器按材料的性质，大体分为金属罐、玻璃罐和软质材料容器三大类。共同要求是：要有良好的机械强度、抗腐蚀性、密封性和安全无害。

(1) 金属罐。最常用材料为马口铁，其次为铝材及镀铬薄钢板罐。马口铁为镀锡薄钢板，其镀锡的质量直接关系到罐头产品的卫生质量。一般要求镀锡中含铅量不得超过0.04%。或用卡普隆尼龙黏合剂代替。肉类食品往往能使马口铁罐内壁产生硫化斑而影响外观和风味。因此，肉类罐头用的金属内壁表面常涂一层涂料。所用涂料必须抗腐蚀性强、无毒性和异味、能耐灭菌时的高温、能形成均匀连续的薄膜以及与镀锡表面有紧密的黏合力。涂料多采用树脂，常用的有酚醛树脂、环氧酚醛树脂、乙烯树脂、环氧氨基树脂等。

常见马口铁罐是由罐身、盖和底三部分构成。罐身为罐镶嵌焊接，底和盖则用二重卷边法与罐身接合在一起。底、盖周边内侧涂以胶圈以保证接合的严密性。涂料应具有良好的可塑性和对热稳定性，并能抗油、抗水，而且不含有害物质。

镀铬薄板又称为无锡钢板，可用以代替马口铁。合金铝具有良好的延伸性，质量轻，能避免硫化斑或锈蚀，但强度较差，多用于制造小型冲底罐及易拉罐盖等。

(2) 玻璃罐。玻璃的化学性质稳定，所以玻璃罐能保持食品原有风味，便于观察内容，并可以多次重复使用，比较经济，被广泛应用。但其机械性能较差，且不能长期保持密封性。

(3) 软罐头。通常由三层薄膜复合而成。外层为聚酯薄膜，中层为不透气，不透湿，隔光线的铝箔，内层为酸性聚乙烯或聚丙烯。也有在铝箔与聚乙烯层间再加一层聚酯薄膜的，成为四层式结构。由于软罐头具有质量轻，体积小，柔韧和易开启，安全无毒，保存期较长，易传热，携带和食用方便等特点，而在国内外发展十分迅速。

无论采用何种罐头容器，均应保持清洁。使用前，铁罐一般先用热水冲洗，然后用蒸汽消毒30～60min。玻璃可先用2%～3%的热碱水浸泡5～10min，然后彻底冲洗。

2. 原料肉的选择与处理

(1) 原料肉须来自非疫区的健康动物，并经卫生检验合格。凡是病畜肉、急宰的动物肉、放血不良和未经充分冷却的鲜肉以及质量不好或经过复冻的肉，均不能作为生产罐头的原料肉。

(2) 原料肉应保持清洁卫生，不得随地乱放或接触地面。不同种类的原料肉应分别处理，以免沾污。原料进场后要用流水清洗，以清除尘土和杂质。冷冻原料肉的洗涤可与解冻同时进行。经过处理的原料肉不得带有淋巴结、粗血管、粗大的组织膜、色素肉、奶脯肉、伤肉、血刀肉、鬃毛、爪甲及变质肉等。

(3) 原料辅佐料应符合有关部门规定标准，凡生霉、生虫及腐败变质的材料都不能用于制作罐头食品。

（4）原料肉经预煮漂烫处理后，须迅速冷却至规定的温度，并立即投入下一道工序，防止堆积造成嗜热性细菌的繁殖。

3. 装罐与密封

（1）装罐。装罐时应随时剔出混入的杂物和不合格的肉块，并严格控制干物质的重量和顶隙。所谓顶隙是指罐头器顶部未被内容物占有的空间。要注意保持密封口区的清洁，以保证密封，这对软罐头尤其重要。

（2）封罐。一般的方法是利用真空封罐机，在抽出罐内空气的同时将罐口密封。罐头的真空度一般要求不低于27kPa。

4. 杀菌与冷却 即杀灭罐头食品中致病性微生物和常温下可繁殖的非致病性微生物的技术方法。密封后的罐头必须经过严格灭菌，以杀灭罐内存留的绝大部分微生物，包括腐败菌、产毒菌、致病菌，并破坏食物的酶类，以利长期保藏。罐头杀菌后可能会残留少量微生物或芽孢，但它们在罐内的特殊环境中，只形成半眠芽孢，不能生长与发芽。

肉类罐头多采用高温灭菌法，一般肉罐头的灭菌方法是：

由常温逐渐升温，在15min后达到120℃，保持此温度60min，然后在20min内降至常温。为了保证灭菌公式的正确执行，灭菌锅应装有能自动记录压力、温度和时间的仪表，并定期检查其性能。

5. 成品检验 是在罐头生产结束时，对杀菌效果和产品质量的一种检查方法。即将从杀菌锅中取出的罐头迅速冷却，在（37±2）℃条件下保温5～7d，逐个进行敲击和观察，以剔除膨听、漏汁及有鼓音之罐头。

所谓膨听就是罐头的体积增大，外形改变的一种现象。膨听一般由罐头内微生物繁殖产生大量气体所引起。漏汁是内容物流出罐头以外的现象。鼓音多由排气不好或罐头漏气，以致真空度不够所造成。如出现漏汁，则为漏气的明显证据。以上情况应开罐检查处理。除生物性膨听外，还有物理因素和化学因素引起的膨听，但多发生在出厂之后。物理性膨听多因装罐时盛装内容物过多，筋肉纤维受热膨胀产生，或者因遇低温罐内食品冻结膨胀而形成。化学性膨听主要由于金属罐皮受到酸性食品的腐蚀产生了气体而引起。

6. 卫生管理 在肉罐头加工中，还应加强生产车间的卫生管理，经常保持环境清洁。车间内不得积集残屑，不得有蚊、蝇和其他昆虫进入。工作人员要讲究个人卫生，定期进行健康检查，确保产品卫生质量。

二、肉类罐头的卫生检验

（一）物理检验

1. 外观检验 首先检查商标纸及硬印是否完整和符合规定，确认生产日期和保质期。然后观察底和盖有无膨听现象，如有膨听现象，应确定是生物性膨听、化学性膨听还是物理性膨听。鉴别几种膨听的方法是进行37℃保温试验和敲打试验。保温试验时若膨听程度增大，可能是生物性膨听；若膨听程度不变，则可能是化学性膨听；若膨听消失，则可能是物理性膨听。敲打试验是以木槌敲打罐头的盖面。良质罐头，盖面凹陷，发出清脆实音；不良质罐头，表面膨胀，发音不清脆，发出鼓音。最后，撕下商标纸，观察外表是否清洁，接缝及卷边有无漏水、透气、汤汁流出以及罐体有无锈斑及凹瘪变形等。

2. 密封性检查 主要是检查卷舌槽及接缝处有无漏气的小孔。肉眼往往看不见，应将商标纸除去后，洗净，放入加热至85℃的热水中3～5min，水量应为罐头体积的4倍以上，水面应高出罐头5cm。放置期间，如罐筒的任何部位出现气泡，即证明该罐头密封性不良。

3. 保温试验　在（37±2）℃条件下保温5～7d，逐个进行敲击和观察。

4. 真空度测定　常用真空表测定。测定时，右手的拇指和食指夹持真空表，以其下端对准罐盖，以防空气进入罐内。各类罐头的室温下真空度为27～50.8kPa。

5. 内容物检查

（1）组织和形态检查。把罐头放入80～90℃热水中，加热到汤汁溶化后（午餐肉、凤尾鱼等不需加热），用开罐器打开罐盖，将内容物轻轻倒入搪瓷盘，观察其形态结构，并用玻璃棒轻轻拨动，检查其组织是否完整、块形大小和块数是否符合标准（鱼类罐头须检查脊骨有无外露现象，骨肉是否联结，鱼皮是否附着鱼体，有无黏罐现象）。

（2）色泽检查。在检查组织形态的同时，观察内容物中固形物的色泽是否符合标准要求，然后将被检罐头的汤汁收集于量筒中，静置数分钟后，观察其色泽和澄清程度。

（3）滋味和气味检查。先闻其气味，再品尝滋味，鉴定是否具有应有的风味。

（4）杂质检查。用玻璃棒仔细拨动内容物，注意观察有无毛根、碎骨、血管、血块、淋巴结、草、木、砂石及其他杂质等存在。

6. 容器内壁检验　观察罐身及底盖内壁镀锡层有无腐蚀和露铁，涂膜有无脱落现象，有无铁锈或硫化铁斑点。罐内有无锡粒和内流胶现象。容器内壁应无可见的腐蚀现象，涂料不应变色、软化和脱落，可允许有少量硫化斑存在。

（二）实验室检验

肉类罐头种类多，所需原料和加工工艺差别很大，所以理化检验项目不尽相同，一般包括重金属含量、亚硝酸盐残留量、苯并芘等检测项目。检验方法按GB 13100—2005《肉类罐头卫生标准》中规定的方法进行。微生物检验检查是否达到商业无菌要求，其检验方法按国家标准GB 4789.26—2013《食品安全国家标准　食品微生物学检验　商业无菌检验》的规定进行。

三、卫生评定

（一）卫生标准

1. 感官指标　无泄漏、膨听现象存在，容器内外表面无锈蚀，内壁涂料完整，无杂质。

2. 理化指标　具体见表12-17。

表12-17　肉类罐头卫生标准（GB 13100—2005）

项　　目	指　　标
无机砷（mg/kg）	≤0.05
铅（Pb，mg/kg）	≤0.5
锡（Sn，mg/kg）	≤250
总汞（以汞计，mg/kg）	≤0.05
镉（Cd，mg/kg）	≤0.1
锌（Zn，mg/kg）	≤100

（续）

项目		指标
亚硝酸盐（以亚硝酸钠计，mg/kg）	西式火腿罐头 其他腌制类罐头	≤70 ≤50
苯并芘[a]（μg/kg）		≤5.0

注：a. 仅限于烧烤和烟熏肉罐头

3. 微生物指标 应符合罐头商业无菌的要求。

（二）卫生评定

（1）经检验符合感官指标、理化指标、微生物指标的保质期内的罐头可以食用。

（2）膨听、漏气、漏汁的罐头应予废弃，如确系物理性膨听，则允许食用。

（3）外观有缺陷，如锈蚀严重，卷边缝处生锈，碰撞造成瘪凹等，均应迅速食用。

（4）开罐检查，罐内壁硫化斑色深且布满的，内容物有异物、异味等感官恶劣的，均不得食用，应予废弃。

（5）理化指标超过标准的罐头，不得上市销售，超标严重的，应予销毁。

（6）微生物检验发现致病菌的，一律禁止食用，应予销毁。检出大肠杆菌或变形杆菌的，应进行再次杀菌后出售。

项目八　食用动物油脂的加工卫生与检验

一、生脂肪的理化性质

生脂肪又称为贮脂，是指皮下、大网膜、肠系膜、肾周围等处的脂肪组织。就其组织结构而言，生脂肪是由脂肪细胞及起支持作用的结缔组织基架构成。

生脂肪的化学组成为：甘油酯、水分、蛋白质、碳水化合物、维生素、胆固醇、类脂化合物及矿物质等。其中甘油酯含量在70%～80%，脂肪组织中的甘油酯是多种饱和脂肪酸甘油酯与不饱和脂肪酸甘油酯的混合物。在饱和脂肪酸中，软脂酸和硬脂酸含量最多；而不饱和脂肪酸中，最常见的是油酸和亚油酸，其次还有十六碳烯酸、二十二碳烯酸等。动物性油脂是人体所必需脂肪酸的重要来源，近年来研究认为，海产鱼类脂肪中所含的二十碳五烯酸和二十碳六烯酸具有降低人血脂的功能，对防治人的心血管疾病有特殊效果。

生脂肪的理化特性，主要取决于混合甘油酯中脂肪酸的组成。其饱和脂肪酸含量多，熔点较高；而不饱和脂肪酸含量多，熔点较低。脂肪中硬脂酸的含量：牛为25%，羊为25%～30%，猪为9%～15%。显然，牛、羊脂肪中硬脂酸的含量比猪脂肪高。所以，牛脂肪的熔点为42～50℃，羊脂肪的熔点为44～55℃，猪脂肪熔点则为36～46℃。此外，脂肪组织在动物体内蓄积的部位不同，其熔点也有差异。一般肾周围脂肪熔点较高，皮下脂肪熔点较低，胫骨、系骨和蹄骨的骨髓脂肪熔点更低些。通常熔点高的脂肪比熔点低的脂肪难于被人体消化吸收。

除了脂肪的熔点外，脂肪中脂肪酸的凝固点也与脂肪的硬度有直接关系。因此，脂肪的熔点和凝固点，决定着脂肪的食用价值。猪脂肪的消化率为94%，牛脂肪为89%，而羊脂肪仅为81%。

二、脂肪原料的收集与贮藏卫生

肉类加工企业加工油脂时，主要从屠宰车间、肠加工车间、副产品加工车间、灌肠车间、罐头车间等地点获得各种脂肪原料，有板油、花油、肥膘、杂碎油等。收集的生脂肪必须来自健康动物。严格卫生操作，保持用具清洁，防止粪便或其他污物污染。收集的原料应及时用有防尘、防蝇设备的专车，送往油脂加工车间进行熔炼，防止原料堆积而腐败变质。大批量屠宰牲畜时，如果屠宰场没有脂肪熔炼加工设备，必须及时将生脂肪冷藏或盐腌保存。盐腌保存时可在脂肪上涂上食盐，置于洁净的大桶内。大桶在未装入脂肪前，先在桶底撒一层 2～3cm 厚的食盐，然后每放一层脂肪撒一层食盐，最后把大桶紧密封好。一般食盐的用量为生脂肪的 8%～10%。

冷冻保藏也是一种不错的方法，而且效果比盐腌好，但不能将脂肪原料长期保存于冷库内，应尽快加以熔炼或发出利用，否则可导致表层脂肪严重氧化，深层脂肪降解腐败。

三、食用油脂加工的卫生要求

1. 炼制方法　生脂肪通过加热熔炼除去结缔组织及水分，获得纯甘油酯的过程称为炼制，所得产品称之为油脂。炼制方法有以下两种：

（1）干炼法。常用的有直接加热法、双层敞锅蒸汽加热及真空熔炼法三种。

（2）湿炼法。即在炼制过程中加入少量水。常用方法有低压熔炼法和高压熔炼法二种。

2. 卫生要求

（1）炼油厂内应设有单独的原料堆放车间，原料不能触及地面。

（2）原料必须新鲜、干净，无污染和赘生物。炼制前将原料洗净，除去淋巴结、胰腺、肠管、残肉及寄生虫包囊等。盐腌的脂肪原料在熔炼前需浸泡，以除去盐分。

（3）炼制时将原料脂肪搅碎或切碎，以增加受热面，加速熔炼过程及改善油脂的食用品质。

（4）在炼制中不时搅拌，以防油渣粘底烧焦，影响油脂的色泽。

（5）车间的地面、工作台和设备每天应及时除去黏着的脂肪碎屑，然后用热水清洗 2 次，再用碱溶液洗涤消毒，清水冲净。

（6）敞口锅炼制油脂时，应注意温度要足够高，以达到灭菌的目的。

（7）食用油脂在发出前应进行感官检查、酸值和过氧化物值的测定，以判定其新鲜度。

四、食用油脂的变质

食用油脂在保存过程中，由于受日光、水分、温度、金属、空气及外界微生物的作用，会发生水解和一系列氧化过程，使油脂变质酸败，形成对人体有害的各种醛、醛酸、酮、酮酸及羟酸等化合物。油脂变质分解的主要形式为水解和氧化作用。

（一）水解作用

水解作用在生脂肪较易发生。因其本身含有大量的水分、脂肪酸和其他含氮物质，如果不及时熔炼，其中的甘油三酯便发生水解作用，产生游离脂肪酸及甘油。游离脂肪酸可使油脂酸值升高，气味和滋味发生异常，甘油溶于水中流失，使脂肪的重量减轻。

（二）氧化作用

氧化作用在炼制后的油脂中较易发生。由于光的作用，特别是紫色和黄色光线作用，使混合甘油酯中的不饱和脂肪酸，在其双键处与氧结合形成过氧化物，进一步形成醛、醛酸、酮、酮酸及羟酸等产物，使油脂的酸值、过氧化值、丙二醛含量及熔点增高，碘值降低。同时使油脂产生不愉快的气味和苦涩滋味。油脂的氧化过程通常称为酸败，根据油脂酸败的变化及所形成的产物不同分为醛化酸败、酮化酸败和酯化。

1. 醛化酸败 醛化酸败多发生于不饱和脂肪酸，其特征是形成醛和醛酸。

首先是不饱和脂肪酸被氧化产生过氧化物；过氧化物在水的作用下，发生氧的转移，生成环氧化物和过氧化氢；在生成过氧化氢时，常游离出臭氧，臭氧与不饱和脂肪酸结合，生成臭氧化物；臭氧化物在水的作用下发生碳链断裂，生成醛及过氧化氢；部分醛被氧化，形成醛酸及二羟酸；油脂水解时释出的甘油，分解脱水形成丙二醛，丙烯醛是一种有强烈臭味和焦味的物质，它可进一步氧化形成环氧丙醛。

2. 酮化酸败 酮化酸败发生于饱和脂肪酸和不饱和脂肪酸，其特征是形成酮和酮酸。

（1）由不饱和脂肪酸形成酮酸，不饱和脂肪酸被氧化生成脂肪酸的过氧化物；脂肪酸的过氧化物分解生成游离的氧和环氧化物，环氧化物经碳链重新排列生成酮酸。

（2）由饱和脂肪酸形成酮及酮酸，饱和脂肪酸氧化脱氢，生成不饱和脂肪酸和过氧化氢，不饱和脂肪酸在水的作用下生成醇酸，醇酸被氧化脱氢生成酮酸，酮酸脱羟基生成酮。

3. 酯化 酯化是脂肪的又一种氧化形式。其特征是形成羟酸，使油脂变硬，熔点增高，颜色变白，出现陈腐气味和滋味。

总之，油脂变质后产生的分解产物对人体有毒害作用。环氧丙醛能引起人的胃肠炎；丙烯醛是人类癌症的诱发剂。因此，为了延缓油脂的氧化过程，常向油脂中加入抗氧化剂，以保持其稳定性。

五、生脂肪与食用油脂的卫生检验

（一）感官检验

1. 生脂肪的感官检验 从脂肪颜色、气味、组织状态和表面污染程度等几方面检查。

2. 食用油脂的感官检验

（1）组织状态。在室温下（15～20℃）用刮子按压，判定其组织状态。

（2）气味与滋味。在室温下将油脂用压舌板或竹片在洁净的玻璃片上涂成薄层，检查其气味与滋味。如有可疑时，应将油脂融化之后再检查。

（3）透明度。取一定量的油脂于烧杯中，置于水浴中熔化后，注入无色、透明、干燥而洁净的试管中，先向着自然光线观察其透明度，然后置于白色背景上观察。如无悬浮物及混浊物，认为透明。

（4）凝固时的色泽。将上述试管置于冷水中（15℃）2h，使之恢复原来的组织状态，当油脂温度降至15～20℃时，置于白色背景下观察其色泽。

（二）实验室检查

1. 酸值的测定 油脂在储运过程中，发生水解产生游离脂肪酸，使油脂的酸值升高。酸值是指中和1g油脂中游离脂肪酸所需氢氧化钾的毫克数，是表示油脂分解和发生酸败的重要指标。用中和法测定。

2. 过氧化值的测定　油脂中不饱和脂肪酸被氧化形成过氧化物，过氧化值是指 100g 油脂中所含过氧化物从氢碘酸中析出碘的克数。用间接碘量法测定。

3. 丙二醛的测定　丙二醛是油脂氧化酸败的重要指标。用比色法测定。由于油脂中不饱和脂肪酸氧化分解产生丙二醛，在水溶液中以烯醇型存在，在酸性实验条件下，随水蒸气蒸发、冷凝收集后与 TBA（硫代巴比妥酸）试剂反应生成红色化合物，在波长 538nm 处有吸收高峰，利用此性质即能测出丙二醛含量，从而推导出油脂酸败的程度。

六、卫生评定

1. 感官指标　具有各种脂肪固有的气味与色泽，无异味、无酸败味。

2. 理化指标　具体见表 12-18。

表 12-18　食用动物油脂理化指标（GB 10146—2005）

项　目		指　标
总砷（以 As 计，mg/kg）		≤0.1
铅（Pb，mg/kg）		≤0.2
酸值（以 KOH 计，mg/g）	猪油	≤1.5
	牛油、羊油	≤2.5
过氧化物值（g/100g）		≤0.20
丙二醛（mg/100g）		≤0.25

实训九　肉的新鲜度检验

【目的与要求】掌握肉的新鲜度理化检验的操作技术以及对检验结果进行综合判定的技能。

一、挥发性盐基氮（TVB-N）的测定

（一）半微量凯氏定氮法

【原理】蛋白质分解产生的氨、胺类等碱性含氮物质，在碱性环境中易挥发，故称为挥发性盐基氮（volatile basic nitrogen，VBN）或总挥发性盐基氮（total volatile basic nitrogen，TVB-N）。本测定方法是利用氧化镁的弱碱性环境，使碱性含氮物质游离并被蒸馏出来，被含有指示剂的硼酸溶液吸收，用标准盐酸溶液滴定，根据盐酸标准溶液消耗量计算求得挥发性盐基氮的含量。

【器材与试剂】

1. 器材　半微量定氮器，微量滴定管（最小分度 0.01mL）。

2. 试剂

（1）1%氧化镁混悬液。

（2）吸收液：2%硼酸溶液。

（3）甲基红-次甲基蓝混合指示剂：0.2%甲基红乙醇溶液与 0.1%次甲基蓝乙醇溶液，用时将两液等量混合，即为混合指示剂。

（4）0.010 0mol/L 盐酸标准溶液。

【操作方法】

1. 肉浸液制备 除去肉样中脂肪、筋腱，绞碎，称取 10g，置于 250mL 锥形瓶中，加 10 倍的无氨蒸馏水，不时振摇，浸渍 30min 后过滤，滤液备用。

2. 样品测定 将盛有 2%硼酸溶液 10mL 并加有甲基红-次甲基蓝混合指示剂 5～6 滴的锥形瓶置于冷凝管下端。精确吸取上述样品滤液 5mL，小心地从小玻璃杯处加入蒸馏器反应室内，加 1%氧化镁混悬液 5mL，迅速盖塞，并加少量蒸馏水于小玻璃杯口处作水封以防漏气。接通电源，加热蒸汽发生器，沸腾后产气即关闭蒸汽出气管，开始蒸馏。当冷凝管出现第一滴冷凝水时，迅速使冷凝管下口浸没在硼酸液面下（这是本实验的关键步骤），蒸馏 5min。先移开接收瓶用表面皿覆盖瓶口然后关闭电源。用 0.010 0mol/L 盐酸标准溶液滴定吸收液，直至混合指示液由绿色或草绿色变为蓝紫色即为滴定终点。同时用无氨蒸馏水代替样品液做空白对照试验。

【计算】

$$挥发性盐基氮含量（mg/100g）=\frac{(V_1-V_2)\times M\times 14}{m\times 5/100}\times 100$$

式中：V_1——被测样液消耗盐酸标准溶液的体积（mL）；

V_2——试剂空白消耗盐酸标准溶液的体积（mL）；

M——盐酸标准溶液的物质的量浓度（mol/L）；

m——样品质量（g）；

14——1mol/L 盐酸标准溶液 1mL 相当氮的毫克数。

（二）康维皿微量扩散法

【原理】挥发性含氮物质可在饱和碳酸钾溶液中释放出来，在 37℃恒温条件下游离扩散至康维皿密闭空间中，被硼酸溶液吸收。硼酸酸度改变引起其中指示剂的颜色发生变化。然后用标准酸溶液滴定，根据滴定消耗的盐酸量计算求得其含量。

【器材与试剂】

1. 器材

（1）扩散皿（康维皿）：标准型，玻璃质，内外室总直径 61mm，内室直径 3mm，外室深度 1mm，内室深度 5mm，外室壁厚 3mm，内室壁厚 2.5mm，加磨砂厚玻璃盖。

（2）微量滴定管：最小分度 0.01mL。

（3）恒温培养箱。

2. 试剂

（1）水溶性胶：取 10g 阿拉伯胶，加 10mL 水、5mL 甘油、5g 无水碳酸钾（或无水碳酸钠），研匀。

（2）饱和碳酸钾溶液：取 50g 碳酸钾，加 50mL 无氨蒸馏水，微加热助溶。使用时取上清液。

（3）吸收液：2%硼酸溶液。

（4）甲基红-次甲基蓝混合指示剂：0.2%甲基红乙醇溶液与 0.1%次甲基蓝乙醇溶液，使用时将两液等量混合，即为混合指示液。

（5）0.010 0mol/L 盐酸标准溶液。

【操作方法】

1. 肉浸液制备 同半微量凯氏定氮法。

2. 样品测定 将水溶性胶涂于康维皿外室边缘。在皿内室加入 2%硼酸溶液 1 mL 及甲基红-次甲基蓝混合指示剂 1 滴。在皿外室的一侧加入样品液 1mL，另一侧加入饱和碳酸钾溶液 1 mL（注意勿使两侧液体接触），立即加盖密封，将皿轻轻水平转动，使样品液与碳酸钾溶液混合，置于 37℃温箱中放置 2h。揭去盖，内室的吸收液用 0.010 0mol/L 盐酸标准溶液滴定。滴定时，轻轻晃动内室的溶液，滴定至呈蓝紫色时为终点。同时做试剂空白对照试验。

【结果与报告】

$$\text{挥发性盐基氮含量 (mg/100g)} = \frac{(V_1 - V_2) \times M \times 14}{m \times 1/100} \times 100$$

式中：V_1——被测样液消耗盐酸标准溶液的体积（mL）；

V_2——试剂空白消耗盐酸标准溶液的体积（mL）；

M——盐酸标准溶液的物质的量浓度（mol/L）；

m——样品质量（g）；

14——1mol/L 盐酸标准溶液 1mL 相当氮的毫克数。

【判定标准】见模块十二、项目三。

二、pH 的测定

【原理】肉腐败后产生的氨和胺等碱性物质使肉的 pH 升高。

（一）酸度计法

【器材与试剂】 酸度计。

【操作方法】

1. 肉浸液制备 除去肉样中脂肪、筋腱，绞碎，称取 10g，置于 250mL 锥形瓶中，加 100mL 中性蒸馏水，不时振摇，浸渍 15min 后过滤，滤液待测。

2. 样品测定 使用时预先将玻璃电极在蒸馏水中浸泡 24～48h。

（1）接通电源，打开电源开关，预热 5min。

（2）调节温度补偿开关，使之与溶液温度一致。

（3）将量程开关指向 pH 处。用标准溶液调节“零点”。

（4）将电极插入被检溶液中，按下“读数”，记录所得 pH。

（5）检毕，水洗电极，将电极卸下保存。

（6）关闭电源。

（二）比色法

【器材与试剂】

1. 器材 精密 pH 比色计，pH 精密试纸。

2. 试剂 甲基红（pH4.6～6.0）指示剂，溴百里酚蓝（pH6.0～7.6）指示剂，酚红（pH6.8～8.4）指示剂。

【操作方法】

1. pH 试纸法 将选定的 pH 精密试纸条的一端浸入被检溶液中，数秒钟后取出与标准色板比较，直接读取 pH 的近似数值。本法简便，测定精确度为 pH±0.2（不能检冻肉）。

2. 溶液比色法 首先从 pH 比色计中选定适当指示剂，一般选用甲基红（pH4.6～6.0）或溴百里酚蓝（pH6.0～7.6），必要时可选用酚红（pH6.8～8.4）。然后取 5mL 被检样液加入与标准管质量相同的小试管内，根据预测的 pH 范围，加入适当的批示剂 25μl，与标准比色管对光观察比较，当样品管与标准管色度一致时，标准管的 pH 即是样品的 pH。如色度介于两个比色管之间，则取其平均值。

【判定标准】 见模块十二、项目三。

三、粗氨测定（纳氏试剂法）

【原理】 肉腐败分解后产生的氨及铵盐在碱性条件下与纳氏试剂中的碘化汞和碘化钾的复盐生成黄色化合物碘化双汞铵，其颜色的深浅和沉淀物的多少能反映肉中氨的含量。

【器材与试剂】 纳氏试剂：称取碘化钾 10g 于 10mL 蒸馏水中，再加入热的饱和升汞溶液不断振摇至出现的朱红色沉淀不再溶解为止。然后向此溶液中加入 35%氢氧化钠溶液 80mL，最后加蒸馏水至 200mL，静置 24h 后，弃去沉淀，取上清液贮存于棕色玻璃瓶内，置于暗处密闭保存。

【操作方法】 取试管 2 支，1 支加入 1mL 肉浸液，另一支加入 1mL 无氨蒸馏水作对照。向两支试管中各加纳氏试剂，每加 1 滴后振荡试管，并比较试管中溶液颜色、透明度、有无混浊或沉淀等。加至 10 滴。

【判定标准】 见模块十二、项目三。

四、硫化氢试验（醋酸铅试纸法）

【原理】 肉在腐败过程中，含硫氨基酸进一步分解，释放出的硫化氢在碱性条件下可与醋酸铅反应，生成黑色的硫化铅，据此判断肉的新鲜度。反应式为：

$$H_2S + Pb(CH_3COO)_2 \longrightarrow PbS\downarrow + 2CH_3COOH$$

【器材与试剂】

（1）碱性醋酸铅溶液：于 10%醋酸铅溶液加入 10%氢氧化钠溶液至析出白色沉淀为止。

（2）醋酸铅滤纸条：将滤纸条浸入碱性醋酸铅溶液中，数分钟后取出阴干，保存备用。

（3）250mL 带塞的锥形瓶。

（4）水浴锅。

【操作方法】 将待检肉样剪成米粒大小，置于 250mL 锥形瓶内，使之达容积的 1/3。取一醋酸铅滤纸条，使其下端接近但不触及肉粒表面，一般在肉样上方 1～2cm 处悬挂，立即将滤纸条的另一端以瓶塞固定于瓶口，室温下静置 15min 后观察滤纸条的颜色变化。必要时将锥形瓶置于 60℃水浴中加热，可加速反应。

【判定标准】 见模块十二、项目三。

五、球蛋白沉淀试验（硫酸铜肉汤反应）

【原理】 肉在腐败过程中，由于肉的 pH 升高，蛋白质呈溶解状态，可与重金属离子 Cu^{2+} 结合成沉淀。

【器材与试剂】 10%硫酸铜溶液。

【**操作方法**】取试管 2 支，向一支管中加 2mL 被检肉浸液，另一支加 2 mL 水作对照。向上述试管中分别滴加 10%硫酸铜溶液 3～5 滴，充分振摇，静置 5min 后观察。

【**判定标准**】

（1）新鲜肉：溶液呈淡蓝色，完全透明，以“－”表示。

（2）次鲜肉：溶液轻度混浊，有时有少量絮状物，以“＋”表示。

（3）变质肉：溶液混浊并有白色沉淀，以“＋＋”表示。

六、过氧化物酶反应试验

【**原理**】新鲜健康的畜禽肉中含有过氧化物酶。不新鲜肉、严重病理状态的肉或濒死畜禽肉，过氧化物酶显著减少，甚至完全缺乏。过氧化氢在过氧化物酶的作用下，分解放出新生态氧，使联苯胺指示剂氧化为二酰亚胺代对苯醌。后者与尚未氧化的联苯胺形成淡蓝色或青绿色化合物，经过一定时间后变为褐色。

【**器材与试剂**】

（1）1%过氧化氢溶液：取 1 份 30%过氧化氢溶液与 2 份水混合即成（临用时配制）。

（2）0.2%联苯胺乙醇溶液：称取 0.2g 联苯胺溶于 95%乙醇 100mL 中，置于棕色瓶内保存，有效期不超过 1 个月。

【**操作方法**】取 2mL 肉浸液（1∶10）于试管中，滴加 4～5 滴 0.2%联苯胺乙醇溶液，充分振荡后加新配制的 1%过氧化氢溶液 3 滴，稍振荡，观察结果。同时做空白对照试验。

【**判定标准**】见模块十二、项目三。

【**结果与报告**】采取肉样，进行肉的新鲜度检验，对检验结果结合感官检验进行综合评价。

实训十　食用动物油脂的检验

一、酸值的测定

【**原理**】油脂因水分和其他杂质的存在，加上酶或热能的作用，会逐渐被水解、氧化而酸败，使脂肪中的游离脂肪酸增加。用一定量的标准碱溶液中和等量的酸，即可测得油脂酸败的情况，用“酸值”来表示。酸值系指中和 1g 油脂中所含游离脂肪酸所消耗的氢氧化钾的毫克数。

【**器材与试剂**】

1. 器材　电热恒温水浴箱，碱式滴定管，具塞锥形瓶。

2. 试剂

（1）酚酞指示剂液：1%酚酞酒精溶液。

（2）中性醇醚混合液：将 2 份乙醚与 1 份乙醇混合，以酚酞为指示剂，用0.1000mol/L KOH 溶液中和至初现粉红色。

（3）0.1000mol/L KOH 标准溶液：称取 5.8g KOH 溶解于 1000mL 蒸馏水中，按常规方法标定之。

【**操作方法**】将样品置于烧杯内，在 80℃以中水浴中熔化。精确称取熔化油脂 3～5g，加到 100 mL 具塞锥形瓶中，加入 50 mL 中性醇醚混合液，在 40℃水浴内不断振摇，使溶解至呈透明，冷至室温，加入酚酞指示剂 2～3 滴，用 0.100 0mol/L KOH 标准溶液滴定至初现粉红色，且在 1min 内不褪色为止。重复测定一次。

【计算】

$$酸值=\frac{V\times M\times 56.11}{m}$$

式中：V——滴定时消耗 0.1000mol/L KOH 的体积（mL）。

M——KOH 标准溶液的浓度（mol/L）；

m——油脂样品质量（g）；

56.11——1mol/L KOH 标准溶液 1mL 中所含 KOH 的质量（mg）。

【判定标准】猪油≤1.5，牛油、羊油≤2.5。

【注意事项】

（1）滴定所用 0.1000mol/L KOH 溶液的量应为乙醇量的 1/5，以免发生皂化水解。如过量则有混浊沉淀，使结果偏低。

（2）脂肪称量时视油脂的酸值高低而增减，酸值低的称取 5～10g，高的称 1～2g，火腿称 1g 即可。

（3）醇醚混合液中已加有指示剂，在以后滴定时可不必再加指示剂。

（4）油脂颜色深的，可改用 1%溴百里酚蓝乙醇溶液作指示剂。

（5）两次试验的平行误差最好不大于 0.1mg，如酸值高可相对放宽。

（6）中性醇醚混合液宜用螺纹口瓶，以免天热时瓶塞冲出。

二、过氧化物值的测定

【原理】油脂氧化过程中产生的过氧化物，与碘化钾反应，生成游离碘，以硫代硫酸钠溶液滴定，根据硫代硫酸钠的消耗量，计算油脂的过氧化物值。

【器材与试剂】

1. 器材　滴定管，250mL 碘量瓶。

2. 试剂

（1）饱和碘化钾溶液：称取 14g 碘化钾，加 10mL 水溶解，必要时微热使其溶解，冷却后贮存于棕色瓶中。

（2）三氯甲烷-冰乙酸（2+3）混合液：量取 40mL 三氯甲烷（不得含有光气等氧化物），加 60mL 冰乙酸，混匀。

（3）0.002mol/L 硫代硫酸钠标准溶液。

（4）1%淀粉指示剂：称取 0.5g 可溶性淀粉，加少量水，调成糊状，倒入 50mL 沸水中调匀，煮沸。现配现用。

【操作方法】精密称取 2～3g 混匀的样品，置于 250mL 碘量瓶中，加 30mL 三氯甲烷-冰乙酸混合液，使样品完全溶解。加入 1mL 饱和碘化钾溶液，紧密塞好瓶塞，并轻轻振摇 30s，然后在暗处放置 3min，取出加 100mL 水，摇匀，加入 1mL 淀粉溶液为指示剂，用 0.002mol/L 硫代硫酸钠标准溶液滴定至蓝色消失为终点。同时用水做空白试验。

【计算】

$$过氧化值=\frac{(V-V_0)\times C\times 0.1269}{m}\times 100\%$$

式中：C——硫代硫酸钠标准溶液的浓度（mol/L）；

V——试样消耗硫代硫酸钠标准溶液之体积（mL）；

V_0——空白消耗硫代硫酸钠标准溶液之体积（mL）；

m——样品质量（g）。

【判定标准】过氧化物值≤0.20。

三、丙二醛的测定

【原理】油脂受到光、热、空气中氧等的作用，发生酸败，分解出醛、酮之类的化合物。丙二醛就是分解产物的一种，它能与TBA（硫代巴比妥酸）作用生成粉红色化合物，在532nm波长处有吸收高峰，利用此性质即能测出丙二醛含量，从而推导出油脂酸败的程度。

【器材与试剂】

1. 器材　恒温水浴箱，离心机（2000r/min），72型分光光度计，100mL带塞三角瓶，25mL纳氏比色管，100mm×13mm试管，定性滤纸。

2. 试剂

（1）0.02mol/L TBA水溶液：称取TBA 0.288g溶于水中，加热助溶至完全透明，稀释至100mL。

（2）三氯乙酸混合液：准确称取三氯乙酸7.5g及0.1g乙二胺四乙酸二钠（EDTA），用水溶解，稀释至100mL。

（3）氯仿（分析纯）。

（4）丙二醛标准溶液：称取1，1，3，3-四乙氧基丙烷0.315g，溶解后稀释至1 000mL，此溶液每毫升相当于丙二醛100μg，置于冰箱内保存。用时准确吸取10mL，稀释至100mL，此溶液每毫升相当于丙二醛10μg，备用。

【操作方法】

1. 样品制备　准确称取70℃水浴熔化的样品10g，置于100mL具塞三角瓶内，加入50mL三氯乙酸混合液，振摇0.5h（保持油脂熔融状态，若凝结可在水浴上加热后振摇），用两层滤纸过滤，除去油脂。再用两层滤纸过滤一次。

2. 检测　准确移取上述滤液5mL置于25mL比色管内，加入TBA溶液5mL，混匀，加塞，置于90℃水浴内保温40min，取出，冷却1h，移入小试管内，离心5min，上清液倾入25mL纳氏比色管中，加入5mL氯仿，摇匀，静置，分层，吸出上清液于532nm波长比色（同时做空白试验）。

3. 标准曲线的绘制　准确吸取上述标准溶液0.0、0.1、0.2、0.3、0.4、0.5、0.6mL置于纳氏比色管中，加水至总体积为5mL，加入5mL TBA溶液，然后按样品测定步骤进行，测得吸光度并绘制标准曲线。

【计算】

$$丙二醛含量=C/10$$

式中：C——从标准曲线查得丙二醛的相应浓度（μg/mL）。

【判定标准】丙二醛含量（mg/100g）≤0.25。

【结果与报告】采取油脂样品，进行测定，对测定结果结合感官检验进行综合评价。

复习思考题

一、名词解释

1. TVB-N 2. 冷却肉 3. 油脂酸值 4. 肉的成熟 5. 肉的僵值 6. 肉的腐败 7. 肉的自溶 8. 脂肪氧化

二、填空题

1. 肉新鲜度感官检查主要有______、______、______、______和______五个指标。

2. 肉在保藏时的变化过程包括______、______、______和______四个阶段。

3. 肉新鲜度检验时理化指标主要有______、______、______、______、______等。

4. 肉新鲜度检验时微生物指标主要有______、______和______三种。

5. 肉的冷冻加工包括______、______和______三个阶段。

三、单项选择题

1. 下列不是成熟肉特征的是（ ）。

A. 肉汤澄清透明　　B. 易于煮烂和咀嚼
C. 肌纤维粗糙硬固　　D. 肉表面形成一层干膜

2. 肉发生自溶和腐败的共同产物是（ ）。

A. 尸胺　B. 吲哚　C. 硫化氢　D. 酚

3. 腐败变质肉的处理方法是（ ）。

A. 可以食用　B. 冷冻　C. 高温　D. 销毁

4. 能有规律地反应肉新鲜程度的客观指标是（ ）。

A. 粗氨　B. pH　C. TVB-N　D. 过氧化物酶

5. 根据油脂酸败的变化及所形成的产物可分为三种形式，下列选项中（ ）不是油脂酸败的形式。

A. 醛化酸败　B. 酮化酸败　C. 酯化　D. 羟化酸败

6. 国家标准规定新鲜肉 TVB-N 含量不得超过（ ）。

A. 15mg/100g　B. 20mg/100g　C. 25mg/100g　D. 10mg/100g

7. 下列属于油脂氧化条件的是（ ）。

A. 光线　B. 细菌　C. 病毒　D. 寄生虫

四、判断题

1. 动物宰前由于应激或过度疲劳等导致糖原含量减少，成熟过程将延缓甚至不出现。（ ）

2. 轻度自溶肉可将肉切成小块，置于通风处，驱散不良气味，修割掉变色部分后食用。（ ）

3. 只采取感官检验，就能比较客观地对肉的新鲜度做出正确的判断。(　　)

4. 新鲜肉富有弹性，指压后凹陷立即恢复。(　　)

5. 变质肉肉汤稍混浊，脂肪呈小滴浮于肉汤表面，无鲜味。(　　)

6. 次鲜肉有酸味或氨味，肌肉有弹性。(　　)

7. 酸值是指中和1g油脂中的游离脂肪酸所需氢氧化钾的毫克数。(　　)

8. 挥发性盐基氮是蛋白质在酶和细菌的作用下，分解产生具有挥发性的氨及胺类物质的总称。(　　)

9. 冷冻可以抑制微生物的生长，因此可以用冷冻的方法作为带菌病肉的无害化处理。(　　)

10. 周转性冷库接收冻肉时，肉的温度低于−8℃为冷冻良好。(　　)

五、简答题

1. 什么是肉的成熟？僵直肉与成熟肉有何区别？
2. 简述自溶肉的特征。
3. 简述肉新鲜度感官检验的方法及判定标准。
4. 简述肉新鲜度理化检验的方法及判定标准。
5. 简述肉新鲜度微生物检验的方法及判定标准。
6. 如何进行冷冻肉的卫生检验？
7. 冷库的卫生管理主要包括哪些内容？
8. 熟肉制品的加工卫生及检验的主要内容是什么？
9. 腌腊制品的加工卫生及检验的主要内容是什么？
10. 肉类罐头加工卫生要求有哪些？
11. 肉类罐头的感官检验和卫生评价的主要内容有哪些？
12. 简述食用油脂的感官检验指标。

模块十三　畜禽副产品的加工卫生与检验

知识目标

1. 了解食用副产品的加工卫生与检验。
2. 熟悉肠衣的加工卫生与检验。
3. 了解皮毛的加工卫生与检验。
4. 了解动物生化制药原料采集的卫生要求。

能力目标

1. 能够完成肠衣的卫生检验与处理。
2. 能够完成皮张的卫生检验与处理。

项目一　食用副产品的加工卫生与检验

所谓副产品是指动物屠宰加工后除获得的主产品——胴体之外的一些产品，如头、蹄、内脏器官、脂肪、血液、内分泌腺体及皮毛等。每种副产品都有一定的用途和经济价值。根据其用途可分为食用副产品、医疗用副产品和工业用副产品三类。由于这些副产品都容易腐败变质，必须进行严格的卫生检验和加工处理，才能得到最有效的利用。

（一）食用副产品的加工卫生

食用副产品包括头、蹄爪（腕、附关节以下的带皮部分）、尾、心脏、肝、肺、肾、胃、肠、脂肪、乳房、膀胱、公畜外生殖器、骨、血液及可食用的碎肉等。其中头、蹄、心脏、肝、肾、胃、肠等食用副产品，经过适当加工后可制成有独特风味的食品，并且含有丰富的含氮浸出物和维生素等。食用副产品必须来自健康畜禽，经卫生检验后由屠宰车间送到副产品车间，在宰后2～3h内进行加工。加工时应该严格遵守卫生规则。

食用副产品多采自牛、羊、猪的屠体，其他畜禽（如兔、禽等）较少。头、蹄、尾、耳、唇等带毛的副产品，在加工时应除去残毛、角、壳及其他污染物，并用水清洗干净。牛、羊的真胃、瘤胃、网胃、瓣胃，猪的胃及肠等，在加工时应先剥离浆膜上的脂肪组织，切断十二指肠，于胃小弯处纵切胃壁，翻转倒出胃内容物，用水清洗后套在圆顶木桩上，用刀剔下黏膜层，用作生化制剂原料，其余部分用水洗净。大肠翻倒内容物后用水洗净。无毛、无黏膜、无骨的产品，如心脏、肝、肺、肾、脾和乳房等，加工时应分离脂肪组织，剔除血管、胆囊、气管及输尿管等，并用清水洗净血污。上述加工后的食用副产品，应置于4℃冷库中冷却，最后可作为灌肠、罐头或其他制品的生产原料，或直接送往市场鲜销。在某种情况下须冷冻、干燥或盐腌后保存。刮下的黏膜应与污秽脂肪等一起送往化制车间。各种加工过程中剔出的骨骼，可加工为食用骨粉、骨油和骨髓油，或炼制骨胶。

（二）食用副产品的卫生检验

来自屠宰车间的副产品，虽然经过了卫生检验，但在副产品车间内，仍须经常实施卫生监督和检验。因为在副产品中仍有可能存在初检时没有发现的病理变化。因此，在每个工作点附近应设置挂架或检验台，以便放置副产品和供检验人员检查。凡是水肿、出血、脓肿和发炎的组织，以及具有增生、肿瘤、寄生虫损害、变性或其他变化的废弃组织与器官，均全部化制。所有未经初步加工或因加工质量差，产品受到毛、粪、污物污染的食用副产品，不得发出利用，以免沙门氏菌污染而引起人的食物中毒或散播疫病。

项目二　肠衣的加工卫生与检验

（一）肠衣的加工卫生

动物屠宰后的新鲜肠管，经加工除去内外的各种不需要的组织，剩下一层半透明的薄膜（猪肠和羊肠为黏膜下层），称为肠衣。

肠制品主要用作灌肠的肠衣，是食品的一部分，故必须严格执行卫生检验与监督。肠衣的检验以感官检查为主，注意其色泽、气味、坚韧性等。良质的肠衣呈乳白色，其次为淡黄色或灰白色，不应有霉败腐臭气味，薄而坚韧，透明均匀。猪肠衣要求薄而渗水，羊肠衣则以厚些为佳，但不能有明显筋络，肠衣的感官指标见表13-1。凡有缺陷的肠衣，应列为次品或劣品，根据不同情况处理。

表13-1　肠衣的感官指标

指标	良　质	次　质	变　质
色泽	呈淡红色及乳白色	淡黄色、灰白色或青灰色	黄色、紫色、黑色
气味	无腐败或臭味	稍有氨味或霉味	腐臭味
质地	坚韧、无杂质及筋络	韧性稍差，略带筋络	松软、薄厚不匀，有明显筋络和杂质
伤痕	无任何伤痕	有轻微的蚀痕及少量砂眼或硬孔	有明显的破洞、啮痕及蚀痕等

（二）肠衣的卫生检验

1. 腐败　主要因盐腌不当或高温所致。腐败初期，腌制大肠（主要是牛的）尚保持原来的状态，但较湿润，而小肠则已呈现出黑色斑点（硫化铁）。高度腐败时，盐腌肠管变黑、发臭、黏腻、易撕裂。初期轻度腐败时，可晾在通风处抑制腐败分解，或用0.01%～0.02%高锰酸钾溶液冲洗，显著腐败时应作工业用或化制。

2. 污染　是由于肠内容物黏附肠壁所致。轻度污染去污后可以利用。重度污染而又不能去掉污垢的，作工业用或化制。

3. 褐斑　是由于盐腌使用的食盐内混有铁盐（0.005%以上）和钙盐（微量），而与肠蛋白质形成不溶性蛋白质化合物所致。特殊的嗜盐微生物也可能参与褐斑的形成过程。带褐斑的肠段无弹性，肠管缩窄而有粗糙的岛屿样组织，用水不能洗掉。褐斑多见于温热季节。对轻度褐斑的肠衣可用2%的稀盐酸或醋酸处理。再用苏打溶液洗涤除去褐斑后利用。具有严重褐斑肠段经受不住填充物的压力，不能作食用肠衣。

为了判定肠管内的褐斑以及检查盐的质量，可进行氧化亚铁反应。即在培养皿中倾入新配制的硫酸酸化的10%黄血盐［三水合六氰合铁（Ⅱ）酸钾］水溶液，放入泡软的健康肠和可疑被检肠段。经3～5min，被检肠段褐斑区呈青色，形成普鲁士蓝，而健康肠段无变化。

4. 红斑 腌肠在12～35℃经10d以上保存，在未浸泡着的肠段上有的会出现红色或玫瑰色斑点。这是嗜卤素肉色球菌和一些色素杆菌所引起的。使肠带有大蒜气味。此种浅在红斑，容易除掉，其病原体对人体无害，可以利用。

5. 霉败 干燥肠衣生霉，是各种霉菌在肠衣上发育的结果。如没有显著的感观变化，且能用刷子刷掉，可以利用，对人体无害。

6. 青痕 腌肠装在含有鞣酸的木桶内，鞣酸和食盐或肠衣内的铁盐化合而呈黑色。用蒸汽沸水冲洗处理木桶（尤其是新桶），即可防止。

7. 肠脂肪的败坏 盐腌猪大肠的肠壁中含有15%～20%的脂肪，去脂不良的盐腌牛肠内面有3%～5%脂肪。在不良保藏条件下，肠脂肪在空气、光照、高温和微生物的作用下迅速分解（酸败），并放出特殊不良气味。去脂不良的干肠制品的脂肪分解更烈。如用肠脂肪败坏的肠衣制作腊肠，则因败坏脂肪的熔化而使肠馅变为不能食用。

8. 肠产品中的昆虫 红带皮蠹和蠹鱼及其幼虫，在温暖季节，常钻入干肠制品。被昆虫穿孔及其分泌物污染过的干肠制品部分，不能用于腊肠生产。为了预防昆虫对干肠制品的损害，可用灭害灵（即除虫菊酯）处理仓库和干燥室的墙壁、地面、天花板以及肠产品的包装。

肠原料和肠制品在任何运输条件下，均应附送检验合格证明书。备有证明书的肠产品，用于生产时仍应重复检查。

项目三　皮毛的加工卫生与检验

一、皮张的加工卫生与检验

（一）皮张的加工卫生

由屠宰加工车间获得的各种动物皮张，在送往皮革加工厂之前，必须进行初步加工。首先除去皮张上的泥土、粪污、残留的肉屑、脂肪、耳软骨、蹄、尾骨、嘴唇等。其次是防腐，通常采用干燥法、盐腌法和冷冻法。

1. 干燥法 适用于北方干燥地区，通过自然干燥的方法除去皮中的水分。干燥时以皮肉面向外搭在木架上晾干为好，切忌在烈日下暴晒，以免皮张干燥不匀和分层。

2. 盐腌法 适用于南方潮湿地区，通过盐的高渗作用，使皮张脱水。盐腌时除注意正确执行技术操作外，还应注意盐的质量。不得用适于葡萄球菌、链球菌、八叠球菌等微生物繁殖的钙盐，最好加入占盐质量3%的纯碱或2%的硅氟酸钠。后者效果显著，但有一定的毒性，用时要特别注意。此外，加工时盐水应清洁，不得用废盐和含卤的盐，最好用熬制盐。

3. 冷冻法 是鲜皮最简单的防腐法，适用于北方地区。但冷冻可使皮张脆硬易断，运输不便，容易风干，不宜长期贮存或长途运输。

（二）皮张的卫生检验

从事皮张鉴定工作的动物检疫检验人员必须掌握健皮、死皮和有缺陷皮张的特征。此外尚需熟悉传染病动物和死亡动物皮张的特征，皮张的质量，以真皮的致密度，背皮的厚度、弹性、有无缺陷（生前的或是加工后的）等作为评定指标，皮张的质量决定于品种、年龄、性别和动物生前的役用种类及屠宰季节。

1. 健皮（正常皮张）**的特征**　健康动物的生皮，肉面呈淡黄色（上等肥度）、黄白色（中等肥度）或淡蓝色（瘦弱动物）。放血良好的生皮，肉面呈暗红色，盐腌法保存的生皮，颜色与鲜皮一致。皮面致密，弹性好。背皮厚度适中且均匀一致。无外伤、血管痕、虻眼、癣癞、腐烂、割破、虫蚀等缺陷。剥下数小时之内打卷的皮张，干燥后其肉面变暗，此种现象也见于用日光干燥皮张。

2. 死皮的特征　由动物尸体上剥下来的皮张称为“死皮”。死皮的特征是肉面呈暗红色，且往往带有较多的肉和脂肪。常因血液坠积而使皮张肉面的半部呈蓝紫色，皮下血管充血呈树枝状。

根据《中华人民共和国动物防疫法》，禁止从炭疽、鼻疽、牛瘟、气肿疽、狂犬病、恶性水肿、羊快疫、羊肠毒血症、马流行性淋巴管炎、马传染性贫血等恶性传染病的动物尸体上，以及国家标准 GB 16548—2006《病害动物和病害动物产品生物安全处理规程》中需要作销毁处理的患病动物尸体上剥取皮张。从患传染病死亡的动物尸体上剥取的皮张，也属于死皮，具有死皮的一般特征。与一般死皮不同之处在于其肉面被血液高度污染而呈深暗红色。例如，炭疽病尸体染成黑红色，干燥的则为深紫红色，最后判定有待于实验室检查。

3. 皮张的缺陷　可分生前形成、屠宰加工和保存时形成三种情况。

（1）动物生前形成的缺陷。包括烙印伤，烙印标记留在皮上所致；针孔，治疗时由针头刺的孔洞所致；虻眼，系牛皮蝇幼虫寄居时形成的，皮面呈小孔，向内逐渐扩大成喇叭状，或伤口内有积脓，或虫体出来已久，伤口封闭；虱疹，虫咬部分多发生湿疹状丘疹甚至小脓疱；癣癞，皮面粗糙，呈小节状态，有渗出物凝固，有时则形成裂孔和空洞；疮疤，外伤愈合后形成的瘢痕。

（2）屠宰加工时形成的缺陷。常见的有剥皮时切割穿孔、削痕及肉脂残留。

（3）皮张保存时形成的缺陷。包括有以下几种：

①腐烂（熟烂）：系剥皮后日晒或干燥过急，皮的毛面和肉面已干燥，但其中层仍处于潮湿状态，在适宜的条件下便开始腐烂，或受较高温度而胶化变性。

②烫伤（塌晒）：主要是夏季将鲜皮铺于已晒热之地面或其他过热的物体上干燥时，或在晒皮时将皮移动，致使皮的纤维组织受热变质；皮张表现脆硬，缺乏弹性。

③霉烂：皮张在贮存或运输过程中受潮时间过久，霉菌和其他细菌侵蚀所致。

④油烂：系皮上脂肪未尽，干燥后脂肪熔化，渗入纤维组织使之变质。

⑤虫伤：皮张遭受蛀皮虫（黑色小甲虫的幼虫）的蛀食形成的深沟纹的孔洞。

二、毛类的加工卫生与检验

（一）猪鬃

由猪体上收集的毛，统称为鬃毛。其位于背部的长达 5cm 以上的鬃毛，特称为猪鬃。猪鬃是我国的主要出口物资，多产于未改良的猪种，平均每头猪可产鬃 60g。收集并整理按色分类，用铁质梳除去绒毛和杂质后，按其长度分级、扎捆成束。鬃毛的根部由于带有表皮组织，如不及时处理很容易变质、腐败、发霉，影响其品质。泡烫后刮下的湿鬃毛，为了除去毛根上的表皮组织，可将其堆放 2～3d，通过发热分解促使其表皮组织腐败脱落。然后加水梳洗，除去绒毛和碎皮屑，摊开晒干，送往加工。也可采用弱苛性钠溶液蒸煮浸泡法，使表皮组织溶解，效果也较好。好的猪鬃一般是色泽光亮，毛根粗壮，无杂毛、绒毛、霉毛、表皮等。

（二）毛

包括羊毛、驼毛、马毛和牛毛（特别是牦牛毛），是很有价值的轻工业原料。牲畜的产毛量和品质，决定于动物的年龄、品种、营养状况、气候及饲养管理条件等。

毛的来源可分为两种，一种是按季节从动物体剪下的毛，另一种是屠宰加工时从屠体和皮张上煺下的毛，如猪毛、马毛和牛毛等。从动物体上剪下的毛，应注意检疫和消毒，以免疫病的传染。同时也应注意毛的清洁和分级。在屠宰场所获得的毛，多是从宰后屠体浸烫煺毛时煺下的毛。这种毛经过加工、清洗和消毒，也可以作为良好的轻工业原料。

（三）羽毛

禽类的羽毛质轻松软，且富有弹性，是重要的轻工业原料，我国每年有大量出口。羽毛品质的好坏，主要决定于羽毛的收集方式和加工方法。工业用羽毛应采自健康的家禽。屠宰时为了防止羽毛被血液污染，可采用口腔放血法。拔毛的方式分干拔和湿拔，以干拔的羽毛为佳。羽绒业收集羽毛多采用干拔法。屠宰加工时则多采用湿拔法。拔毛时要注意把禽体上的片毛和绒毛都拔下来，尤其是鸭、鹅的绒毛，更具有经济价值。拔下的羽毛应铺成薄层，经通风干燥后用除灰机清除泥土和灰尘，再用分毛机将绒毛、片毛、薄毛和硬梗分开，并分别贮存。

鉴定羽毛品质时，应注意是否混入血毛、食毛虫、杂毛、虱和其他杂质，亦要注意有无霉变、腐败和分解现象。

项目四　动物生化制药原料采集的卫生要求

（一）生化制药原料

所谓动物生化制剂，是指所有由动物脏器、腺体、组织、体液、分泌物、胎盘、毛、皮、角、蹄壳中制取的供医疗或工业用的制品，而这些组织和脏器则是动物生化制剂原料。这些生化制剂，毒性低，副作用小，疗效可靠，在现代医学中占有重要地位。自古以来我国劳动人民就有用牛黄、马宝、胆汁、胎盘、鸡内金等动物原料防治疾病的实践经验，收入《本草纲目》的1892种药物中，动物来源药就占400多种。随着科学技术的发展，从动物体分离和提取的生化药物越来越多，动物生化制剂在整个医药工业中已占有相当比例。目前我国上市的生化药物达170多种（包括原料和各种制剂）。国外上市的生化药物约有140种，另有180种正在研究中。

动物屠宰后可收集的生化制剂原料有松果腺、脑垂体、甲状腺、胸腺、肾上腺、胰腺、卵巢、睾丸、胎盘、脊髓、胚胎、肝、胆囊、血液、脾、腮腺、颌下腺、舌下腺、猪胃、牛羊真胃、肠、脑和眼球等。

（二）生化制药原料采集的卫生要求

1. 迅速采集　生化制剂原料易变质腐败，特别是内分泌腺所含的激素极不稳定，死亡不久就失去了活力，故采集腺体应与屠体解体取出脏器同时进行。为了使有效成分不受破坏，必须在短时间内取出。脑垂体的采集和固定不得迟于宰后45min，胰腺不得迟于

50min，松果腺和肾上腺不得迟于60min，其他腺体和脏器也不得迟于宰后2h。

2. 剔出病变　脏器生化制剂原料必须来自健康畜体，不得由传染病患畜屠体上取得。凡有腐败分解、钙化、化脓、硬化、囊肿、坏死、出血、变性、异味或污染的，都不得作为制药原料采集。要由专门人员用完全洁净的手和器械（刀、剪等）采取，尽可能不伤及腺体表面。采集好的原料应无病理变化。

3. 低温保存　为使激素的活力不发生变化，加工好的腺体应迅速保存，最好是在－20℃左右或不高于－12℃的温度下迅速冰冻。

复习思考题

一、名词解释

1. 食用副产品　2. 动物生化制剂

二、判断题

1. 屠宰动物的副产品经过处理后都可以食用。（　　）
2. 由动物尸体上剥下来的皮张称为“死皮”。（　　）
3. 良质的肠衣呈乳白色、淡黄色或灰白色，稍有霉败气味，薄而坚韧，透明均匀。（　　）
4. 加工猪鬃时可用弱苛性钠溶液蒸煮浸泡，使表皮组织溶解。（　　）

三、简答题

1. 食用副产品加工的卫生要求是什么？
2. 如何对食用副产品质量进行卫生检验？
3. 如何采集动物生化制剂原料？
4. 肠衣的感官检验指标及不良变化有哪些？
5. 皮张和各种毛类的加工卫生及检验要点是什么？

模块十四　乳与乳制品的加工卫生与检验

知识目标

1. 了解乳的物理性质与化学组成。
2. 熟悉鲜乳的加工卫生。
3. 了解乳制品的加工卫生与检验。

能力目标

1. 学会鲜乳卫生检验的方法。
2. 学会品质异常乳的检验方法。

项目一　乳的概述

（一）乳的概念

乳是哺乳动物分娩后从乳腺中分泌出来的一种白色或稍带黄色并具特有香味的不透明的液体。乳中含有幼畜生长发育所需要的全部营养成分，是哺乳动物出生后最适于消化吸收的完全食物。随着人民生活水平的提高，乳及其制品已成为人类营养的重要来源之一。

泌乳期内，由于生理、病理或其他因素的影响，乳的成分和性质会发生变化。根据成分变化情况将乳分为初乳、常乳、末乳和异常乳。

1. 初乳　母畜在产犊后1周以内所分泌的乳，称为初乳。初乳呈黄色，浓厚、黏稠，有特殊气味。其化学成分与常乳有着明显的差异。蛋白质含量可高达17%，超出常乳数倍之多，含有丰富的球蛋白和清蛋白，有利于迅速增加幼畜的血浆蛋白；还含有大量的白细胞、免疫球蛋白、酶、维生素等，有利于提高幼畜的抗病能力；另外，初乳中还含有大量的无机盐，而乳糖含量较常乳低。初乳中的镁有轻泻作用，可促使胎粪排出。初乳对幼畜生长发育极为有利。但由于初乳热稳定性差，遇热易形成凝块，所以不能作为加工乳制品的原料乳。

2. 常乳　初乳期过后到干奶期前1周所产的乳称为常乳。其成分及性质基本趋向稳定，它是乳制品加工原料和人们日常的饮用乳。

3. 末乳　母畜停止泌乳前1周所产的乳，称为末乳。末乳中各种成分的含量，除脂肪外均较常乳高。末乳具有苦而微咸的味道，解脂酶增多，又带有油脂的氧化味，不宜贮藏。末乳也不适于作为加工乳制品的原料乳。

4. 异常乳　动物泌乳过程中由于动物本身的生理、病理原因以及其他外来因素造成乳的成分及性质发生变化的乳，统称为异常乳。异常乳常分为生理异常乳、病理异常乳和成分标准异常乳。生理异常乳一般是指初乳、末乳以及营养不良乳；病理异常乳包括乳房炎乳和酒精阳性乳；成分标准异常乳是指掺水、掺杂及添加防腐剂的乳。不论哪一类异常乳，均不能作为乳制品的原料乳。

（二）乳的化学组成

牛乳的化学成分复杂，但主要是由水分、脂肪、蛋白质、乳糖、盐类、维生素和酶及其他微量成分组成。正常牛乳各种成分的组成在乳中基本是稳定的，但会受到品种、泌乳期、年龄、季节、气温、健康状况、饲料及挤奶等因素的影响而略有变化，其中脂肪的变动最大，蛋白质次之，乳糖和无机盐比较稳定。牛乳的营养价值和质量主要取决于乳中的干物质。正常牛乳几种主要成分的平均值见表 14-1。

表 14-1　牛乳的基本组成（%）

成分	水分	干物质	蛋白质	脂肪	乳糖	盐分
含量	87.5	12.5	3.3	3.8	4.7	0.7

牛乳是一种复杂的胶体分散体系。在这个分散体系中，水是分散介质，乳中各成分在这个分散体系中的存在状态见图 14-1。

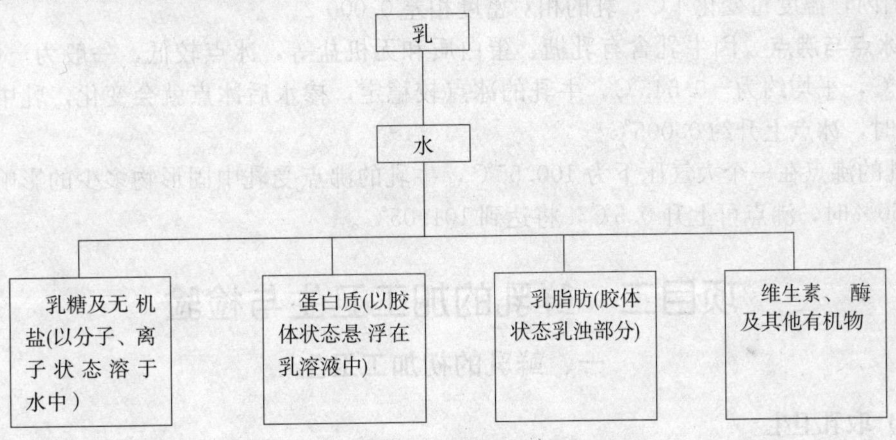

图 14-1　乳的化学成分及其存在状态

（三）乳的物理性质

乳的物理性质不仅是辨别乳质量的必要因素，同时也是辨明加工中牛乳变化和检验牛乳掺杂情况的依据。包括以下几个方面：

1. 色泽　新鲜正常的牛乳是一种白色或略带黄色的不透明液体，乳的色泽与季节、饲料及泌乳牛的品种有一定关系。

2. 气味　乳中含有挥发性脂肪酸及其他挥发性物质，如丙酮酸、醛类等，所以牛乳带有令人愉快的特殊的香味。

3. 滋味　新鲜、纯净的牛乳因含有乳糖略带甜味，又因含氯离子而稍带咸味。正常乳受乳糖、脂肪、蛋白质等成分的调和作用，咸味往往被掩盖。乳的苦味则来自 Ca^{2+}、Mg^{2+}。异常乳如乳房炎乳，因氯的含量高而有较浓厚的咸味。

4. 黏度　乳的黏度实际上是指乳中各分子的变形速度与切变应力之间的比例关系。影响乳的黏度的内在因素是乳中乳固体含量，乳中的蛋白质、脂肪含量越高，黏度也越高。此外，乳的黏度也受脱脂和杀菌过程的影响。初乳、末乳、病牛乳的黏度都较高。温度对黏度的影响也较大，温度愈高，牛乳的黏度愈低。牛乳的黏度对乳品工业生产有很大的影响。

5. 酸度 正常牛乳的pH为6.5～6.7，平均为6.6，初乳和酸败乳在6.5以下。乳的酸度通常是指以酚酞作指示剂中和100mL牛乳所需0.1mol/L氢氧化钠的毫升数，以“°T”表示，牛乳的酸度通常为16～18°T，这种酸度称为固有酸度或自然酸度，主要由乳中的蛋白质、柠檬酸盐、磷酸盐及二氧化碳等酸性物质所形成，与贮存过程中微生物繁殖所产生的乳酸无关。另外，牛乳在存放过程中，由于微生物作用，分解乳糖产生乳酸而使酸度升高，称为发酵酸度。自然酸度与发酵酸度之和，称为总酸度。通常所说的牛乳酸度是指其总酸度。

乳的酸度增高，可使乳对热的稳定性大大降低，也会降低乳的溶解度和保存期，对乳品加工及乳品质量有很大影响。所以乳酸度是乳品卫生质量的重要指标，在贮藏鲜乳时为防止酸度升高，必须迅速冷却，并在低温下保存。

6. 密度 乳的相对密度是指乳在20℃时的质量与同体积水在4℃时的质量之比。正常乳的相对密度为1.028～1.032，平均为1.030。乳相对密度的大小由乳中无脂干物质的含量决定。乳中无脂干物质愈多，则相对密度愈高，乳中脂肪增加时，相对密度变小。因此，在乳中掺水或脱脂，都会影响乳的相对密度，此外，乳的相对密度还随温度而变化。在10～25℃范围内，温度每变化1℃，乳的相对密度相差0.000 2。

7. 冰点与沸点 因牛乳含有乳糖、蛋白质和无机盐等，冰点较低，一般为－0.525～－0.565℃，平均约为－0.545℃。牛乳的冰点较稳定，掺水后冰点就会变化，乳中每掺加1%水分时，冰点上升约0.005℃。

牛乳的沸点在一个大气压下为100.55℃，牛乳的沸点受乳中固形物多少的影响，当牛乳浓缩50%时，沸点可上升0.5℃，将达到101.05℃。

项目二 鲜乳的加工卫生与检验

一、鲜乳的初加工卫生

（一）取乳卫生

畜舍及畜体的卫生直接影响鲜乳的卫生质量。为最大限度地减少乳中的污染，阻止微生物在乳中生长繁殖，必须注意以下各方面：

1. 畜体、畜舍卫生 畜体的卫生状态在很大程度上取决于畜舍的卫生状况，畜舍中灰土及尘埃的飞扬，昆虫的大量存在，会使畜体尤其腹部容易触到土壤、粪便、垫草等污染物，而带有大量细菌，并通过挤乳污染乳汁。所以畜舍必须保持干燥、通风，垫草应常换，粪便应及时清理，饲槽要保持清洁，畜舍每年消毒两次，限制非工作人员进人畜舍。在撒布驱虫剂时，应防止药剂污染乳。

2. 挤乳员的卫生 挤乳员的卫生直接影响乳的品质，因此挤乳员必须严格遵守卫生制度，定期检查身体，保持个人卫生。凡患有传染病、化脓性疾病及腹泻的人员，不得参加挤乳。此外，挤乳员还需保持头发、衣服、手指等的清洁卫生。

3. 挤乳及挤乳用具的卫生 乳头导管中常存在较多的微生物，故应把最初的几把乳废弃或挤入专用容器中，另行处理，以减少乳的含菌量。盛乳容器应彻底刷洗消毒后备用。自动挤乳机清洁消毒必须彻底，防止黏附、残留乳汁。

（二）乳的过滤净化

在牧场中，刚挤出的乳要及时过滤除去乳中的粪便、饲料、垫草、蚊蝇、乳牛的毛、泥土等肉眼可见的机械杂质。常用的方法是用3～4层纱布进行过滤。用过的纱布经洗净、消毒、干燥后可继续使用。一般每块纱布的过滤量不得超过50kg。在乳品厂为了使乳汁达到最高的纯净度，除去极小的机械杂质和细菌，还需使用离心净乳机进行净化。

(三) 乳的冷却

刚挤下的乳，因乳汁中有抑制微生物繁殖的抗菌物质，使细菌的发育和繁殖受到抑制，此期称为抗菌期。抗菌期的长短与贮存温度和细菌污染程度有关。所以，为延长抗菌期，最好的办法是在挤奶后将生乳迅速冷却。这样，既可以抑制微生物的繁殖，又可延长乳中抑菌酶的活性。因此，冷却可以使鲜乳的新鲜状态保持较长时间。其效果见表14-2。

表14-2　乳的冷却与乳中细菌数的关系（细菌个数/mL）

贮存时间	冷却乳	未冷却乳
刚挤出的乳	11 500	11 500
3h以后	11 500	18 500
6h以后	6 000	102 000
12h以后	7 800	114 000
24h以后	62 000	1 300 000

乳中抑菌酶所产生的抑菌特性不仅与温度有关，还与乳污染程度有关。乳被污染的程度和冷却温度越低，其维持时间也越长。乳的抗菌特性与污染程度的关系见表14—3。

表14-3　乳的抗菌特性与污染程度的关系

乳温（℃）	抗菌特性的作用时间（h）	
	挤奶时严格遵守卫生制度	挤奶时未严格遵守卫生制度
37	3.0	2.0
30	5.0	2.3
16	12.7	7.6
13	36.0	19.0

冷却只能暂时使微生物的生命活动停止，当温度升高时，微生物又开始活动，因此，冷却后的乳应尽可能保存于低温处，并防止温度升高。乳的冷却温度与酸度的关系见表14-4。

表14-4　乳的冷却温度与酸度的关系

乳的贮存时间	乳的酸度（°T）		
	未冷却乳	冷却到18℃的乳	冷却到13℃的乳
刚挤出的乳	17.5	17.5	17.5
挤出后3h	18.3	17.5	17.5
挤出后6h	20.9	18.0	17.5
挤出后9h	22.5	18.5	17.5
挤出后12h	变酸	19.0	17.5

(四) 乳的贮存与运输

生鲜乳应贮存于密闭、洁净、经消毒的容器中，储藏温度为2～6℃。乳在运输时必须使用密闭的、洁净的经消毒的保温奶槽车或奶桶。运输乳应遵循的原则：

（1）防止乳在途中升温，特别是在夏季，应将运输安排在夜间或清晨，且用隔热材料遮盖。

（2）运输的容器必须清洁卫生，并加以严格消毒，夏季容器必须装满盖严，防止因震动而发生乳脂分离，冬季不得装得太满，避免因冻结而使容器破裂。

（五）乳的杀菌与灭菌

乳及时进行杀菌或灭菌，可防止腐败变质，长时间保持新鲜度，目前常用的杀菌和灭菌方法有以下几种：

1. 巴氏杀菌法　GB/T 15091—1994《食品工业基本术语》将巴氏杀菌定义为："采用较低温度（一般 60～82℃），在规定的时间内对食品进行加热处理，达到杀死微生物营养体的目的。是一种既能达到消毒目的又不损害食品品质的方法。"这种杀菌（消毒）方式不能杀死细菌芽孢，仅能破坏或除去致病菌、有害微生物。

（1）低温杀菌法。将乳加热至 61～65℃，维持 30min。因此法所用时间长，虽可保持乳的状态和营养，但不能有效地杀灭某些病原微生物，目前已较少使用。

（2）高温短时间杀菌法。这是最常见的杀菌法。将乳加热至 72～75℃维持 15～16s，或 80～85℃维持 10～15s。这种方法，可杀灭大部分微生物，但会引起部分蛋白质及少量磷酸盐沉淀。

2. 超高温瞬时灭菌法（UHT 灭菌法）　GB/T 15091—1994《食品工业基本术语》将超高温瞬时灭菌法定义为："采用高温、短时间，使液体食品中的有害微生物致死的灭菌方法。该法不仅能保持食品风味，还能将病原菌和具有耐热芽孢的细菌等有害微生物杀死。灭菌温度一般为 130～150℃。灭菌时间一般为数秒。"此方法可杀灭全部微生物，但对乳有一定影响，部分蛋白质被分解或变性，色、香、味不如巴氏杀菌乳，脱脂乳的亮度、浊度和黏度受到影响。

二、鲜乳的卫生检验

（一）采样

采样前应首先将牛乳充分混合，并按被检乳量的 0.02%～0.1%进行取样。每份样品不得少于 250mL，若为小包装乳，取整件原装的样品按生产班次分批取样或按批号取样。生产量为 1 万瓶，抽取 1～5 瓶，每增加 1 万瓶增抽 1 瓶，5 万瓶以上每增加 2 万瓶增抽 1 瓶。所取样品分为 3 份，分别供检验、复检和备查用。牛乳样品应迅速贮存在 2～6℃环境中，以防变质。作理化检验的样品，每 1000mL 样品可加入 1～2 滴甲醛进行防腐。

所取各批样品均应进行容器或质量的鉴定，实际容量与标签上标示的容量差不超过 ±1.5%，此批样品中至少有 1 瓶做微生物学检验，其余做感官检验及理化检验。

（二）感官检验

首先将乳样置于 15～20℃水浴保温 10～15min 并充分摇匀，主要以乳的色泽、气味、滋味、组织状态等几方面进行判定。

我国食品卫生标准规定，生乳、巴氏消毒乳、灭菌乳感官要求见表 14-5。

表 14-5　生乳、巴氏消毒乳、灭菌乳感官指标（GB 19301—2010）

项　　目	要　　求	检验方法
色泽 滋味、气味 组织状态	呈乳白色或微黄色 具有乳固有的香味，无异味 呈均匀一致液体，无凝块、无沉淀、无正常视力可见异物	取适量试样置于 50mL 烧杯中，在自然光下观察色泽和组织状态。闻其气味，用温开水漱口，品尝滋味

（三）理化检验

鲜乳的理化检验主要包括密度、乳脂率及乳酸度的测定，其理化指标应当符合表 14-5 中的要求。

1. 密度的测定　一般多使用 20℃/4℃乳稠计来测定牛乳的密度。如果测定时的乳温不是 20℃时，则应进行校正。

2. 乳脂率的测定　乳脂肪的测定方法较多，有盖勃（Gerber）法、哥特里-罗斯（Rose-Gottlieb）法、巴布科克（Babcock）法等。盖勃法因测定简便迅速而在检验工作中较为常用，但因糖容易焦化，故此法不适用于含糖量高的样品，而适用于酸性的液态或粉状和脂肪含量高的样品。

3. 乳酸度的测定　牛乳中酸的含量是牛乳新鲜度的重要指标，同时也是反映牛乳质量的一项重要指标。正常牛乳的酸度由于品种、饲料、挤乳和泌乳期的不同而有差异，但一般均在 16～18°T。如果牛乳存放时间过长，可因细菌繁殖致使牛乳的酸度明显增高，如果奶牛健康状况不清，患急、慢性乳房炎等，则可使牛乳的酸度降低。

乳的酸度测定方法主要有滴定法、酒精试验法和煮沸试验法。

（四）微生物学检验

乳的微生物学检验包括菌落总数（CFU）测定、致病菌（沙门氏菌、金黄色葡萄球菌、志贺菌等）的检验。操作方法按 GB/T 4789—2010、GB/T 4789—2012 规定的方法检验。

（五）鲜乳的卫生标准

1. 感官指标　具体见表 14-6。

表 14-6　鲜乳的感官指标

项　　目	指　　标
色泽	呈乳白色或微黄色
滋味、气味	具有乳固有的香味、无异味
组织状态	呈均匀一致胶态液体，无凝块、无沉淀、无肉眼可见异物

2. 理化指标　具体见表 14-7。

表 14-7　生乳的理化指标（GB 19301—2010）

项　　目	指　　标	检验方法
相对密度（20℃/4℃）	≥1.027	GB 5413.33—2010
蛋白质（g/100g）	≥2.8	GB 5009.5—2010
脂肪（g/100g）	≥3.1	GB 5413.3—2010
杂质度（mg/kg）	≥4.0	GB 5413.30—2010

（续）

项　　目		指　　标	检验方法
非脂乳固体（g/100g）		≥8.1	GB 5413.39—2010
酸度（°T）	牛乳	12～18	GB 5413.34—2010
	羊乳	6～13	

3. 微生物指标　具体见表 14-8。

表 14-8　鲜乳的微生物指标

项　　目	指　　标
菌落总数（CFU/g）	≤5×10^5
致病菌（沙门氏菌、金黄色葡萄球菌、志贺菌）	不得检出

三、品质异常乳的检验与卫生处理

（一）掺假掺杂乳的检验与卫生处理

为增加乳量或掩盖其劣点，一些不法经营者人为地在牛乳中加入非乳物质，影响了乳及其乳制品的产品质量，危害消费者的身体健康，这就要求检验人员快速、准确地检验、分析并做出结论。

1. 掺假掺杂物质的种类

（1）电解质类。常见的是中性盐及强碱弱酸盐类。加入这类物质可提高牛乳的密度，以便掩盖掺水或者改变乳的酸度，比较有代表性的物质有食盐、芒硝、石灰水、白矾、苏打、碳酸铵及洗衣粉等。

（2）非电解质晶体类。在乳中以溶液的形式存在，如金属、蔗糖、尿素等，主要目的在于增加乳的密度。

（3）胶体类。为大分子溶液，可改变牛乳的黏度，同时又能增加乳的密度，如豆浆、米汤、淀粉、动物胶等。

（4）防腐剂类。用于抑制或杀灭乳中的微生物，如各种防腐剂、抗生素等。

（5）杂质。如粪土、砂石、白土等。

牛乳中掺入的非乳物质，虽然有时加入的量很少，不足以破坏乳体系的平衡，也不易引起乳的理化性质改变，但它会降低牛乳的食用价值，还会影响牛乳的卫生质量，甚至会使乳带毒，这些不卫生不合格的伪劣牛乳会给消费者带来危害。

2. 掺假掺杂乳的检验　乳的掺假掺杂物一般以易得和廉价为原则，有单一掺假，也有多重掺假，各地情况也不尽相同，对其检验可根据牛乳的密度、酸度、含脂率、冰点、电导率及生物发酵时间等综合指标来制订针对各种不同掺假物的检测项目，并通过检验结果进行系统分析和综合判断。

（1）密度的测定。正常牛乳的密度为 1.028～1.032，掺水可使密度下降，同时乳酸度及乳中各种成分相应降低。掺水并掺入电解质、非电解质或胶体物质的，其密度可以达到正常水平，因此难以发现。

（2）滴定酸度。正常牛乳的滴定酸度≤18°T，羊乳的滴定酸度≤16°T，随着乳的存放时间延长，乳中微生物的生长繁殖会使酸度升高，如在乳中加水或加入中和剂，则酸度降低。

(3) 乳脂率的测定。正常牛乳的含脂率不低于3.1%，并且比较稳定，乳中加入非乳物质，则乳脂率降低。

(4) 冰点测定。乳的冰点一般比较稳定，正常乳的冰点在−0.525～−0.565℃，加入水或电解质等都会使冰点上升。

(5) 电导率测定。乳中离子含量比较稳定，因此，电导率也是稳定的。乳中加入电解质，则电导率明显增加。

(6) 乳发酵时间的测定。乳中加入抗生素或防腐剂后，乳中微生物的繁殖受到抑制，这种乳的发酵时间较正常乳长。因此，依据与正常乳相同时间内的产乳酸量相比，可以判定乳中是否掺入了抗生素或防腐剂。

3. 掺假掺杂乳的卫生处理　检出掺假掺杂乳不得销售。

(二) 乳房炎乳的检验与卫生处理

1. 乳房炎乳的发生及检验　乳房炎是乳房组织产生炎症而引起的疾病，主要由细菌所引起。引起乳房炎的主要病原菌，大约60%为葡萄球菌、20%为链球菌、混合型的占10%，其余10%为其他细菌。而葡萄球菌中约一半为溶血性葡萄球菌。

乳牛乳房炎可分为临床性、非临床性、潜在性、慢性、急性、细菌性等。临床性乳房炎使乳产量剧减且牛乳性状有显著变化，因此不能作为加工用。非临床性或潜在性乳房炎乳在外观上无法区别，只在理化或细菌学上有差别。

乳房炎乳中，血清白蛋白、免疫球蛋白、细胞数、钠、氯、pH、电导率等均有增加的趋势；而乳量、脂肪、无脂乳固体、酪蛋白、β-乳球蛋白，α-乳白蛋白、乳糖、酸度、密度、磷、钙、钾、柠檬酸等均有减少的倾向。因此，凡是氯糖数在4以上，酪蛋白氮与总氮之比在78以下，pH在6.8以上，细胞数在50万个/mL以上、氯含量在0.14%以上的乳，很可能是乳房炎乳。

2. 乳房炎乳的卫生处理　乳房炎乳区所产的乳不可食用，一般予以废弃或经70℃加温30min后作饲料，其他乳房健康乳区所产的乳经70℃加热30min处理后可供食用。

(三) 乳中抗生素残留的检验与卫生处理

1. 乳中抗生素的残留　在防治奶牛疾病时，经常使用抗生素，特别是治疗牛乳房炎，有时将抗生素直接注射到乳房内。因此，经抗生素治疗过的奶牛，其乳中在一段时期内会残存着抗生素，它会影响发酵乳品的生产，引起人体过敏反应，也会使某些菌株产生抗药性等，所以，对鲜乳进行抗生素残留的检验，已十分必要。

2. 抗生素残留乳的检验　用TTC试验来判定。往检样中先后加入菌液和TTC指示剂(2，3，5-氯化三苯基四氮唑)，如检样中有抗生素存在，则会抑制细菌的繁殖，TTC指示剂不被还原、不显色；反之，则细菌大量繁殖，TTC指示剂被还原而显红色，从而可以判定有无抗生素残留。

3. 乳中抗生素残留的卫生处理　应用抗生素等对牛乳有影响的药物进行治疗期间，抗生素残留的检验为阳性及停药3d内所产的牛乳不得食用，应予废弃或销毁。

四、乳的卫生评价与处理

乳经过全面检验后，应符合下列要求：

（1）乳的色泽、滋味、气味均应正常，无沉淀，无杂质，无凝块。

（2）20℃乳的密度为 1.028～1.032，全乳固体物质≥11.20%；乳脂肪≥3.1%，乳酸度应符合标准规定。

（3）巴氏杀菌乳细菌总数不超过 3×10^4 CFU/mL，大肠菌群不超过 90*MPN*/100mL，致病菌不得检出。

（4）乳中不得检出掺假掺杂物。

（5）下列乳不宜食用，应予废弃或销毁。

①感官性状有异常的。

②产前 15d 的胎乳及产后 7d 内的初乳。

③应用抗生素等对牛乳有影响的药物进行治疗期间及停药 3d 内所产的牛乳。

④添加有防腐剂、抗生素等有碍食品卫生的牛乳。

（6）炭疽、牛瘟、狂犬病、钩端螺旋体病、开放性结核、放线菌病等患畜所产的乳一律不准食用。

（7）下列病畜乳须经严格卫生处理后，方可食用。

①无临床症状的布鲁氏菌病患畜乳，经巴氏消毒或煮沸后出场。

②无临床症状，但结核菌素试验阳性患畜乳，经巴氏消毒方能出场。

③可疑的口蹄疫病牛，在出现明显症状之前的患畜乳，经 80℃ 30min 加热或者煮沸 5min 后，就地食用，不得出场。一旦出现临床症状，则所产的乳就地销毁，不得食用。

④乳房炎乳区所产的乳不可食用，一般予以废弃或经 70℃ 30min 加温后作饲料，其他乳房健康乳区所产的乳经 70℃30min 加热处理后可供食用。

⑤接种炭疽芽孢疫苗后所产的乳，煮沸后可供食用。

项目三　乳制品的加工卫生与检验

以鲜牛乳或羊乳为原料，采用不同的生产工艺，可制成酸牛乳、乳粉、奶油、炼乳、干酪、干酪素、乳糖和冰淇淋等乳制品。我国少数民族地区还有传统的乳制品，如扣碗酪（奶酪）、乳扇、奶皮子、奶豆腐（乳饼）、酥油、奶子酒等。

一、乳制品的加工卫生

（一）酸牛乳的加工卫生

酸牛乳是以牛乳或复原乳为原料，添加或不添加辅料，使用含有保加利亚乳杆菌、嗜热链球菌的菌种发酵制成的产品。酸乳俗称为酸奶，主要有纯酸牛乳、调味酸牛乳和果料酸牛乳。酸牛乳是发酵乳中最重要的一种，由于乳酸菌分解蛋白质、乳糖，微生物合成维生素，提高了其营养价值。酸乳容易被机体消化吸收，具有抑制肠道有害微生物的活动，促进胃肠功能，增强人体免疫能力，提高钙、磷、铁的吸收、利用，以及降低血清胆固醇等作用，可避免某些人的“乳糖不适应症”，对患有糖尿病、胃病和便秘等疾病的患者有一定的辅助治疗作用。

生产酸乳的原料要新鲜，不得含有有害物质，尤其是抗生素和防腐剂。原料乳经 95℃ 30min，或 90℃ 35min 杀菌后立即冷却，然后加入纯化的发酵剂、装瓶、发酵。白砂糖应符合 GB 317—2006 的规定。产品应贮存于 2～6℃；用 3～6℃冷藏车运输，避免强烈震动。

（二）乳粉的加工卫生

乳粉是以牛乳或羊乳为原料经杀菌、浓缩、喷雾干燥而制成的粉末状产品。主要产品有全脂乳粉、全脂加糖乳粉、脱脂乳粉和调制乳粉等。

原料的杀菌应采用高温短时间杀菌法，即可破坏乳中的酶、杀灭微生物，又可防止或推迟脂肪的氧化。真空浓缩后应立即进行喷雾干燥，形成乳粉后尽快排出干燥室，以免受热时间过长，引起蛋白质变性或大量游离脂肪酸生成，可提高乳粉溶解度和保藏性。为防止乳粉氧化变质，包装材料要求密封、避光、符合卫生要求，可采用真空包装或充氮包装。注意防止乳粉发生褐变、酸度偏高或微生物污染。

（三）奶油的加工卫生

奶油是以牛乳稀奶油为原料，经过发酵或不发酵，加工制成的固态乳制品，又称为黄油。产品可分为奶油和无水奶油。

原料乳应为来自健康动物的常乳，其酸度不超过 22°T，不得含有抗生素。分离后的稀奶油采用间歇式或连续式杀菌法，杀灭有害微生物，钝化解脂酶，除去不良气味，改善奶油的风味。杀菌后立即冷却至 2～10℃，使其达到物理成熟。生产酸性奶油时，原料经杀菌、冷却，加入纯化的乳酸菌，在低温下发酵，防止出现金属味和酒精味。加工中要防止微生物污染。运输产品时应使用冷藏车，产品的贮存温度不得超过－15℃。

（四）炼乳的加工卫生

炼乳是以牛乳为主料，添加或不添加白砂糖，经浓缩制成的黏稠状液体产品。一般分为全脂无糖炼乳和全脂加糖炼乳两种。

加糖炼乳中加糖的目的之一是抑制微生物生长繁殖，延长炼乳的保存期。采用 HTST（high temperature short time，高温短时）灭菌或 UHT（ultra high temperature，超高温瞬时）灭菌，真空浓缩，迅速冷却。在生产和贮藏中应注意防止酸度偏高、出现异味、褐变、蛋白凝固、脂肪上浮或霉菌污染。运输产品时应避免日晒、雨淋。产品应贮存于干燥、通风良好的场所，温度不得高于 15℃。不得与有毒、有害、有异味或影响产品质量的物品混装运输或同处贮存。

此外，在乳制品加工中要求原料必须符合相应国家标准（GB/T 6914—1986）或行业标准的规定，食品添加剂应选 GB 2760—2011 和 GB 14880—2012 中允许使用的品种和遵守允许添加量规定。发酵剂应定期纯化和复壮，防止杂菌或噬菌体生长。加工机械设备、用具及容器必须保持清洁。包装材料应卫生，产品标签必须符合 GB 7718—2011 规定。从业人员必须健康，无传染病，并保持个人、加工车间和环境卫生。

二、乳制品的卫生检验

（一）酸牛乳的检验

按生产班次或批号取样，保存于 2～10℃送检。

1. 感官检验　取样 50mL 于烧杯中，检验样品的色泽、组织状态、气味和滋味。

2. 理化检验　山梨酸、苯甲酸按 GB/T 5009.29—2003 检验，硝酸盐和亚硝酸盐按 GB/T 5009.33—2010 检验，黄曲霉毒素 M_1 按 GB/T 5009.24—2010 检验。蛋白质按 GB/T 5009.5—2010 检验，脂肪按 GB 5413.3—2010 检验。

3. 微生物检验 菌落总数按 GB 4789.2—2010、大肠菌群按 GB 4789.3—2010；致病菌按 GB 4789—2010、GB 4789—2012 规定，检验肠道致病菌和致病性球菌。乳酸菌是反映酸牛乳的特异性指标，其检验按 GB/T 4789.35—2010 规定操作。

（二）乳粉的检验

1. 感官检验 检验乳粉的色泽、组织状态、气味和滋味及冲调性。

2. 理化检验 按 GB 5413.33—2010、GB 5413.34—2010、GB 5413.3—2010 和 GB 5410—2008 规定检验乳粉一般成分和有害物质。

3. 微生物检验 按 GB 4789—2010、GB 4789—2012 规定检验乳粉的细菌总数、大肠菌群、致病菌、酵母菌和霉菌数。

（三）奶油的检验

1. 感官检验 观察奶油的色泽、组织状态、气味和滋味。

2. 理化检验 按 GB 5413.34—2010、GB 5413.3—2010、GB 5413.39—2010 规定检验。

3. 微生物检验 检验项目和方法与乳粉相同。

（四）炼乳的检验

1. 感官检验 开盖检验气味，然后将样品倒入烧杯检验其色泽和组织状态，并尝其滋味。

2. 理化检验 按 GB 5413.33—2010、GB 5413.34—2010、GB 5413.3—2010 检验脂肪、蛋白质、全乳固体、蔗糖、水分、酸度、杂质度、有害金属、硝酸盐和亚硝酸盐、黄曲霉毒素等理化指标。

3. 微生物检验 检验项目和方法同乳粉。

三、乳制品的卫生评定

乳制品的各项指标必须符合国家标准。当其感官性状出现变色、发霉或有异味者，不得食用，产品中不得检出致病菌，乳制品的商标必须与内容相符，严禁伪造和冒充。

（一）酸牛乳卫生标准

酸牛乳的各项指标应符合 GB 2746—1999 规定，见表 14-9、表 14-10、表 14-11。乳酸菌数不得低于 1×10^6CFU/mL。

表 14-9 酸牛乳的感官特性

项　目	纯酸牛乳	调味酸牛乳、果料酸牛乳
色泽	呈均匀一致的乳白色或微黄色	呈均匀一致的乳白色，或调味乳、果料乳应有的色泽
滋味和气味	具有酸牛乳固有的滋味和气味	具有调味酸牛乳或果料酸牛乳应的滋味和气味
组织状态	组织细腻、均匀，允许有少量乳清析出；果料酸牛乳有果块或果粒	

表 14-10 酸牛乳的理化指标

项　目	纯酸牛乳	调味酸牛乳、果料酸牛乳
脂肪（%）	全脂≥3.1，部分脱脂 1.0～2.0，脱脂≤0.5	全脂≥2.5，部分脱脂 0.8～1.6，脱脂≤0.4
蛋白质（%）	≥2.9	≥2.3

（续）

项　目	纯酸牛乳	调味酸牛乳、果料酸牛乳
非脂固体（%）	≥8.1	≥6.5
酸度（°T）	≥70.0	

表 14-11　酸牛乳的卫生指标

项　目	纯酸牛乳、调味酸牛乳	果料酸牛乳
苯甲酸（g/kg）	≤0.03	≤0.23
山梨酸（g/kg）	不得检出	≤0.23
硝酸盐（以 $NaNO_3$ 计，mg/kg）	≤11.0	
亚硝酸盐（以 $NaNO_2$ 计，mg/kg）	≤0.2	
黄曲霉毒素 M_1（μg/kg）	≤0.5	
大肠菌群（MPN/100mL）	≤90	
致病菌（指肠道致病菌和致病性球菌）	不得检出	

（二）乳粉的卫生标准

乳粉的各项指标应符合 GB 5410—1999 规定，见表 14-12、表 14-13。

表 14-12　乳粉的感官指标

项　目	指　标	
	全脂乳粉、脱脂乳粉、全脂加糖乳粉	调味乳粉
色泽	呈均匀一致的乳黄色	具有调味乳粉应有的色泽
滋味和气味	具有纯正的乳香味	具有调味乳粉应有滋味和气味
组织状态调冲性	干燥、均匀的粉末经搅拌可迅速溶解于水中，不结块	

表 14-13　乳粉的理化指标

项　目		指　标	
		乳粉	调制乳粉
蛋白质（g/100g）		≥非脂乳固体的 34%	≥16.5
全脂乳粉 脂肪（g/100g）		≥26.0	—
复原乳酸度（°T）	牛乳	≤18	—
	羊乳	7～14	—
杂质度（mg/kg）		≤16	—
水分（%）		≤5.0	

（三）奶油的卫生标准

奶油的各项指标应符合国家食品安全的规定，具体见表 14-14。

表 14-14　奶油的感官、理化和卫生指标

项　目		指　标	
		奶油	无水奶油
感官指标	色泽	呈均匀一致的乳白色和乳黄色	
	滋味和气味	具有奶油的纯香味	
	组织状态	柔软、细嫩，无孔隙，无析水现象	
理化指标	水分（%）	≤16.0	≤1.0
	脂肪（%）	≥80.0	≥98.0
	酸度[a]（°T）	≤20.0	—
卫生指标	菌落总数（CFU/g）	≤50 000	
	大肠菌群（MPN/100g）	≤90	
	致病菌（指肠道致病菌和致病性球菌）	不得检出	

注：a. 不包括以发酵稀奶油为原料的产品

（四）炼乳的卫生标准

炼乳的各项指标应符合 GB 13102—2010 规定，见表 14-15、表 14-16。

表 14-15　炼乳的感官指标（GB 13102—2010）

项　目	要　求		
	淡炼乳	加糖炼乳	调制炼乳
色泽	呈均匀一致的乳白色或乳黄色		具有辅料应有的色泽
气味、滋味	具有乳的滋味和气味	具有乳的香味，甜味纯正	具有乳和辅料应有的滋味和气味
组织状态	组织细腻，质地均匀，黏度适中		

表 14-16　炼乳的理化指标（GB 13102—2010）

项　目	指　标			
	淡炼乳	加糖炼乳	调制炼乳	
			调制淡炼乳	调制加糖炼乳
蛋白质（g/100g）	≥非脂乳固体的 34%		≥4.1	≥4.6
脂肪（g/100g）	7.5～15.0		≥7.5	≥8.0
乳固体（g/100g）	≥25.0	≥28.0	—	—
蔗糖（g/100g）	—	≤45.0	—	≤48.0
水分/（%）	—	≤27.0	—	≤28.0
酸度（°T）	≤48			

实训十一　鲜乳的卫生检验

一、乳相对密度的测定

【目的与要求】通过实训，熟练掌握乳相对密度的测定方法。

【原理】利用乳稠计在乳中取得的浮力与重力相对平衡的原理测定乳的相对密度。

【器材与试剂】

（1）乳稠计（20℃/4℃）。

(2) 玻璃圆筒或 200～250mL 量筒（圆筒高度应大于乳稠计的长度，其直径大小应使乳稠计沉入时和圆筒内壁的距离不小于 5mm）。

(3) 0～100℃温度计。

【操作方法】

(1) 取混匀并调温为 10～25℃的试样，倒入容积为 250mL 的量筒内并加到容积的 3/4 处，勿使发生泡沫并测量试样中心温度。

(2) 小心将乳稠计沉入乳样中，至刻度 1.030 处，然后让其自然浮动，但不能与桶内壁接触，静置 2～3min。

(3) 眼睛对准量筒内乳样表面层与乳稠计刻度接触处，即在乳的弯月面的上缘读取乳稠计刻度，见图实 11-1。

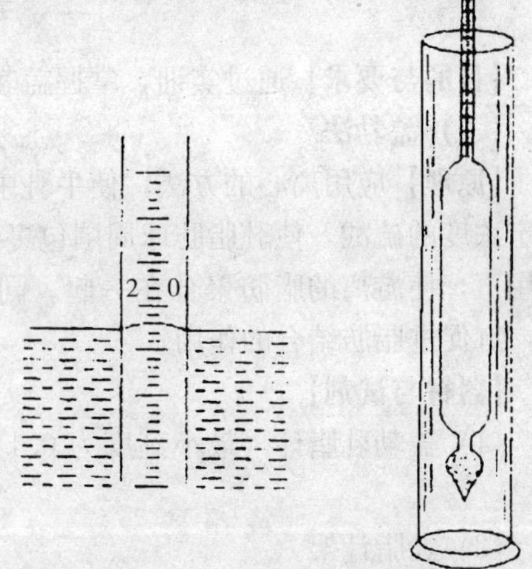

图实 11-1　乳相对密度的测定

（王雪敏．2001. 动物性食品卫生检验）

乳的相对密度与乳稠计度数的关系式为：

$$X = (\rho_4^{20} - 1.000) \times 1\,000$$

式中：X——乳稠计读数；

ρ_4^{20}——乳样的相对密度。

(4) 根据乳稠计读数和乳温，查乳稠计温度换算表（表实 11-1）。将乳稠计读数换算成 20℃度数。

表实 11-1　乳稠计读数变为温度 20 ℃时的度数换算

乳稠计读数	生乳温度/℃															
	10	11	12	13	14	15	16	17	18	19	20	21	22	23	24	25
25	23.3	23.5	23.6	23.7	23.9	24.0	24.2	24.4	24.6	24.8	25.0	25.2	25.4	25.5	25.8	26.0
26	24.2	24.4	24.5	24.7	24.9	25.0	25.2	25.4	25.6	25.8	26.0	26.2	26.4	26.6	26.8	27.0
27	25.1	25.3	25.4	25.6	25.7	25.9	26.1	26.3	26.5	26.8	27.0	27.2	27.5	27.7	27.9	28.1
28	26.0	26.1	26.3	26.5	26.6	26.8	27.0	27.3	27.5	27.8	28.0	28.2	28.5	28.7	29.0	29.2
29	26.9	27.1	27.3	27.5	27.6	27.8	28.0	28.3	28.5	28.8	29.0	29.2	29.5	29.7	30.0	30.2
30	27.9	28.1	28.3	28.5	28.6	28.8	29.0	29.3	29.5	29.8	30.0	30.2	30.5	30.7	31.0	31.2
31	28.8	29.0	29.2	29.4	29.6	29.8	30.0	30.3	30.5	30.8	31.0	31.2	31.5	31.7	32.0	32.2
32	29.3	30.0	30.2	30.4	30.6	30.7	31.0	31.2	31.5	31.8	32.0	32.3	32.5	32.8	33.0	33.3
33	30.7	30.8	31.1	31.2	31.5	31.7	32.0	32.2	32.5	32.8	33.0	33.3	33.5	33.8	34.1	34.3
34	31.7	31.9	32.1	32.3	32.5	32.7	33.0	33.2	33.5	33.8	34.0	34.3	34.4	34.8	35.1	35.3
35	32.6	32.8	33.1	33.3	33.5	33.7	34.0	34.2	34.5	34.7	35.0	35.3	35.45	35.8	36.1	36.3
36	33.5	33.8	34.0	34.3	34.5	34.7	34.9	35.2	35.6	35.7	36.0	36.2	36.5	36.7	37.0	37.3

【判定标准】 正常生鲜牛乳的密度（20℃/4℃）≥1.027。

二、乳脂肪含量的测定

【目的与要求】 通过实训，掌握盖勃法和哥特里-罗斯法测定乳脂肪含量的方法。

（一）盖勃法

【原理】 应用离心的方法，使牛乳中脂肪分离、聚合，然后测定其体积。在牛乳中加入一定浓度的硫酸，使乳脂肪球周围包裹的一层蛋白膜破坏，脂肪游离出来，在热和离心力的作用下，使游离的脂肪聚合在一起。同时，硫酸与乳中酪蛋白作用，生成硫酸酪蛋白化合物，有促进脂肪结合的作用。

【器材与试剂】

（1）盖勃乳脂计（最小刻度为 0.1%，见图实 11-2）。

（2）乳脂计架。

（3）吸管：11mL 特制牛乳吸管、10mL 吸管、1mL 异戊醇自动吸管、10mL 硫酸自动吸管。

（4）乳脂离心机。

（5）电热恒温水浴箱（锅）。

（6）硫酸（相对密度 1.820～1.825）。

（7）异戊醇（相对密度 0.811～0.812，沸程 128～132℃）。

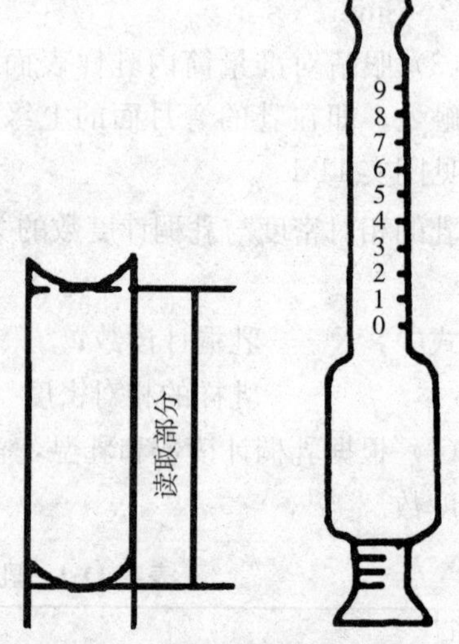

图实 11-2 盖勃乳脂计读数

【操作方法】 将乳脂计置于乳脂计架上，于乳脂计中先加入 10mL 硫酸，再沿着管壁小心准确加入 11mL 试样（若试样为酸乳，加入量为 5mL，再吸 6mL 水，仔细洗涤吸试样的吸管，洗液注入乳脂计中），使试样与硫酸不要混合，然后加 1mL 异戊醇，塞上橡皮塞，使瓶口向下，同时用湿毛巾裹好乳脂计，以防橡皮塞冲出，用力振摇使呈均匀棕色液体，瓶口向下静置数分钟，置 65～70℃水浴中 5min（注意水浴水面应高于乳脂计脂肪层），取出后放乳脂离心机中，以 1 000r/min 的转速离心 5min，再置于 65～70℃水浴中，5min 后取出，立即读数，即为脂肪的百分数（酸乳应乘以 2.2）。

【判定标准】 正常生鲜牛乳、全脂巴氏杀菌牛乳和全脂灭菌牛乳含脂率均≥3.1%。

（二）哥特里-罗斯法（碱性乙醚抽取法）

【原理】 利用氨溶液使乳中酪蛋白钙盐成为可溶性铵盐，然后用乙醚抽出乳中脂肪，挥去乙醚后称其脂肪质量，计算脂肪含量。加入乙醇以消除乙醚提取的醇溶解物，加入石油醚可降低水分在乙醚中的溶解度，使分层清晰。

【器材与试剂】 抽脂瓶（内径 2.0～2.5cm，容积 100mL，见图实 11-3），吸管（10mL 牛乳吸管、2mL 吸管、10mL 吸管），电热恒温烘箱，电热恒温水浴箱（锅），氨水，95%乙醇，乙醚（不含过氧化物），石油醚（沸程 30～60℃）。

【操作方法】 吸取 10mL 乳样于抽脂瓶中，加入 1.25mL 氨水，充分摇匀，置于 60℃水浴中加热 5min，再振摇 2min，加入 10mL 乙醇，充分摇匀，于冷水中冷却后，加入 25mL 乙醚，振摇 0.5min，加入 25mL 石油醚，再振摇 0.5min，静置 30min，待上层液澄清时，读取醚层体积。放出醚层至一量筒中的烧瓶中，记录放出醚层的体积。蒸馏回收乙醚后，置脂肪烧瓶于98～100℃干燥1h后称量，再置于98～100℃干燥0.5h后，冷却称量，直至前后2次质量相差不超过2.0mg。

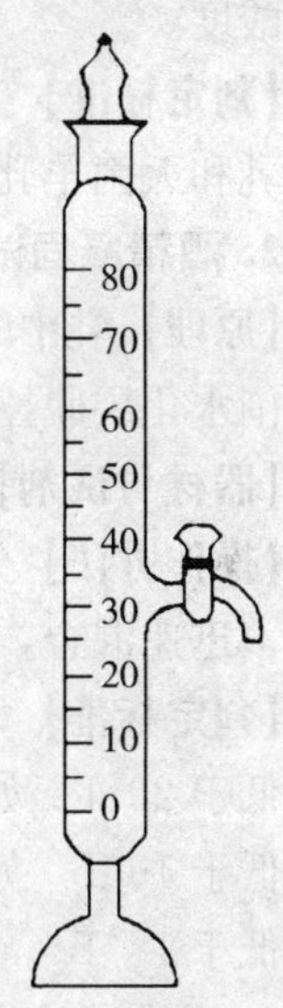

图实 11-3　抽脂瓶

【计算】

$$X=\frac{m_1-m_0}{m_2\times\frac{V_1}{V_0}}\times 100\%$$

式中：X——试样中脂肪的含量（g/100g）；

m_1——烧瓶加脂肪质量（g）；

m_0——烧瓶质量（g）；

m_2——试样质量(吸取体积乘以牛乳的相对密度)(g)；

V_0——读取乙醚层总体积（mL）；

V_1——放出乙醚层体积（mL）。

结果保留两位有效数字。在重复性条件下获得的2次独立测定结果的绝对差值不得超过算术平均值的5%。

【判定标准】同盖勃法。

三、乳新鲜度的检验

【目的与要求】通过实训掌握乳的感官检验、滴定酸度的测定、酒精试验和煮沸试验的方法。

（一）感官检验

正常乳应为乳白色或略带黄色的胶态液体，具有特殊乳香味，稍有甜味，组织状态均匀一致，无凝块、无沉淀、无杂质，不黏滑。

1. 色泽　将少量乳倒于白瓷皿中观察其颜色。

2. 气味　将乳加热后，闻其气味。

3. 滋味　取少量乳用口尝之。

4. 组织状态　将乳倒于小烧杯内静置1h后，再小心将其倒入另一小烧杯内，仔细观察第一个小烧杯内底部有无沉淀和絮状物。再取1滴乳于大拇指上，检查是否黏滑。

（二）乳酸度的测定

1. 直接滴定法（中和滴定试验）

【原理】利用酸碱中和的原理，以酚酞作指示剂，用0.1mol/L氢氧化钠标准溶液滴定100mL乳中的酸，至终点时，根据所消耗的氢氧化钠标准溶液的毫升数即可算出乳的酸度。

【器材与试剂】微量碱式滴定管，滴定架，吸管（1mL、10～20mL），250mL锥形瓶，0.1mol/L氢氧化钠标准溶液，0.5%酚酞乙醇溶液。

【操作方法】将0.1mol/L氢氧化钠溶液注入碱式滴定管内，并调整活塞使液面至整数刻度。精密吸取10mL乳样，加入250mL锥形瓶中，加20mL蒸馏水，滴入0.5%酚酞乙醇溶液3～5滴，用0.1mol/L氢氧化钠溶液滴定，至呈现淡红色，并在1min内不消失为止。

【计算】将滴定所消耗的0.1mol/L氢氧化钠标准溶液的毫升数乘以10，即为被检乳的滴定酸度。

【判定标准】 生鲜牛乳≤18°T，生鲜羊乳≤16°T，巴氏杀菌乳和灭菌牛乳≤18°T，巴氏杀菌乳和灭菌羊乳≤16°T。

2. 酒精凝固试验

【原理】 乳中的酪蛋白胶粒带负电荷，周围形成一水化层，酒精有脱水作用，可将酪蛋白周围水化层脱掉，乳中的 H^+ 或 Ca^{2+} 与负电荷作用，使酪蛋白发生变性而沉淀。

【器材与试剂】 5mL 吸管，中试管，68％、70％、72％中性酒精。

【操作方法】 分别吸取乳样 3mL 于三支试管中，编号，各加等量 68％、70％、72％的酒精，迅速混合，观察有无絮状物出现。

【判定标准】 如加 68％酒精出现絮状物，说明乳酸度高于 20°T，未出现絮状物，说明乳酸度低于 20°T。如加 70％酒精出现絮状物，说明乳酸度高于 19°T，未出现絮状物，说明乳酸度低于 19°T。如加 72％酒精出现絮状物，说明乳酸度高于 18°T，未出现絮状物，说明乳酸度低于 18°T。

3. 煮沸试验

【原理】 乳的酸度越高，乳中的蛋白质对热的稳定性越低，越易凝固。

【器材与试剂】 10mL 吸管，试管（或小烧杯），水浴箱。

【操作方法】 取 10mL 乳样于试管（或小烧杯）中，置于沸水浴中加热 5min，取出，观察管壁有无絮片出现或发生凝固现象。

【判定标准】 如产生絮片或发生凝固，表示酸度大于 26°T，乳样不新鲜。

四、乳中还原酶的检测

【目的与要求】 掌握美蓝（亚甲蓝）试验法检测牛乳中还原酶的操作步骤，并根据结果判断乳中细菌总数指标范围。

【原理】 细菌在乳中生长繁殖时，产生还原酶，还原酶能使美蓝褪色。乳中污染的细菌越多，产生的还原酶越多，美蓝褪色越快。因此，根据美蓝褪色时间的长短，判定乳被细菌污染的程度。

【器材与试剂】 灭菌试管，5mL 吸管，水浴锅（恒温箱）；2.5％美蓝溶液（2.5mL 美蓝乙醇饱和溶液加 97.5mL 水，混匀）。

【操作方法】 吸取乳样 5mL 于灭菌试管中，加入美蓝溶液 0.25mL，塞紧棉塞混匀，置于 37.5℃水浴或恒温箱中，每隔 10～15min 观察褪色情况。

【判定标准】 根据褪色时间将乳汁分为 4 个等级，见表实 11-2。

表实 11-2　美蓝褪色时间与乳中细菌数的关系

（王雪敏．2001．动物性食品卫生检验）

级别	乳的质量	褪色时间	相当每毫升乳汁中的细菌总数
1	良好	＞5.5h	$<5\times10^5$
2	合格	2～5.5h	$5\times10^5\sim4\times10^6$
3	差	20min 至 2h	$4\times10^6\sim2\times10^7$
4	劣	＜20min	$>2\times10^7$

五、掺假掺杂乳的检验

【目的要求】掌握对乳中掺假和掺杂物的检验方法，并能作出准确判断。

（一）掺水乳的检验

【原理】正常乳中氯化物含量较低，一般不超过0.14%，加入天然水之后，使乳中氯化物的含量增高。在乳中加入重铬酸钾和硝酸银，利用硝酸银与氯化物反应完后，剩余的硝酸银与重铬酸钾发生反应，生成黄色的铬酸银沉淀。由于乳中氯化物含量不同，乳的颜色也有差异。

【器材与试剂】吸管（2mL、5mL），中试管，中试管架；10%重铬酸钾溶液，0.5%硝酸银溶液。

【操作方法】取样品2mL于试管中，加入10%重铬酸钾溶液2滴，摇匀，再加入0.5%硝酸银溶液4mL，摇匀，观察颜色反应。

【判定标准】掺水乳呈不同程度的砖红色。

（二）掺碱乳的检验

【原理】乳中掺入碱后，使氢离子浓度发生变化，与酸碱指示剂相遇，显示出与正常乳不同的颜色反应。

【器材与试剂】吸管（5mL），中试管，中试管架；0.04%溴百里酚蓝乙醇溶液。

【操作方法】取牛乳5mL注入试管中，然后用滴管沿试管壁加5滴0.04%溴百里酚蓝乙醇溶液，将试管小心地倾斜转动2～3次，使试管内液体充分接触，应避免两种液体相互混合。最后轻轻地把试管垂直放到试管架上，经2min后观察两液面间色环的出现及其颜色。同时用不掺碱的鲜乳作对照。

【判定标准】结果判定见表实11-3。

表实11-3　掺碱乳结果判定表

鲜乳中含碱量（g/100mL）	接触面环层的颜色
0	淡黄色
0.03	黄绿色
0.05	淡绿色
0.1	绿色
0.3	深绿色
0.5	青绿色
0.7	淡青色
1.0	青色
1.5	深青色

（三）掺过氧化氢乳的检验

【原理】过氧化氢能与五氧化二钒作用，生成粉红色或红色物质。

【器材与试剂】吸管（5mL），中试管，中试管架；五氧化二钒试剂［取1g五氧化二钒溶解于100mL的稀硫酸（硫酸与水之比为6：94）贮存于试剂瓶中，置于阴暗处保存］。

【操作方法】取10mL乳样于试管中，加入10～20滴五氧化二钒试剂，立即观察颜色变化，然后混匀再观察试管中液体的变化。同时做正常牛乳的对照试验。

【判定标准】 乳样中有过氧化氢，呈粉红色或红色；否则无变化。

（四）掺淀粉乳的检验

【原理】 淀粉遇碘变成蓝色，据此进行检验。

【器材与试剂】 吸管（5mL），中试管，中试管架；碘溶液（2g 碘与 4g 碘化钾溶于 100mL 水中）。

【操作方法】 取乳样 5mL 移入试管中，再加入碘溶液 2～3 滴，观察被检乳颜色的变化。

【判定标准】 有淀粉存在时，乳立即出现蓝色，否则不变色。

（五）掺豆浆乳的检验

【原理】 豆浆中含有皂苷，可溶于酒精中，与氢氧化钠反应生成黄色溶液。

【器材与试剂】 吸管（5mL），中试管，中试管架；25%氢氧化钠溶液，醇醚混合液。

【操作方法】 取乳样 2mL 注入试管中，吸取醇醚混合液 3mL 加入试管内，再加入 25%氢氧化钠溶液 5mL，充分混合，在 5～10min 内观察试管内乳样颜色的变化。同时用正常乳样作对照。

【判定标准】 乳中掺有豆浆时呈黄色；无豆浆乳不变色。

（六）掺甲醛乳的检验

【原理】 在有甲醛的乳液面上加入氧化剂（硫酸与硝酸的混合液），交界面上会发生紫色反应。

【器材与试剂】 吸管（2mL、5mL），中试管，中试管架；硫酸试剂（50mL 浓硫酸加 1 滴硝酸）。

【操作方法】 吸取 5mL 乳样于试管中，小心沿管壁加入 2mL 含硝酸的硫酸，10min 内观察在两液接触面出现的颜色。

【判定标准】 乳中有甲醛时，硫酸与乳样的接触面呈紫红色环；无甲醛的乳，则接触面呈橙黄色或呈淡黄色环。

操作过程中，注意防止乳和酸混合；当甲醛含量极少时（少于 0.1mg/kg）需要经过 0.5～1h 后才出现。

（七）掺氯化钠乳的检验

【原理】 乳样中的 Cl^- 含量较多时，可与硝酸银作用生成氯化银沉淀，并与铬酸钾作用呈色。

【器材与试剂】 吸管（2mL、5mL），试管（20mL），中试管架；10%铬酸钾溶液，0.01mol/L 硝酸银溶液（准确称取 1.700g 硝酸银溶解于少量水中，然后转入 1 000mL 容量瓶中，用水定容）。

【操作方法】 取 5mL 硝酸银溶液于试管中，加 2 滴 10%铬酸钾溶液，混匀（呈红色），取被检乳 1mL 注入试管中，充分混匀。观察试管中颜色变化。同时用正常乳做对照试验。

【判定标准】 如果红色消失，溶液变为黄色，则乳中 Cl^- 含量在 0.14%以上，折合氯化钠为 0.23%以上，则此乳为异常乳；若红色不变，说明 Cl^- 含量低于 0.14%，为正常乳。

（八）掺尿素乳的检验

【原理】 在酸性条件下，乳中的尿素与亚硝酸钠作用，呈微黄色反应。而当牛乳中无尿素时，则亚硝酸钠与对氨基苯磺酸发生重氮化反应，其产物与 α-萘胺起偶氮化作用，生成紫色化合物。

【**器材与试剂**】吸管（5mL、1mL），试管，试管架；1%亚硝酸钠溶液，浓硫酸，格里斯试剂（称取酒石酸 89g，对氨基苯磺酸 10g，α-萘胺 1g，混合研磨成粉末，贮存于棕色瓶中，置于暗处保存）。

【**操作方法**】取乳样 3mL 于试管中，加入 1%亚硝酸钠溶液和浓硫酸各 1mL，摇匀后放置 5min。待泡沫消失后，再加入 0.5g 格里斯试剂，摇匀，观察颜色变化。同时做正常牛乳对照试验。

【**判定标准**】如果有尿素存在，乳样呈黄色；无尿素乳则呈紫红色。

（九）掺芒硝乳的检验

【**原理**】掺入芒硝（$Na_2SO_4 \cdot 10H_20$）的牛乳中含有较多的 SO_4^{2-}，与氯化钡作用，生成硫酸钡沉淀，并与玫瑰红酸钠作用呈色。

【**器材与试剂**】吸管（5mL、1mL），试管，试管架；1%氯化钡溶液，1%玫瑰红酸钠乙醇溶液，20%醋酸溶液。

【**操作方法**】取乳样 5mL 于试管中，加 20%醋酸溶液 2 滴、1%氯化银溶液 5 滴、1%玫瑰红酸钠乙醇溶液 2 滴，摇匀，静置，观察颜色变化。同时做正常乳对照试验。

【**判定标准**】如果溶液呈黄色为掺芒硝乳；溶液呈粉红色为正常乳。

六、乳房炎乳的检验

【**目的与要求**】掌握乳房炎乳的检验方法，并能进行正确判定。

（一）溴甲酚紫法

【**器材与试剂**】吸管（5mL），白色平皿；试剂，称取 60g 碳酸钠（$Na_2CO_3 \cdot 10H_2O$）溶于 100mL 蒸馏水中，另取 40g 无水氯化钙溶于 300mL 蒸馏水中。二者须均匀搅拌、加温、过滤，然后将两种滤液倾注一起，混合、搅拌、加温和过滤，于第二次滤液中加入等量的 15%氢氧化钠溶液，继续搅拌、加温和过滤即为试液。加入溴甲酚紫于试液内，有助于结果的观察。试剂宜放在棕色玻璃瓶内保存。

【**操作方法**】吸取乳样 3mL 于白色平皿内，加 0.5mL 试剂，立即回转混合，约 10s 后观察结果。

【**判定标准**】结果判定见表实 11-4。

表实 11-4　溴甲酚紫法检验乳房炎乳结果判定

（王雪敏．2001．动物性食品卫生检验）

结　果	判　定
无沉淀及絮片	－（阴性）
稍有沉淀	±（可疑）
有沉淀（片条）	＋（阳性）
发生黏稠性团块并继之分为薄片	＋＋（强阳性）
有持续性黏稠性团块（凝胶）	＋＋＋（强阳性）

（二）氯糖数的测定

【**器材与试剂**】10mL 吸管，100mL 量筒，250mL 锥形瓶，200mL 容量瓶，50mL 滴定管；石蕊试纸，20%硫酸铝溶液，0.2mol/L 氢氧化钠溶液，10%铬酸钾溶液，0.028 17 mol/L 硝酸银溶液（每 1 000mL 溶解 4.788g 硝酸银，标定后使用）。

【操作方法】 用吸管吸取乳样 20mL 于 200mL 容量瓶中，加入 10mL 20%硫酸铝溶液及 8mL 0.2mol/L 氢氧化钠溶液，混合均匀，加水至刻度，摇匀后过滤。取 100mL 滤液于 250mL 锥形瓶中，用0.028 17mol/L 硝酸银溶液滴定至砖红色（1mL 0.028 17mol/L 硝酸银溶液相当于 1mg 氯）。滴定前须用石蕊试纸测定溶液酸碱性，如果呈酸性，则须事先用氢氧化钠溶液中和至中性。

【计算】

$$X(\%)=\frac{V\times 10}{1.030\times 1\,000}$$

$$\text{氯糖数}=\frac{X\times 100}{L}$$

式中：X——氯的百分含量（%）；

V——滴定时用去硝酸银的量（mL）；

$V\times 10$——每 100mL 牛乳中含氯量（mg）；

1.030——正常乳密度；

L——乳糖的百分含量（%）。

【判定标准】 健康牛乳中的氯糖数不超过 4，乳房炎乳的氯糖数则大于 4。

七、乳中三聚氰胺的检验

【原理】 用乙腈作为原料乳（或不含添加物的液态乳制品）中的蛋白质沉淀剂和三聚氰胺提取剂，强阳离子交换色谱柱分离，高效液相色谱-紫外检测器/二极管阵列检测器检测，外标法定量。

【器材与试剂】

1. 器材

（1）液相色谱仪：配有紫外检测器/二极管阵列检测器。

（2）分析天平：感量 0.0001g 和 0.01g。

（3）pH 计：测量精度±0.02。

（4）溶剂过滤器。

2. 试剂　除另有说明外，所用试剂均为分析纯或以上规格，水为 GB/T 6682—2008 规定的一级水。

（1）乙腈（CH_3CN）：色谱纯。

（2）三聚氰胺标准物质（$C_3H_6N_6$）：纯度≥99%。

（3）三聚氰胺标准贮备溶液（1.00×10^3 mg/L）：称取 100mg 三聚氰胺标准物质（准确至 0.1mg），用水完全溶解后，置于 100mL 容量瓶中定容至刻度，混匀，4℃条件下避光保存，有效期为 1 个月。

（4）标准工作溶液：使用时配制。

①标准溶液 A（2.00×10^2 mg/L）：准确移取 20.0mL 三聚氰胺标准贮备溶液，置于 100mL 容量瓶中，用水稀释至刻度，混匀。

②标准溶液 B（0.50mg/L）：准确移取 0.25mL 标准溶液 A，置于 100mL 容量瓶中，用水稀释至刻度，混匀。

③标准工作溶液：按表实 11-5 分别移取不同体积的标准溶液 A 于容量瓶中，用水稀释至刻度，混匀。按表实 11-6 分别移取不同体积的标准溶液 B 于容量瓶中，用水稀释至刻度，混匀。

表实 11-5　标准工作溶液配制（高浓度）

（王雪敏．2001．动物性食品卫生检验）

标准溶液 A 体积（mol）	0.10	0.25	1.00	1.25	5.00	12.5
定容体积（mol）	100.0	100.0	100	50.0	50.0	50.0
标准工作溶液浓度（mg/L）	0.20	0.50	2.00	5.00	20.0	50.0

表实 11-6　标准工作溶液配制（低浓度）

标准溶液 B 体积（mol）	1.00	2.00	4.00	20.00	40.00
定容体积（mol）	100.0	100.0	100.0	100.0	100.0
标准工作溶液浓度（mg/L）	0.005	0.01	0.02	0.10	0.20

（5）磷酸盐缓冲液（0.05mol/L）：称取 6.8g 磷酸二氢钾（KH_2PO_4）（准确至 0.01g），加水 800mL 完全溶解后，用磷酸（H_3PO_4）调节 pH 至 3.0，用水稀释至 1L，用滤膜过滤后备用。

（6）一次性注射器（2mL）。

（7）滤膜（水相，0.45μm）。

（8）针式过滤器（有机相，0.45μm）。

（9）具塞刻度试管（50mL）。

【操作方法】

1. 试样的制备　称取混合均匀的 15g 原料乳样品（准确至 0.01g），置于 50mL 具塞刻度试管中，加入 30mL 乙腈，剧烈振荡 6min，加水定容至满刻度，充分混匀后静置 3min，用一次性注射器吸取上清液用针式过滤器过滤后，作为高效液相色谱分析用试样。

2. 高效液相色谱测定

（1）色谱条件

①色谱柱：强阳离子交换色谱柱 SCX，250mm×4.6mm（i.d.），5μm，或性能相当者。宜在色谱柱前加保护柱（或预柱），以延长色谱柱使用寿命。

②流动相：磷酸盐缓冲溶液-乙腈（70＋30，体积比），混匀。

③流速：1.5mL/min。

④柱温：室温。

⑤检测波长：240nm。

⑥进样量：20μL。

（2）液相色谱分析测定

①仪器的准备：开机，用流动相平衡色谱柱，待基线稳定后开始进样。

②定性分析：依据保留时间一致性进行定性识别的方法。根据三聚氰胺标准物质的保留时间，确定样品中三聚氰胺的色谱峰。必要时应采用其他方法进一步定性确证。

③定量分析：校准方法为外标法。

A. 校准曲线制作：根据检测需要，使用标准工作溶液分别进样，以标准工作溶液浓度为横坐标，以峰面积为纵坐标，绘制校准曲线。

B. 试样测定：使用试样分别进样，获得目标峰面积。根据校准曲线计算被测试样中三聚氰胺的含量（mg/kg）。

试样中待测三聚氰胺的相应值均应在本方法线性范围内。当试样中三聚氰胺的相应值超出本方法的线性范围的上限时，可减少称样量再进行提取与测定。

按以上步骤，对同一样品进行平行试验测定和空白试验（除不称取样品外，均按上述步骤同时完成空白试验）。

【计算】按下列公式计算

$$X=\frac{A\times c\times V\times 1000}{A_s\times m\times 1000}\times f$$

式中：X——试样中三聚氰胺的含量（mg/kg）；

A——样液中三聚氰胺的峰面积；

c——标准溶液中三聚氰胺的浓度（μg/mL）；

V——样液最终定容体积（mL）；

A_s——标准溶液中三聚氰胺的峰面积；

m——试样的质量（g）；

f——稀释倍数。

通常情况下计算结果保留 3 位有效数字；结果在 0.1～1.0mg/kg 时，保留 2 位有效数字；结果小于 0.1mg/kg 时，保留 1 位有效数字。

【判定标准】本方法定量检测范围为 0.30～100.0mg/kg，本方法检测限为 0.05mg/kg。

复习思考题

一、名词解释

1. 牛乳酸度　2. 牛乳相对密度　3. 酒精阳性乳　4. 初乳　5. 消毒乳

二、填空题

1. 牛乳相对密度是测定乳品质量的重要指标，正常乳的相对密度是________。
2. 供消毒乳的酸度不应超过________°T，允许销售乳的酸度不应超过________°T。
3. 常见的乳掺假现象有________、________、________、________、________、________等。
4. 乳中掺入三聚氰胺目的是________。
5. 酒精试验测定的酸度是乳的________酸度。

三、单项选择题

1. 每毫升巴氏灭菌乳中菌落总数不得超过（　　）。

A. 10 000　　B. 20 000　　C. 30 000　　D. 40 000

2. 每 100mL 巴氏杀菌乳大肠菌群 MPN 不得超过（　　）。

A. 4　　B. 40　　C. 9　　D. 90

3. 滴定试验是测定牛乳的（　）。

A. 自然酸度　　B. 发生酸度　　C. 临界酸度　　D. 总酸度

4. 牛乳温度为 18℃，用密度计测得其相对密度为 1.032，该牛乳的密度应该（　　）。

A. 1.032　　B. 1.0316　　C. 1.0324　　D. 1.030

四、判断题

1. 乳房炎乳区所产的乳不宜食用。（　　）
2. 无临床症状的布鲁氏菌病患畜乳可直接出场。（　　）
3. 一般多用 20℃/4℃ 乳稠计来测定牛乳的相对密度。如果测定时牛乳的温度不是 20℃，应进行校正。（　　）
4. 牛乳样品应储存在 2～6℃环境中，以防变质。（　　）
5. 添加抗生素、防腐剂的牛乳不宜食用，应予以废弃或销毁。（　　）
6. 测定牛乳的相对密度时应在牛乳温度为 15～20℃时进行。（　　）
7. 牛乳掺水后，相对密度会降低。（　　）
8. 新鲜牛乳正常的色泽是一种白色略带黄色的不透明液体。（　　）
9. 牛乳的酸度指以酚酞为指示剂中和 10mL 牛乳所消耗的 0.1mol/L 氢氧化钠溶液的毫升数。（　　）
10. 随着牛乳存放时间的延长，酸度会升高。可以在乳中加入中和剂，使酸度恢复正常值。（　　）

五、简答题

1. 叙述乳的概念、泌乳期的不同阶段所产乳的特点及其对乳制品加工的影响。
2. 试述乳的化学成分及理化特性，原料乳的卫生指标有哪些？
3. 原料乳常见的掺假掺杂现象有哪些？如何检测？
4. 试述鲜乳的卫生检验方法及卫生评价标准。

模块十五　蛋与蛋制品的加工卫生与检验

知识目标

1. 了解蛋的构造与化学组成。
2. 了解蛋制品的加工卫生与检验。

能力目标

1. 学会蛋新鲜度的检验方法。
2. 学会劣质蛋的鉴定和处理方法。

禽蛋含有人体所需要的优质蛋白质、脂肪酸、碳水化合物、矿物质和维生素等营养物质，还含有人类大脑和神经系统发育所必需的磷脂等，且其消化吸收率很高，达95%以上，几乎完全能为人体所利用。因此，禽蛋是人类重要的动物性营养食品之一。但是，不符合卫生要求的蛋类，不仅能导致人类食物中毒，还可成为禽类疾病流行的因素，所以对蛋类进行卫生检验具有重要的意义。

项目一　蛋的构造与化学组成

一、蛋的形态结构

禽类的蛋均呈卵圆形。纵切面为一头稍尖一头稍钝的椭圆形，横切面为圆形。横径与长径之比称为蛋形指数。鸡蛋的蛋形指数为71%～76%，鸭蛋为63%～83%。商品蛋中破蛋、裂纹蛋的多少与蛋形指数有一定关系。蛋形指数越小，蛋越不耐压而易破裂。蛋的纵轴向较横轴向耐压，所以在装箱时，蛋应直立存放，以免在运输中因震动和挤压而破裂。

蛋的大小因蛋禽的种类、品种、年龄、营养状况等条件的不同而异。通常鸡蛋重40～70g，鸭蛋60～90g，鹅蛋100～230g。

蛋主要由蛋壳、蛋白及蛋黄三部分组成，见图15-1。

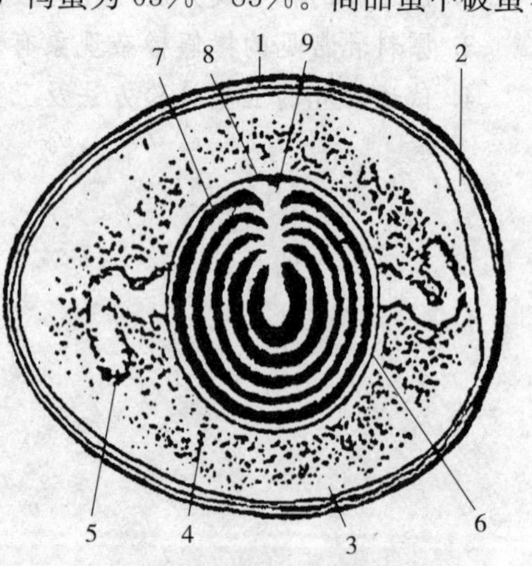

图15-1　蛋的构造

1. 硬壳及壳内膜　2. 气室　3. 稀薄蛋白层　4. 浓厚蛋白层　5. 系带　6. 系带蛋白层　7. 蛋黄　8. 胚胎　9. 白蛋黄

(一) 蛋壳

蛋壳是包裹在蛋内容物外面的壳内膜、硬蛋壳和壳外膜的总称。蛋壳的颜色与禽蛋的种类和品种有关，与营养成分关系不大。鸡蛋因品种不同而呈白色或深浅不同的褐色，而鸭蛋和鹅蛋一般均呈青灰色或白色。蛋壳的厚度与家禽的种类、品种及饲养条件有关，鸡蛋平均厚度为 0.35mm，鸭蛋壳为 0.43mm，鹅蛋壳为 0.62mm。鸡褐色蛋蛋壳较厚，白色蛋蛋壳较薄。

1. 壳外膜　在硬蛋壳表面涂布着一层胶性干燥黏液，称为壳外膜。它是一种无定形、透明、可溶性的胶质蛋白，干固而呈粉末状，贴在蛋壳表面。它可阻止微生物的侵入和防止蛋内水分的蒸发。壳外膜是一种水溶性的胶质膜，若遇潮湿、雨淋、水洗或摩擦，将会溶解或脱落而消失，而失去保护作用。

2. 硬蛋壳　硬蛋壳又称为石灰质硬蛋壳，是包裹在蛋内容物外面的一层硬壳，它使蛋保持着固定的形状，并保护着蛋白和蛋黄。硬蛋壳由碳酸钙（占 94%）、碳酸镁、磷酸钙、磷酸镁等无机物和少量有机物组成，质脆而不耐碰撞和挤压。

硬蛋壳上有密布的气孔，鸡蛋气孔较小，而鸭蛋和鹅蛋气孔较大。气孔在蛋壳上的分布是不均匀的，蛋的钝头分布最多，锐头分布最少。气孔可使外面的新鲜空气进入蛋内，并将蛋内的二氧化碳和水分排出蛋外。在加工皮蛋和咸蛋时，气孔能使食盐和氢氧化钠等物质渗入蛋内。

3. 壳内膜　轻轻将硬蛋壳击破，并将硬蛋壳剥去后，即可见到在硬蛋壳的里面有一层白色的半透明的网状薄膜包裹着蛋内容物，这就是壳内膜。壳内膜分为两层，外层紧贴硬蛋壳内壁，称为蛋壳膜，较厚，结构致密，细菌不易通过。内层包裹着蛋白，称为蛋白膜，较薄，结构疏松，细菌能自由通过。

蛋产出后，因外界温度比禽体温度低，蛋内容物发生收缩，空气从气孔进入蛋壳内。由于蛋的钝端气孔密度大，故进入的空气使钝端壳内膜的内外两层分离，形成气室。一般在蛋产出后 6～10min 形成气室。新鲜蛋的气室很小，随着存放时间的延长，蛋内的水分蒸发渐多，气室也逐渐增大。因此，气室的大小可作为判断蛋新鲜度的指标之一。

（二）蛋白

蛋白又称为蛋清，它是典型的胶体结构，是蛋白质的典型代表，约占蛋内容物的 60%。蛋白在蛋黄周围以同心层形式积累。蛋白分为浓蛋白和稀蛋白两种，共有 4 层结构，由外向内依次为外稀蛋白、外浓蛋白、内稀蛋白和内浓蛋白。

系带与紧裹在蛋黄外的系带层浓蛋白相连，位于蛋白纵轴、蛋黄的两端，具有固定蛋黄的作用。当蛋存放时间延长，外界温度又较高的情况下，系带受蛋白酶的作用被溶解而失去固定卵黄的作用，因而蛋黄上浮，并发生贴壳现象。

浓蛋白呈浓稠胶状，含有溶菌酶，自身具有抑制和杀灭微生物的作用，随着蛋存放时间的延长，或受较高气温的影响，溶菌酶也逐渐减少，以至完全消失，蛋便失去了抑菌和杀菌的能力。浓蛋白变稀的过程，就是鲜蛋失去自身抵抗力和开始陈化及变质的过程。因此，浓蛋白的多少也是衡量蛋新鲜程度的标志之一。

稀蛋白约占蛋白总量的 45%，呈水样胶体，不含溶菌酶。当蛋存放较久或环境温度较高时，浓蛋白减少而稀蛋白增加，使蛋的品质下降。

（三）蛋黄

蛋黄由蛋黄膜、蛋黄液和胚盘构成。新鲜蛋的蛋黄呈球形，两端由系带牵连，所以总是被固定在蛋的中央。

1. 蛋黄膜　为一层透明而韧性很强的薄膜，紧裹着蛋黄液，所以新鲜蛋的蛋黄紧缩成球形。蛋黄膜起着保护蛋黄和胚盘的作用，防止蛋黄与蛋白混合。打开鲜蛋，将内容物置于平板上，可见蛋黄高高隆起。随着贮存时间的延长，蛋黄膜韧性降低，弹性减弱，蛋黄在平板上的高度降低而呈扁平状。若蛋黄膜的韧性和弹性显著降低时，蛋黄内容物外溢，形成散黄蛋。如果因微生物侵入，在细菌酶的作用下使蛋白质分解和蛋黄膜破裂，则形成泻黄蛋。因此，蛋黄膜韧性的大小和完整与否，也是蛋新鲜度的标志之一。

2. 蛋黄液 蛋黄液是一种鲜黄色半透明胶状物，约占蛋总重量的32%。蛋黄液有黄色和浅黄色两种，彼此相间，由里向外分层排列成非完全封闭式球状。在蛋黄液的中心部分为白蛋黄，形似细颈瓶状，称为蛋黄柱或蛋黄芯。蛋黄柱向外延伸至蛋黄膜下，其喇叭形的口部托着胚盘。煮熟的蛋，在蛋黄与蛋白之间有层灰绿色的物质，这是蛋白质中的硫化氢与铁化合形成的产物。

3. 胚盘 在蛋黄表面的蛋黄芯喇叭口部有一乳白色的小点，为次级卵母细胞，未受精或完全新鲜蛋的次级卵母细胞呈圆形，直径约2.5mm；受精卵经多次分裂后形成胚盘，直径3～3.5mm。当环境温度达25℃以上时，胚胎逐渐发育增大，蛋的品质随之下降。

二、蛋的化学组成

禽蛋的化学组成主要是水、脂肪、蛋白质、糖类、类脂、矿物质及维生素等。这些成分的含量因家禽种类、品种、年龄、饲养条件、产蛋期及其他因素不同而有较大的差异。几种禽蛋的主要化学组成见表15-1。

表15-1 蛋的主要化学组成（%）

禽蛋种类	水分	蛋白质	脂肪	糖类	灰分
鸡蛋（白皮）	75.8	12.7	9.0	1.5	1.0
鸡蛋（红皮）	73.8	12.8	11.1	1.3	1.0
鸭蛋	70.3	12.6	13.0	3.1	1.0
鹅蛋	69.3	11.1	15.6	2.8	1.2
鹌鹑蛋	73.0	12.8	11.1	2.1	1.0

1. 水分 蛋白中水分含量为85%～88%，鸡蛋中水分的含量稍高于鸭蛋和鹅蛋。随着蛋贮存时间的延长，稀蛋白所占水分的比例逐渐增加，浓蛋白逐渐减少，因而蛋白的水分含量也逐渐增高，蛋白变得稀薄。

2. 蛋白质 蛋中含有多种蛋白质，蛋白中的蛋白质含量为总量的11%～13%。蛋黄中的蛋白质占14%～16%，其中占比例最大的是卵白蛋白、卵黄磷蛋白及卵黄球蛋白，三者都是全价蛋白，含有人体所必需的各种氨基酸。

3. 脂肪 蛋中的脂肪主要集中在蛋黄内，占30%～33%，主要是卵磷脂，其次是脑磷脂和少量神经磷脂等，磷脂有很强的乳化作用，能使蛋黄保持很稳定的乳化状态。磷脂对神经系统的发育具有重要意义。

4. 碳水化合物 蛋中的碳水化合物的含量为1%，分两种状态存在。一种与蛋白质结合形成糖蛋白，呈结合状态；另一种呈游离状态，如葡萄糖、乳糖。

5. 矿物质 蛋中含有多种矿物质，主要有钾、钠、钙、镁、磷、铁，还含有微量锌、铜、锰、碘等。其中以磷、钙、铁的含量较多，而且易被吸收。尤其是铁，可以作为人体铁的重要来源。

6. 维生素　蛋中含有丰富的维生素，其中维生素 A、维生素 B_1、维生素 B_2 等含量较高，还含有一定量的泛酸、维生素 D、维生素 E、维生素 K、维生素 C 等。

7. 酶　蛋中含有多种酶类，如蛋白分解酶、溶菌酶、淀粉酶、蛋白酶、脂解酶和过氧化氢酶。蛋白分解酶对蛋白质有分解作用，溶菌酶有一定的杀菌作用。

8. 色素　蛋黄中含有丰富的色素，从而使蛋黄呈浅黄乃至橙黄色。其中主要为叶黄素、其次为胡萝卜素、核黄素等。蛋黄色素的深浅，与蛋的营养价值无关而与饲料有关。

项目二　蛋的卫生检验

一、蛋在保藏时的变化

（一）蛋的污染

蛋被微生物污染，可通过两个途径，一是产前污染，即患病家禽生殖器官中的病原微生物或健康家禽生殖器官中的寄生菌，在蛋液形成过程中进入蛋内。此外，某些寄生虫如绦虫、线虫、吸虫，也可以产前进入蛋内；二是产后污染，即当蛋产出后，外界微生物通过气孔进入蛋内。

蛋被微生物污染后，在适宜的条件下，微生物迅速生长繁殖，并释放出蛋白质水解酶，使蛋白发生溶解、蛋黄破裂，蛋黄蛋白混合，蛋壳膜形成霉斑，蛋白变黑，并具有霉味。若蛋白质分解产生硫化氢，致使蛋白变为绿色甚至黑绿色，蛋黄也由橘黄色变为黑绿色或黑色的液状物，并发出浓厚的臭蛋气味。

（二）蛋在保藏过程中的变化

蛋在保藏过程中，由于外界温度、湿度、包装材料的状态、收购时蛋的品质和保存时间等的影响，都会使蛋发生生理的、物理的或化学的变化。

1. 生理变化　蛋在贮存期间，若贮存温度较高，则使受精蛋的胚胎周围形成血丝，以至发育形成雏禽；若是未受精蛋，则使未受精的胚珠出现膨胀现象（热伤蛋）。

2. 物理变化　包括质量、气室、蛋白和蛋黄的变化。随着时间的推移，壳外膜逐渐消失，气孔暴露，蛋内水分蒸发，使蛋的重量减轻，气室扩大。蛋白层的比例发生显著变化，浓蛋白减少，稀蛋白逐渐增加，蛋的耐存性也大大也降低。由于蛋黄膜的弹性下降，使蛋黄的高度明显降低，蛋黄指数减少。正常鲜蛋的蛋黄指数在 3.5 以上，当蛋黄指数下降到 2.5 以下时，蛋黄膜就会破裂。

3. 化学变化　蛋在贮存期间，pH 不断发生变化，尤其是蛋白 pH 变化较大。一般情况下，鲜蛋白的 pH 为 7.8～8.0。在贮存初期，由于二氧化碳的快速蒸发，可使 pH 上升到 8.5 左右，但随着贮存时间延长，蛋白质被蛋白酶分解，产生小分子的酸性物质，反而使 pH 下降，可降到 7 左右。蛋黄的 pH 也发生缓慢变化。蛋随贮存时间延长，蛋内含氨量、游离脂肪酸、可溶性磷酸都会不同程度的增加。

当微生物侵入蛋内生长繁殖时，释出蛋白水解酶，使蛋白质逐渐水解，导致蛋白黏度消失，蛋黄的位置改变。蛋黄膜失去韧性而破裂，形成散黄蛋。而后蛋白质先被分解为氨基酸，继而形成酰胺、氨和硫化氢等，使蛋产生强烈的臭气，并形成某些有毒性的活性物质。由于氨和硫化氢不断积聚，最终引起蛋壳的爆裂。

为防止蛋的腐败变质，应采取包括保持蛋禽的健康，改善贮蛋的卫生条件，杀灭蛋壳表面及环境中的微生物，控制蛋的贮存环境的温度和湿度等综合性措施。

二、蛋新鲜度的检验

（一）样品的采取

由于经营鲜蛋的环节多，数量大，往往来不及一一进行检验，故可采取抽样的方法进行检验。对长期冷藏的鲜蛋、化学方法贮藏的鲜蛋，在贮存过程中也应经常进行抽检，以便发现问题及时处理。

采样数量，50件以内者，抽检2件；50～100件者，抽检4件；101～500件者，每增加50件增抽1件（所增不足50件者，按50件计）；500件以上者，每增加100件增抽1件（所增不足100件者，按100件计算）。

（二）感官检验

主要用眼看、手摸、耳听、鼻嗅等方法进行综合判定。

1. 检验方法 逐个拿出待检蛋，仔细观察其形态、大小、色泽、蛋壳的完整性和清洁度等情况；用手指摸蛋的表面和掂重，必要时可把蛋握在手中使其互相碰撞听其响声；还可嗅闻蛋有无异常气味，最后将蛋打破轻轻倒入平皿内，观察蛋白和蛋黄的状态。

2. 蛋新鲜度的判定

（1）新鲜蛋。蛋壳表面常有一层粉状物，蛋壳完整而清洁，无粪污、无斑点；蛋壳无凹凸而平滑，壳壁坚实，相碰时发出清脆音而不发哑声；手感发沉。

（2）破蛋类。

①裂纹蛋（哑子蛋）：鲜蛋受压或震动使蛋壳破裂成缝而壳内膜未破，将蛋握在手中相碰发出哑声。

②硌窝蛋：鲜蛋受挤压或震动使鲜蛋蛋壳局部破裂凹下而壳内膜未破。

③流清蛋：鲜蛋受挤压、碰撞而破损，蛋壳和壳内膜破裂而蛋白液外流。

（3）劣质蛋。外观往往在形态、色泽、清洁度、完整性等方面有一定的缺陷。如腐败蛋外壳常呈乌灰色；受潮发霉蛋外壳多污秽不洁，常有大理石样斑纹；经孵化或漂洗的蛋，外壳异常光滑，气孔较显露。腐败变质的蛋甚至可嗅到腐败气味。

（三）灯光透视检验

利用照蛋器的灯光来透视检查。此法简便易行，对鲜蛋的质量有决定性把握，是检验蛋新鲜度常用的方法之一。

1. 检验方法

（1）照蛋。检验是在暗室里或弱光的环境中进行，方法是将蛋的大头紧贴照蛋器的洞口上，使蛋的纵轴与照蛋器约成30°倾斜，先观察气室大小和内容物透光程度，然后上下左右移动，根据内容物移动来判断气室的稳定状态和蛋黄、胚盘的稳定程度以及蛋内有无污斑、黑点和游动物等。

（2）气室测量。蛋在贮存过程中，由于蛋内水分不断蒸发，致使气室空间日益增大。因此，测定气室的高度，有助于判定蛋的新鲜程度。

2. 蛋新鲜度的判定

（1）最新鲜蛋。透视全蛋呈橘红色，蛋黄不显现，内容物不流动，气室高度4mm以内。

(2) 新鲜蛋。透视全蛋呈红黄色，蛋黄所在处颜色稍深，蛋黄稍有转动，气室高度 5～7mm。此系产后 2 周以内的蛋，

(3) 普通蛋。内容物呈红黄色，蛋黄阴影清楚，能够转动，且位置上移，不再居于中央。气室高度 10mm 以内，且能移动。系产后 2～3 个月的蛋。

(4) 可食蛋。因浓蛋白完全水解，蛋黄显见，易摇动，且上浮而接近蛋壳（靠黄蛋）。气室移动，高度达 10mm 以上。

(5) 次品蛋（结合将蛋打开检查）。

①热伤蛋：鲜蛋因受热时间较长，胚胎变大，但胚胎不发育（胚胎死亡或未受精）。照蛋可见胚胎增大，但无血管。

②早期胚胎发育蛋：受精蛋因受热或孵化而使胚胎发育。照蛋时，轻者呈现鲜红色小血圈（血圈蛋），稍重者血圈扩大，并有明显的血丝（血丝蛋）。

③红贴壳蛋：蛋在贮存时未翻动或受潮所致。蛋白变稀，系带松弛。因蛋黄的相对密度小于蛋白，蛋黄上浮，且靠边贴于蛋壳上。照蛋时见气室增大，贴壳处呈红色。打开后蛋内壁可见蛋黄粘连痕迹，蛋黄与蛋白界限分明，无异味。

④轻度黑贴壳蛋：红贴壳蛋形成日久，贴壳处变黑，照蛋时贴壳部分呈黑色阴影，其余部分仍呈深红色。打开后可见贴壳处有黄中带黑的粘连痕迹，蛋黄与蛋白界限分明，无异味。

⑤散黄蛋：蛋受剧烈震动或蛋贮存时空气不流通，受热受潮，蛋白变稀，蛋黄膜破裂。照蛋时蛋黄不完整或呈不规则云雾状。打开后黄白相混，但无异味。

⑥轻度霉蛋：蛋壳外表稍有霉迹。照蛋时见壳膜内壁有霉点，打开后蛋液内无霉点，蛋黄蛋白分明，无异味。

⑦绿色蛋白蛋：透视时蛋白发绿，蛋黄完整；打开后除蛋白颜色发绿外，其他与鲜蛋无异，这是由饲料原因造成的。

(6) 变质蛋和孵化蛋。

①重度黑贴壳蛋：由轻度黑贴壳蛋发展而成，其粘贴着的黑色部分超过蛋黄面积 1/2 以上，蛋液有异味。

②重度霉蛋：外表霉迹明显。照蛋时见内部有较大黑点或黑斑。打开后蛋膜及蛋液内均有霉斑，蛋白液呈胶冻样霉变，并带有严重霉气味。

③泻黄蛋：蛋贮存条件不良，细菌侵入所致。引起蛋黄膜破裂而使蛋黄与蛋白相混。照蛋时蛋内透光度差，呈灰黄色。打开后蛋液呈灰黄色，变稀，有不愉快气味。

④黑腐蛋：又称为老黑蛋、臭蛋。是由上述各种劣质蛋和变质蛋继续变质而成。蛋壳呈乌灰色，甚至因蛋内产生的大量硫化氢气体而膨胀破裂。照蛋时全蛋不透光，呈灰黑色。打开后蛋黄蛋白分不清，呈暗黄色、灰绿色或黑色水样弥漫状，并有恶臭味或严重霉味。

⑤晚期胚胎发育蛋（孵化蛋）：照蛋时，在较大的胚胎周围有树枝状血丝、血点，或者已能观察到小雏的眼睛，或者已有成形的死雏。

(四) 蛋密度的测定

1. 原理　鲜鸡蛋的平均相对密度为 1.0845。蛋在贮存过程中，由于蛋内水分不断蒸发和 CO_2 的逸出，使蛋的气室逐渐增大，因而密度降低。所以，通过测定蛋的相对密度，可推知蛋的新鲜程度。利用不同相对密度的盐水，观察蛋在其中沉浮情况，便知蛋的相对密度。

本法不适宜于检查用于贮藏的蛋、种蛋等。

2. 操作方法 先把蛋放在相对密度 1.073（约含食盐 10%）的食盐水中，观察其沉浮情况。若沉入食盐水中，再移入相对密度 1.080（约含食盐 11%）的食盐水中，观察其沉浮情况；若在相对密度 1.073 的食盐水质漂浮，则移入 1.060（约含食盐 8%）的食盐水中，观察沉浮情况。

3. 新鲜度判定

（1）在密度 1.073 的食盐水中下沉的蛋，为新鲜蛋。

（2）在密度 1.080 的食盐水中仍下沉的蛋，为最新鲜蛋。

（3）在密度 1.073 和 1.080 的食盐水中都不下沉的蛋，而只在比重为 1.060 食盐水中下沉的蛋，表明介于新陈之间，为次鲜蛋。

（4）如在上述 3 种食盐水中都悬浮不沉，则为陈蛋或腐败蛋。

（五）哈夫单位的测定

哈夫单位（Haugh unit）系蛋白高度对蛋质量的比例指数，即蛋白品质和蛋白高度的对数有直接关系，以此来衡量蛋品质的好坏。哈夫单位越高，表示黏稠度愈大，蛋的品质越好。

（六）蛋黄指数的测定

蛋黄指数（又称为蛋黄系数）是蛋黄高度除以蛋黄横径所得的商。蛋越新鲜，蛋黄膜包得越紧，蛋黄指数越高；反之，蛋黄指数越低。新鲜蛋的蛋黄指数一般为 0.36～0.44。

（七）pH 的测定

蛋在贮存过程中，由于蛋内 CO_2 逸出，加之蛋白质在微生物和酶的作用下，产生氨和氨态化合物，使蛋内 pH 上升。因此测定蛋白和全蛋的 pH，有助于蛋新鲜度的检验。

将蛋打开，取 1 份蛋白（全蛋或蛋黄）与 9 份蒸馏水混合，用酸度计测定其 pH。新鲜蛋的 pH 为：蛋白 7.2～7.6，蛋黄 5.8～6.0，全蛋 6.5～6.8。

三、鲜蛋质量标准

（一）卫生标准

1. 感官指标 具体见表 15-2。

表 15-2 鲜蛋感官指标（GB 2748—2003）

项　目	指　标
色　泽	具有禽蛋固有的色泽
组织形态	蛋壳清洁、无破裂，打开后蛋黄凸起、完整、有韧性，蛋白澄清透明、稀稠分明
气　味	具有产品固有的气味，无异味
杂　质	无杂质，内容物不得有血块及其他鸡组织异物

2. 理化指标 具体见表 15-3。

表 15-3 鲜蛋理化指标（GB 2748—2003）

项　目	指　标
无机砷（mg/kg）	≤0.05

（续）

项　　目	指　　标
铅（Pb，mg/kg）	≤0.2
镉（Cd，mg/kg）	≤0.05
总汞（以 Hg 计，mg/kg）	≤0.05
六六六，滴滴涕	按 GB 2763—2014 规定执行

（二）商品评定

蛋在分级时注意蛋的清洁度、色泽、气室大小、质量和形状等。蛋的内部状况应注意蛋的新鲜度。世界各国对蛋的分级级别、分级标准及分级方法不尽相同。有的按质量分，有的按蛋壳、气室、蛋白、蛋黄及胚胎等分级，也有按哈夫单位分等级的。我国鲜蛋的分级标准，依据蛋的质量、蛋壳、气室、蛋白、蛋黄和胚胎状况等质量标准进行分级，并参照不同的销售对象和用途，制定了适合我国实际情况的蛋的分级标准。

1. 内销鲜蛋的质量评定

（1）一级蛋。鸡蛋、鸭蛋、鹅蛋均不分大小，以新鲜、清洁、干燥、无破损为主要标准（仔鸭蛋除外）。在夏季，鸡蛋虽有少量小血圈、小血筋，仍可看作一级蛋。

（2）二级蛋。质量新鲜，蛋壳上的泥污、粪污、血污面积不超过 50%。

（3）三级蛋。新鲜雨淋蛋、水湿蛋（包括洗白蛋）、仔鸭蛋（每 10 个不足 400g 不收）和污壳面积超过 50%的鸭蛋。

2. 出口鸡蛋的分级标准　依据蛋的重量以及蛋壳、气室、蛋白、蛋黄、胚胎的状况而分为三级，见表 15-4。

表 15-4　出口鸡蛋分级标准

项　目		一级蛋	二级蛋	三级蛋
蛋质量	单个质量	60g 以上	50g 以上	38g 以上
	10 个质量	不少于 600g	500g 以上	380g 以上
蛋壳		清洁、坚固、完整	清洁、坚固、完整	污蛋不大于全蛋的 1/10
气室		高度 5mm 以上者不超过全蛋的 10%	高度 5mm 以上者不超过全蛋的 10%	高度 7～8mm，不大于全蛋的 1/4
蛋白		色清明、浓厚	色清明、较浓厚	色清明、稍稀薄
蛋黄		不显露	略明显，但仍坚固	明显而移动
胚胎		不发育	不发育	微有发育

四、蛋的卫生评价

1. 新鲜蛋　可鲜售供食用。

2. 一类次蛋　裂纹蛋、硌窝蛋、轻度流清蛋、热伤蛋、血圈蛋、血筋蛋，应标明品质，限期销售。二类次蛋（血环蛋、严重流清蛋、红贴壳蛋、轻度黑贴壳蛋、散黄蛋、轻度霉蛋、血筋蛋）不许鲜售，可供高温复制品利用。

3. 变质和劣质蛋　如泻黄蛋、黑腐蛋、重度霉蛋、重度黑贴壳蛋、孵化蛋、细菌性绿色蛋白蛋，均不得供食用，可作非食品工业用或作肥料。孵化蛋，原则上按上述劣质蛋处理，但有食用习惯的地区，经当地卫生部门同意后，按规定条件方可供食用。为防止由水禽蛋引起沙门氏菌食物中毒，在制作冰淇淋、奶油点心、煎蛋饼、煎荷包蛋等时，不得使用鸭蛋或鹅蛋。

4. CO_2保藏蛋 用浓度较高的CO_2保藏的鲜蛋，在销售、加工或食用之前，应先放置一定时间，使其异味散发。

5. 细菌检验 凡发现肠道致病菌、沙门氏菌、志贺菌的蛋不得销售。应在卫生部门监督下，供高温复制利用，但必须保证充分加热煮熟烧透，并防止生熟交叉污染。此外，也可按中华人民共和国卫生部《蛋与蛋制品卫生管理办法》有关规定，制作冰蛋、干蛋制品。

项目三 蛋制品的加工卫生与检验

以鸡蛋、鸭蛋和鹅蛋等禽蛋为原料制成的产品，主要包括冰蛋品、干蛋品和再制蛋，它们能较长期贮存，调节市场供应，便于运输，且能增加风味，易于消化吸收，因而蛋制品在动物性食品加工业中占有重要的地位。除冰蛋品和咸蛋在食用前需加热烹调外，其他蛋制品一般为直接食用的食品，其卫生质量直接关系着广大消费者的健康。因此，对蛋制品加工过程中的卫生监督和产品的卫生检验，具有重要的卫生学意义。

一、冰蛋品的加工卫生与检验

冰蛋品分为冰鸡全蛋、冰鸡蛋黄和冰鸡蛋白 3 种，其区别仅所用原料不同，但加工方法完全相同。

（一）加工卫生

1. 半成品加工的卫生监督 半成品即对原料蛋进行检验、清洗、消毒、晾干，然后去壳所得的蛋液。半成品质量的好坏直接影响着成品的质量，因此，必须加强半成品加工的卫生监督。

（1）原料蛋的检验。先进行感官检验，剔除感官上不合格的劣质蛋。然后进行照蛋检验，剔除所有次劣蛋和腐败变质蛋。

（2）蛋的清洗和消毒。经检验挑选出来的新鲜蛋，在流水槽中洗净蛋壳，然后放在含1%～2%有效氯的漂白粉液（或 0.04%～0.1%过氧乙酸液）中浸泡 5min，再于 45～50℃并加有 0.5%硫代硫酸钠的温水中浸洗除氯。

（3）晾蛋。将消毒后的蛋送至晾蛋室晾干，晾蛋室的所有工具均应清洁无菌。

（4）去蛋壳。去蛋壳有手工打蛋和机械去蛋壳 2 种方法。手工打蛋时，操作人员应严格遵守卫生制度，防止人为的污染。

去蛋壳后所得的全蛋液或蛋白液、蛋黄液即为半成品，可分别加工为冰全蛋、冰蛋白、冰蛋黄。

2. 成品加工的卫生监督

（1）搅拌过滤。对半成品蛋液，工厂均采用搅拌器搅拌均匀，再通过 0.1～0.5cm^2的筛网，滤净蛋液内的蛋壳碎片、壳内膜等杂质。

（2）预冷。及时预冷可以阻止细菌繁殖，保证产品质量，并缩短速冻时间。预冷在冷却罐内进行，罐内装有蛇形管，蛇形管内通以－8℃的冷盐水不停地循环，使罐内的蛋液很快就降温至4℃左右。

(3) 装听（桶）。蛋液冷却至4℃时即可装听（桶），一般有5、10、20kg装3种，装听（桶）后即可送入速冻间冷冻。

(4) 速冻。将装有蛋液的听或桶送至速冻间冷冻排管上，听（桶）之间要留有一定的间隙，以利于冷气流通。速冻间温度要保持在－20℃以下，冷冻36h后，将听（桶）倒置，使其四角冻结充实，防止膨胀，并可缩短冷冻时间。冷冻时间不超过72h，听（桶）内中心温度达－15～－18℃时，速冻即可完成。

(5) 冷藏。将速冻后的听（桶）用纸箱包装，然后送到冷藏库冷藏。冷藏库的温度需保持在－15℃以下。

(二) 卫生检验

冰蛋品的卫生检验包括感官检验、理化检验和微生物检验。理化检验要进行水分、脂肪含量、游离脂肪酸和汞含量的测定，按GB/T 5009.47—2003、GB/T 5009.17—2003操作。微生物检验要进行菌落总数、大肠菌群和致病菌（系指沙门氏菌）的检验，按GB 4789.2—2010、GB 4789.3—2010和GB 4789.4—2010操作。

二、干蛋品的加工卫生与检验

干蛋品是将蛋液中大部分水分蒸发干燥而成的蛋制品。包括干蛋粉（全蛋粉、蛋白粉、蛋黄粉）和干蛋白（蛋白片）。

(一) 加工卫生

干蛋品的加工工艺包括半成品和成品的加工。其中半成品加工方法与冰蛋品相同，不再赘述。现将干蛋品加工工艺中成品加工的卫生监督介绍如下：

1. 干蛋粉加工的卫生监督　干蛋粉的加工可采用压力喷雾或离心喷雾法进行喷雾干燥，即先将蛋液经过搅拌过滤，除去蛋壳及杂质，并使蛋液均匀，然后喷入干燥塔内，形成微粒与热空气相遇，瞬时即可除去水分，落入底部形成蛋粉，最后经晾粉、过筛即为成品。但生产蛋白粉时，需将蛋白液进行发酵，以除去其中的碳水化合物及其他杂质，发酵方法可参照下述干蛋白的加工。

2. 干蛋白加工的卫生监督

(1) 发酵。加工干蛋白时，对半成品需进行发酵。发酵的目的是除去混入蛋白中的蛋黄、胚盘、黏液质、碳水化合物及其他杂质，使干燥时便于脱水，增加成品的溶解度，提高打擦度，防止成品色泽变深等。

(2) 中和。蛋白液经发酵后呈酸性，在烘制干燥过程中会产生气泡，酸度高也不耐贮藏，因此，需用氨水中和到pH达7.0～7.2。

(3) 烘干。用浅盘水浴干燥（也称为流水烘架）。将经过发酵、中和后的蛋白液注入烘盘（35cm×35cm）中，每盘约2kg。为了使水分迅速蒸发，在蛋白不凝固的情况下，尽量提高温度。水流的前后温度差不应超过1℃，盘内温度从51℃开始，逐渐提高，要求在4～6h内达53～54℃，直至第一次揭片。在烘干过程中，必须将液面上的泡沫和油层杂质刮去，即在浇盘后2h刮去泡沫，9h后刮去油层和杂质。蛋白液经12～24h的蒸发后，逐渐凝结成一层薄片，再经2～3h薄片变厚，至其中心厚度达1.5～2mm时，即可揭第一次蛋白片；

再经 1～2h，揭第二次，依次类推，直至清盘为止。

（4）热晾和拣选。烘干后的蛋白片，还有很多水分（24%左右），必须平铺在布盘上，放在温度为 40～45℃的温室内热晾 4～5h，至蛋白片发碎裂声，水分降至 15%左右时，进行拣选。拣选是将大片捏成约 1cm 长的小块，并将碎屑、厚块、潮块等拣出，分别处理。

（5）捂藏和包装。拣选后的大片，称质量后倒入木箱，上盖白布或木盖，放置 48～72h，使水分均匀，这个过程就称为捂藏。最后检验水分和打擦度，合格后即可包装。

（二）卫生检验

干蛋品的卫生检验包括感官检验、理化检验和微生物学检验。理化检验应测定水分含量、脂肪含量、游离脂肪酸含量、汞含量和溶解度指数，对鸡蛋白片还应测定水溶物含量和总酸度。干蛋品的微生物检验需测定菌落总数、大肠菌群和检测致病菌（系指沙门氏菌）。具体检验方法参见冰蛋品中的国家标准检验方法。

三、再制蛋的加工卫生与检验

再制蛋主要有皮蛋、咸蛋和糟蛋 3 种，都是我国传统的禽蛋制品，不仅在国内有很大的消费市场，而且在国际市场上的销路也很广，是我国蛋制品出口的拳头产品。

（一）皮蛋的加工卫生与检验

1. 加工卫生　皮蛋是我国首创的蛋制品，是我国的特产，虽然国外也有制作，但品质和风味均不如我国加工的皮蛋好。皮蛋不但是我国人民喜爱的食品之一，而且出口远销日本、东南亚、欧美等国家和地区。皮蛋的蛋白表面产生美观的花纹，状似松花，故又称为松花蛋；当用刀切开后，蛋内色泽变化多端，故又称为彩蛋；有些地方也将其称为变蛋。

皮蛋因加工用料及条件不同，其产品有不同的种类。按蛋黄部分的软硬来分，有硬心皮蛋（俗称为湖彩蛋）和溏心皮蛋（俗称为京彩蛋）；按加工用禽蛋种类不同，可分为鸭皮蛋、鸡皮蛋和鹅皮蛋；按加工用辅料的不同，可分为有铅皮蛋、无铅皮蛋、烧碱皮蛋、五香皮蛋、糖皮蛋及清凉解毒皮蛋等。

皮蛋的制作方法大致有三种工艺。一是生包法，就是把调制好的料泥直接包在蛋壳上，硬心皮蛋加工采用此法，溏心皮蛋加工也有采用此法的；二是浸泡法，就是把辅料调制成料液，将鲜蛋浸渍在料液中加工而成，溏心皮蛋大多采用此法；三是涂抹法，即先制成皮蛋粉料，然后将皮蛋粉料经调制后均匀地涂抹在蛋壳上来制作皮蛋，快速无铅皮蛋采用此方法的较多。

（1）原料蛋的挑选。加工皮蛋的原料蛋一般选用鸭蛋，也有用鸡蛋和鹅蛋的。原料蛋质量的好坏直接关系着成品皮蛋的质量，因此，在加工皮蛋前必须对原料蛋进行认真的挑选。挑选的方法一般采用感官检验、照蛋检验和大小分级。

（2）加工辅料。鲜蛋在辅料的作用下，通过一系列的化学反应后而成为皮蛋。加工皮蛋的辅料主要有纯碱（或生石灰、或烧碱）、食盐、红茶末、植物灰（或干黄泥）、谷壳。加工含铅皮蛋时，还有氧化铅（黄丹粉）作为重要辅料。所有辅料都必须保持清洁、卫生。氧化铅的加入量要按有关规定执行，以免皮蛋中铅超出国家卫生标准，危害人体健康。

2. 卫生检验

（1）感官检验。先仔细观察皮蛋外观（包泥、形态）有无发霉，敲摇检验时注意颤动感及响水声。皮蛋刮泥后，观察蛋壳的完整性（注意裂纹），然后剥开蛋壳，要注意蛋体的完整性，检查有无铅斑、霉斑、异物和松花花纹。剖开后，检查蛋白的透明度、色泽、弹性、气味、滋味，检查蛋黄的形态、色泽、气味、滋味。

（2）理化检验。皮蛋的理化检验项目有 pH、游离碱度、挥发性盐基氮、总碱度、铅、砷等，其测定按 GB/T 5009.47—2003 操作。

（3）皮蛋的微生物检验。皮蛋的微生物检验项目有菌落总数、大肠菌群和致病菌（系指沙门氏菌），其检验按 GB 4789.2—2010、GB 4789.3—2010 和 GB 4789.4—2010 操作。

3. 皮蛋感官质量的评定

（1）良质皮蛋。蛋外包泥或涂料均匀洁净，蛋壳完整无霉变，敲摇时不得有响水声。剖检时，蛋体完整，蛋白呈青褐、棕褐或棕黄色半透明体，有弹性，蛋黄呈深浅不同的绿色或黄色，略带溏心或凝心。具有皮蛋应有的滋味和气味，无异味。

（2）次劣皮蛋。

①损壳皮蛋：皮蛋的蛋壳出现裂纹、凹壳、破壳、脱壳等现象，食用时碱味很浓，有涩味。当只见有裂纹、凹壳、蛋壳破裂而蛋体完整时，应及时食用。一旦发现蛋壳破裂，且蛋体部分脱落者，需经烧煮后方可食用。

②烂头皮蛋（又称为碱伤蛋）：蛋白不坚韧，甚至有黑水，蛋黄结成黄色蜡丸样。这种碱伤皮蛋，轻微的可食用。生包蛋中有部分蛋壳完整、蛋白呈液状、蛋黄硬结、摇晃时有拍水声的碱伤蛋不能食用。

③回气皮蛋：蛋壳多数完整，但弹性差，气室大，色泽呈青黄色，无光泽，蛋白发黏。切开后见蛋黄有黑色液体流出，有异味。严重的回气皮蛋，稍加震动就会爆裂。回气皮蛋一般不能食用。

④响水皮蛋：在摇晃时有水响的声音，灯光透视时，蛋白不凝固或凝固不好，色浅，有的蛋黄随蛋体的转动而转动，有的黄白混杂。严重者蛋内呈黑色。轻度的响水皮蛋与其他菜烹调后可食用，严重的响水皮蛋禁止食用。

⑤黄次皮蛋：这种蛋多发于冬天，其蛋白与蛋黄凝结正常，但是整个蛋体呈黄色，色、香、味较差。这种蛋对食用无害。

⑥呆白、寡绿皮蛋：蛋白呈呆白状态的称为呆白皮蛋，蛋白色泽绿而不鲜的称为寡绿皮蛋。这种蛋一般蛋壳完整，离壳不好，不宜较长时期存放。

⑦变质皮蛋：气室大，剖检时可见蛋黄有黑色液体流出，甚至只残留少部分蛋白和蛋黄，散发刺鼻的臭味。严重变质蛋因产硫化氢较多，稍加震动就会有爆裂声。变质皮蛋不允许食用。

（二）咸蛋的加工卫生与检验

1. 加工卫生　咸蛋也称为盐蛋、腌蛋、味蛋，制作简便，费用低廉，耐贮藏，四季均可食用，尤其是夏令佳肴。煮熟后的咸蛋，蛋白细嫩，蛋黄鲜红，油润松沙，清爽可口，咸度适中，深受消费者的喜爱。江苏省高邮的咸蛋，全国闻名，也远销国外。咸蛋的加工遍及全国各地，加工方法也很多，主要有稻草灰腌制法、盐泥涂包法、盐水浸渍法。

（1）原料蛋的挑选。加工咸蛋的原料应选择蛋壳完整的新鲜蛋，只有用新鲜的原料蛋才能加工出品质优良的咸蛋。因此，加工咸蛋用的鲜蛋应经过严格检验，具体检验方法与皮蛋加工的原料蛋挑选方法相同。

（2）辅料的卫生要求。咸蛋加工的主要辅料是食盐。食盐的作用是增加蛋的耐藏性，并使其具有一定的风味，因而咸蛋便由贮蛋方法变成了加工再制蛋的方法。黄泥和草木灰能使食盐在较长的时间内均匀地向蛋内渗透，并可阻止微生物向蛋内进入，也有助于防止咸蛋在贮存、运输、销售过程中的破损。加工咸蛋的食盐要求纯净，氯化钠含量高（96%以上），必须是食用盐，不能用工业盐加工咸蛋。草木灰和黄泥要求干燥、无杂质，受潮霉变和杂质多的不能使用。加工用水达到生活饮用水卫生标准。

2. 卫生检验

（1）大样感官检验。就是对成批的咸蛋进行感官检查，看包着的灰泥是否过于干燥，有无脱落现象，有否破损。检验咸蛋的成熟程度，也就是咸味是否适中，以决定是否还要继续腌制。

（2）光照透视检验。一般抽咸蛋样品5%左右，除去包着的灰、泥后灯光透视。正常的蛋可见透亮鲜明，蛋黄红色带黄，随蛋的转动而转动，蛋白清晰。

（3）摇晃检验。将咸蛋拿在手中，轻轻摇动，听到有拍水声的是成熟的蛋（因盐分渗入，蛋白呈水样所致），无拍水声的是混蛋。

（4）去壳检验。抽取几枚蛋，打开蛋壳，见蛋白、蛋黄分明，蛋白水样透明，蛋黄坚实，色红或橙黄者为好蛋；略有腥气味，蛋黄不坚实的为未成熟蛋；蛋黄、蛋白不清，蛋黄发黑，有臭气的是变质咸蛋。

（5）煮熟后检验。取几枚样品蛋洗净后煮熟，良质咸蛋蛋壳完整，烧煮的水洁净透明，切开后蛋白鲜嫩洁白，蛋黄坚实，色红或橙黄，周围有油珠；裂纹蛋有蛋白外溢凝固，烧煮水混浊；变质蛋烧煮时炸裂，内容物全黑或黑黄，煮蛋的水混浊而有臭气。

3. 感官质量的评定

（1）良质咸蛋。蛋壳完整，无裂纹，无发霉现象；轻摇时因蛋白稀薄流动而有轻度水荡声；灯光透视时蛋白透明而无斑点，气室小，蛋黄缩小；打开后，见蛋白稀薄，浓蛋白层消失、透明，蛋黄呈红色或淡红色，浓缩，黏度增加，但不硬固。煮熟后有香味，蛋黄呈朱砂色，富有油脂，食时有沙感。咸淡适中而无异味。

（2）次劣变质咸蛋。

①泡花蛋：在灯光透视时，可见蛋内容物似水泡花，将蛋转动时水泡也随着转动；煮熟后蛋内容物呈蜂窝状。这种蛋仍可食用。

②混黄蛋：灯光透视时，可见蛋内容物模糊不清，色暗混浊，蛋转动时蛋黄蛋白分辨不清。打开蛋壳后，见蛋白呈淡黄色和白色相混呈粥状。蛋黄缩小或变形，外部呈乳白色，质地稀薄，带有恶臭。混黄蛋原则上禁止食用，初期如无腥味时，可煮熟后食用。

③黑黄蛋：轻度黑黄蛋，灯光透视时见蛋黄发黑，蛋白尚清晰透明，打开蛋后见蛋黄黑而硬，蛋白较清晰、透明，有腐败味。这种黑黄蛋称为“清水黑黄蛋”，应充分煮熟后食用。重度黑黄蛋，蛋黄与蛋白皆成水样，呈黄黑或黑绿色，有强烈的臭味。这种黑黄蛋称为“混水黑黄蛋”，严禁食用。

此外，还有损壳咸蛋、红贴壳咸蛋、黑贴壳咸蛋等。与鲜蛋检查时的特征和处理方法相同。

（三）糟蛋的加工卫生与检验

1. 加工卫生　糟蛋是选用新鲜鸭蛋经裂壳后，用优质糯米制成的酒糟腌渍慢泡而成的一种再制蛋，是我国具有独特风味的产品。它具有蛋壳柔软、蛋质细嫩、醇香可口、回味悠长的特点。我国浙江平湖的软壳糟蛋和四川宜宾的叙府糟蛋最为有名。

（1）原料蛋的卫生要求。通过照蛋检验，剔除各种次劣蛋和变质蛋，选用新鲜、大小均匀的鸭蛋为原料，一般要求每1000枚鸭蛋质量65～75kg，并且按质量分级，以便成熟时间一致。将挑选的新鲜鸭蛋用清水刷洗净，蛋壳不得留有泥沙、禽粪、杂质和其他污物。洗净后单层放置，晾干水分。

（2）辅料的卫生要求。加工糟蛋的辅料主要有糯米及其酒糟、食盐、红砂糖。糯米是制作酒糟的原料，应选用优质糯米，以当年新米最好，要求色白，颗粒饱满，气味好，无杂米粒。这样的糯米制成的酒糟，能产生较多的酸、醇、糖。糯米制成酒糟需用酒药，制糟蛋用的酒药有绍药和甜药2种。食盐质量应符合卫生标准。红砂糖总糖分不应低于89%。

2. 卫生检验

（1）良质平湖糟蛋的感官质量。蛋形态完整，蛋膜不破，蛋壳脱落或基本脱落；蛋白呈乳白色、淡黄色，色泽均匀一致，呈糊状或凝固状；蛋黄完整，呈黄色或橘红色的半凝固状；具有糟蛋正常的醇香味，无异味。

（2）次劣糟蛋。

①矾蛋：就是糟与蛋及蛋壳黏结在一起，如烧过的矾一样。这种糟蛋是因酒糟含醇量低或蛋坛有漏缝所致，不可食用。

②水晶蛋：蛋内全部或大部分都是水。色由白转红，蛋黄硬实，有异味，不宜食用。

③空头蛋：蛋内只有萎缩了的蛋黄，没有蛋白。这种糟蛋不宜食用。

四、蛋制品卫生标准

我国现行的蛋制品卫生标准为GB 2749—2003，其主要内容如下。

（一）适用范围

本标准适用于巴氏杀菌冰鸡全蛋、冰鸡蛋黄、冰鸡蛋白、巴氏杀菌鸡全蛋粉、鸡蛋黄粉、鸡蛋白片、皮蛋（松花蛋）、咸蛋、糟蛋等蛋制品。

（二）卫生要求

1. 感官指标　蛋制品的感官指标见表15-5。

表15-5　蛋制品的感官指标

品　种	指　标
巴氏杀菌冰鸡全蛋	坚洁均匀，呈黄色或淡黄色，具有冰鸡全蛋的正常气味，无异味，无杂质
冰鸡蛋黄	坚洁均匀，呈黄色，具有冰鸡蛋黄的正常气味，无异味，无杂质
冰鸡蛋白	坚洁均匀，白色或乳白色，具有冰鸡蛋白的正常气味，无异味，无杂质
巴氏杀菌鸡全蛋粉	呈粉末状或极易松散的块状，均匀淡黄色，具有鸡全蛋粉的正常气味，无异味，无杂质
鸡蛋黄粉	呈粉末状或极易松散块状，均匀黄色，具有鸡蛋黄粉的正常气味，无异味，无杂质
鸡蛋白片	呈晶片状，均匀浅黄色，具有鸡蛋白片的正常气味，无异味，无杂质
皮蛋（松花蛋）	外包泥或涂料均匀洁净，蛋壳完整，无霉变，敲摇时无水响声，剖检时蛋体完整，蛋白呈青褐、棕褐或棕黄色，呈半透明状，有弹性，一般有松花花纹。蛋黄呈深浅不同的墨绿色或黄色，略带溏心或凝心，具有皮蛋应有的滋味和气味，无异味

（续）

品　种	指　标
咸　蛋	外壳包泥（灰）等涂料洁净均匀，去泥后蛋壳完整，无霉变，灯光透视时可见蛋黄阴影，剖检时蛋白液化，澄清，蛋黄呈橘红色或黄色环状凝胶体。具有咸蛋正常气味，无异味
糟　蛋	蛋形完整，蛋膜无破裂，蛋壳脱落或不脱落。蛋白呈乳白色、浅黄色，色泽均匀一致，呈糊状或凝固状。蛋黄完整，呈黄色或橘红色，呈半凝固状，具有糟蛋正常的醇香味，无异味

2. 理化指标　蛋制品的理化指标见表 15-6。

表 15-6　蛋制品理化指标

项　目		指标（≤）	分析方法
水分（g/100g）	巴氏杀菌冰全蛋 冰蛋黄 冰蛋白 巴氏杀菌全蛋粉 蛋黄粉 蛋白片	76.0 55.0 88.5 4.5 4.0 16.0	GB/T 5009.3—2010
脂肪（g/100g）	巴氏杀菌冰全蛋 冰蛋黄 巴氏杀菌全蛋粉 蛋黄粉	10 26 42 60	GB/T 5009.6—2003
游离脂肪酸（g/100g）	巴氏杀菌冰全蛋 冰蛋黄 巴氏杀菌全蛋粉 蛋黄粉	4.0 4.0 4.5 4.5	GB/T 5009.47—2003
挥发性盐基氮（mg/100g）	咸蛋	10	GB/T 5009.47—2003
酸度（以乳酸计，g/100g）	蛋白片	1.2	GB/T 5009.47—2003
无机砷（mg/kg）		0.05	GB/T 5009.11—2003
铅（mg/kg）	皮蛋 糟蛋 其他蛋制品	2.0 1.0 0.2	GB/T 5009.12—2010
锌（mg/kg）		50	GB/T 5009.14—2003
总汞（以 Hg 计，mg/kg）		0.05	GB/T 5009.17—2003
六六六，滴滴涕		按 GB 2763—2014 规定执行	GB/T 5009.19—2008

3. 微生物指标　蛋制品的微生物指标见表 15-7。

表 15-7　蛋制品的微生物指标

项　目	指　标（≤）								
	巴氏杀菌冰鸡全蛋	冰鸡蛋黄	冰鸡蛋白	巴氏杀菌鸡全蛋粉	鸡蛋黄粉	鸡蛋白片	咸蛋	糟蛋	皮蛋
菌落总数（个/g）	5×10^3	10^6	10^6	10^4	5×10^4	—	—	100	500
大肠菌群（NPN/100g）	1×10^3	1.1×10^6	1.1×10^6	90	40	—	—	30	30
致病菌（系沙门氏菌）	不得检出								

实训十二　鲜蛋的卫生检验

【目的与要求】　掌握鲜蛋的常用检验方法及蛋的卫生评价。

【器材与试剂】

（1）蛋盘、平皿、镊子、照蛋器、气室测量规尺、蛋质分析仪。

（2）各种不同程度鲜蛋、破蛋和次劣质蛋。

【操作方法】

1. 感官检查　通过眼看、手摸、耳听、鼻嗅等综合判断蛋的感官性状。见项目十五模块二。

2. 灯光透视检验法　通过灯光透视，可以确定气室的大小、蛋白、蛋黄、系带、胚胎、蛋内和蛋壳的状态及透光程度。该法简便易行，且对鲜蛋的质量有决定性把握。

（1）检验方法。在暗室中将蛋的大头紧贴照蛋器洞口上观察。详细见项目十五模块二。

（2）气室测定。蛋在存放过程中，由于温度、湿度等因素的影响，蛋内水分不断蒸发，使气室日益增大。因此，测定气室高度，有助于判断蛋的新鲜程度。

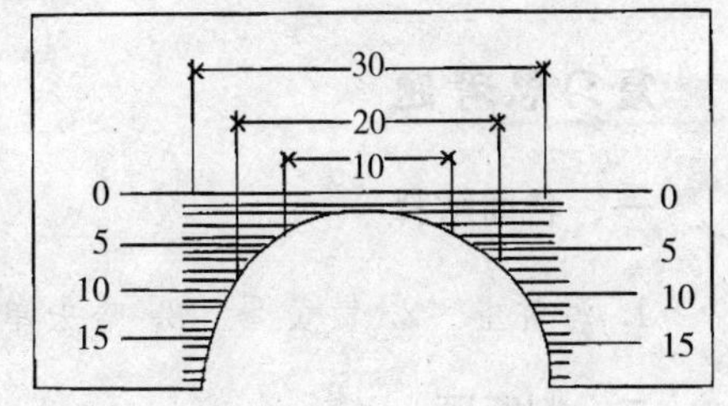

图实 12-1　气室测量尺

气室的测量是用特制的气室测量规尺测量。气室测量规尺（图实 12-1）是一个刻有平行刻线的半圆形切口的透明塑料板，测量时，先将气室测量规尺固定在照蛋孔上缘，将蛋的大头向上正直地嵌入半圆形切口内，使蛋的顶点与规尺上的零线重合，检验者的视线应和蛋的顶点取平，然后读取气室左右两端落在规尺上的刻度数（即气室左右两边的高度）。

$$气室高度 = \frac{气室左边的高度 + 气室右边的高度}{2}$$

（3）判定标准。特级鲜蛋高度为 3mm 以内；一级鲜蛋高度为 4～5mm；二级鲜蛋高度为 10mm 以内；三级鲜蛋高度为 11mm 以上，但不超过蛋长轴的 1/3；陈旧蛋高度超过蛋长轴的 1/3。

3. 蛋黄指数测定　蛋黄指数是指蛋黄高度与蛋黄宽度的比值，比值越大，蛋越新鲜。蛋黄的品质及变化可作为蛋的品质及鲜度的指标。蛋黄指数代表蛋黄膜的强度大小，可用来判断蛋的新鲜度。

将被测蛋小心破壳，再将破壳蛋内容物轻轻倒入蛋质分析仪的水平玻璃测试台上。然后用蛋质分析仪的垂直测微器量取蛋最高点的高度，用卡尺小心量取蛋黄最宽处的宽度（即横径）。测量时小心不要弄破蛋黄膜。计算公式为：

$$蛋黄指数=\frac{蛋黄高度}{蛋黄宽度}$$

判定标准：新鲜蛋为 0.04～0.45；次鲜蛋为 0.25～0.40；陈旧蛋为 0.25 以下。

4. 哈夫单位的测定

（1）概念。哈夫单位是表示蛋白品质的一种单位，用以衡量鲜蛋品质的好坏。哈夫单位愈高，表示蛋白黏度愈大，蛋白品质愈好。哈夫单位是根据浓蛋白高度与蛋质量回归关系而计算的，已确定蛋白品质与蛋白高度的对数有直接的关系。

（2）方法。先将蛋称质量，然后把蛋打开倒在水平的玻璃台上。用蛋质分析仪的垂直测微器测定浓蛋白最宽部位的高度，这个部位大约距蛋黄 1cm，优质蛋的蛋黄周围几乎紧贴着浓蛋白。测定时将垂直测微器的轴慢慢地下降到和蛋白表面接触，读取读数，精确到 0.1mm，依次选取 3 个点，测出 3 个高度值，取其平均数为蛋白高度。

（3）计算。

$$Hu=100\times\lg[H-\frac{G(30M^{0.37}-100)}{100}+1.9]$$

式中：Hu——哈夫单位；

H——蛋白高度（mm）；

G——36.2（常数）；

M——蛋的质量（g）。

（4）判定标准。哈夫单位的指标范围从 30～100，“30”表示质量差，“100”为最高指标。特级的哈夫单位为 72 以上；甲级的哈夫单位为 60～72；乙级的哈夫单位为 30～60。

复习思考题

一、名词解释

1. 泻黄蛋　2. 散黄蛋　3. 哈夫单位　4. 蛋黄指数

二、判断题

1. 禽蛋的气室越大，其新鲜度越好。（　）
2. 禽蛋的感官检验主要用眼看、手摸、耳听、鼻嗅等方法进行综合判定。（　）
3. 壳外膜可阻止微生物侵入禽蛋内，同时防止蛋内水分蒸发。（　）
4. 禽蛋越新鲜，蛋黄膜韧性越低。（　）
5. 在相对密度 1.073 的食盐水中下沉的蛋为新鲜蛋。（　）
6. 二类次蛋如血环蛋、严重流清蛋等不许鲜售，可供高温复制品利用。（　）
7. 哈夫单位越小，表示黏稠度愈大，蛋的品质越好。（　）
8. 蛋黄指数越高，蛋黄膜包得越紧，蛋越新鲜。（　）

三、简答题

1. 蛋的组成结构中哪些结构与蛋的新鲜度有关？

2. 蛋在贮存过程中会发生哪些变化？
3. 如何用感官检查方法判定蛋的新鲜程度？
4. 利用灯光透视检验法如何对蛋新鲜度进行检查？
5. 我国鲜蛋的质量分级依据哪些项目进行？
6. 哪些次品蛋可供高温复制品利用？

模块十六　水产品的加工卫生与检验

知识目标

1. 了解鱼在保藏时的变化。
2. 了解鱼与鱼制品加工的卫生要求。
3. 熟悉鱼制品和有毒水产品的检验方法。

能力目标

1. 能够进行鲜鱼新鲜度的检验。
2. 能够鉴别有毒水产品。

项目一　鱼与鱼制品的加工卫生与检验

一、鱼在保藏时的变化

(一) 鲜鱼的变化

鱼体在离开水面之后，很快就会死亡。死亡后的鱼在保藏期间，由于微生物和酶的作用，鱼体会发生一系列的生物化学变化，这个变化过程一般分为僵直、成熟、自溶及腐败四个阶段。

1. 僵直　死后的鱼在自然条件下存放，由于肌肉组织发生了比较复杂的变化，即出现僵直状态。鱼的僵直一般先从背部肌肉开始，逐渐遍及整个鱼体。僵直的主要特点是整个鱼体硬如木质，口紧闭，鳃盖不易掀开，指压肌肉时不显现指压痕迹，用手握住鱼头时，鱼尾不会向下弯曲。鱼体出现僵直的时间多发生在死后十几分钟至5h不等，因其种类、大小、捕捞方法、处理方式及放置温度等条件而异，持续时间为几十分钟至数天。鱼体温度越低，僵直发生越慢，持续时间越长。处于僵直阶段的鱼，其pH为5.0～6.0，不利于致病微生物生长繁殖，因此僵直期的鱼体为鲜鱼。

2. 成熟　鱼体僵直持续过后，又逐渐变软，而且肌肉具有弹性，此时便进入了成熟阶段。鱼体的成熟期很短，因为鱼类是冷血动物，体内组织蛋白酶在较低的温度下仍保持较强的活性，使肌肉组织开始自体分解而过渡到自溶阶段。所以，很多资料中都没有将鱼肉的成熟单列一个变化阶段。

3. 自溶　鱼体在僵直的后期，在组织蛋白酶的作用下，蛋白质被逐渐分解，出现自溶现象。此时，鱼体出现肌肉软化，失去弹性。鱼体自溶的快慢取决于保藏的温度、鱼的种类和鱼肉中无机盐的含量等。一般情况下，温度越高，自溶发生的越快。另外红色肌肉的鱼较白色肌肉的鱼易发生自溶。处于自溶阶段的鱼，肌肉的pH一般在7以上，腐败微生物很容易生长，此阶段的鱼为不新鲜鱼。

4. 腐败　鱼体的腐败是在微生物的作用下，蛋白质发生快速的分解，产生氨、胺类、酚类和吲哚等低级产物的过程。

（1）腐败的原因。鱼肉较畜禽肉易腐败，其原因有以下几个方面。

①鱼肉含水量多，一般都在80%以上，适于细菌的生长繁殖。

②在酶的作用下，鱼类在室温下很容易分解。

③鱼的肌纤维短，肌肉组织脆弱，其间有多量的结缔组织，有利于细菌的繁殖和蔓延。

④鱼肉中糖原含量少，产生乳酸也少，使僵直时期很快消失而进入自溶阶段。

⑤鱼类外皮较薄，鳞片易脱落，细菌容易侵入。

⑥鱼类在捕获后一般不作解体处理，未及时取出易腐的内脏。

（2）腐败的过程。细菌侵入鱼体的途径，一是由鳃部经过循环系统进入肌肉，二是由皮肤或黏膜直接侵入肌肉。鱼体离开水面后，由皮肤腺体分泌出许多黏液，使鱼具有一定的腥味。污染的微生物首先分解黏液，使黏液失去透明性，逐渐变得混浊，鱼腥味消失，发出臭味。鱼鳃中的细菌迅速繁殖，由鲜红色变为暗褐色或暗灰色。表皮鳞片与皮肤相连接的结缔组织被分解，鳞片易于脱落。眼球周围组织也被分解，使眼球下陷，且变得混浊。肠内微生物大量繁殖，分解内容物产生气体使腹部膨胀，肠管脱出肛门。肝分解，胆囊渗透性增加，绿染腹部组织器官。血管渗透性增强，血液外渗，染红周围组织，特别是脊椎旁的肌肉表现得更明显。鱼肉组织被分解，失去弹性，指压后不能恢复，表明鱼体已达到严重腐败程度。

（二）冰冻鱼的变化

鱼体腐败的主要原因是微生物和酶的作用，低温可抑制微生物的生长，降低酶的活性，因此，将鱼进行冻结或冷藏，已成为鱼类保鲜常用的一种方法。但是，冰冻鱼在低温冷藏期间，体内仍然要发生一些变化，质量也会随着时间的延长而逐渐下降。

鱼体在冰冻过程中，由于低温使其中的水分形成冰晶，冻结速度越快，形成的冰晶越小，硬度和质量也就越好。如果温度升高后再降低，冰晶的体积会逐渐增大，而且小冰晶会向大冰晶转移，从而使鱼组织受到损伤。这类鱼在解冻时，会造成水分大量流失，促使鱼体发生干缩，外形和风味出现不良变化，降低了鱼的质量。另外，冰冻鱼在长期存放过程中，脂肪也会在细菌脂肪分解酶的作用下分解，形成丁酸、乙酸和辛酸等具有特殊气味和滋味的脂肪酸，还可形成一些碳链较短的酮酸和甲基酮等，使鱼出现酸败。同时，鱼体脂肪因氧化作用使不饱和脂肪酸转化成氧化物，进而分解，生成醛和醛酸，产生异味。这种现象在多脂鱼类尤为突出。

综上所述，对鱼进行冻结时，除了要求原料新鲜、快速冻结外，还应建造专用冷库，避免库温波动，空气流速为0.04～0.08m/s。这样，既可减少干缩、防止氧化，又可保持鱼的新鲜度和色泽。

（三）咸鱼的变化

咸鱼是将鱼用食盐腌渍得到的制成品。食盐可使细菌脱水，并可使酶的活性受到抑制，因此，咸鱼可进行长期保藏。但是，食盐的脱水作用具有一定的限度，并无杀菌作用，咸鱼也容易发生腐败。特别是在气温高、原料不新鲜和用盐不均的情况下，咸鱼表现皮肤污秽，组织弹性丧失，肉质发红或变暗，有的在鳃附近等部位出现淡蔷薇色，且可深入到肌肉深层，并散发不良气味，三者都是咸鱼品质降低的表现。

咸鱼在长期保存过程中，嗜盐菌类（如黏质沙雷菌）在鱼体中繁殖，产生红色色素——灵菌红素，使鱼体表面呈现红色，俗称为发红。另外，脂肪也会发生氧化，从而出现油酵的现象。因此，对于咸鱼加工和保藏，要注意遮阳、通风，并采用低温进行腌渍，还要严格掌握原料新鲜度，用盐均匀，以免发生腐败。

(四) 干鱼的变化

干鱼是利用天然或人工加热以及真空冷冻升华，除去鱼体内的水分而得到的制品，是保藏鱼的一种方法。干鱼在保藏中可能发生的变化，主要是霉变、发红、脂肪氧化及虫害。霉变的发生多与最初干度不足或者吸水回潮有关。干鱼发红是由于产生红色素的嗜盐菌引起的，主要见于盐干品，严重时形成有氨臭的红色黏块。脂肪氧化俗称为哈喇。鱼体脂肪因含不饱和脂肪酸多，较一般动物更易氧化。虫害常见的有红带皮蠹等。

二、鱼与鱼制品的加工卫生要求与检验

为了提高鱼及与鱼制品的卫生质量，首先要选择新鲜度好的鱼进行加工，还应在足够低的温度条件下尽快地处理。所用的辅佐料和生产用水要符合卫生标准，不用发霉变质的辅佐料，生产用水应完全符合 GB 5749—2006《生活饮用水卫生标准》规定，水质完全澄清透明，无色、无味、无悬浮物，其中的重金属盐、硝酸盐和铁盐等不得超过规定的指标。另外，要注意加工过程中所用的容器、设备和包装材料等不受污染。对河豚进行加工，必须单独处理，而且要及时摘取内脏和贴骨血，血液应妥善处理，防止造成污染。

(一) 感官检验

1. 鲜鱼的检验 鱼类新鲜度感官质量指标见表 16-1。

表 16-1 鱼类新鲜度感官质量指标

项目＼等级	新鲜鱼	次鲜鱼	不新鲜鱼
眼睛	眼睛饱满，角膜光亮透明	眼球平坦或稍有凹陷，角膜暗淡或混浊	眼球凹陷，角膜混浊或发黏
鳃	鳃盖紧闭，鳃丝鲜红，黏液透明，无异味	鳃盖较松，鳃丝呈紫红色或暗红色，腥味较重	鳃盖松弛，鳃丝粘连，呈淡红或灰红色，有显著的腥臭味
体表	具有鲜鱼固有的鲜明体色与光泽，黏液透明	体色较暗淡，光泽差，黏液透明度较差	体色暗淡无光，黏液混浊
鳞	鳞片完整，不易剥离	鳞片不完整，较易剥离	鳞片不完整，松弛，易剥离
肌肉	肌肉坚实富有弹性，肌纤维清晰有光泽	肌肉紧密、有弹性，压陷能很快复平，肌纤维光泽差	肌肉松弛，弹性差，肌纤维无光泽，有异味，但无臭味，骨肉易分离

2. 冰冻鱼的检验

(1) 活鱼冰冻后的特征。角膜清亮透明，眼球凸出、充满眼眶；鳞片上覆有冻结的透明黏液层，皮肤具有天然色泽；鱼鳍展平张开，鱼体仍保持临死前挣扎的弯曲状态。

(2) 死鱼冷冻后的特征。眼不凸出，鱼鳍紧贴鱼体，鱼体挺直。中毒和窒息死后冰冻的鱼，口及鳃张开，皮肤颜色较暗。

(3) 腐败后冷冻鱼的特征。完全没有活鱼冰冻后的特征。在可疑情况下，可用小刀或竹

签刺入鱼体肌肉或腹腔，拔出嗅闻其气味，或者切取鱼鳃一块，浸于热水后嗅闻其气味。

此外，对冰冻较久的鱼，应检查头部和体表有无哈喇味，有无黄色或褐色锈斑。因长期存放的鱼，脂肪有可能被氧化。

3. 咸鱼的检验

不同新鲜度咸鱼的感官指标见表16-2。

表16-2　不同新鲜度咸鱼的感官指标

项目	良质咸鱼	次质咸鱼	劣质咸鱼
色泽	色泽新鲜，具有光泽	色泽不鲜明或暗淡	体表发黄或变红
体表	体表完整，无破肚及骨肉分离现象，体形平展，无残鳞、无污物	鱼体基本完整，但可有少部分变成红色或轻度变质，有少量残鳞或污物	体表不完整，骨肉分离，残鳞及污物较多，有霉变现象
肌肉	肉质致密结实，有弹性	肉质稍软，弹性差	肉质疏松易散
气味	具有咸鱼所特有的风味，咸度适中	可有轻度腥臭味	具有明显腐败臭味

4. 干鱼的检验　观察鱼体是否完整，体表色泽是否正常，有无霉变、发红、脂肪氧化、虫蛀及异味。内脏是否除尽，腹腔是否干燥，肌纤维是否清晰，有无干鱼固有的气味。不同新鲜度干鱼的感官指标见表16-3。

表16-3　不同新鲜度干鱼的感官指标

项目	良质干鱼	次质干鱼	劣质干鱼
色泽	外表洁净有光泽，表面无盐霜，鱼体呈白色或色淡	外表光泽度差，色泽稍暗	体表暗淡色污，无光泽，发红或呈灰白，黄褐，浑黄色
气味	具有干鱼的正常气味	可有轻微的异味	有酸味，脂肪酸败或腐败臭味
组织状态	鱼体完整，干度足，肉质韧性好，切割刀口处平滑无裂纹、破碎和残缺现象	鱼体外观基本完整，但肉质韧性较差	肉质疏松，有裂纹、破碎或残缺，水分含量高

（二）理化检验

鱼体腐败后，蛋白质经细菌分解后，产生大量氨、胺类和硫化氢等物质，通过这些物质的测定可以判定鱼的新鲜度。目前已经有了一系列的测定方法，如测定挥发性盐基氮含量、pH测定、硫化氢试验、球蛋白沉淀反应、吲哚含量的测定等。其中总挥发性盐基氮含量的测定为最能反映鱼新鲜度变化的一种方法。

除了新鲜度的检验，理化检验指标还有重金属毒物、农药及组胺等的检测。可采用冷原子吸收法或双硫腙比色法测定鱼肉样品中总汞含量。

项目二　有毒水产品的鉴别与检验

一、有毒鱼类的鉴别

1. 肉毒鱼类　肉毒鱼类主要生活在热带海域，在这类毒鱼的肌肉和内脏中含有雪卡毒，这是一种神经毒素，可抑制胆碱酯酶的活性。动物实验表明，雪卡毒除了可引起下痢、呕吐外，还可造成关节痛和皮肤感觉异常。我国的肉毒鱼类约有 30 种，具有强毒的有点线鳃棘鲈、侧牙鲈、黄边裸胸鳝等。

2. 豚毒鱼类 豚毒鱼类的内脏中含有河豚毒素，这类鱼的体型椭圆，头粗圆，口小，无鳞，无腹鳍，体表长满小刺，腹部为乳白色。河豚毒素主要分布在卵巢和肝、肾、血液，皮肤次之，其毒理作用是阻遏神经和肌肉的传导。我国的豚毒鱼类分布于沿海，少数产于江河，共有 40 余种，主要有虫纹东方鲀、星点东方鲀、条纹东方鲀、紫色东方鲀和横纹东方鲀等。

3. 卵毒鱼类 卵毒鱼类的卵中含有卵毒素，这类毒素是一种脂蛋白，有的不耐热，有的耐热，煮食后仍可发生中毒。我国的卵毒鱼类产于西北及西南高原地区，主要有青海湖裸鲤、软刺裸裂尻鱼等。

4. 肝毒鱼类 肝毒鱼类的肝中含有大量的维生素 A、维生素 D 和脂肪，进食后易引起维生素过多症。此外，肝油中还含有鱼油毒、痉挛毒和麻痹毒。我国常见的肝毒鱼类有蓝点马鲛。

5. 血毒鱼类 血毒鱼类的血液中含有血毒素，这类毒素可被热和胃液破坏，煮食后不会造成中毒，在大量生饮鱼血的情况下可引起中毒。我国的血毒鱼类有两种，即鳗鲡和黄鳝。

6. 胆毒鱼类 胆毒鱼类的胆汁中含有胆汁毒素，中毒的原因主要是吞服鱼胆治病。胆汁毒素可导致肝、肾功能衰竭，还会造成神经系统和心血管病变。胆毒鱼类典型代表为草鱼、青鱼、鲤鱼和鲢鱼。

7. 含高组胺鱼类 含高组胺鱼类是指肌肉中组氨酸含量较高的鱼，组氨酸经摩根变形杆菌和组胺无色杆菌脱羧后产生组胺和秋刀鱼毒素等，大量食用后可引起过敏性食物中毒。这类鱼主要见于青皮红肉鱼类，如金枪鱼等。

8. 刺毒鱼类 刺毒鱼类具有毒棘和毒腺，毒液可被热和胃液破坏，故刺毒鱼类完全可以食用。但在捕鱼时，如被刺伤，毒液直接进入人体，可引起麻木、神志不清和死亡。如角鲨类、鲶类、虎鲨类。

二、贝甲类的检验

贝甲类主要包括贝壳类和甲壳类，如贝壳类中的蚌、田螺和牡蛎及甲壳类中的对虾、河虾和河蟹等，都具有很高的营养价值和经济价值。但这些水产品体内含水多，也含有大量的蛋白质，很容易遭受污染，极易发生腐败变质。因此，对于贝甲类在食用前一定要进行卫生质量检验，以免造成食物中毒。

贝甲类的检验，一般只作感官检验，必要时，才做理化检验或微生物检验。贝甲类的理化检验首先是除去外壳，以下的操作方法与鱼相同。

（一）虾及虾制品的检验

虾的感官检验方法：观察虾体头胸节与腹节连接的紧密程度，以测知虾体的肌肉组织和结缔组织是否完好。在头胸节末端有胃和肝，容易腐败分解，并影响节间连接处的组织；观察虾体腹节背线内的黑色肠管是否明显可辨，以测知虾体是否自溶或变质；观察虾体体表色泽是否干燥，有无发黏变色，以测知体表组织是否完好；观察虾体是否能保持死亡时姿态，是否可加外力使其改变伸屈状态，以测知肌肉组织是否完好。

1. 生虾 不同新鲜度虾的感官特征见表16-4。

表16-4 不同新鲜度虾的感官特征

项目	新鲜生虾	不新鲜或变质生虾
外壳	体形完整，外壳透明、光亮	外壳暗淡无光泽
体表	体表呈青白色或青绿色，清洁无污秽黏性物质，触之有干燥感	体色变红，体质柔软，甲壳下颗粒细胞崩解，大量黏液渗到体表，触之有滑腻感
肢节	头、胸、腹处连接紧密	头胸节和腹节连接处松弛易脱落，甲壳与虾体分离
伸屈力	须足无损，刚死亡虾保持伸张或蜷曲的固有状态，外力拉动松手后可恢复原有姿态	死亡时间长且气温高，虾体发生自溶，组织变软，失去伸屈力
肌肉	肉体硬实，紧密而又韧性，断面半透明	肉质松软、黏腐，断面呈暗白色或淡红色
内脏	内脏完整，胃脏及肝没有腐败	内脏溶解
气味	有固有的清淡腥味，无异常气味	有浓腥臭味，严重腐败时，有氨臭味

2. 冻虾仁 不同新鲜度冻虾仁的感官特征见表16-5。

表16-5 不同新鲜度冻虾仁的感官特征

项目	良质虾仁	劣质虾仁
色泽	呈淡青色或乳白色	色变红
气味	无异味	有酸臭味
组织形态	肉质清洁完整，无脱落虾头、虾尾、虾壳及杂质，冻虾仁块中心温度在−12℃以下，冰衣外表整洁	肉体不整洁，肌肉组织松软

3. 虾米 不同新鲜度虾米的感官特征见表16-6。

表16-6 不同新鲜度虾米的感官特征

项目	良质虾米	变质虾米
色泽	外观整洁，呈淡黄色而有光泽	暗淡无光，呈灰白色至灰褐色
组织形态	无黏壳现象，虾尾向下蜷曲，肉质紧密坚硬	碎末多，表面潮湿，黏壳严重，肉质酥软或如石灰状
滋味及气味	无异味	有霉味

4. 虾皮 不同新鲜度虾皮的感官特征见表16-7。

表16-7 不同新鲜度虾皮的感官特征

项目	良质虾皮	变质虾皮
色泽	淡黄色有光泽	呈苍白或淡红色，暗淡无味
组织形态	外壳清洁，体形完整，尾弯如钩状，虾眼齐全，头部和躯干紧连。以手紧握一把放松后，能自动散开，无杂质	外表污秽，体形不完整，碎末较多。以手紧握后，黏结而不易散开
滋味及气味	具有虾皮固有的鲜香味，无异味	有严重霉味

（二）蟹及蟹制品的检验

蟹及蟹制品主要通过感官检验来判定蟹的新鲜度。感官检验方法：观察蟹体腹面脐部上方是否呈现黑印，以测知蟹胃是否腐败；观察步足与躯体连接的紧密程度，以测知肌肉组织和结缔组织是否完好；持蟹体加以侧动，观察内部有无流动状，以测知内脏是否自溶或变质；检视体表是否保持固有色泽，以测知外壳所含色素是否已分解变化；必要时可剥开蟹壳，直接观察蟹黄是否液化，鳃丝是否发生变化和混浊现象。

1. 鲜蟹　不同新鲜度蟹的感官特征见表 16-8。

表 16-8　不同新鲜度蟹的感官特征

项目	活鲜蟹	垂死蟹
灵敏度	蟹只灵活，善于翻身，好爬行	蟹精神委顿，不愿爬行，不能翻身
组织状态	腹面甲壳较硬，肉多黄足，腹盖与蟹壳之间突起明显	肉少黄不足，体质量轻

2. 梭子蟹　不同新鲜度梭子蟹的感官特征见表 16-9。

表 16-9　不同新鲜度梭子蟹的感官特征

项目	良质死鲜蟹	变质死蟹
体表色泽	外表纹理清晰有光泽，背壳青褐色或紫色，脐上部无胃印，腹部和足内侧呈白色	外表纹理模糊，光泽暗淡，背壳褐色，脐上部透视出褐色或微绿色的胃印。足内壁呈灰白色或褐色
蟹黄性状	蟹黄凝固不流动	蟹黄发黑或呈液状，能流动
鳃	眼光亮，鳃丝清晰，白色或稍带褐色	鳃丝暗浊，灰褐色或深褐色
肢体连接程度	肉质致密，有韧性，色泽洁白，步足和躯体连接紧密，提起蟹体时，步足不松弛下垂	肉质黏糊，步足和躯干连接松弛，提起时，步足下垂甚至脱落
气味	有一种新鲜气味，无异味	有腐败臭味

3. 醉蟹与腌蟹　不同新鲜度醉蟹和腌蟹的感官特征见表 16-10。

表 16-10　不同新鲜度醉蟹和腌蟹的感官特征

项目	良质醉蟹和腌蟹	变质醉蟹和腌蟹
外壳	外壳清亮，甲壳坚硬	壳纹模糊
鳃	鳃丝清晰呈米色	鳃不清洁呈褐色或黑色
组织态	蟹黄凝结，深黄或淡黄色，螯足和步足僵硬。肉质致密，有韧性	蟹黄流动或呈液状。螯足和步足松弛下垂，甚至经常脱落。肉质发黏，有霉味或臭味。严重者，壳内肉质空虚，质量明显减轻或壳内流出大量发臭卤水，卤水不洁净，甚至飘浮油滴
滋味与气味	咸度均匀适中并有醉蟹或腌蟹特有的香味和滋味	有异味

（三）贝蛤类的检验

1. 贝蛤　贝蛤类的感官检验方法：贝类以死活作为可否食用的标准。活的贝蛤，贝壳紧闭，不易揭开。当两壳张开时，稍加触动就立刻闭合，并有清亮的水自壳内流出。如果触动后不闭合，则表示已经死亡。检查文蛤时，还可随便取数枚在手掌上探重、抖动或相互撞击，活贝在相互敲击时发出笃笃的实音；死贝一般都较轻，在相互敲击时发出咯咯的空音。

对大批贝蛤类进行检验，可以用脚触动包件，如包件内活贝多，即发出贝壳合闭的嗤嗤声；反之其声微弱或完全没有。后一情况应进一步抽取一定数量的贝体做探重和敲击试验，逐一检查死活。如死亡率较高，则整个包件逐只检查或改作饲料用。剖检时，死贝蛤两壳一揭就开，水汁混浊而稍带微黄色，肉体干瘪，色变黑或红，有腐败臭味。必要时，可以煮熟后进行感官评定。

2. 泥螺　泥螺主要有田螺、咸泥螺等。田螺的检查方法可通过抽样检查，将样品放在一定容器内，加水至适量，搅动多次，放置15min后，检出浮水螺和死螺。咸泥螺的检查主要通过感官检查。良质的贝壳清晰，色泽光亮，呈乌绿色或灰色，沉于卤水中时，卤水浓厚洁净，有黏性，无泡沫，深黄色或蛋黄色，无异味；变质的则贝壳暗淡，肉与壳稍有脱离而使壳略显白色，螺体上浮。卤液混浊产气，或呈褐色，有酸败的气味。

三、水产品的卫生评价

(一) 鲜、冻动物性水产品卫生标准（GB 2733—2005）

1. 感官指标　泥螺、河蟹、河虾、淡水贝类必须鲜活。

2. 理化指标　理化指标见表16-11。

表16-11　鲜活动物性水产品卫生理化指标（GB 2733—2005）

项目		指标
挥发性盐基氮[a]（mg/100g）	海水鱼、虾、头足类	≤30
	海蟹	≤25
	淡水鱼、虾	≤20
	海水贝类	≤15
	湟鱼、牡蛎	≤10
组胺[a]（mg/100g）	鲐鱼	≤100
	其他鱼类	≤30
铅（Pb，mg/kg）	鱼类	≤0.5
无机砷（mg/kg）	鱼类	≤0.1
	其他动物性水产品	≤0.5
甲基汞（mg/kg）	食肉鱼（鲨鱼、旗鱼、金枪鱼、梭子鱼等）	≤1.0
	其他动物性水产品	≤0.5
镉（Cd，mg/kg）	鱼类	≤0.1
多氯联苯[b]（mg/kg）		≤2.0
PCB138（mg/kg）		≤0.5
PCB153（mg/kg）		≤0.5

注：a. 不适用于活的水产品。b. 仅适用于海水产品，并以PCB28、PCB52、PCB101、PCB118、PCB138、PCB153、PCB180总和计。

(二) 鱼与鱼制品的卫生评价

鱼与鱼制品经过检验后，根据其卫生质量做出相应的卫生处理。具体处理措施如下：

(1) 新鲜鱼：不受限制食用。

（2）次鲜鱼：立即销售食用（以高温烹调为宜）。

（3）腐败变质鱼：不得食用，变质严重者，也不能作为饲料。

（4）变质咸鱼：较轻者，经卫生处理后可供食用。但有下列变化者，不得供食用：

①鱼体脂肪氧化至深层者。

②由于腐败变质产生明显的臭味或异味时。

③出现严重的"锈斑"或"变红"侵入肌肉深部时。

④皮下或腹腔有虫蛀时。

⑤凡青皮红肉的鱼类要注意检查质量鲜度。这类鱼容易分解产生大量组胺，引起鱼体软化，则不能销售食用，防止引起中毒。

⑥凡因中毒致死的鱼类不得供食用。

⑦黄鳝应鲜活出售。凡已死亡者不得销售或加工。

（三）贝甲类的卫生评价

凡可供食用的贝甲类水产品必须符合国家卫生标准和相应的行业标准的规定。

（1）虾类。虾肉组织软化，颜色暗淡，无伸屈力，体表发黏，有臭味等，不得食用。

（2）蟹类和贝蛤类。蟹类和贝蛤类应新鲜出售。凡死亡者不得出售加工。含有自然毒的贝蛤类，不得出售，应予销毁。

（3）死亡贝类。因化学物质发生中毒而死亡的贝类，不得食用。

实训十三　鲜鱼的卫生检验

【目的与要求】掌握鲜鱼的卫生检验方法及鲜鱼的卫生评价指标。

（一）感官检查

【器材与试剂】吸水纸、搪瓷盘、剪刀、镊子、鱼。

【操作方法】首先观察鱼眼角膜清晰光亮程度及眼球的饱满程度，以及眼球是否下陷及周围有无发红现象。揭开鱼鳃盖观察鳃弓的颜色和鳃丝的排列状况，并嗅其气味。检查体表黏液的性状及气味，以及鳞片的色泽及附着是否牢固。观察肛门周围有无污染及肛门是否凸出。嗅检体表有无臭味。触压背侧肌肉最厚处，判断硬度和弹性。手托鱼体中央，观察鱼头和鱼尾的下弯程度，以判断僵直程度。去除一侧体壁暴露内脏，检查肝是否溶解，有无胆汁印染现象。用刀横断脊柱，观察脊柱周围肌肉有无红染现象。

通过以上方法进行检查后，对鱼的新鲜度作出评价。各级鲜鱼的质量指标参见表 16-1。

（二）鲜鱼腐败程度的检验

【原理】食肉中球蛋白在碱性条件下呈溶解状态，而鱼在腐败过程中有大量的碱性物质产生，使环境碱性化。根据蛋白质在碱性溶液中能与重金属离子结合形成蛋白质沉淀的特性，用升汞作沉淀剂，依据生成沉淀的情况判断其腐败程度。

【器材与试剂】

1. 器材　剪刀、研钵、锥形瓶、滴管、玻璃棒、离心机。

2. 试剂　A 液（1% $HgCl_2$）B 液（称取 1g $HgCl_2$，加 36%乙酸 5mL，用水稀释至 100mL）。

【操作方法】称取研碎混匀的鱼肉 1g，加水 10mL，在室温下放置 30min，并时时搅拌，然后离心分离，取上清液备用。将 A 液和 B 液各 2mL，分别加于 2 只试管内，然后各滴加 0.2mL 上清液，观察其混浊程度。

【判定标准】鱼肉新鲜度的判定标准见表实 13-1。

表实 13-1　鱼肉新鲜度的判定标准

新鲜度	观察结果
新鲜	A、B 液均不混浊
开始腐败前	A 液混浊，混匀后混浊仍不消失，B 液不混浊
腐败初期	A 液混浊，混匀后混浊仍不消失，B 液虽然一时混浊，但混匀后混浊消失
腐败	A、B 液均混浊，混浊物沉降于管底

复习思考题

一、填空题

1. 死亡后的鱼由于微生物和酶的作用，鱼体会发生一系列的生物化学变化，常分为________、________、________、________四个阶段。

2. 鱼类新鲜度感官质量指标主要包括________、________、________、________、________等方面。

3. 有毒鱼类常分为________类、________类、________类、________类、________类、________类、________类等。

二、简答题

1. 鲜鱼在保藏过程中会发生哪些变化？如何对鲜鱼进行检验？
2. 鱼与鱼制品加工有哪些卫生要求？
3. 如何鉴别有毒鱼类？
4. 虾与虾制品的检验时有哪些感官检验要点？

模块十七　市场肉类的卫生监督与处理

知识目标

1. 掌握市场肉类监督检查的程序和要点。
2. 掌握各种劣质肉的鉴定要点。
3. 掌握各种劣质肉的卫生处理原则。

能力目标

1. 能够进行市场肉类的卫生监督检查与处理。
2. 熟练掌握劣质肉的各种检验方法。
3. 能够对劣质肉做出正确卫生评价。

项目一　市场肉类卫生监督检查的程序和要点

（一）市场肉类监督检查的程序

市场肉类卫生监督的重点是动物及其产品经营单位或个人的合法经营资格及卫生状况，所经营的动物及其产品的检验情况。其监督检查的程序如下。

1. 查验证件　监督员首先查验从事肉品经营的单位或个人是否持有有效的“食品卫生许可证”“健康检查合格证”“经营许可证”和“动物防疫合格证”。然后查验有无“动物检疫合格证明（产品A/B）”。

2. 询问情况　向经营人员询问动物的来源、产地疫情、宰前健康状况、屠宰原因、屠宰地点、运输和贮藏方法与条件等，为检验人员分析判定提供依据。

3. 查物

（1）查验印章。检查被检胴体是否盖有检验印章或加封验讫标志。如已盖有检验印章，则应观察验讫印章的真伪。验讫标志与检疫证明是否相符。

（2）检验胴体。检查头、胴体和内脏的应检部位有无检验刀痕，三腺是否摘除干净，然后检查胴体的放血程度和放血部位的状态，再检查皮肤、脂肪、肌肉、胸腹膜等，注意观察胴体的卫生状况，有无腐败变质。在检验中，若发现漏检、误检、局部有病变，以及病、死畜禽肉或某种传染病可疑时，应进行全面认真的检查，并取材进行实验室检验。当发现胴体放血不良、皮下和肌间组织有浆液性或出血性胶样浸润时，必须做炭疽杆菌和沙门氏菌等致病菌检验。

4. 处理

（1）经检查各项均合格，可以出售。

（2）凡无印章、涂改或伪造印章、印章不清或证物不符的一律按未经检验肉处理。

（3）经检查确认为未进行检验的肉，一律不得上市，必须到指定地点补检，合格后方可上市，不合格的按有关规定处理。

（4）对经检验不合格仍上市的肉品，肉品按规定处理。同时必须依法追究检疫人员的责任，并根据情节轻重依法作出处理。

（5）腐败变质的肉品一律不准上市销售。

监督人员必须做好肉品卫生监督检验登记工作。登记内容主要包括肉品的种类、数量、产地，经营者和生产者的姓名、地址、证件，检验结果和处理意见。

（二）市场肉类监督检查的要点

1. 猪肉　注意检查皮肤、颌下淋巴结、肌肉、放血程度、唇、齿龈等，以检查猪瘟、猪丹毒、猪肺疫、炭疽、水疱病等传染病和囊尾蚴及旋毛虫的病变，另外注意肉和内脏的新鲜度。

2. 牛肉　注意咬肌、腰肌、臀肌、横膈膜肌、颈肌、心肌和舌肌等部位，检查囊尾蚴。注意颌下淋巴结、咽后内侧淋巴结、唇、齿龈、舌面、咽喉黏膜和颌骨状态，检查口蹄疫、出血性败血症、结核病和放线菌病等。

3. 羊肉　注意唇、齿龈、舌面、头部皮肤状态，以检查口蹄疫、羊痘和传染性脓疱。特别注意检查胸腹膜的状态，有无胸膜炎或腹膜炎。检验肝和肺有无病变、棘球蚴或其他寄生虫。还须注意皮下和肌肉有无肿胀、出血性浆液浸润，以便发现炭疽、梭菌病等。

4. 禽肉　注意检查皮肤、皮下组织、天然孔、体腔浆膜、体内残留脏器的色泽和状态，特别注意检查肌胃和腺胃黏膜状态、冠和肉髯的色泽。此外，应注意组织器官有无出血、水肿、肿瘤及其他病变。

5. 其他动物肉

（1）兔肉。注意检查胴体肌肉、脂肪和胸腹膜的色泽、气味和组织状态。

（2）犬肉。注意观察放血程度，有无放血不全和血液坠积现象。检查肌肉和胸腹膜有无黄染及其他病变，内脏有无异常。采取横膈膜肌脚，检查旋毛虫。

（3）马属动物肉。注意检查头部和肺部。剖开两侧鼻骨，仔细观察鼻中隔和鼻甲骨，剖检喉头、肺和下颌淋巴结，注意检查有无鼻疽病变。

（4）骆驼肉。注意检查头、颈、腰、臀等部位的肌肉，注意检查囊尾蚴。

项目二　劣质肉的鉴定与处理

一、气味和滋味异常肉的鉴定与处理

气味和滋味异常肉，在动物屠宰后和保藏期间均可发现。其种类主要有饲料气味、性气味、病理性气味、特殊气味（如汽油味、油漆味、烂鱼虾味、消毒药物味）等。

（一）鉴定

目前，鉴定气味异常肉仍然依靠人的嗅觉，必要时可切取小块肉煮沸嗅闻来判定。

1. 饲料气味　动物宰前长期饲喂带有浓厚气味的饲料，如苦艾、萝卜、甜菜、油饼渣、鱼粉、蚕蛹粕及剩菜剩饭的泔脚水等。使肉和脂肪产生相应的气味。将肉切成小块，放置2～3d，这种气味可减轻或消失。

2. 性气味　见于未去势或晚去势的家畜肉，特别是老公猪肉、老母猪肉、公山羊肉，常散发出难闻的性臭气味。一般认为肉的性气味在去势后2～3周消失，脂肪的性气味在去势后 2～5 个月消失，实际上要晚得多，唾液腺的性气味则消失更慢。因此，检验上述腺体对发现性气味肉有特殊意义。

3. 病理性气味 指当畜禽患某种疾病时，肉和脂肪带有特殊气味。如患气肿疽和恶性水肿时，肉有陈腐油脂气味；患创伤性化脓性心包炎和腹膜炎时，肉有腐尸臭味；患蜂窝织炎、瘤胃臌气时，肉有腥臭味；患酮血病时，肉有烂苹果味；砷中毒时，肉有大蒜味；患尿毒症时，肉有尿臊臭味；禽患卵黄性腹膜炎时，肉有恶臭气味。

4. 药物气味 屠畜禽在屠宰前注射或服用具有芳香或其他有特殊气味的药物，如乙醚、樟脑、氯仿、松节油、克辽林等。可以使肌肉带有药物的气味，这种情况在动物急宰后最为常见。

5. 附加气味 指将肉在贮运时置于具有特殊气味（如消毒药、漏氨冷库、鱼、虾、烂水果、塑料、蔬菜、葱、蒜、油漆、煤油等）的环境中，因吸附作用而使肉具有异常的附加气味。

6. 发酵性酸臭 见于新鲜胴体晾挂时，吊挂过密或堆放，胴体间空气不流通，使其深部余热不能及时散失，引起自身产酸发酵，使肉质软化，色泽深暗，带有酸臭味。

（二）卫生处理

气味和滋味异常肉的卫生处理可依据不同情况分别对待。在排除禁忌情况（如病理性因素、毒物中毒）后，先将有异常气味的肉放于通风处，24h 后切块煮沸后嗅闻，如果仍然保持原有气味者，不得上市销售，胴体化制或销毁；如果仅有个别部分有气味，则将该部分割化制，其余部分不受限制出售食用。

二、色泽异常肉的鉴定与处理

（一）鉴定

屠畜宰后检验中常见的色泽异常肉有黄脂肉、黄疸肉、红膘肉、白肌肉、白肌病肉、色素沉着肉等。

1. 黄脂肉 又称为黄膘肉，是指皮下或腹腔脂肪发黄，质地较硬，稍呈混浊，而其他组织器官不发黄的一种色泽异常肉。一般认为，是由于长期饲喂黄玉米、芜菁、棉籽饼、南瓜、胡萝卜等饲料，或饲喂鱼粉、蚕蛹、鱼肝油下脚料等所致。也有人认为，某些品种的猪易发生黄脂肉是与遗传因素、饲料中不饱和脂肪酸甘油酯过多及维生素 E 缺乏等有关。黄脂尤以背部和腹部皮下脂肪最为明显。黄脂肉随放置时间延长，颜色会逐渐减退或消失。

2. 黄疸肉 是由于体内胆红素生成过多、处理障碍或排泄障碍所引起。见于大量溶血、某些中毒和传染病或胆汁排除受阻时，黄疸肉除脂肪组织发黄外，全身皮肤（白皮猪）、巩膜、结膜、黏膜、浆膜、关节囊液、腱鞘及内脏器官均染成不同程度的黄色，以关节囊液、组织液、皮肤和肌腱黄染对黄疸和黄脂的鉴别具有重要的意义，见表 17-1。黄疸肉存放时间愈长，其颜色愈深。

表 17-1 黄脂肉和黄疸肉的鉴别

（王雪敏．2001．动物性食品卫生检验）

项 目	黄脂肉	黄疸肉
着色部位	皮下、腹腔脂肪	全身各部位皮肤、脂肪、可视黏膜、巩膜、关节液、肌腱、实质器官等

（续）

项　目	黄脂肉	黄疸肉
发生原因	与饲料及猪的品种有关	溶血、某些中毒与传染病、胆汁排泄受阻
放置后变化	放置时间稍长，颜色变淡或消退	放置时间愈长，颜色愈黄愈深
氢氧化钠鉴别法	上层乙醚为黄色，下层液无色	上层乙醚为无色，下层液黄色或黄绿色
硫酸鉴别法	滤液呈阴性反应	滤液呈绿色，加入硫酸，适当加热变成淡蓝色

3. 红膘肉　是指皮下脂肪由于充血、出血或血红蛋白浸润而呈现粉红色的肉。红膘肉常见于急性猪丹毒、猪肺疫等传染病，还可由于背部受到冷、热等机械性刺激而引起，特别在烫猪水温超过68℃时，常可见到。以上两种情况，可通过检查内脏和主要淋巴结有无病理变化来加以区别。

4. 白肌肉　白肌肉又称为“PSE”肉，也称为“水煮样肉”。仅见于猪，主要特征是肌肉苍白，质地柔软，肌肉切面有较多液体渗出，多发生于半腱肌、半膜肌和背最长肌。发生的原因多是因为猪在宰前受到强烈刺激（如驱赶、恐吓、冲淋、电击等）后，肾上腺素分泌增多，导致肌肉中肌糖原的无氧酵解过程加速，产生大量乳酸，使肉的pH下降至5.7以下，肌纤维膜变性，肌浆蛋白凝固收缩，肌肉游离水增多而渗出。另外，宰前高温和僵直热可加速这一变化的发生。

5. 白肌病肉　主要发生于幼龄动物，特征是骨骼肌和心肌发生变性和坏死，病变常发生于负重较大的肌肉群，主要是后腿的半腱肌、半膜肌和股二头肌，其次是背最长肌。病变表现为骨骼肌呈白色条纹或斑块，严重的整个肌肉呈弥漫性黄白色，切面干燥，似鱼肉样外观，左右两侧肌肉常呈对称性发生。一般认为，白肌病是缺乏维生素E和微量元素硒，或维生素E利用障碍而引起的一种营养代谢病。

6. 黑色素异常沉着　又称为黑变病，指在动物的皮肤、被毛、视网膜、脉络膜和虹膜以外的其他组织或器官里，有黑色素沉着，使组织或器官产生黑斑。常见于犊牛等幼畜或深色皮肤动物及牛、羊的肝、肺、胸膜和淋巴结。黑色素沉着的组织或器官由于色素沉着的数量及分布状态不同，而呈现棕褐色或黑色，分布由斑点到整个器官不等。

（二）卫生处理

1. 黄脂肉　胴体放置24h颜色变淡或消失时，肉可食用，可上市销售。放置24h色素消退不快或有异味不允许上市，其胴体、内脏可经高温处理后销售。

2. 黄疸肉胴体和内脏不能食用。应结合具体疾病作工业用或销毁。

3. 红膘肉　如系传染病引起，应结合该传染病处理，物理因素引起的红膘肉，病变轻者可以食用，病变严重者高温处理后出场。

4. 白肌肉　味道不佳，品质差，如果感官变化轻微，在切除病变部位后，胴体和内脏可不受限制出场。病变严重，在切除病变部位后，胴体和内脏可做复制品出售，但不宜作腌腊制品的原料。

5. 白肌病肉　病变轻微而局部的，经修割后可食用。全身肌肉有病变者，胴体作工业用或销毁。

6. 黑色素异常沉着肉　轻度的组织和器官可以食用。重度者局部修割或废弃病变器官，其余部分可供食用。

三、注水肉的鉴定与处理

注水肉是指向动物活体内注水（污水、盐水、明矾水、卤水等）后屠宰的肉或者屠宰加工过程中向胴体肌肉丰满处注水后的畜禽肉。这不仅严重地损害了消费者的利益，而且影响肉品卫生质量，危害人类健康，是一种严重的违法行为。在市场肉品卫生检验中，应加强对注水肉的监督与检验。

（一）鉴定

1. 感官检验

（1）视检。注水肉肌肉呈淡红色、表面湿润、光亮，肌纤维肿胀明显。将胴体吊挂有水滴下，放置过注水肉的地方很潮湿。注水猪肉的皮下脂肪和板油，轻度充血、呈粉红色，新鲜切面的小血管有血液流出。注水肉心冠脂肪充血、心血管怒张，有时在心尖部可找到注水口，心脏切面可见心肌纤维肿胀，挤压有水流出。肝、肾瘀血、肿胀，肺明显肿胀、表面光滑、呈浅红色，切面有大量淡红色的血水流出。胃肠的黏膜充血、呈砖红色，胃肠壁增厚。浸泡掺水的白条鸡，胸肌呈苍白色，皮肤变软，毛孔胀大呈浅白色，冠髯膨胀。

（2）触检。用手触摸注水肉，手指黏湿，指压时有多余的水分流出，指压痕迹恢复缓慢，肉弹性差。

（3）剖检。用检验刀切开被检肉。注水肉切面湿润，有血水流出，皮下疏松组织处有淡红色或微黄色胶冻样浸润，严重的肌肉分层如水煮样且黏刀。

2. 实验室检验

（1）试纸检验。将定量滤纸剪成 1cm×10cm 长条，在被检肉的新切口处插入 1～2cm 深，停留 2～3min，然后观察被肉质浸润的情况（不适宜检查冻肉和解冻肉）。若是注水肉，滤纸条很快被水分和肉质浸透，且超出插入部分，注水越多湿的越快、超出部分越高。若是正常肉，滤纸条贴后不变湿，贴在肉上不易取下。而注水肉黏着力小，因此容易将滤纸条从肉上剥下，且滤纸条受力小而易碎。

（2）放大镜检查。用检验刀顺肌纤维切开肌肉后用 15～20 倍放大镜观察，正常肌肉的肌纤维分布均匀，结构致密，紧凑无断裂，无增粗或变细等变化，红白分明，色泽鲜红或淡红，无血液及渗出物。注水肉的肌纤维肿胀粗乱，结构不清，有大量水分和渗出物。

（3）加压检验。取体积为 10cm×10cm×5cm 的精肉块，用清洁的塑料纸包起来，其上放置 5kg 的哑铃或铁块，10min 后观察。正常肉无血水或仅有几滴血水流出，注水肉有水被挤出来。

（4）损耗检验法。将待检胴体挂在 15～20℃通风凉爽处，24h 后观察。正常肉的损耗率在 0.5%～0.7%，注水肉可达 4%～6%。

（5）煮沸后肉汤观察。取 100g 碎肉样，置于不锈钢锅内，加 1 000mL 水，加热煮沸后观察肉汤的气味和透明度，注水肉的肉汤混浊，香味差，油滴大小不一。

（6）熟肉率。取精肉切成 0.5kg 的肉块，加 2000mL 水，煮沸 1h（从煮沸后计时），捞出冷却，称其质量。用熟肉质量除以鲜肉质量，即可得出熟肉率。一般正常肉熟肉率大于 50%，而注水肉小于 50%。

（7）水分测定。注水肉水分含量增加，常用方法有直接干燥法和仪器测定法。

（二）处理

严禁注水肉上市销售，对检出的注水肉必须作废弃处理，并对经营者按有关规定进行处罚，并追究其责任。

四、老种猪肉的鉴定与处理

（一）鉴定

1. 看皮肤　淘汰公、母种猪的皮肤一般都较厚且比较粗糙，松弛而缺乏弹性，多皱襞，毛孔粗大。种公猪上颈部和肩部皮肤特别厚，种母猪皮肉结合处疏松。

2. 看皮下脂肪　公、母种猪的皮下脂肪较少，质地硬，有较多的白色疏松结缔组织。种母猪皮下脂肪呈青白色，皮与脂肪之间常见有一薄层呈粉红色，俗称为"红线"，手触摸时，黏附于手指上的脂肪少，而手触摸肥猪肉时，在手指上黏附的脂肪多。

3. 看乳房　种公猪最后一对乳房多半并在一起；种母猪的乳头长而硬，乳头皮肤粗糙，乳头孔很明显，横切乳头，两乳池明显，纵切乳房部，可见粉红色海绵状的腺体，有的虽然萎缩，但有丰富的结缔组织填充，有时尚未完全干乳，故切开时可流出黄白色的乳汁。而肥猪的乳头短而软，乳头孔不明显，切开后看不见乳池和腺体。

4. 看肌肉特征　一般来说，公、母种猪的肌肉，其色泽较深，呈暗红色或深红色，肌纤维较粗，纹路明显，肌间脂肪少。而肥猪的瘦肉呈鲜红色，肌纤维粗细适中，肌间夹杂较多的脂肪。

5. 嗅性气味　种公猪肉一般有性气味，且以唾液腺、脂肪和臂部肌肉最明显。除直接嗅检外，还可用加热方法（如烧烙、煮沸、煎炸上述部位组织）来鉴定。

6. 看腹围　种母猪的腹围较肥猪宽，其腹直肌往往筋膜化，而种公猪的腹直肌特别发达。

7. 看肋骨和骨盆　种母猪的肋骨扁而宽，骨膜白中透黄，尤其是前 5 根肋骨更为明显，骨盆腔较宽阔。肥猪的肋骨呈扁圆形，骨膜呈淡粉色，骨盆腔不宽阔。

（二）公、母种猪肉的处理

（1）公、母种猪肉挂牌标明，可上市销售。

（2）初产种母猪育肥 4 个月后，其肉可鲜售。

（3）性气味轻或晚阉种猪肉，在割除筋腱、脂肪、唾液腺后，可作灌肠等复制品原料。

（4）公、母种猪肉脂肪可炼制食用油。

五、病死畜禽肉的鉴定与处理

临时上市销售病死畜禽肉的经营者往往没有相关证件，销售点和台案工具也是临时的。对病死动物肉的最终检验鉴定，以肉品感官检查结合快速的实验室检查来进行。

（一）感官检查

病死畜肉主要从宰杀口状况、放血程度、血液坠积情况、淋巴结变化等方面进行检查。

1. 宰杀口状况　健康动物肉宰杀口外翻，切面粗糙，周围浸染血液。病死动物肉宰杀口比较平整而不外翻，附近也无血液污染。

2. 放血程度　病死畜肉都有放血不良的现象。肌肉组织呈暗红色或黑红色，肌肉切面可见多处暗红色血液浸润区，有的有暗红色小血珠，脂肪不洁白，呈淡红色；剥皮的胴体表面有血珠，个别微细血管内充满黑红色血液，胸膜、腹膜上小血管充盈、显露。

3. 血液坠积情况 重病急宰或冷宰的动物其卧侧皮下、肌肉、胸腹膜、浆膜、内脏可见到血液坠积现象，尤其是对称性器官（如肾）尤为明显。开始血液滞留于血管中呈树枝状充血，以后则浸润于组织中使卧地一侧出现大片紫红色区域。

4. 淋巴结状态 病死动物的淋巴结呈现水肿、充血、出血等病变。不同性质的疾病在淋巴结上还会出现特有的变化。

（二）实验室检验

感官检验一旦发现有病、死动物肉征象时，应立即采样进行实验室检验。

1. 细菌学检验 无菌操作取有病理变化的淋巴结、实质器官和组织触片（每个检样制备2个以上的触片），干燥，火焰固定，染色后置于油镜下观察。此方法对炭疽杆菌、猪丹毒杆菌、巴氏杆菌、链球菌等致病菌的检出具有重要意义。

2. 放血程度检验 方法有滤纸浸润法和愈创木脂酊反应法。

3. 微生物毒素呈色反应 有病畜禽肉及变质肉中大多含有微生物及其内毒素，这些内毒素能降低肉浸出液的氧化还原势能，如果在除去蛋白质的肉浸液中加入硝酸银溶液则形成氧化性毒素，这种毒素具有阻止氧化还原指示剂褪色作用。当肉浸液中有氧化性毒素时，与高锰酸钾反应，浸出液呈现指示剂的颜色（蓝色）；如果肉浸液中无氧化性毒素时，则指示剂被还原褪色呈现高锰酸钾的红色。

4. 过氧化物酶反应 过氧化物酶只存在于健康动物的新鲜肉中，有病动物肉一般无过氧化物酶或者含量甚微，当肉浸液中有过氧化物酶存在时，可以使过氧化氢分解，产生新生态氧，将指示剂联苯胺氧化成为淡蓝绿色化合物，经过一定时间后变成褐色，而病死动物肉无此现象。

5. pH 测定 病死畜禽肉中糖原含量低，产生乳酸少，因此肉的 pH 较高。

6. 肉汤硫酸铜反应 患病的动物，宰后肉在新鲜状态下，呈碱性反应，可使球蛋白试验呈阳性结果。

（三）横死肉的鉴别

横死即物理性致死，如电击、摔死、勒死等。凡横死动物在胴体上均可观察到致死痕迹，如电击有灼伤，摔死有骨折性出血损伤，勒死有勒痕，撞死有挫伤等。

（四）病死家禽肉尸的鉴别

病死家禽的鸡冠、肉髯呈紫黑色，眼球下陷，眼睛全闭且污秽不洁，皮下充血，体表铁青，表面无光不湿润，毛孔突出，拔毛不净，翅下小血管瘀血，肌肉不丰满，外观干瘪，胴体一侧有坠积性充血，肛门松弛，周围污秽不洁，嗉囊空虚，内有恶臭液体。

（五）病死畜、禽肉的处理

集市检验病、死动物肉要迅速准确，发现疑点时辅以实验室检验。一旦确定为病、死动物肉，应按下述方法处理。

（1）凡病、死动物肉，不论是何种原因，一律不准上市销售，若检出是恶性传染病（如炭疽、狂犬病）时，应在检疫人员的监督下就地销毁。对污染的一切场地、车辆、工具、衣物等进行消毒，并报告上级主管部门，严密监视其疫情动态，凡与恶性传染病畜接触过的人员，必须接受卫生防护。

（2）对一般性疫病急宰的胴体，可依据 GB 16548—2006 规程处理，对物理性致伤的肥猪，可在动物检验人员的监督下，按不同情况进行无害化处理后利用。

(3) 固定摊点销售病、死动物肉时，除按规定处理胴体外，有关部门依据具体情况处以罚款，没收非法所得，吊销营业执照，直至追究刑事责任。

六、中毒动物肉的鉴定与处理

(一) 常见的动物中毒病

1. 氰化物中毒　氰化物中毒多见于牛、羊等草食动物。常因采食了富含氰苷的植物，如高粱和玉米的幼苗、盛长中的三叶草、刀豆、木薯及亚麻籽饼等，在胃内由于胃酸和氰苷酶的作用，氰苷类即分解生成剧毒的氢氰酸，使细胞的呼吸酶受到抑制，引起组织的急性缺氧，尤其是脑细胞对缺氧特别敏感，致使机体发生急性中毒。

2. 亚硝酸盐中毒　亚硝酸盐中毒又称为饱潲症，是一种青饲料中毒。猪最为敏感，猪饱食了一些富含硝酸盐的青饲料，如小白菜、南爪叶、萝卜叶、甘蓝、芥菜等十字花科植物，往往在食后不久发病，并以迅速死亡为结局，上述青饲料在堆积时间过长或焖煮过夜后，由于硝酸盐还原菌的作用而将硝酸盐还原成亚硝酸盐。亚硝酸盐能氧化血红蛋白，使之变为高铁血红蛋白，高铁血红蛋白失去与氧结合的能力，结果引起全身组织缺氧而发生中毒。

3. 有机磷农药中毒　动物常因误食喷施过农药后的牧草、农作物、饲料或误饮施用农药后污染的水源以及用含有机磷的农药（如敌百虫）灭虱或驱除体表寄生虫而引起中毒。中毒途径主要是有机磷通过消化道、呼吸道、皮肤和黏膜进入动物体内，有机磷在动物体内能抑制胆碱酯酶的活性，使神经末梢释放的乙酰胆碱不能水解，体内乙酰胆碱蓄积而中毒。

4. 生物碱中毒　生物碱是一类含氮的有机化合物，存在于各种植物内，又称为“植物毒”。它们具有特殊的生理功能，呈碱性，能与有机酸或无机酸结合生成盐类，使毒性减弱或消失。常见的生物碱有马钱子碱、麻黄碱、莨菪碱、毒芹碱、乌头碱等，多为药用植物，其有效成分有剧毒；吲哚里西啶生物碱存在于棘豆属和黄芪属植物中。广泛分布于草原牧草中，可引起大量牛、羊发生中毒。生物碱主要侵害动物的神经系统，同时也波及呼吸、消化及泌尿器官。动物常因误食了有毒的植物或治疗疾病时用量过大、炮制方法不当而发生中毒。

5. 霉饲料中毒　动物吃了霉变饲料中霉菌的有毒代谢产物而引起的中毒，最常见的为黄曲霉毒素。能耐热，在200℃高温、强酸和紫外线条件下不能被完全破坏，霉菌毒素能作用于动物的肝引起肝细胞变性、坏死，作用于血管引起血管变脆，通透性增强，并能引起红细胞减少和血凝时间延长，从而表现出中毒症状。慢性黄曲霉毒素中毒还可引起动物的肝癌等。

6. 有害金属及其盐类中毒　动物通过各种途径摄入或接触有害金属及其盐类，如汞、砷、铅、镉等而引起动物中毒，甚至死亡。重金属及其盐类可通过消化道、呼吸道、皮肤、黏膜进入动物体内，抑制机体酶的活性、腐蚀组织器官等，而发生急性或慢性中毒。

(二) 中毒动物肉的检验

来自于中毒动物的胴体称为中毒动物肉。中毒动物肉的鉴定一般比较困难，因为中毒病虽然具有群发性、共同性、同因性、无热性、无传染性等发病特点，但是动物中毒原因、中毒后其临床表现和死后病理变化多种多样，而且在农贸集市销售此类肉多不带头蹄、内脏，胴体上的病理变化常不完整，检验中正确判别是何种毒物中毒在技术上存在一定困难，所以对可疑中毒动物肉的鉴定，必须全面收集病因、中毒动物宰前症状，在掌握宰后病理变化的基础上进行必要的毒物检验，综合判定。许多情况下还需要动物检疫检验人员有较丰富的业务知识和临床经验，中毒动物肉主要从以下四个方面进行检验：

1. 调查询问 调查询问时态度要热情、诚恳、注意引导和启发，要特别讲明中毒动物肉的危害和有关法律。询问内容包括：

（1）饲草饲料的来源、种类、调制方法及喂量等情况。

（2）使用和接触化肥、农药的数量、程度、持续时间。

（3）周围“三废”的排放情况。

（4）畜舍附近是否安放灭鼠药及消毒剂使用情况。

2. 收集情况 了解病情，掌握畜禽发病及死亡情况，即发病时间、病程、发病后的表现、治疗经过以及死亡头数等，进行分析推断中毒种类。常见毒物中毒主要症状见表 17-2。

表 17-2 常见毒物中毒主要症状

毒物名称	中毒症状	患病器官
氰化物	发病急、死亡快，生前呼吸困难，眼结膜发绀，极度兴奋，狂叫，心功能衰竭、衰弱、昏迷	神经系统、血液、呼吸系统
有机磷、有机氯农药、亚硝酸盐、汞砷制剂、食盐等	流涎、呕吐、口腔黏膜发炎、充血、糜烂、狂躁不安、全身抽搐、瞳孔缩小、腹痛、腹泻、粪臭有血样黏液	消化系统、神经系统和眼
毒芹、麦角、颠茄、麻黄、马钱子、乌头等生物碱	兴奋不安、呈强直性或阵发性肌肉痉挛、震颤、后躯不全麻痹、角弓反张	神经系统、肌肉系统
芥子油、秋水仙素、升汞等	血尿、血红蛋白尿、多尿、无尿（升汞）	泌尿系统
荞麦、苜蓿、三叶草、马铃薯	红斑性皮疹、黄染、脓包	皮肤
毒蛇、其他毒虫	咬伤处肿胀、出血、剧痛、兴奋不安	皮肤、皮下组织

3. 感官检验 畜禽中毒多突然死亡，中毒动物肉放血不良，胴体肌肉呈暗红色，主要淋巴结肿大、出血、切面呈紫（暗）红色。其宰杀口状态、血液坠积等现象，基本与病、死动物肉相同。另外胃肠内脏上常常有特征性变化，可以为诊断中毒病提供可靠依据，故检验时应尽可能追踪内脏检查。一般表现为与毒物接触的口腔、食道、胃肠黏膜有不同程度的充血、出血、变性、坏死、黏膜脱落、溃疡等变化。心脏、肝、肾、脑等组织器官有充血、出血、水肿、变性、坏死等变化。某些毒物对某些组织器官有特殊的选择性，会引起这些组织器官特征性病理变化，应注意观察。中毒动物肉的特征性病理变化见表 17-3。

表 17-3 中毒动物肉的特征性病理变化

毒物名称	主要病理变化
氰化物	血液、肌肉呈鲜红色
亚硝酸盐	血液呈黑褐色，如酱油状凝固不良
有机磷农药	肝肿大、脂变，肾肿大、质脆，心脏、肌肉、胃肠黏膜出血，肺水肿

（续）

毒物名称	主要病理变化
有机氯农药	肝、肾、脾肿大，体表淋巴结肿大，肺气肿、充血，肠呈蓝紫色
食盐	胃肠产生出血性炎症，脑、延髓水肿、充血
灭鼠药	肝、肺肿大、瘀血，胃肠壁出血
霉玉米	内脏器官广泛充血，脑膜、脑实质出血、软化
砷	肝、肾、脾呈不同程度变性、坏死，胃肠壁严重穿孔
汞	肾肿大、苍白，肺充血、出血，肝贫血，胃肠道黏膜脱落
毒蛇咬伤	咬伤处局部肿胀，伤口附近肌肉呈煮肉样

4. 毒物检验

（1）样品的采取、包装、保存及送检。

①样品采取：采取胃肠内容物、粪便、血液、尿液及心脏、肝、肾、淋巴结等，必要时采取可疑的剩余饲料。检样应无菌采取，采取样品时，应具有代表性，应多点采取，并采取足够数量。液体样品 50～200mL，固体或半固体 50～200g。

②样品包装：将采取的样品装入清洁、无菌、无残留药物的容器内，并分别进行无菌包装密封，并详细标注采集样品名称、采集人、采集地点、时间等。

③样品运送和保存：样品采取后，冷藏并尽快送检。注意一般不要加防腐剂，同时将调查情况和病理剖检变化记录一并送检，以供参考。

（2）常见毒物检验方法。主要有纸上呈色反应、薄层层析法、色谱法等。实践中市场上多采用快速、简便的定性检验法——纸上呈色反应法。

（三）中毒动物肉的卫生处理

（1）确认中毒致死（包括毒死的鸟及野兽）或死因不明的中毒动物肉，禁止上市销售，其肉尸、内脏应全部销毁。

（2）如发现中毒濒死急宰的肉尸及被食物中毒性微生物污染的肉尸，禁止上市销售，其肉尸、内脏全部销毁。

（3）某些饲料中毒如食盐中毒、酒精中毒、尿素中毒、棉籽饼中毒、霉玉米中毒、甘薯黑斑病中毒等，其肉尸经高温处理后利用，内脏、头蹄化制或销毁。

（4）被毒蛇、毒虫咬伤而急宰的肉尸，将咬伤局部和病变组织修割后，肉尸高温处理后利用，内脏、头蹄全部销毁。

七、肉种类的鉴别

在肉类交易中，某些经营者在经济利益驱动下，常“挂羊头，卖狗肉”，欺骗消费者。常需将牛肉与马肉、骆驼肉相鉴别，羊肉与犬肉、猪肉相鉴别，兔肉与禽肉相鉴别等。进行肉种类鉴别主要依据肉的外部形态、骨的解剖特征、肉的理化特性及免疫学反应等。

（一）感官检验

1. 肉品外部形态学特征比较　通过肌肉色泽、组织状态、肌纤维粗细、脂肪色泽、肌间脂肪多少和气味进行鉴别。但应注意品种、年龄、性别、阉割、肥育度、使役、饲料、放血程度及屠畜应激反应等因素的影响。牛肉与马肉，羊肉、猪肉与犬肉，兔肉与禽肉的外部形态学比较见表 17-4、表 17-5、表 17-6。

表 17-4　牛肉与马肉形态学特征比较

肉类别	肌肉			脂肪		气味
	色泽	质地	肌纤维性状	色泽和硬度	肌间脂肪	
牛肉	淡红色、红色或深红色（老龄牛）；切面有光泽	质地坚实，有韧性，嫩度较差	肌纤维较细，眼观断面有颗粒感	黄色或白色（幼龄牛和水牛）；硬而脆，揉搓时易碎	肌间脂肪明显可见，切面呈大理石样斑纹	具有牛肉特有的气味
马肉	深红色、棕红色，老马更深	质地坚实，韧性较差	肌纤维比牛肉粗，切面颗粒明显	浅黄色或黄色，软而黏稠	成年马少，营养好的马多	具有马肉固有的气味

表 17-5　羊肉、猪肉与犬肉形态学特征比较

肉类别	肌肉			脂肪		气味
	色泽	质地	肌纤维性状	色泽和硬度	肌间脂肪	
绵羊肉	淡红色、红色或暗红色，肌肉丰满，肉黏手	质地坚实	肌纤维较细短	白色或微黄色，质硬而脆，油发黏	少	具有绵羊肉固有的膻味
山羊肉	红色、棕红色，肌肉发散，肉不黏手	质地坚实	比绵羊肉粗长	除油不黏手外，其余同绵羊肉	少或无	膻味浓
猪肉	鲜红色或淡红色，切面有光泽	肉质嫩软，嫩度高	肌纤维细软	纯白色，质硬而黏稠	富有脂肪，瘦肉型断面呈大理石样	具有固有的肉腥味
犬肉	深红色或砖红色	质地坚实	较猪肉纤维粗	灰红色，柔软而黏腻	少	具有不愉快的气味

表 17-6　兔肉和禽肉形态学特征比较

肉类别	肌肉			脂肪		气味
	色泽	质地	肌纤维性状	色泽和硬度	肌间脂肪	
兔肉	淡红色或暗红（老龄兔或放血不全）	质地松软	肌纤维细嫩	黄白色，质软	沉积极少	具有兔肉固有的土腥味
禽肉	呈淡黄、淡红色、灰白色或暗红色等	质地较细嫩	纤维细软，水禽的肌纤维比鸡的粗	黄色，质甚软	肌间无脂肪沉积	具有禽肉固有的气味

2. 骨的解剖学特征比较　各种动物的骨都有其固定的种类特征，因此通过骨的解剖学特征来鉴别肉种类是准确而可靠的方法，几种动物骨的解剖学特征见表 17-7 和表 17-8。

表 17-7　牛骨与马骨解剖学特征比较

部位	牛	马
第一颈椎	无横突孔	有横突孔
肋骨	13 对，扁平而宽阔，肋间隙小	18 对，肋窄圆，肋间隙大
棘突	垂直，宽而长，彼此距离较宽	向前倾斜，窄而短，彼此距离较近
肩胛骨	肩胛冈高，肩峰明显而发达	肩胛冈低，无肩峰
前臂骨	尺骨比桡骨细 1/3，且比桡骨长；有 2 个前臂间隙，上间隙最明显	尺骨短，近端粗，远端尖细，只有一个前臂间隙
坐骨结节	黄牛、奶牛为等腰三角形，水牛为长三角形；外上方宽，有 2 个突起，内下方窄，延为坐骨弓	只有 1 个结节，为上宽下窄的长椭圆形，由前上方斜向外，向后下方
腰椎	横突扁长向两侧平伸，有钩突	横突短稍前弯，无钩突
小腿骨	腓骨近端退化，只有一个小突起	腓骨比牛的大，呈细柱状，下端与胫骨远端的外踝愈合；有小腿间隙
膝盖骨	等腰三角形	等边三角形

表 17-8　羊骨、猪骨和犬骨的比较

部位	羊	猪	犬
寰椎	无横突孔	横突孔在寰椎可见，向寰椎翼后缘突出	有横突孔，寰椎翼前方有翼切迹
肋骨	与胸骨相连处呈锐角，楔形；肋骨 13 对，真肋 8 对，前部肋骨弯曲度大	肋扁圆 14～15 对，7 对真肋弯曲度没有犬的大，肋间隙比犬小，第一肋骨的下部很宽，封闭于胸廓前口的下部	第一肋骨与胸骨相连处呈前弧形，肋骨 13 对，真肋 9 对，最后肋常为浮肋，肋弯曲度大，肋间隙大
腰椎	6 个，横突向前变低，末端变宽，棘突低宽	5～7 个，一般为 6 个，横突稍向下弯曲，稍前倾，棘突稍前倾，上下等宽	7 个，横突较细，微伸向前下方，棘突上窄下宽
肩胛骨	肩峰明显	肩峰不明显，肩胛冈结节异常发达，并向后弯曲	肩峰呈钩状，肩胛冈高，把肩胛骨外表面分成两等分
前臂骨	比猪的直，微弯曲；尺骨比桡骨长且细得多	尺骨弯曲且比桡骨长，粗细相当；前臂间隙很小	较直，尺骨比桡骨长而稍细
坐骨结节	扁平外翻，长三角形	明显向后尖突	与马的坐骨结节相似
小腿骨	腓骨近端退化成 1 个小隆突，远端变为踝骨	胫骨和腓骨长度相等；小腿间隙贯穿全长，腓骨比胫骨细，上半部呈三棱形	胫骨和腓骨长度相等，但尺骨很细，上半部有较宽的小腿间隙

3. 淋巴结特征比较　牛的淋巴结是单个完整的淋巴结，多呈椭圆形或长圆形，切面在灰色或黄色的基础上往往有灰褐色或黑色的色素沉着。马的淋巴结是由多个大小不同的小淋巴结联结的淋巴结团块，呈纽结状，比牛的淋巴结小，切面色泽灰白或黄白。

（二）理化检验

1. 脂肪熔点的测定　每种动物脂肪所含饱和脂肪酸和不饱和脂肪酸的种类和数量不同，其熔点也不相同，可作为鉴别肉种类的依据。

（1）直接加热测定法。从检肉中取脂肪数克，剪碎，放入烧杯中加热，待熔化后，加适量冷水（10℃以下），使液态油脂迅速冷却凝固并浮于液面。插入一温度计，使液面刚好淹没其水银球。将烧杯放在石棉网上加热，并随时观察温度计水银柱上升和脂肪熔化情况。当液面的脂肪刚开始熔化和完全熔化时，分别读取温度计所示读数，即为被检脂肪的熔点范围。按上述方法反复3次，取其平均值。

（2）毛细管测定法。将毛细管直立插入已熔化的油样中，当管柱内油样达0.5～1.5cm高时，小心移入冰箱内或冷水中冷却凝固，取出后，用橡皮圈固定毛细管于温度计上，并使油样与水银球在同一水平面上，然后将其插入盛有冷水的烧杯中，使温度计水银球浸没于液面下3～4cm处。缓慢加热，不时搅拌，使水温传热均匀并保持水的升温速度为0.5～1℃/min，直至接近预计的脂肪熔点时，分别记录毛细管内油样刚开始熔化和完全澄清透明时的温度。将毛细管取出，冷却。再按上述方法复检3次，取平均温度，即为该脂肪样品的熔点。各种动物脂肪的熔点与凝固点温度见表17-9。

表17-9　各种动物脂肪的熔点与凝固点温度

类　别	熔点温度（℃）	凝固点温度（℃）	类　别	熔点温度（℃）	凝固点温度（℃）
猪	34～44	22～31	羊	44～55	32～41
马	15～39	15～30	犬	30～40	20～25
牛	45～52	27～38	鸡	30～40	—
水牛	52～57	40～49	兔	35～45	—

2. 糖原定性反应　马肉、驼肉和犬肉中含有大量糖原，可以用定性反应测出。牛肉、羊肉和猪肉中糖原含量甚少，用定性方法不能测出。

（三）免疫学检验

免疫学鉴别方法较多，用于市场肉种类鉴别的方法，首推沉淀反应和琼脂扩散反应。前者是一种单相扩散法，即以相应动物的特异蛋白作抗原接种家兔，以获得特异抗体，再用这种已知的抗血清检测未知的肉样。后者是一种双相扩散法，不仅能检测单一肉种，还能同时与有关抗原作比较，分析混合肉样中的抗原成分。琼脂扩散反应在形成沉淀线之后不再扩散，并可保存作为永久性记录，有法律证据价值。

实训十四　黄脂肉与黄疸肉的检验

【目的与要求】掌握黄脂肉和黄疸肉的感官检查、碱法和酸法鉴定的操作方法及判定标准；掌握黄脂肉与黄疸肉的卫生评定。

（一）感官检查方法

参见模块十七项目二的有关内容。

（二）氢氧化钠-乙醚法

【原理】脂肪中胆红素能与氢氧化钠结合，生成黄色的胆红素钠盐，可溶于水，在水层中呈现黄色，为黄疸。天然色素属于脂溶性物质，不溶于水，只溶于乙醚，在乙醚层中呈现黄色，为黄脂。

【器材与试剂】5%氢氧化钠溶液，乙醚。

【操作方法】取不带血液与血管的猪肥膘或脂肪组织 2g 于平皿中剪碎，置于试管中，向试管内加入 5%氢氧化钠溶液 5mL，煮沸约 1min ，并不时振摇试管，防止液体溅出，使脂肪全部溶化。取下试管，置于流水下冲淋，使之冷却至 40～50℃（手触摸有温热感）时，向试管内小心加入等量乙醚，混匀，加塞静置，待溶液分层后观察其颜色的变化，并同时作空白对照试验。

【判定标准】

(1) 若上层乙醚液为黄色，下层液无色，则系天然色素所致，为黄脂。

(2) 若上层乙醚液无色，下层液体染成黄色或黄绿色，则存在胆红素，为黄疸。

(3) 若上、下两层均为黄色，则表明检样中两种色素同时存在，既有黄疸，也有黄脂。

(三) 硫酸法

【原理】胆红素在酸性环境（pH1.39）下显绿色或蓝色反应。故可在肉浸液中加入硫酸后使之显色而进行定性检查。

【器材与试剂】50%乙醇溶液，浓硫酸。

【操作方法】取被检脂肪 5～10g，剪碎，置于具塞锥形瓶中，加入 50%乙醇溶液约 40mL，振摇浸抽 10～15min，将浸出液过滤，量取滤液 8mL 置于试管中，滴加浓硫酸 10～20 滴，振摇混匀，观察溶液颜色变化。

【判定标准】当溶液中存在胆红素时，滤液呈现绿色，继续加入硫酸，经适当加热后，则变为淡蓝色。若无胆红素时，则溶液无颜色反应。

【结果与报告】采取样品，进行感官检验和实验室检验，对检验结果进行综合评价。

实训十五　注水肉的检验

【目的与要求】掌握注水动物肉的各种检验方法。

(一) 感官检查

详见模块十七项目二中注水肉的检验鉴定和处理。

(二) 放大镜观察法

【器材与试剂】检验刀、大镊子、15～20 倍放大镜、20mL 注射器各 1 个，大瓷盘 2 个，每组 1 套。

【操作方法】

(1) 将正常肉、注水肉或光禽放入大瓷盘内，以备检验者观察。

(2) 检验者用镊子固定住被检肉样，用检验刀顺着肌纤维方向切开肌肉后用放大镜观察。

【判定标准】

(1) 正常肉：肌纤维排列均匀，结构致密紧凑无断裂、无变细增粗等形态变化，色泽呈鲜红、浅红色，看不到血液和渗出液。

(2) 注水肉：肌纤维肿胀、粗细不匀、结构纹理不清、有大量血水和渗出液。

(三) 试纸检验法

【器材与试剂】检验刀、镊子各 1 个，新华滤纸（最好是定量滤纸）剪成 1cm×10cm 大小的纸条若干，每组 1 套。

【操作方法】

（1）检验者用镊子固定被检肉样，用检验刀切开肌肉。

（2）立即将滤纸条插入肉的新鲜切口内 2cm 深，贴紧肉面 1～2min。

（3）观察滤纸条被浸润情况，纸条揭下后两手均匀拉，检验其拉力。

【判定标准】

（1）正常肉：滤纸贴后稍湿润且有油渍，揭后耐拉。

（2）注水肉：滤纸贴后立即被水分和肌肉汁浸湿，均匀一致，超过插入部分 2～5mm（注水越多，湿得越快、超过部分越高），揭后不耐拉易断。

（四）燃纸检验法

【器材与试剂】 检验刀、镊子各 1 个，卷烟纸 1 本，火柴 1 盒，瓷盘 2 个，每组 1 套。

【操作方法】

（1）检验者用镊子固定被检肉样，用检验刀顺着肌纤维切开肌肉。

（2）将卷烟纸贴于肉的新鲜切面上，取下后点火燃烧。

【判定标准】

（1）正常肉：卷烟纸贴后有油渍，点火后易燃烧。

（2）注水肉：卷烟纸贴后立即湿润，点火后不易燃烧。

（五）加压检验法

【器材与试剂】干净塑料袋、质量为 5kg 的哑铃或铁块。

【操作方法】

（1）取大小为 10cm×10cm×5cm 的正常肉和注水肉分别装在干净塑料袋内扎紧。

（2）将哑铃和铁块分别压在塑料袋上，10min 后观察袋内情况。

【判定标准】

（1）装正常肉的塑料袋内无水或有非常少的几滴血水。

（2）装注水肉的塑料袋内有水被挤出。

（六）熟肉率检验法

【器材与试剂】锅 、电炉、检验刀、秤、量筒（500～1 000mL）各 1 个，每组 1 套。

【操作方法】

（1）称取正常肉和注水肉的肉块各 0.5kg，放在锅内，加2 000mL 水。

（2）水煮沸后继续煮 1h，捞出晾凉后称取熟肉重量。

【计算】

$$熟肉率=\frac{熟肉重}{鲜肉重}\times 100\%$$

【判定标准】正常肉的熟肉率>50%，注水肉的熟肉率<50%。

【注意事项】正常肉和注水肉放在同锅内煮沸时要进行标记，以免混淆。

（七）肉的损耗检验法

【器材与试剂】吊钩、秤。

【操作方法】

（1）取相同大小的正常肉和注水肉各 1 块，分别称重。

（2）将其分开挂在 15～20℃通风良好的阴凉处的吊钩上，24h 后分别称重。

【计算】

$$损耗率=\frac{晾前肉重-晾后肉重}{晾前肉重}\times 100\%$$

【判定标准】正常肉的损耗率为：0.5%～0.7%，注水肉的损耗率为：4.0%～6.0%。

(八) 实验室常压水分干燥法

常压水分干燥法虽然简单，但耗时较长，且结果受注水水质的影响。由于注水中含有电解质等物质，而且在种类、数量上有很大差异，所以对肉类注水程度的判定难以掌握，该方法只用于粗略判定。

【器材与试剂】称量瓶、烘箱、干燥器、电子天平。

【操作方法】

(1) 将称量瓶置于105℃烘箱内烘1～2h至恒温，盖好，取出置于干燥器内冷却，用分析天平称其质量为 W_1。

(2) 取待检肉样3g左右于称量瓶中，摊平，加盖，精密称重为 W_2，并置于105℃烘箱内烘4h以上至恒重（两次重复烘，质量之差小于2mg即为恒重），经干燥器冷却后称其质量为 W_3。

【计算】

$$肉品水分=\frac{W_2-W_3}{W_2-W_1}\times 100\%$$

【判定标准】正常新鲜精瘦肉的水分含量为67.3%～74%，注水猪肉的水分含量则大于此范围。

(九) SY-01型肉类注水测定仪检测法

【原理】该仪器应用电导原理进行测量。正常情况下，瘦肉中含水量一般在70%左右，正常肉电导度 $S<1/51\text{V}$，电阻 $R>51\Omega$，加入不洁水质的肉电导度 $S\geqslant 1/51\text{V}$，电阻 $R\leqslant 51\Omega$。

【器材与试剂】SY-01型肉类注水测定仪，鲜猪、牛、羊前后肢精瘦肉。

【操作方法】将检测探头插入被检部位的精瘦肉中，按下测量键。表头指针所指为检测结果。

【判定标准】

(1) 正常肉：表头指针停在蓝色带上。

(2) 注入少量水的肉：表头指针停在黄色带上。

(3) 严重注水肉：表头指针停在红色带上。

(十) 试纸法检测注水肉

【器材与试剂】检验用试纸、检验刀、检验钩、大镊子各1个，瓷盘2个，每组1套。正常和注水的老牛肉、小牛肉和猪肉。

【操作方法】

(1) 检验者用检验钩钩住被检肉，用检验刀将肌纤维横断，要求切面必须光滑平整。

(2) 翻开切口，于一侧面贴试纸，立即压实并记录时间，试纸由蓝变红，观察记录试纸变色程度及完全变色（变红）时间。

【判定标准】

（1）正常猪肉试纸完全变色时间超过20s；注水猪肉20s以内试纸完全变色。

（2）正常老牛肉试纸完全变色时间超过25s；注水老牛肉25s以内试纸完全变色。

（3）正常小牛肉试纸完全变色时间超过20s；注水小牛肉20s以内试纸完全变色。

【注意事项】不同部位、不同品种、宰后贮存时间都会使试纸变色时间有所不同。肉质细嫩、含水量高，如小牛肉的背最长肌，试纸变色快。

注水肉是个复杂的问题，注入的水多是掺进其他物质或是不洁的水，使之不易流出和鉴别。每种检验法都不十分理想，加入的水含不挥发性杂质多，烘干、煮后、晾后注水肉的质量可能大于正常肉，影响直接干燥法、熟肉率法、损耗法的应用；SY-01型肉类注水仪检测法不适于注入普通水；试纸法在观察时存在眼观误差，时间也不易掌握；贴纸法、燃纸法没有量的概念，只凭检验者经验判定。所以注水肉可采用多种方法进行检验，综合判定。

实训十六　病死畜禽肉的实验室检验

【目的与要求】掌握病死畜禽肉的实验室检验的操作方法和卫生评价。

（一）细菌学检验

【器材与试剂】显微镜、具盖搪瓷盘、酒精灯、镊子、剪刀、灭菌载玻片、革兰氏染色液、瑞氏染色液。

【操作方法】

（1）无菌操作取有病理变化的淋巴结、实质器官和组织，触片（每个检样制备2个以上的触片）。

（2）将自然干燥并火焰固定的触片，经革兰氏染色法进行染色（也可将自然干燥的组织触片，经瑞氏染色法进行染色），油镜下检查。

【判定标准】根据炭疽杆菌、猪丹毒杆菌、巴氏杆菌、链球菌等致病菌的形态特征判定。

（二）放血程度检验

1. 滤纸浸润法

【器材与试剂】新华滤纸0.5cm×5cm、镊子、检验刀、瓷盘，每组1套。

【操作方法】

（1）检验者用镊子固定被检肉，用检验刀切开肉。

（2）取滤纸条插入被检肉新鲜切口1～2cm深。

（3）经2～3min后观察。

【判定标准】

（1）放血不全：滤纸条被血样液浸润且超出插入部分2～3mm。

（2）严重放血不全：滤纸条被血样液严重浸润且超出插入部分5mm以上。

2. 愈创木脂酊反应法

【器材与试剂】

1. 器材　检验刀、镊子、瓷皿、吸管、吸球、10mL量筒，每组1套。

2. 试剂

（1）愈创木脂酊：称取5g愈创木脂，加75%乙醇至100mL溶解后备用。

（2）3%过氧化氢溶液：量取30%过氧化氢3mL，用蒸馏水稀释至30mL即成（现用现配）。

【操作方法】

(1) 检验者用镊子固定肉，用检验刀切取前肢或后肢肉片1～2g，置于瓷皿中。

(2) 用吸管吸取愈创木脂酊5～10mL，注入瓷皿中，此时肌肉不发生任何变化。

(3) 加入3%过氧化氢溶液数滴，此时肉片周围产生泡沫。

【判定标准】

(1) 放血良好：肉片周围溶液呈淡蓝色环或无变化。

(2) 放血不全：数秒钟内肉片变为深蓝色，周围组织全呈深蓝色。

(三) 微生物毒素呈色反应

【原理】病畜禽肉及变质肉中大多含有微生物及其内毒素，这些内毒素能降低肉浸出液的氧化还原势能，如果在除去蛋白质的肉浸液中加入硝酸银溶液则形成氧化性毒素，这种毒素具有阻止氧化还原指示剂褪色作用。当肉浸液中有氧化性毒素时，与高锰酸钾反应，浸出液呈现指示剂的颜色（蓝色）；如果肉浸液中无氧化性毒素时，则指示剂被还原褪色呈现高锰酸钾的红色。

【器材与试剂】

1. 器材　灭菌的剪刀、镊子、研钵、玻棒、250mL带塞锥形瓶、漏斗、吸管和试管，每组1套。

2. 试剂

(1) 1%甲酚蓝乙醇溶液：称取1g甲酚蓝，溶于100mL 95%的乙醇溶液中，置于37℃温箱中保存2d，过滤。

(2) 0.1mol/L氢氧化钠标准溶液：精确称取4g氢氧化钠，溶于1 000mL水中。

(3) 5%草酸溶液：称取7g草酸溶于100mL水中。

(4) 0.5%硝酸银溶液：称取0.5g硝酸银，溶于100mL水中。

(5) 盐酸溶液（1+1.5）：量取1份浓盐酸加于1.5份水中。

(6) 1%高锰酸钾溶液：称取1g高锰酸钾，溶于100mL水中。

(7) 灭菌生理盐水。

【操作方法】

(1) 样品处理。以无菌操作称取10g精肉置于灭菌研钵中，用无菌剪刀仔细剪碎，加入10mL灭菌生理盐水和10滴0.1mol/L氢氧化钠标准溶液，仔细研磨，将肉浆用玻棒移入250mL锥形瓶中，加塞，在水浴中加热至沸，取出冷至室温，加入5滴5%草酸溶液，过滤，滤液备用。

(2) 测定。取1支灭菌试管，加入2mL滤液，然后依次加入1滴1%甲酚蓝乙醇溶液、3滴0.5%硝酸银溶液、1滴盐酸溶液（1+1.5），用力振摇，再加入0.15mL1%高锰酸钾溶液再次振摇后观察结果。同时另取1支吸管，加入2mL生理盐水或2mL已知健康新鲜肉的抽提液，按上述方法做对照试验。

反应在白色背景上观察，操作结束后立即观察，10～15min后再次观察，以第二次观察结果为最终结果。

【判定标准】

(1) 健康新鲜肉呈阴性反应，即反应管呈玫瑰红色或红褐色，经30～40min后变为无色。

（2）有病动物肉呈阳性反应，反应管呈亮蓝色。

（四）过氧化物酶反应

【原理】过氧化物酶只存在于健康动物的新鲜肉中，有病动物肉一般无过氧化物酶或者含量甚微，当肉浸液中有过氧化物酶存在时，可以使过氧化氢分解，产生新生态氧，将指示剂联苯胺氧化成为淡蓝绿色化合物，经过一定时间后变成褐色。

【器材与试剂】

1. 仪器　试管架、吸球、试管2支、吸管2支、灭菌移液管2个，每组1套。

2. 试剂

（1）1%过氧化氢溶液：取30%过氧化氢1mL与29mL蒸馏水混合（现用现配）。

（2）0.2%联苯胺酒精溶液：称取0.2g联苯胺，溶于100mL 95%酒精中，于棕色瓶内保存，有效期不超过一个月。

（3）生理盐水。

【操作方法】

（1）肉浸液制备方法同实训九中肉新鲜度检验。

（2）取2支试管，1支用吸球吸管加入2mL肉浸液，另一支加入2mL蒸馏水作对照。

（3）用移液管向各试管中分别加入0.2%联苯胺酒精溶液5滴，充分振荡。

（4）用移液管吸取1%过氧化氢溶液向上述各试管分别滴加2滴，稍加振荡，立即观察颜色变化的速度与程度。

【判定标准】

（1）健康新鲜肉的浸液在1～2min内呈蓝绿色，几分钟后变成褐色。

（2）病畜、过劳或急宰畜禽的肉浸液不出现变化，有时较迟出现蓝绿色，但随即转为褐色。

本试验也可按照下法操作，在肉的新鲜切面上，加1%过氧化氢溶液2滴和0.2%联苯胺酒精溶液5滴。如出现蓝绿色斑点，继之变成褐色为阳性反应，无斑点为阴性反应。

（五）pH测定

【原理】病死畜禽肉中糖原含量低，产生乳酸少，因此肉的pH较高。

【器材与试剂】见实训九肉新鲜度检验中的内容.

【判定标准】健康肉的pH在5.8～6.5，病畜肉的pH在6.6以上（检测时间需在宰后正常放置24h以内的鲜肉），

（六）肉汤硫酸铜反应

【原理】患病的动物，宰后肉在新鲜状态下呈碱性反应，可使球蛋白试验呈阳性结果。

【器材与试剂】5%硫酸铜溶液。

【判定标准】

（1）健康畜禽新鲜肉的溶液呈淡蓝色，完全透明。

（2）有病畜禽肉的肉汤有絮状物。

（3）变质肉的肉汤呈胶冻状，淡绿色或蓝青色。

复习思考题

一、填空题

1. 常见的色泽异常肉主要有________、________、________、________、________、________等。

2. 注水肉感官检验方法包括________、________和________。

3. 病死畜禽肉的感官检验指标有________、________、________、________和________五方面。

4. 中毒病的发病特点主要有________、________、________、________和________。

5. 常年经营肉类的固定摊主，其经营的肉类除有“动物检疫合格证明”和验讫印章外，摊主还应有________、________、________和________等证明。

二、判断题

1. 黄脂肉又称为黄膘肉，是指皮下或腹腔脂肪发黄，而其他组织器官不发黄的一种色泽异常肉。(　)

2. 黄脂肉是由于体内胆红素过多或排泄障碍所引起。(　)

3. 黄疸肉发生的原因与饲料有关。(　)

4. 黄疸肉除脂肪发黄外，全身皮肤、巩膜、结膜、关节囊液、内脏器官均染成不同程度的黄色。(　)

5. 黄脂肉胴体随放置时间的延长，颜色变淡或消失。(　)

6. 白肌肉发生的原因多是由于猪宰前发生应激反应所致。(　)

7. 白肌肉与遗传和品种有关。(　)

8. 白肌病是缺乏维生素E和微量元素硒，或维生素E利用障碍而引起的一种营养代谢病。(　)

9. 注水肉一经查出，一律废弃处理，并对经营者按有关规定进行惩处。(　)

10. 注水肉指压后有多余水分流出，手指黏湿，肉弹性差。(　)

11. 病死肉杀口不外翻，附近无血液污染。(　)

12. 濒死期急宰胴体或冷宰胴体的躺卧侧皮下及肌肉组织由于血液坠积而颜色变暗，形成尸斑。(　)

13. 信息症状是指对某种疫病具有指征性的症状。(　)

14. 凡病死动物肉，不论是何种原因，一律不准上市销售。(　)

15. 群发性是动物中毒病的特点之一。(　)

三、简答题

1. 市场检疫的程序和要点有哪些？
2. 简述黄脂和黄疸肉的鉴别要点。
3. 简述白肌肉发生的原因及鉴定要点。
4. 市场上常见的劣质肉有哪些？如何进行卫生处理？

附 录

附录一 生猪屠宰管理条例

（1997年12月19日中华人民共和国国务院令第238号发布 2007年12月19日国务院第201次常务会议修订通过）

第一章 总 则

第一条 为了加强生猪屠宰管理，保证生猪产品质量安全，保障人民身体健康，制定本条例。

第二条 国家实行生猪定点屠宰、集中检疫制度。

未经定点，任何单位和个人不得从事生猪屠宰活动。但是，农村地区个人自宰自食的除外。

在边远和交通不便的农村地区，可以设置仅限于向本地市场供应生猪产品的小型生猪屠宰场点，具体管理办法由省、自治区、直辖市制定。

第三条 国务院商务主管部门负责全国生猪屠宰的行业管理工作。县级以上地方人民政府商务主管部门负责本行政区域内生猪屠宰活动的监督管理。

县级以上人民政府有关部门在各自职责范围内负责生猪屠宰活动的相关管理工作。

第四条 国家根据生猪定点屠宰厂（场）的规模、生产和技术条件以及质量安全管理状况，推行生猪定点屠宰厂（场）分级管理制度，鼓励、引导、扶持生猪定点屠宰厂（场）改善生产和技术条件，加强质量安全管理，提高生猪产品质量安全水平。生猪定点屠宰厂（场）分级管理的具体办法由国务院商务主管部门征求国务院畜牧兽医主管部门意见后制定。

第二章 生猪定点屠宰

第五条 生猪定点屠宰厂（场）的设置规划（以下简称设置规划），由省、自治区、直辖市人民政府商务主管部门会同畜牧兽医主管部门、环境保护部门以及其他有关部门，按照合理布局、适当集中、有利流通、方便群众的原则，结合本地实际情况制订，报本级人民政府批准后实施。

第六条 生猪定点屠宰厂（场）由设区的市级人民政府根据设置规划，组织商务主管部门、畜牧兽医主管部门、环境保护部门以及其他有关部门，依照本条例规定的条件进行审查，经征求省、自治区、直辖市人民政府商务主管部门的意见确定，并颁发生猪定点屠宰证书和生猪定点屠宰标志牌。

设区的市级人民政府应当将其确定的生猪定点屠宰厂（场）名单及时向社会公布，并报省、自治区、直辖市人民政府备案。

生猪定点屠宰厂（场）应当持生猪定点屠宰证书向工商行政管理部门办理登记手续。

第七条　生猪定点屠宰厂(场)应当将生猪定点屠宰标志牌悬挂于厂(场)区的显著位置。

生猪定点屠宰证书和生猪定点屠宰标志牌不得出借、转让。任何单位和个人不得冒用或者使用伪造的生猪定点屠宰证书和生猪定点屠宰标志牌。

第八条　生猪定点屠宰厂（场）应当具备下列条件：

（一）有与屠宰规模相适应、水质符合国家规定标准的水源条件；

（二）有符合国家规定要求的待宰间、屠宰间、急宰间以及生猪屠宰设备和运载工具；

（三）有依法取得健康证明的屠宰技术人员；

（四）有经考核合格的肉品品质检验人员；

（五）有符合国家规定要求的检验设备、消毒设施以及符合环境保护要求的污染防治设施；

（六）有病害生猪及生猪产品无害化处理设施；

（七）依法取得动物防疫条件合格证。

第九条　生猪屠宰的检疫及其监督，依照动物防疫法和国务院的有关规定执行。

生猪屠宰的卫生检验及其监督，依照食品安全法的规定执行。

第十条　生猪定点屠宰厂（场）屠宰的生猪，应当依法经动物卫生监督机构检疫合格，并附有检疫证明。

第十一条　生猪定点屠宰厂(场)屠宰生猪,应当符合国家规定的操作规程和技术要求。

第十二条　生猪定点屠宰厂（场）应当如实记录其屠宰的生猪来源和生猪产品流向。生猪来源和生猪产品流向记录保存期限不得少于2年。

第十三条　生猪定点屠宰厂（场）应当建立严格的肉品品质检验管理制度。肉品品质检验应当与生猪屠宰同步进行，并如实记录检验结果。检验结果记录保存期限不得少于2年。

经肉品品质检验合格的生猪产品，生猪定点屠宰厂（场）应当加盖肉品品质检验合格验讫印章或者附具肉品品质检验合格标志。经肉品品质检验不合格的生猪产品，应当在肉品品质检验人员的监督下，按照国家有关规定处理，并如实记录处理情况；处理情况记录保存期限不得少于2年。

生猪定点屠宰厂（场）的生猪产品未经肉品品质检验或者经肉品品质检验不合格的，不得出厂（场）。

第十四条　生猪定点屠宰厂（场）对病害生猪及生猪产品进行无害化处理的费用和损失，按照国务院财政部门的规定，由国家财政予以适当补助。

第十五条　生猪定点屠宰厂（场）以及其他任何单位和个人不得对生猪或者生猪产品注水或者注入其他物质。

生猪定点屠宰厂（场）不得屠宰注水或者注入其他物质的生猪。

第十六条　生猪定点屠宰厂（场）对未能及时销售或者及时出厂（场）的生猪产品，应当采取冷冻或者冷藏等必要措施予以储存。

第十七条　任何单位和个人不得为未经定点违法从事生猪屠宰活动的单位或者个人提供生猪屠宰场所或者生猪产品储存设施，不得为对生猪或者生猪产品注水或者注入其他物质的单位或者个人提供场所。

第十八条　从事生猪产品销售、肉食品生产加工的单位和个人以及餐饮服务经营者、集体伙食单位销售、使用的生猪产品，应当是生猪定点屠宰厂（场）经检疫和肉品品质检验合格的生猪产品。

第十九条 地方人民政府及其有关部门不得限制外地生猪定点屠宰厂（场）经检疫和肉品品质检验合格的生猪产品进入本地市场。

第三章 监督管理

第二十条 县级以上地方人民政府应当加强对生猪屠宰监督管理工作的领导，及时协调、解决生猪屠宰监督管理工作中的重大问题。

第二十一条 商务主管部门应当依照本条例的规定严格履行职责，加强对生猪屠宰活动的日常监督检查。

商务主管部门依法进行监督检查，可以采取下列措施：

（一）进入生猪屠宰等有关场所实施现场检查；

（二）向有关单位和个人了解情况；

（三）查阅、复制有关记录、票据以及其他资料；

（四）查封与违法生猪屠宰活动有关的场所、设施，扣押与违法生猪屠宰活动有关的生猪、生猪产品以及屠宰工具和设备。

商务主管部门进行监督检查时，监督检查人员不得少于 2 人，并应当出示执法证件。

对商务主管部门依法进行的监督检查，有关单位和个人应当予以配合，不得拒绝、阻挠。

第二十二条 商务主管部门应当建立举报制度，公布举报电话、信箱或者电子邮箱，受理对违反本条例规定行为的举报，并及时依法处理。

第二十三条 商务主管部门在监督检查中发现生猪定点屠宰厂（场）不再具备本条例规定条件的，应当责令其限期整改；逾期仍达不到本条例规定条件的，由设区的市级人民政府取消其生猪定点屠宰厂（场）资格。

第四章 法律责任

第二十四条 违反本条例规定，未经定点从事生猪屠宰活动的，由商务主管部门予以取缔，没收生猪、生猪产品、屠宰工具和设备以及违法所得，并处货值金额 3 倍以上 5 倍以下的罚款；货值金额难以确定的，对单位并处 10 万元以上 20 万元以下的罚款，对个人并处 5000 元以上 1 万元以下的罚款；构成犯罪的，依法追究刑事责任。

冒用或者使用伪造的生猪定点屠宰证书或者生猪定点屠宰标志牌的，依照前款的规定处罚。

生猪定点屠宰厂（场）出借、转让生猪定点屠宰证书或者生猪定点屠宰标志牌的，由设区的市级人民政府取消其生猪定点屠宰厂（场）资格；有违法所得的，由商务主管部门没收违法所得。

第二十五条 生猪定点屠宰厂（场）有下列情形之一的，由商务主管部门责令限期改正，处 2 万元以上 5 万元以下的罚款；逾期不改正的，责令停业整顿，对其主要负责人处 5000 元以上 1 万元以下的罚款：

（一）屠宰生猪不符合国家规定的操作规程和技术要求的；

（二）未如实记录其屠宰的生猪来源和生猪产品流向的；

（三）未建立或者实施肉品品质检验制度的；

（四）对经肉品品质检验不合格的生猪产品未按照国家有关规定处理并如实记录处理情况的。

第二十六条 生猪定点屠宰厂（场）出厂（场）未经肉品品质检验或者经肉品品质检验不合格的生猪产品的，由商务主管部门责令停业整顿，没收生猪产品和违法所得，并处货值金额1倍以上3倍以下的罚款，对其主要负责人处1万元以上2万元以下的罚款；货值金额难以确定的，并处5万元以上10万元以下的罚款；造成严重后果的，由设区的市级人民政府取消其生猪定点屠宰厂（场）资格；构成犯罪的，依法追究刑事责任。

第二十七条 生猪定点屠宰厂（场）、其他单位或者个人对生猪、生猪产品注水或者注入其他物质的，由商务主管部门没收注水或者注入其他物质的生猪、生猪产品、注水工具和设备以及违法所得，并处货值金额3倍以上5倍以下的罚款，对生猪定点屠宰厂（场）或者其他单位的主要负责人处1万元以上2万元以下的罚款；货值金额难以确定的，对生猪定点屠宰厂（场）或者其他单位并处5万元以上10万元以下的罚款，对个人并处1万元以上2万元以下的罚款；构成犯罪的，依法追究刑事责任。

生猪定点屠宰厂（场）对生猪、生猪产品注水或者注入其他物质的，除依照前款的规定处罚外，还应当由商务主管部门责令停业整顿；造成严重后果，或者两次以上对生猪、生猪产品注水或者注入其他物质的，由设区的市级人民政府取消其生猪定点屠宰厂（场）资格。

第二十八条 生猪定点屠宰厂（场）屠宰注水或者注入其他物质的生猪的，由商务主管部门责令改正，没收注水或者注入其他物质的生猪、生猪产品以及违法所得，并处货值金额1倍以上3倍以下的罚款，对其主要负责人处1万元以上2万元以下的罚款；货值金额难以确定的，并处2万元以上5万元以下的罚款；拒不改正的，责令停业整顿；造成严重后果的，由设区的市级人民政府取消其生猪定点屠宰厂（场）资格。

第二十九条 从事生猪产品销售、肉食品生产加工的单位和个人以及餐饮服务经营者、集体伙食单位，销售、使用非生猪定点屠宰厂（场）屠宰的生猪产品、未经肉品品质检验或者经肉品品质检验不合格的生猪产品以及注水或者注入其他物质的生猪产品的，由工商、卫生、质检部门依据各自职责，没收尚未销售、使用的相关生猪产品以及违法所得，并处货值金额3倍以上5倍以下的罚款；货值金额难以确定的，对单位处5万元以上10万元以下的罚款，对个人处1万元以上2万元以下的罚款；情节严重的，由原发证（照）机关吊销有关证照；构成犯罪的，依法追究刑事责任。

第三十条 为未经定点违法从事生猪屠宰活动的单位或者个人提供生猪屠宰场所或者生猪产品储存设施，或者为对生猪、生猪产品注水或者注入其他物质的单位或者个人提供场所的，由商务主管部门责令改正，没收违法所得，对单位并处2万元以上5万元以下的罚款，对个人并处5000元以上1万元以下的罚款。

第三十一条 商务主管部门和其他有关部门的工作人员在生猪屠宰监督管理工作中滥用职权、玩忽职守、徇私舞弊，构成犯罪的，依法追究刑事责任；尚不构成犯罪的，依法给予处分。

第五章 附 则

第三十二条 省、自治区、直辖市人民政府确定实行定点屠宰的其他动物的屠宰管理办法，由省、自治区、直辖市根据本地区的实际情况，参照本条例制定。

第三十三条 本条例所称生猪产品，是指生猪屠宰后未经加工的胴体、肉、脂、脏器、血液、骨、头、蹄、皮。

第三十四条 本条例施行前设立的生猪定点屠宰厂（场），自本条例施行之日起 180 日内，由设区的市级人民政府换发生猪定点屠宰标志牌，并发给生猪定点屠宰证书。

第三十五条 生猪定点屠宰证书、生猪定点屠宰标志牌以及肉品品质检验合格验讫印章和肉品品质检验合格标志的式样，由国务院商务主管部门统一规定。

第三十六条 本条例自 2008 年 8 月 1 日起施行。

附录二　病害动物和病害动物产品生物安全处理规程

(GB 16548—2006)

1. 范围

本标准规定了病害动物和病害动物产品的销毁、无害化处理的技术要求。

本标准适用于国家规定的染疫动物及其产品、病死毒死或者死因不明的动物尸体、经检验对人畜健康有危害的动物和病害动物产品、国家规定的其他应该进行生物安全处理的动物和动物产品。

2. 术语和定义

下列术语和定义适用于本标准

2.1　生物安全处理

通过用焚毁、化制、掩埋、或其他物理、化学、生物学等方法将病害动物尸体和病害动物产品或附属物进行处理，以彻底消灭其所携带的病原体，达到消除病害因素，保障人畜健康安全的目的。

3. 病害动物和病害动物品的处理

3.1　运送

运送动物尸体和病害动物产品应采用密闭、不渗水的容器，装前卸后必须要消毒。

3.2　销毁

3.2.1　适用对象

3.2.1.1　确认为口蹄疫、猪水泡病、猪瘟、非洲猪瘟、牛瘟、牛传染性胸膜肺炎、牛海绵状脑病、痒病、绵羊梅迪/维斯纳病、蓝舌病、小反刍兽疫、绵羊痘和山羊痘、山羊关节炎脑炎、高致病性禽流感、鸡新城疫、炭疽、鼻疽、恶性水肿、气肿疽、狂犬病、羊快疫、羊肠毒血症、肉毒梭菌中毒症、羊猝狙、马传染性贫血病、猪螺旋体痢疾、猪囊尾蚴、急性猪丹毒、钩端螺旋体病（已黄染肉尸）、布鲁氏菌病、结核病、鸭瘟、兔病毒性出血症、野兔热的染疫动物以及其他严重危害人畜健康的病害动物及其产品。

3.2.1.2　病死、毒死或不明原因死亡动物的尸体。

3.2.1.3　经检验对人畜有毒有害的、需销毁的病害动物和病害动物产品。

3.2.1.4　从动物体割除的病变部分。

3.2.1.5　人工接种病原微生物或进行药物试验的病害动物和病害动物产品。

3.2.1.6　国家规定的其他应该销毁的动物和动物产品。

3.2.2　操作方法

3.2.2.1　焚毁

将病害动物尸体、病害动物产品投入焚化炉或用其他方式烧毁碳化。

3.2.2.2　掩埋

本法不适用于患有炭疽等芽孢杆菌类疫病，以及牛海绵状脑病、痒病的染疫动物及产品、组织的处理。具体掩埋要求如下：

a）掩埋地应远离学校、公共场所、居民住宅区、村庄、动物饲养和屠宰场所、饮用水源地、河流等地区；

b）掩埋前应对需掩埋的病害动物尸体和病害动物产品实施焚烧处理；

c）掩埋坑底铺 2cm 厚生石灰；

d）掩埋后需将掩埋土夯实。病害动物尸体和病害动物产品上层应距地表 1.5m 以上；

e）焚烧后的病害动物尸体和病害动物产品表面，以及掩埋后的地表环境应使用有效消毒药喷洒消毒。

3.3 无害化处理

3.3.1 化制

3.3.1.1 适用对象

除 3.2.1 传染病以外的其他疫病的染疫动物，以及病变严重、肌肉发生退行性变化的动物的整个尸体或胴体、内脏。

3.3.1.2 操作方法

利用干化、湿化机，将原料分类，分别投入化制。

3.3.2 消毒

3.3.2.1 适用对象

除 3.2.1 规定的动物疫病以外的其他疫病的染疫动物的生皮、原毛以及未经加工的蹄、骨、角、绒。

3.3.2.2 操作方法

3.3.2.2.1 高温处理法

适用于染疫动物蹄、骨和角的处理。

将肉尸作高温处理时剔出的骨、蹄、角放入高压锅内蒸煮至骨脱胶或脱脂时止。

3.3.2.2.2 盐酸食盐溶液消毒法

适用于被病原微生物污染或可疑被污染和一般染疫动物的皮毛消毒。

用 2.5%盐酸溶液和 15%食盐水溶液等量混合，将皮张浸泡在此溶液中，并使液温保持在 30℃左右，浸泡 40h，$1m^2$ 的皮张用 10L 消毒液。浸泡后捞出沥干，放入 2%氢氧化钠溶液中，以中和皮张上的酸，再用水冲洗后晾干。也可按 100mL25%食盐水溶液中加入盐酸 1mL 配制消毒液，在室温 15℃条件下浸泡 48h，皮张与消毒液之比为 1：4。浸泡后捞出沥干，再放入 1%氢氧化钠溶液中浸泡，以中和皮张上的酸，再用水冲洗后晾干。

3.3.2.2.3 过氧乙酸消毒法

适用于任何染疫动物的皮毛消毒。

将皮毛放入新鲜配制的 2%过氧乙酸溶液浸泡 30min，捞出，用水冲洗后晾干。

3.3.2.2.4 碱盐液浸泡消毒法

适用于被病原微生物污染的皮毛消毒。将皮毛浸入 5%碱盐液（饱和盐水内加 5%氢氧化钠）中，室温（18～25℃）浸泡 24h，并随时加以搅拌，然后取出挂起，待碱盐液流净，放入 5%盐酸液内浸泡，使皮上的酸碱中和，捞出，用水冲洗后晾干。

3.3.2.2.5 煮沸消毒法

适用于染疫动物鬃毛的处理。

将鬃毛于沸水中煮沸 2～2.5h。

参考文献

蔡宝祥 . 2001. 家畜传染病学［M］. 北京：中国农业出版社 .
陈溥言 . 2006. 兽医传染病学［M］. 5 版 . 北京：中国农业出版社 .
孔繁瑶 . 1997. 家畜寄生虫病学［M］. 2 版 . 北京：中国农业大学出版社 .
刘占杰 . 1997. 动物性食品卫生学［M］. 北京：中国农业出版社 .
曲祖乙 . 2006. 兽医卫生检验［M］. 北京：中国农业出版社 .
王雪敏 . 2002. 动物性食品卫生检验［M］. 北京：中国农业出版社 .
王子轼 . 2006. 动物防疫与检疫技术［M］. 北京：中国农业出版社 .
张升华，乐涛 . 2010. 动物性食品卫生检验［M］. 北京：化学工业出版社 .
张彦明，佘锐萍 . 2002. 动物性食品卫生学［M］. 3 版 . 北京：中国农业出版社 .
郑明光，2003. 动物性食品卫生检验［M］. 北京：解放军出版社 .

图书在版编目（CIP）数据

兽医卫生检验/李汝春，曲祖乙主编．—2版．—北京：中国农业出版社，2015.1

高等职业教育农业部“十二五”规划教材

ISBN 978-7-109-20056-2

Ⅰ.①兽… Ⅱ.①李…②曲… Ⅲ.①兽医卫生检验－高等职业教育－教材 Ⅳ.①S851.4

中国版本图书馆 CIP 数据核字（2015）第 005368 号

中国农业出版社出版

（北京市朝阳区麦子店街 18 号楼）

（邮政编码 100125）

策划编辑 徐 芳

文字编辑 陈睿赜

北京通州皇家印刷厂印刷 新华书店北京发行所发行

2006 年 7 月第 1 版 2015 年 2 月第 2 版

2015 年 2 月第 2 版北京第 1 次印刷

开本：787mm×1092mm 1/16 印张：19.25

字数：460 千字

定价：43.00 元